战略性新兴领域“十四五”高等教育系列教材

机器人学：机构、运动学及动力学

主　编　吴学忠

副主编　董培涛　肖定邦

参　编　席　翔　吴宇列　尹灿辉

机械工业出版社

本书系统地介绍了机器人学相关的知识及基本原理。全书共 8 章。第 1 章为绪论。第 2~7 章为主体部分，其中第 2 章介绍典型机器人的主要机械本体构成以及典型机构，第 3 章介绍机器人位置运动学，第 4 章讨论机器人的微分运动以及基于雅可比矩阵的速度分析、静力分析等内容，第 5 章讨论机器人动力学的相关问题，第 6 章介绍常用机器人的轨迹规划方法，第 7 章介绍机器人驱动器的主要类型、工作原理及应用方法。第 8 章以四足机器人整机和人形机器人手臂为两个典型案例，结合全书内容进行了综合应用与设计。

本书内容丰富，既包含机器人学的基础知识，也涉及相关领域的前沿内容。本书适合作为机器人工程、机械类、自动化类及计算机类等专业本科高年级学生或研究生的教材，也可供机器人及相关领域的研究人员学习和参考。

本书配有电子课件、教学大纲和习题答案等教学资源，欢迎选用本书作教材的教师登录 www.cmpedu.com 注册后下载，或发邮件至 jinacmp@163.com 索取。

图书在版编目（CIP）数据

机器人学 ：机构、运动学及动力学 / 吴学忠主编. 北京 ：机械工业出版社，2024. 11. -- (战略性新兴领域“十四五”高等教育系列教材). -- ISBN 978-7-111-77445-7

Ⅰ. TP24

中国国家版本馆 CIP 数据核字第 2024SN9905 号

机械工业出版社（北京市百万庄大街22号　邮政编码100037）

策划编辑：吉　玲　　　责任编辑：吉　玲　李　彤

责任校对：李　杉　李　婷　　封面设计：张　静

责任印制：单爱军

北京华宇信诺印刷有限公司印刷

2024年12月第1版第1次印刷

184mm×260mm・16印张・395千字

标准书号：ISBN 978-7-111-77445-7

定价：58.00 元

电话服务　　网络服务

客服电话：010-88361066　　机　工　官　网：www.cmpbook.com

010-88379833　　机　工　官　博：weibo.com/cmp1952

010-68326294　　金　书　网：www.golden-book.com

封底无防伪标均为盗版　　机工教育服务网：www.cmpedu.com

序

人工智能和机器人等新一代信息技术正在推动着多个行业的变革和创新，促进了多个学科的交叉融合，已成为国际竞争的新焦点。《中国制造 2025》《“十四五”机器人产业发展规划》《新一代人工智能发展规划》等国家重大发展战略规划都强调人工智能与机器人两者需深度结合，需加快发展机器人技术与智能系统，推动机器人产业的不断转型和升级。开展人工智能与机器人的教材建设及推动相关人才培养符合国家重大需求，具有重要的理论意义和应用价值。

为全面贯彻党的二十大精神，深入贯彻落实习近平总书记关于教育的重要论述，深化新工科建设，加强高等学校战略性新兴领域卓越工程师培养，根据《普通高等学校教材管理办法》（教材〔2019〕3 号）有关要求，经教育部决定组织开展战略性新兴领域“十四五”高等教育教材体系建设工作。

湖南大学、浙江大学、国防科技大学、北京理工大学、机械工业出版社组建的团队成功获批建设“十四五”战略性新兴领域——新一代信息技术（人工智能与机器人）系列教材。针对战略性新兴领域高等教育教材整体规划性不强、部分内容陈旧、更新迭代速度慢等问题，团队以核心教材建设牵引带动核心课程、实践项目、高水平教学团队建设工作，建成核心教材、知识图谱等优质教学资源库。本系列教材聚焦人工智能与机器人领域，凝练出反映机器人基本机构、原理、方法的核心课程体系，建设具有高阶性、创新性、挑战性的《人工智能之模式识别》《机器学习》《机器人导论》《机器人建模与控制》《机器人环境感知》等 20 种专业前沿技术核心教材，同步进行人工智能、计算机视觉与模式识别、机器人环境感知与控制、无人自主系统等系列核心课程和高水平教学团队的建设。依托机器人视觉感知与控制技术国家工程研究中心、工业控制技术国家重点实验室、工业自动化国家工程研究中心、工业智能与系统优化国家级前沿科学中心等国家级科技创新平台，设计开发具有综合型、创新型的工业机器人虚拟仿真实验项目，着力培养服务国家新一代信息技术人工智能重大战略的经世致用领军人才。

这套系列教材体现以下几个特点：

（1）教材体系交叉融合多学科的发展和技术前沿，涵盖人工智能、机器人、自动化、智能制造等领域，包括环境感知、机器学习、规划与决策、协同控制等内容。教材内容紧跟人工智能与机器人领域最新技术发展，结合知识图谱和融媒体新形态，建成知识单元 711 个、知识点 1803 个，关系数量 2625 个，确保了教材内容的全面性、时效性和准确性。

（2）教材内容注重丰富的实验案例与设计示例，每种核心教材配套建设了不少于 5 节的核心范例课，不少于 10 项的重点校内实验和校外综合实践项目，提供了虚拟仿真和实操项目相结合的虚实融合实验场景，强调加强和培养学生的动手实践能力和专业知识综合应用能力。

（3）系列教材建设团队由院士领衔，多位资深专家和教育部教指委成员参与策划组织工作，多位杰青、优青等国家级人才和中青年骨干承担了具体的教材编写工作，具有较高的编写质量，同时还编制了新兴领域核心课程知识体系白皮书，为开展新兴领域核心课程教学及教材编写提供了有效参考。

期望本系列教材的出版对加快推进自主知识体系、学科专业体系、教材教学体系建设具有积极的意义，有效促进我国人工智能与机器人技术的人才培养质量，加快推动人工智能技术应用于智能制造、智慧能源等领域，提高产品的自动化、数字化、网络化和智能化水平，从而多方位提升中国新一代信息技术的核心竞争力。

中国工程院院士

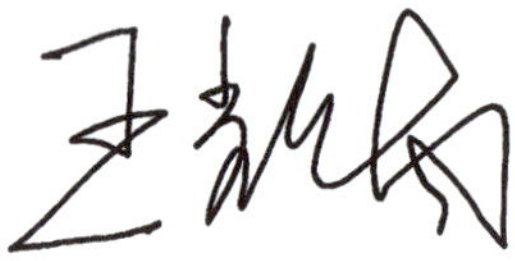

2024 年 12 月

前 言

PREFACE

随着科技的不断发展和社会的不断进步，机器人技术已经成为当今科技领域研究的热点之一，并且已经广泛应用于工业、服务、医疗以及军事等各个领域。在工业领域，机器人取代了很多传统的生产流水线，大大提高了工作效率和生产质量。在服务领域，机器人也越来越多地应用于酒店、医院、餐厅等场所，为人们提供更加高效的服务。在军事领域，战斗机器人及无人机、无人艇的大量使用则极大地提高了战斗效率并减少了作战人员伤亡，成为一种能深刻改变未来战争形态的新的作战模式。随着人工智能技术的不断发展，机器人也将会越来越智能化，具备更多的自主决策和感知能力。机器人领域本身的发展对具有相关知识、能力、素质的高水平人才产生了巨大的需求。

近年来，为顺应社会与时代发展的需求，国内外很多高校都在积极布局机器人相关专业与课程的建设。很多高校相继建设了机器人工程相关专业，更有一些高校成立了专门的机器人学院。

机器人学课程是机器人工程专业的核心基础课程。在很多高校里，该门课程也已成为自动化类、人工智能、机械工程等相关专业的核心基础课程，在相关领域的人才培养体系中具有举足轻重的地位。机器人学课程相对来说较新，建设起点较高，国内机器人学课程建设研究现状呈现出积极的发展态势。随着国家对机器人产业的重视和支持，以及高校对机器人学课程建设的投入，越来越多的学者和教育工作者开始关注机器人学课程建设的问题。

教材为课程的核心和基础支撑。国防科技大学机器人学教学团队在历年教学实践的基础上编写了本书。

本书系统地介绍了机器人学的相关内容。全书共 8 章。第 1 章为绪论，主要介绍了机器人的起源与发展、基本概念、分类与关键性能指标等内容。第 2~7 章为主体部分。其中第 2 章介绍了典型机器人的主要机械本体构成以及典型机构。第 3 章为机器人位置运动学，包括位姿表示、齐次变换矩阵、正逆运动学以及 D-H 表示法等内容。第 4 章讨论了机器人的微分运动以及基于雅可比矩阵的速度分析、静力分析等内容。第 5 章讨论了机器人动力学的相关问题，包括拉格朗日动力学方程、牛顿-欧拉动力学方程等内容。第 6 章为各种常用机器人的轨迹规划方法。第 7 章为机器人驱动器的主要类型、工作原理及应用方法。第 8 章以四足机器人整机和人形机器人手臂为两个典型案例，结合全书内容进行了综合应用与设计。

本书有三个较为显著的特点：

1）目前机器人相关研究多偏向于与人工智能相关的“软科学”，但机械等相关硬件为“软科学”问题的基础。目前大多数高校课时较为紧张，本着有舍有得的理念，本书对机器人学相关内容进行了聚焦，将重点放在了与机械本体相关的设计、运动学、动力学等问题上。对于传感与感知、控制等内容则进行了删减。对于大部分高校来说，一般均开设有专门课程对上述内容进行讲授。

2）目前较为先进的教育理念，无论是基于建构主义的任务驱动教学，还是产出导向的OBE，还是工程教育认证等，均要求把原来“以教师为中心的教学”改进为“以学生为中心的教学”，为此本书从第2章开始，每章均给出了设计案例项目，该案例贯穿全书各章，以使读者可以将理论与实际应用相结合。同时每章还附有课后习题和参考文献，供读者练习和拓展阅读。第8章针对目前研究热度较高、发展潜力与应用前景较为广阔的四足机器人整机和人形机器人手臂给出了两个综合性的设计案例，使读者对本书所述内容有一个整体性的把握与应用。

3）本书不仅介绍了基础理论，还重视工程软件在机器人学中的应用。在部分章节给出了基于MATLAB Robotics Toolbox及ADAMS等工程软件的计算及仿真案例。

吴学忠负责本书统稿，并编写第1章。席翔负责编写第2章，董培涛负责编写第3、4章，肖定邦负责编写第5章，吴宇列负责编写第6、7章，尹灿辉负责编写第8章。张森、周忠哲、王鑫宇、余杨、赵威、鹿迎、王朝光、聂豹等师生也参与了部分内容的准备工作。

本书内容丰富，既包含了机器人学的基础知识，也涉及相关领域的前沿内容，适合作为机器人工程、机械类、自动化类及计算机类等专业本科高年级学生或研究生的教材，也可供机器人及相关领域的研究人员学习和参考。

限于编者水平，本书还可能存在很多不足之处，热忱欢迎广大读者批评指正。

编者

目录

CONTENTS

第1章　绪论

1.1　引言

本章首先介绍了机器人的起源与发展，以及机器人学这门重要现代学科的相关发展。然后，引入了机器人的基本概念，通过介绍机器人的定义，使读者对机器人具有基本的了解。接着，对机器人的不同分类方法进行了表述，介绍了各式各样的机器人在不同领域的广泛应用。最后，阐述了机器人的关键性能指标，对机器人的未来与发展趋势进行了展望。

1.2　机器人的发展史

机器人作为20世纪人类最伟大的发明之一，历经多年发展已取得长足的进步，成为制造业中不可或缺的核心装备。根据国际机器人联合会(IFR)的数据显示，仅工业机器人的运营存量在过去10年就增长了2倍，到2022年底，约400万台机器人正与工人朋友并肩战斗在各条战线上。

那么机器人就真的这么重要吗？举一个例子，以前组装一辆汽车需要30个熟练的技术工人，花上3h，而一条机器人生产线完成同样的工作只需要不到1min，所以机器人的出现和高速发展是社会和经济发展的必然。如今在重物搬运、喷涂等重复性劳作场景，在深海、太空探测等人类无法抵达的区域，还有医疗、服务、军用等领域，机器人都在快速发展并被应用，不断代替人类干那些枯燥重复、或干不好、干不了的事情。

虽然这些机器人还不能像小说和电影里展现的那样无所不能，有求必应，但是它们技术进步的脚步却从未停止。在人类研究、制造和应用机器人的过程中，一门新的学科应运而生，这就是**机器人学**。它涉及机器人的设计、控制、感知、规划、动力学、人机交互和认知等方方面面，是研究机器人系统的学科，是工程学、计算机科学和认知科学的交叉领域，是机器人技术发展的基础，也正扮演着越来越重要的角色。带着对机器人未来的美好期待，让我们一起推开机器人学的大门，探索这个充满机遇和挑战的领域吧。

1.2.1　机器人起源

从人类可以制造各种工具和手工制品开始，就对制造机器动物或机器人充满着浓厚兴趣。我国西周时期(公元前1046—公元前771年)，就流传着能工巧匠献给周穆王艺伎(歌舞机器人)的故事。而在春秋后期，著名的木匠鲁班制造了一只木制鸟，据说可以在空中连续飞行 3 天。到了东汉时期，著名科学家张衡发明了地动仪、记里鼓车、指南车等多种体现了机器人构想的装置，如图 1-1 所示。记里鼓车上的木人每行 1 里(1 里=500m)击鼓一次，每行 10 里敲击铃铛一下。指南车则采用了精巧的轮系装置，保证车上木人的运动起始方向始终指向南方。在国外也有许多传说记载，如在公元前 3 世纪，雅典发明家第达罗斯用青铜为克里特国王迈诺斯建造了一个守卫宝岛的青铜卫士塔罗斯。在公元前 2 世纪出现的书籍中，描写过一个具有类似机器人角色的机械化剧院，这些角色能够在宫廷仪式上进行舞蹈和列队表演。

a) 记里鼓车

b) 指南车

图 1-1　古代的精巧机械

到了 16 世纪，意大利伟大的艺术家、发明家和科学家达·芬奇曾设计过一种能写字、绘画、雕刻和制作模型的“自动机器”，被称为“达·芬奇机器人”。然而受限于当时的科技水平，这一设计最终并未实现。日本的竹田近江于 1662 年利用钟表技术发明了自动机器玩偶，并在大阪道顿崛演出。法国的杰克·戴·瓦克逊于 1738 年发明了一只机器鸭，能像真鸭子一样嘎嘎叫和游泳。瑞士的道罗斯父子在 1768—1774 年间制造了三个真人大小的机器人，包括写字偶人、绘图偶人和弹风琴偶人，它们至今仍被保存在瑞士纳切尔市的艺术和历史博物馆中。美国科学家于 1770 年发明了一种报时鸟，使用弹簧驱动齿轮转动，并利用活塞压缩空气发出声音，同时齿轮的转动带动翅膀和头部运动，在整点时开始运动并发出叫声。加拿大的摩尔于 1893 年设计了一种能够行走的蒸汽机器人安德罗丁。这些发明标志着机器人在从梦想走向现实的道路上不断前行。

1.2.2　国外机器人发展

1920 年，捷克作家卡雷尔·查培克在其剧本《罗萨姆的万能机器人》(*Rossum's Universal Robots*)中最早使用了机器人一词。剧中的人造劳动者取名为“Robota”(捷克文，意为“劳役”“苦工”)，英语的“Robot”一词即由此而来，并于 40 多年后作为专业术语加以引用。

第二次世界大战后，工业机器人才真正开始在制造业中得到应用。美国能源部阿贡国家实验室为了解决核污染机械操作问题，首先研制出用于处理放射性物质的遥操作机械手臂。紧接着又开发出一种电气驱动的主从式机械手臂，用于生产线上的重复性工作，如装配、焊接等。

随着技术的不断发展，工业机器人逐渐具备了更高的精度、速度和灵活性，能够完成更加复杂的任务。到了 20 世纪 50 年代中期，美国的发明家乔治·德沃尔开发出世界上第一台可编程的极坐标式机械手臂，并发表了该机器人的专利。1959 年，德沃尔与美国发明家约瑟夫·英格伯格联手制造出第一台工业机器人样机 Unimate（意为“万能自动”）并定型生产，如图 1-2 所示，由此成立了世界上第一家工业机器人制造公司 Unimation。作为机器人产品最早的实用机型是 1962 年美国 AMF 公司推出的 Verstran 和 Unimation 公司推出的 Unimate。

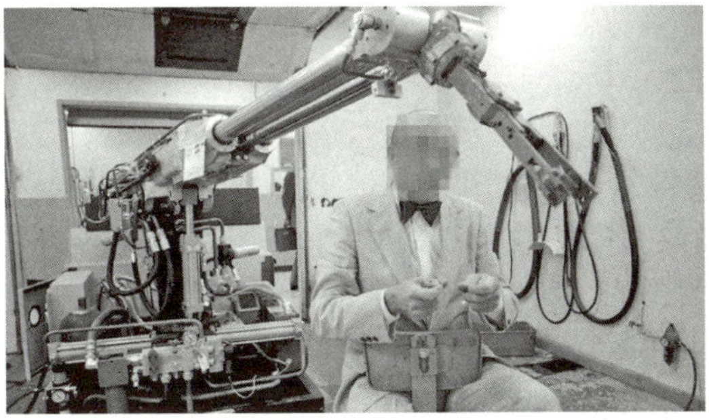

图 1-2　第一台工业机器人样机

随后传感器技术的发展又进一步提升了机器人的能力。1961 年，美国麻省理工学院（MIT）林肯实验室把一个配有接触传感器的遥控操作器连入计算机，使机器人可凭触觉感知物体的状态。1965 年，MIT 的机器人又演示了第一个具有视觉传感器的、能识别与定位简单积木的机器人系统。

1968 年，美国斯坦福人工智能实验室研制了带有手、眼、耳的计算机系统。从那时起，智能机器人的形象逐渐丰满起来。

1969 年，美国原子能委员会和国家航天局共同成功研制了装有机械臂、电视摄像机和声传感器等装置，既有“视觉”，又有“感觉”的机器人。同年，斯坦福大学的维克多·沙因曼发明了 6 轴机械臂（Stanford Arm）。

1970 年，第一届国际工业机器人学术会议在美国召开，随后，机器人研究得到迅速、广泛的普及。

1973 年，辛辛那提·米拉克隆公司制造了第一台由小型计算机控制的工业机器人，它由液压驱动，能提升的有效负载达 45kg。

1979 年，Unimation 公司推出了 PUMA 系列工业机器人（前身是 MIT 的人工智能实验室 1972 年研发的机械臂“MIT Arm”），它是全电动驱动、关节式结构和多 CPU 二级微机控制的机器人。PUMA 机器人采用 VAL 专用语言，可配置视觉和触觉感受器。同年，日本山梨大学研制出经典的 SCARA 机器人。这两种机器人（见图 1-3）结构如今仍在工业领域大量被采用。

值得一提的是，日本的工业机器人技术是 20 世纪 60 年代末从美国引进，起步时间比美国晚，但由于日本国内青壮年劳力极其匮乏，日本政府为了解决这一尖锐的社会问题，对机器人技术采取积极扶植政策，例如实行财政补贴政策、聘请专家提供专业技术指导、通过各种渠道为社会提供低息资金或者鼓励民间集资成立机器人租赁公司等，使得研究和制造机器人的热潮席卷日本全国。

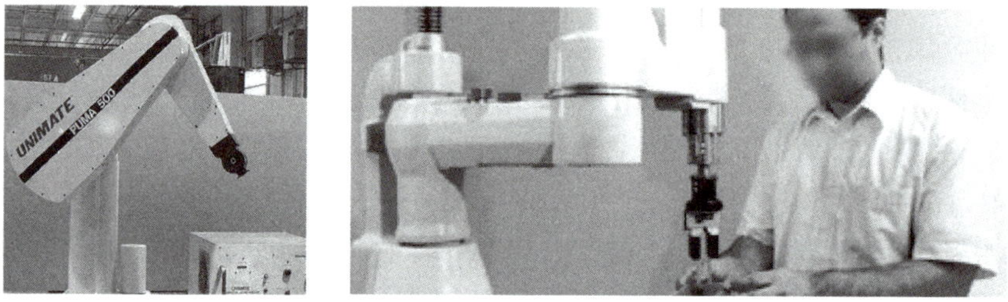

a) PUMA机器人　　b) SCARA机器人

图 1-3　经典机器人

1996 年，美国直觉外科公司研发出了全球第一台手术机器人“达 · 芬奇”（见图 1-4a）。在它的帮助之下，手术的误差降低到了 1mm 以下。而且做完开腹手术的患者，康复时间可以由原来的 15 天缩短到 5 天。从科学家达 · 芬奇幻想中的机器人到如今这台真正能做手术的机器人“达 · 芬奇”，时间已过去了近 500 年，从这一过程中可以看到技术的发展需要一代代人们不断赋予想象和努力。

2005 年以后，美国的波士顿动力公司先后推出高度灵活和智能化的四足机器人“Big Dog”和人形机器人“Atlas”（见图 1-4b），将机器人技术进一步推向新的高度，也让人们对机器人技术发展有了更高的期待。

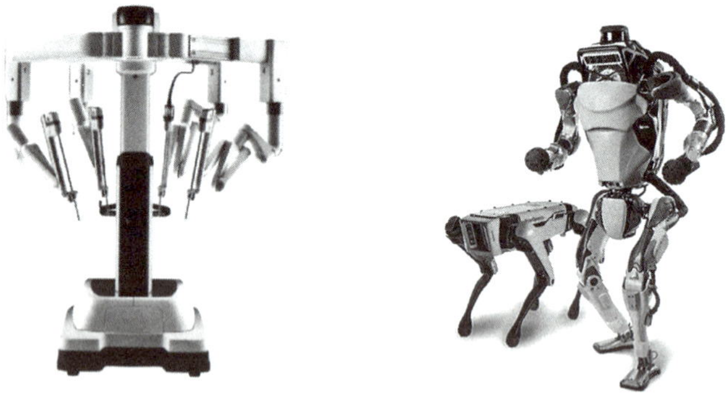

a)“达 · 芬奇”手术机器人　　b) 四足机器人和人形机器人

图 1-4　现代机器人

目前，美国、德国和日本对全球机器人技术发展都具有很大的影响。美国在机器人技术的综合研究水平上仍处于领先地位；德国在自动化和机器人技术方面进行了大量研究和开发，机器人制造商以其高品质和创新而闻名，尤其在汽车制造和工业自动化领域取得了重要突破；日本生产的机器人在数量、种类方面则居世界前列。

1.2.3　国内机器人发展

从前面的一些介绍可以看出，我国古代也有不少机器人的概念雏形，但由于历史原因，机器人技术在较长的时间内处于落后状态。虽然起步较晚，但在国家的重视和持续支持下，机器人技术也取得了巨大的进步。我国机器人的发展大致经历了四个阶段：萌芽期、开发期、初步应用期和井喷式发展与应用期。

在 20 世纪 70 年代的萌芽期，进行了工业机器人基础技术、基础元器件以及几类工业机器人整机和应用工程的开发研究，还完成了示教再现式工业机器人成套技术的开发。1980 年，我国第一台工业机器人样机成功研制。

在 20 世纪 80 年代的开发期，焊接机器人的工程应用成为重点，并快速掌握了焊接机器人的应用工程技术。

1986 年 3 月，我国启动了“国家高技术研究发展计划”（简称 863 计划），其中将智能机器人作为主要研究方向。根据计划目标，智能机器人的研究开发工作被分为四个层次：型号和应用工程、基础技术开发、实用技术开发和成果推广。该计划不仅致力于发展工业机器人，还进行了非制造环境下应用机器人的研究。在特种机器人领域开发包括管道机器人、爬壁机器人、水下机器人、自动导引车和排险机器人等。在服务机器人领域开发除尘机器人、玩具机器人、保安机器人、教育机器人、智能轮椅机器人、智能穿戴机器人等。

20 世纪 90 年代中期至 21 世纪初，我国初步实现了国产机器人的商品化和工业机器人的推广应用，为产业化奠定了基础。

2014 年，我国的工业机器人年装机量超过日本，达到 5.6 万台，约占世界总量的 1/3，成为全球最大的机器人市场。2015 年之后，随着我国机器人水平的不断提升，已经开始可以追赶国外机器人头部企业。2021 国家推出《“十四五”机器人产业发展规划》，开始大力发展中国智造。至 2023 年，我国机器人总装机量全球第三，工业机器人销量已占全球一半以上，年销量连续 10 年位居世界第一，自主研发的机器人在医疗、制造业、物流等领域多点开花。

随着世界上波士顿动力、特斯拉等企业在人形机器人领域的快速发展，人们对人形机器人的期待再次升温。2013 年，工业和信息化部印发了《人形机器人创新发展指导意见》，提出人形机器人有望成为继计算机、智能手机、新能源汽车后的颠覆性产品，并明确 2025 年整机产品实现批量生产、2027 年综合实力达到世界先进水平的目标。此后，各地开始加大在人形机器人领域的创新培育力度，在人机交互、机器视觉和运动控制等方面已经取得显著成果，产业链也更加完善。

如今，我国的深海载人潜水器“奋斗者号”已经完成载人深海下潜万米级深度；月球车“玉兔号”顺利抵达月球表面，并围绕着“嫦娥三号”进行拍照并传回照片；火星探测机器人“天问一号”也成功着陆在火星表面，世界上第一个完成火星软着陆任务；太空机械臂帮助我国的航天员们顺利完成空间任务。同时，也有越来越多的高科技民企也进入了机器人产业领域，取得了大量创新和应用成果，这些都彰显了我国机器人发展的伟大成就（见图 1-5）。

a) 登月机器人

b) 火星机器人

图 1-5 我国自主研制的机器人

1.3 机器人学的发展

机器人学作为一门融合了机械工程、电子工程、信息工程、计算机科学、控制工程等多个学科的交叉学科，一般认为起源于英国。20 世纪 50 年代早期，艾伦·图灵和亚伦·海斯特维以及一些科学家在英国开展了机器人领域的理论和应用研究。如今，世界上著名的机器人研究机构有麻省理工学院机器人与人工智能实验室、斯坦福大学机器人实验室、卡内基梅隆大学机器人研究所、苏黎世联邦理工大学机器人与知识工程学院、牛津大学机器人研究实验室等，这些研究机构有力地推动了现代机器人学的发展。我国的机器人学科形成较晚，1985 年前后在几个一级学会下设立了机器人专业委员会。1987 年 6 月"首届全国机器人学术讨论会"在北京召开，标志着我国机器人学学科大联合的良好开端。如今，随着机器人研发和应用的飞速发展，国内外已有众多的机器人研究机构和学术会议。尤其是随着人工智能技术的新发展，机器人学的未来也将是多元化且充满挑战的。

1.4 机器人的基本概念

虽然机器人问世已多年，但对机器人的定义仍然没有统一的意见。原因之一是机器人一直在发展，新的构型、新的功能不断涌现。而且机器人涉及了人的概念，成为了一个难以回答的哲学问题。各国专家们也采用不同的方法来定义机器人这个术语，下面给出了几种常见的关于机器人的定义。

1）美国机器人协会（RIA）对机器人的定义：机器人是一种用于移动各种材料、零件、工具或专用装置的，通过可编程序动作来执行种种任务的，并具有编程能力的多功能机械手。

2）美国国家标准与技术研究所（NIST）对机器人的定义：机器人是一种能够进行编程并在自动控制下执行某些操作和移动作业任务的机械装置。

3）日本工业机器人协会（JIRA）对机器人的定义：工业机器人是一种装备有记忆装置和末端执行器的、能够转动并通过自动完成各种移动来代替人类劳动的通用机器。

4）国际机器人联合会（IFR）对机器人的定义：机器人是一种半自主或全自主工作的机器，它能完成有益于人类的工作。应用于生产过程中的称为工业机器人，应用于家庭或直接服务人的称为服务机器人，应用于特殊环境的称为专用机器人（或特种机器人）。

5）国际标准化组织（ISO）对机器人的定义：机器人是一种自动的、位置可控的、具有编程能力的多功能机械手，这种机械手具有几个轴、能够借助于可编程序操作来处理各种材料零件工具和专用装置，以执行种种任务。

6）我国国家标准（GB/T 12643—2013《机器人与机器人装备　词汇》）对机器人的定义：机器人是具有两个或两个以上可编程的轴，以及一定程度的自主能力，可在其环境内运动以执行预期任务的执行机构。

1.5 机器人的分类

机器人分类的方式很多，并没有统一的标准，这里介绍几种常见的分类。

1. 按机器人的应用分类

（1）工业机器人

工业机器人被广泛应用于工业生产中，如图 1-6 所示。大多数工业机器人有 3~6 个运动自由度，能依靠自身动力系统和控制系统自动执行动作，也可以在特定工作环境下接受工作人员指挥，或按照人工智能技术制定的设计方案进行作业。工业机器人由主体、驱动系统和控制系统三个基本部分组成。主体即机座和执行机构，包括臂部、腕部和手部等部分；驱动系统包括动力装置和传动机构，用以驱动执行机构产生相应的动作；控制系统按照程序对驱动系统和执行机构发出指令信号并进行控制。

图 1-6　典型工业机器人

（2）服务机器人

服务机器人是一种半自主或全自主工作的机器人，能完成有益于人类健康的服务工作，但不包括从事生产的设备，如图 1-7 所示。服务型机器人按照用途可分为商业服务机器人、家庭服务机器人、娱乐服务机器人等，服务机器人技术在本质上与其他类型的机器人是相似的。

图 1-7　各式各样的服务机器人

（3）特种机器人

特种机器人，如图 1-8 所示，可以替代人在危险、恶劣环境下作业，例如辅助完成空间与深海作业、精密操作、在管道内作业等任务，具有运动性能高、防护性能强、智能化程度高、可靠性强的特点。在非制造领域中应用的特种机器人，通常在作业过程中面临实时环境变化，因而与传统工业机器人相比，特种机器人与环境的交互作用更加复杂，控制更加困难，要求的智能程度更高，因此，开发高性能的特种机器人具有重要意义并且是更加复杂的任务。

2. 按机器人的结构形式分类

（1）串联机器人

串联机器人由一系列连杆通过铰链顺序连接而成，首尾不封闭，是开式运动链机器人。

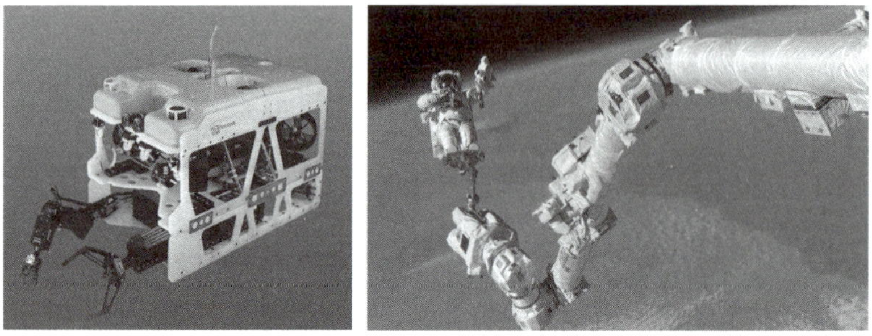

a) 水下机器人　　b) 太空机械臂

图 1-8　特种机器人

由于串联的结构特点，其末端运动由各关节的运动依次传递形成。串联机器人具有如下特点：工作空间大；正运动学求解简单而逆运动学求解复杂；驱动及控制简单；末端误差是各个关节误差的累积，因而精度较低；同时，整个运动链上除了与地面固定的部分外，其余部分都由电动机带动，越靠近底座的电动机需要承受的力矩越大，导致载荷能力较低，动力学响应速度较慢。工业中常用的串联机器人有笛卡儿坐标机器人、圆柱坐标机器人、球坐标机器人和关节型机器人，如图 1-9 所示。

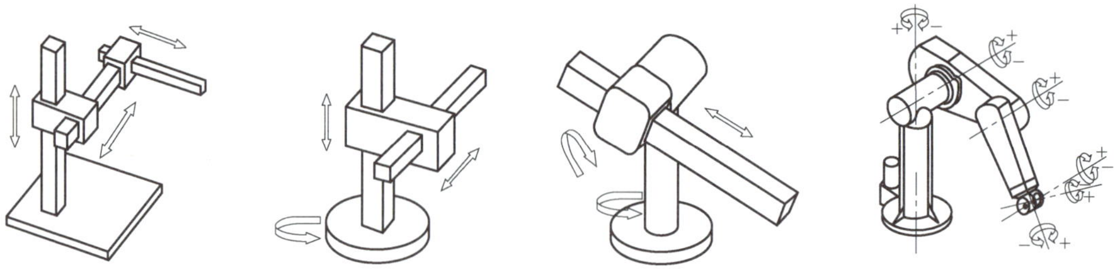

a) 笛卡儿坐标机器人结构　　b) 圆柱坐标机器人结构　　c) 球坐标机器人结构　　d) 关节型机器人结构

图 1-9　串联机器人结构形式

笛卡儿坐标机器人可以实现三轴平动，其手部空间位置的改变是通过沿三个互相垂直的轴线移动实现，即沿着 x 轴的纵向移动，沿着 y 轴的横向移动及沿着 z 轴的升降运动。笛卡儿坐标机器人主要应用于加工机床、三坐标测量仪、3D 打印机、工业抓取等场合，其优点是响应速度快、稳定性好、容易生产、容易控制，缺点是体积庞大、工作空间与设备体积比小、灵活性较差。

圆柱坐标机器人通过两个移动关节和一个转动关节来实现末端三个自由度的运动，即绕 z 轴旋转、x 轴平动和 y 轴平动。圆柱坐标机器人的优点是结构简单、占用空间小、末端速度快，且位置精度仅次于笛卡儿坐标机器人。

球坐标机器人的运动由一个直线运动和两个转动组成，即沿手臂方向工轴的伸缩、绕 y 轴的俯仰和绕 z 轴的旋转，末端点轨迹在球面上。其优点是占地面积较小、结构紧凑、位置精度尚可，但缺点是避障性能较差、存在平衡问题。

关节型机器人由多个旋转关节连杆串联组成，运动轴数量以四轴和六轴居多，是目前工业上应用最广的机器人，具备结构紧凑、高速和高精度等特点。多关节机器人与人的手臂类似，能绕过障碍物达到目标处。

（2）并联机器人

并联机器人是上下两个平台（动平台和定平台）通过至少两个独立的运动支链相连接，以并联的方式驱动的闭环机构，如图 1-10 所示。它能改变各个支链的运动状态，可使整个机构具有多个自由度。并联机器人的特点是无累积误差，末端精度较高；驱动装置可置于定平台上或接近定平台的位置，运动部分自重轻，动态响应性好；整体结构紧凑，刚度高，承载能力大，完全对称的并联机构具有较好的各向同性。根据这些特点，并联机器人在需要高刚度、高精度或者大载荷且空间紧凑的场合获得了广泛应用，如应用于飞行模拟器、运动平台、舞台设计和仿真测试等。但并联机器人的缺点是工作空间有限，有时无法绕过障碍物，正运动学所涉及的计算通常也比较困难，并且可能导致多个解或奇异性。

图 1-10　并联机器人

Stewart 机构是一种典型的并联机器人系统，它由一个固定的底座和一个可平移的平台组成，通过多个连杆和球节连接器将两者连接在一起。它可以在底座和平台之间实现六个自由度的运动：三个平移自由度（前后、左右、上下）和三个旋转自由度（绕 x 轴、y 轴和 z 轴旋转），能够精确地调整位置和姿态。

（3）混联机器人

混联机器人为串联机器人和并联机器人的组合，是串-并联混合构型，兼具串联机器人工作空间大和并联机器人刚度大的优点。

3. 按机器人的控制方式分类

（1）非伺服机器人

非伺服机器人是指没有使用伺服系统的机器人。伺服系统是控制机器运动和位置的一种高精度闭环控制系统，通过对位置、速度和力度的反馈进行调整和修正，使得机器人能够准确地执行任务。非伺服机器人没有复杂的传感器和控制系统来监测和调整运动，而是根据预设的程序或者机械限位来执行特定动作。通常其运动精度和灵活性较低，适用范围相对较有限，可应用于一些简单的任务中，例如在工业生产线上执行一些简单的搬运或装配任务，或者在娱乐领域中用作玩具机器人。

（2）伺服控制机器人

伺服控制机器人比非伺服机器人的工作能力更强，具有以下特点和优势：

1）位置和速度控制：伺服控制系统能够精确感知和控制机器人的位置和速度。通过反馈传感器（如编码器）实时获取位置和速度信息，并与设定值进行比较，控制算法可以根据差异来调整控制信号，使机器人运动到期望的位置和速度。

2）力控制：伺服控制系统还可以实现对机器人的力度控制。通过力传感器等装置，机器人可以感知外部施加在自身上的力或压力，并通过控制算法调整执行器的输出力，以保持所需的力度或达到特定的力控制目标。

3）高精度和稳定性：伺服控制系统的闭环控制机制通过不断的反馈和调整，它可以消除误差并保持稳定性，使机器人的运动更加准确和稳定。

4）多轴控制：伺服控制系统可以同时控制多个轴（关节），实现复杂的多自由度运动，具有灵活的编程和参数调整功能，可以根据不同的应用需求进行调整和配置，使得伺服控制机器人能够适应不同的工作环境和任务，如精密装配、操作、喷涂、焊接等。

伺服控制机器人在许多领域如工业制造、自动化生产线、医疗手术机器人、航空航天、物流和仓储等，得到广泛应用，是实现精确控制和完成复杂任务的理想选择，但价格也较贵。

4. 按机器人控制器的信息输入方式分类

在采用这种分类法进行分类时，不同国家略有不同，但有统一的标准。这里主要介绍日本工业机器人协会（JIRA）、美国机器人协会（RIA）和法国工业机器人协会（AFRI）所采用的分类法。

（1）JIRA 分类法

日本工业机器人协会把机器人分为 6 类。

第 1 类：手动操作手，是一种由操作人员直接进行操作的具有几个自由度的加工装置。其可以根据人的需要改变动作，可应对突发情况，主要包括特种机器人与服务机器人。

第 2 类：定序机器人，是按照预定的顺序、条件和位置，逐步地重复执行给定的作业任务的机械手。其预定信息（如工作步骤等）难以修改，主要应用于工业生产中的流水线上，可以方便完成单一场景下简单、重复的任务，把人从繁重的任务中解放出来，且维修方便；缺点是无法有效应对突发情况。

第 3 类：变序机器人，与第 2 类一样，但其工作次序等信息易于修改。

第 4 类：复演式机器人，能够按照记忆装置存储的信息复现原先由人示教的动作。这些示教动作能够被自动地重复执行。

第 5 类：程控机器人，操作人员并不是对这种机器人进行手动示教，而是向机器人提供运动程序，使它执行给定的任务，其控制方式与数控机床一样。

第 6 类：智能机器人，它能够采用传感信息来独立检测其工作环境或工作条件的变化，并借助其自我决策能力，成功地进行相应的工作，而不管其执行任务的环境条件发生了什么变化。目前，智能机器人尚处于研究和发展阶段。

（2）RIA 分类法

美国机器人协会把 JIRA 分类法中的后 4 类机器当作机器人。

（3）AFRI 分类法

法国工业机器人协会把机器人分为 4 种型号。

A 型：JIRA 分类法中的第 1 类，手控或遥控加工设备。

B 型：包括 JIRA 分类法中的第 2 类和第 3 类，具有预编工作周期的自动加工设备。

C 型：包括 JIRA 分类法中的第 4 类和第 5 类，程序可编和伺服机器人，具有点位或连续路径轨迹，称为“第一代机器人”。

D 型：JIRA 分类法中的第 6 类，能获取一定的环境数据，称为“第二代机器人”。

5. 按机器人移动性分类

机器人根据工作时机座的可动性又可分为固定机器人和移动机器人。

（1）固定机器人

固定机器人的机座固定于作业现场，操作臂在有限工作空间中执行相应的作业任务，如焊接、喷涂、打磨、分拣等。

（2）移动机器人

移动机器人的机座可以移动，因而其工作空间理论上为无穷大。根据不同的移动方式有轮式机器人、履带式机器人、多足机器人等。

1.6　机器人的应用

1. 工业机器人的应用

工业机器人产业深度融合了自动化、计算机、信息化、人工智能等多种学科，是机器人中最先产业化的专业技术，可用于安装、制造、检测、物流、加工、包装等生产环节，应用领域主要有汽车及汽车零部件制造业、航空航天行业、机械加工行业、电子电气行业、食品加工行业等，如图 1-11 所示。

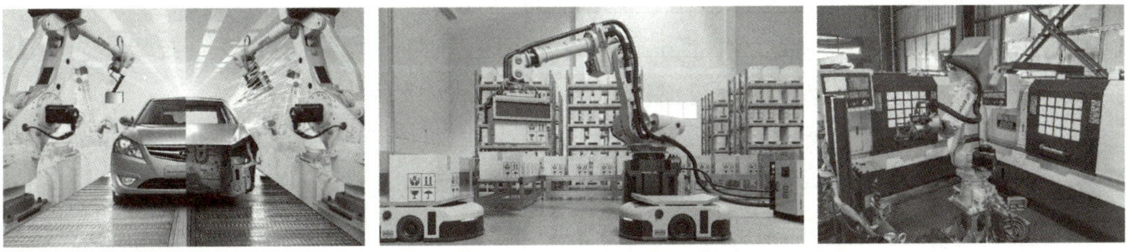

图 1-11　工业机器人的各类应用

（1）汽车制造行业

汽车及其零部件制造是工业机器人最主要的应用领域，也是应用最早、应用规模最大、服务能力最强的领域。在汽车行业高速发展的背景下，工业机器人实现了机械加工的自动化、柔性化，取代了人工，保证了质量和产量。有资料显示，目前汽车工业的机械加工中，约有 70%的工作由工业机器人完成，主要用于材料处理、铣面、钻孔、上料和卸料、研磨、抛光、激光刻印等。

（2）电子电气行业

工业机器人在电子类 IC、贴片元器件的生产领域应用较为普遍，目前工业界装机最多的是 SCARA 四轴机器人。例如在手机生产领域，视觉机器人适用于激光塑料焊接、触摸屏检测、擦洗、贴膜、分拣装箱等一系列流程，小型化、简单化的特性实现了电子组装的高精度、高效率生产，满足了电子组装加工设备日益精细化的需求。另外，由于工业机器人具有高生产率、高重复精度、高可靠性以及优越的感知能力，也广泛应用在家用电器生产工艺流程的各个方面。

（3）机械加工行业

根据零件的工艺特性实现机器人与机床的集成，是未来机械加工领域重要的研究和发展方向。工业机器人引入到自动化机械加工中可以提高生产效率和加工精度，减少生产成本。随着我国智能制造 2025 和工业 4.0 等计划的实施，很多制造业工厂、车间自动化水平不断提升，已实现了无人化和全自动化。

（4）食品加工行业

应用于食品加工行业的机器人主要有乳品与饮用水加工机器人、食品包装机器人，速食食品加工机器人、餐饮机器人和肉类切割机器人等。

（5）仓储物流业

应用于仓储物流业的机器人主要有 AGV(Automated Guided Vehicle)机器人、码垛机器人、分拣机器人、AMR(Autonomous Mobile Robot)机器人和 RGV(Rail Guided Vehicle)机器人等。

2. 服务机器人的应用

服务机器人是在非结构环境(不规则的、复杂的环境)下为人类提供必要服务的多种高技术集成的智能化装备，其主要任务是与人进行交互并完成服务。服务机器人主要包含家庭服务机器人、助老助残机器人、医疗服务机器人、教育机器人、娱乐消费类机器人等。

（1）医疗服务机器人

医疗服务机器人是指用于医院、诊所的医疗或辅助医疗以及健康服务等方面的机器人，常见有诊断式机器人、手术式机器人、辅助式机器人。

1）诊断式机器人：如在医学影像领域，智能服务机器人借助大数据和图像识别技术，快速进行筛选并提供给医生数个治疗方案。例如 IBM 公司研发的“沃森”系统可以在几秒钟内根据病患的病症和以前记录的病史给出综合的诊断意见和后续的治疗方案。

2）手术式机器人：手术式机器人可以帮助医生或独立完成手术，是外科医生双手的延伸。如 1.2.2 节提到的手术机器人“达·芬奇”目前已经在全球各大医疗机构中使用，可以降低人工操作的失误率并减轻伤病患者手术中的痛苦。

3）辅助式机器人：应用于康复护理、假肢和康复治疗等方面，可以为患者(手臂、手、腿、脚踝)量身定制，协助不同的感觉运动功能康复。

（2）家庭服务机器人

家庭服务机器人可以完成清扫地板、控制电器、倒垃圾等劳动，还可以进行家庭安全视频监控等。

（3）教育娱乐机器人

教育娱乐机器人大多数以类人机器人的形式呈现，常见的有儿童学习机器人、点歌机器人、舞蹈机器人等。

3. 特种机器人的应用

特种机器人是指应用于专业领域的机器人(见图 1-12)。

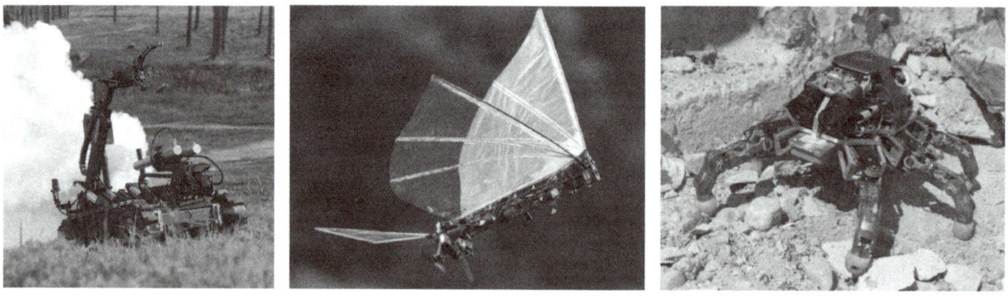

图 1-12　特种机器人的应用

常见的种类如下：

（1）空间机器人

空间机器人被广泛用于在轨维护、燃料加注以及空间站建设等复杂任务中，可以执行高精度与大载荷操作任务，辅助航天员完成难以完成，甚至是危险的任务。

（2）空中机器人

空中机器人如无人机或无人飞行器，在信息中继、侦查定位、环境监测等领域广泛应用。

（3）水下机器人

水下机器人用于深海及海洋科学研究、海洋资源勘察、海底维修和救援等领域，通常具有耐压性能、防水设计、高效的动力系统和先进的传感技术，以适应水下环境的挑战。

（4）无人驾驶机器人

无人驾驶机器人如无人机、无人车、无人潜水器等，能够通过高精度定位系统、摄像头、雷达、激光雷达和传感器组合来获取周围环境信息，并利用算法进行实时处理和决策，从而实现自主导航和其他任务完成。

（5）农业机器人

农业机器人包括耕作机器人、农药喷洒机器人、搬运机器人、剪羊毛机器人、挤牛奶机器人和草坪修剪机器人等。农业机器人的广泛应用改变了传统劳动方式，并促进了现代农业的发展。

（6）抢险救灾机器人

抢险救灾机器人是指在灾害事件中用于救援和抢险工作的特殊类型机器人，需要考虑地形、天气等诸多因素。这类机器人设计的时候需要具体考虑，如地震救灾中常需要能钻入缝隙的机器人进行探测，此时类似于蛇形的机器人就可以发挥很大作用。

（7）反恐防暴机器人

反恐防暴机器人是新型多用途反恐防暴机器人的简称，可应用于核工业、军事、燃化、铁路、公安、武警等行业或部门，代替人在危险、恶劣、有害环境中执行任务。

（8）核工业机器人

核工业机器人主要用于核工业设备的监测与维修，通常需要操作高放射性物质，要有很强的环境适应能力和很高的可靠性。核电站内各种管道错综复杂，工作空间小，因此要求核工业机器人还要能顺利通过各种障碍物和通道。

1.7 机器人的性能指标

不同类型、不同品牌的机器人参数会有所不同，机器人的性能指标主要分为以下几个方面：

1）运动自由度，是指机器人能够独立运动的自由度数量。运动自由度越高，机器人的灵活性和适应性就越强。

2）精度，是指机器人在执行任务时的定位和定向的准确度。精度越高，机器人的作业效果就越好。

3）速度，是指机器人在执行任务时的移动速度。速度越快，机器人的响应能力和工作效率就越高。

4）负载能力，是指机器人能够携带和处理的物体的重量。负载能力越大，机器人的作业范围就越广。

5）智能性能指标，是评价机器人智能水平的重要标准，它涵盖了感知、认知、决策和学习等方面的指标。

6）其他技术参数，包括重量承载能力、机器人臂展、工作范围、重复定位精度、轴数、控制系统和安全控制等。

1.8 机器人的未来与趋势

机器人基础与前沿技术正在迅猛发展，涉及工程材料、机械工程、传感器、自动化、计算机、生命科学甚至涉及法律、伦理等各方面，许多学科相互交融、相互促进、快速发展。

1. 与人工智能技术相融合

随着机器人的应用和推广，感知能力正成为机器人的一个重要指标。如何使机器人的感知识别能力更接近于人或其他生物成为了研究的重点。同时，随着大数据、云计算等信息技术的发展，将人工智能技术(如 OpenAI 开发的 GPT 模型)应用于机器人，使机器人具备自主学习和适应能力，能够根据环境和任务进行智能决策和优化也是一大研究热点。

2. 人形机器人技术快速进步

人形机器人已经进入以具备感知能力和认知能力为主要特征的高动态运动发展阶段。国内外多个企业先后宣布将推出人形机器人，这引起资本市场和产业界的广泛关注。人形机器人的“自主”功能正被逐步开发，包括自主理解、自主推断、自主决策、自主行动等。

3. 微纳技术的应用

随着微机电系统、纳米技术等研究的深入，各种微纳机器人也成为了重要的发展方向。其不仅可以大大降低机器人的成本，而且可实现现代制造宏观到微观的转变，特别是还能应用于医疗、健康等领域(如血管机器人)。同时，微纳技术可用于制造高精度、高灵敏度的传感器，可以提供精确的环境感知和反馈，使机器人能够更好地理解周围环境并做出相应的决策。

4. 人机融合发展

人机融合旨在将人类和机器人相互结合，通过紧密合作和交互来实现更高效、更智能、适应性更强的工作方式，主要包括协作的融合、可穿戴式的融合和脑机接口等。

1）协作机器人是一类能够与人类进行安全和有效合作的机器人系统。它们具有感知和意识能力，可以自动调整自己的行为以适应人类合作者的需求和动作。协作机器人可以与人类在同一工作空间内共同完成任务，如装配、搬运和操作，提高工作效率和安全性。

2）可穿戴式的融合有很多，如外骨骼和智能假肢装置，用于增强或替代人体的运动能力。通过与人体的自然动作和神经信号交互，外骨骼和智能假肢可以帮助残疾人士恢复行走、抓握等日常功能，以使人机融合的身体增强。还有增强现实眼镜，其可以将虚拟信息叠加在现实场景中，并使用户能够通过眼睛的注视和手势控制与机器人进行沟通和指令传达。

3）脑机接口技术可以直接将人类大脑的神经信号与计算机或其他外部设备相连接，实现与机器的直接交互。这一技术涉及神经科学、认知科学、控制科学、医学、计算机科学和心理学等多个学科，是一个新兴的多学科交叉的前沿研究方向。

本章小结

本章从机器人的基本概念入手，通过介绍机器人的定义让读者对机器人有一个基本的了解，同时对国际上机器人的不同定义方法进行了介绍。机器人的分类方法有很多，可以按照应用、结构形式、控制方式、控制器的信息输入方式以及移动性等进行分类讨论。机器人的应用领域也十分广泛，工业机器人、服务机器人、特种机器人在人们生活生产等方方面面都有大量的应用。机器人的发展历史十分漫长，但在近代才开始飞速发展并得到实际应用。它们的发展前景极为广阔，随着人工智能、大数据等技术的发展，机器人技术仍在快速进步，未来在家庭服务、医学服务以及无人技术等方面将得到更深入的应用。

课后习题

1-1　调研记录在过去的 20 年中，国内外机器人技术发展的重要事件。

1-2　调研一种你所感兴趣的机器人，并描述它的分类及特点。

1-3　针对工业机器人，调研其在各个行业的最新应用数据情况。

1-4　查阅近 2 年发表的机器人机构方面的高水平研究论文，进行简要的综述总结。

1-5　关注机器人学的最新发展方向，给出你对机器人发展趋势的看法和预测。

参考文献

[1]　陶永，王田苗．机器人学及其应用导论[M]．北京：清华大学出版社，2021.

[2]　蔡自兴，谢斌．机器人学[M]．北京：清华大学出版社，2022.

[3]　徐文福．机器人学：基础理论与应用实践[M]．哈尔滨：哈尔滨工业大学出版社，2020.

[4]　张钰杉．中职学校工业机器人基础与应用教材开发研究[D]．长春：长春师范大学，2020.

[5]　喻一帆．我国工业机器人产业发展探究[D]．武汉：华中科技大学，2016.

[6]　李洋，齐晓震，马勇，等．工业机器人在汽车行业机械加工中的应用前景分析[J]．时代汽车，2023，10：25-27.

[7]　肖祥．工业机器人在自动化机械加工中的应用分析[J]．经济与社会发展研究，2018(8)：114.

[8]　喻子容．智能服务机器人的社会应用与规制[D]．北京：北京交通大学，2019.

[9]　龚军．智能服务机器人关键技术研究与应用[D]．济南：山东师范大学，2018.

[10]　邵易，张卜云．基于用户体验的老年人陪伴机器人设计[J]．电子元器件与信息技术，2022，6(10)：105-108.

[11]　李红．基于数学模型的食品加工机器人轨迹优化自动控制研究[J]．肉类研究，2020，34(11)：109.

[12]　杨今朝．空间连续型机器人动力学建模与一体化控制[D]．大连：大连理工大学，2022.

[13]　孙颖．无人机辅助的无线传感器网络数据传输研究[D]．南京：南京邮电大学，2022.

[14]　王田苗，陈殿生，陶永，等．改变世界的智能机器：智能机器人发展思考[J]．科技导报，2015，33(21)：16-22.

第 2 章　机器人机构基础

2.1　引言

机器人机构是实现机器人各种复杂运动的基础，其设计直接影响到机器人的性能。本章首先介绍了机器人的自由度和工作空间等相关概念，然后介绍了典型机器人的三大部分、六个子系统的组成。在此基础上，重点对机器人的驱动机构、传动机构、机身机构、移动机构等进行了系统分析。此外，还介绍了柔顺机构和变胞机构这两种较常见的新型机器人机构。在最后，通过从本章开始引入的一个四足机器人设计项目，逐步串联全书知识点。

2.2　机器人的自由度

2.2.1　基本概念

自由度是机器人机构研究时最为重要的概念之一，也是在机构设计中首先需要关注的问题。要确定一个刚体在空间中的位姿需要 6 个自由度，这 6 个自由度分别是沿笛卡儿坐标系 3 个坐标轴的移动和绕这 3 个坐标轴的转动。其中，3 个移动自由度用于确定刚体在空间中的位置，而 3 个转动自由度则用于描述刚体的姿态。因此，机器人需要有 6 个自由度才能随意地在它的工作空间内放置物体。

机器人通常是由连杆构成，连杆可以看作是一个机构，每个机构具有一个唯一的运动状态，它的自由度是指机器人所具有的独立坐标轴运动的数目。在实际情况中，机器人的自由度是根据其用途而设计的，可能小于 6 个自由度，也可能大于 6 个自由度。自由度越多，灵活性和通用性就越好；但是自由度越多，结构越复杂，对机器人的整体要求就越高。这是机器人设计中的一个矛盾，大多数工业机器人有 3~6 个运动自由度。例如，对于简单的装配工作，4 个自由度的机器人就足够了；而对于复杂的焊接或曲面涂漆任务，可能需要 6 个或更多自由度的机器人来满足高精度和高灵活性的要求。

2.2.2　自由度计算

可以先考虑平面机构中的自由度计算问题。假设一个构件系统由 N 个自由构件组成，该系统有 $3N$ 个自由度。但需要选择其中一个构件作为机架，这样被选为固定机架的构件将损失全部的自由度，而剩余的活动构件数变为 $N-1$，系统的自由度相应变为 $3(N-1)$。两个相邻构件之间需要形成运动副，设该运动副的自由度为 f_i，平面机构两个构件之间的相对自由度为 3，则系统的自由度减少了 $3-f_i$。当运动副的数量为 g 个时，由于全部运动副的引入而使系统总共损失的自由度变为

$$(3-f_1)+(3-f_2)+\cdots+(3-f_i)+\cdots+(3-f_g)=3g-\sum_{i=1}^{g} f_i \tag{2-1}$$

系统的自由度 F=所有活动构件的自由度之和-系统损失的所有自由度之和，则

$$F=3(N-1)-\left(3g-\sum_{i=1}^{g} f_i\right)=3(N-g-1)+\sum_{i=1}^{g} f_i \tag{2-2}$$

又由于系统的自由度 F=所有活动构件的自由度之和-所有运动副的约束度之和，还可以得到另一种形式的公式，即

$$F=3(N-1)-\sum_{i=1}^{g} c_i \tag{2-3}$$

式中，c_i 为第 i 个运动副的约束度。将式(2-3)中的约束又进一步区分为高副与低副(平面机构中高副引入 1 个约束、低副引入 2 个约束)，则式(2-3)简化为

$$F=3(N-1)-(2P_{\mathrm{L}}+P_{\mathrm{H}}) \tag{2-4}$$

式中，P_{L} 为低副数；P_{H} 为高副数。

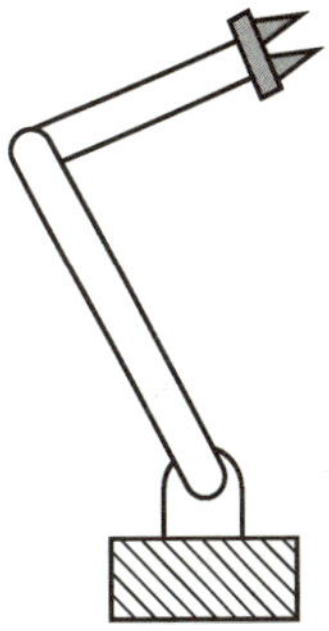

图 2-1　平面二连杆机器人

例 2.1　如图 2-1 所示，计算平面二连杆机器人的自由度。

解： 由式(2-2)可知：

$$F=3(3-2-1)+2=2$$

例 2.2　如图 2-2 所示，计算平面四连杆并联机器人的自由度。

解： 由式(2-2)可得：

$$F=3(4-4-1)+4=1$$

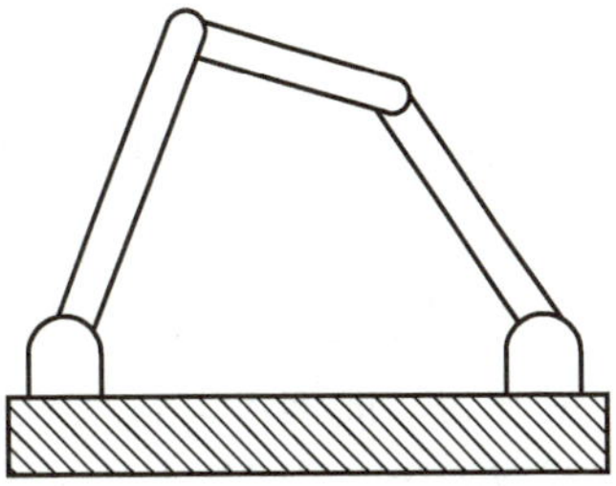

图 2-2　平面四连杆并联机器人

采用平面机构自由度计算的类似方法，可将式(2-4)扩展到空间形式，区别在于空间中的每个刚体都具有 6 个运动自由度，于是可得到空间形式下的自由度计算公式：

$$F=6(N-1)-(5p_5+4p_4+3p_3+2p_2+p_1)=6(N-1)-\sum_{i=1}^{5} ip_i \tag{2-5}$$

式中，p_i 为各级运动副的数目。

进一步地，写成更普遍的 Grubler-Kutzbach 公式：

$$F=d(N-1)-\sum_{i=1}^{g}(d-f_i)=d(N-g-1)-\sum_{i=1}^{g} f_i \tag{2-6}$$

式中，g 为机构的运动副数；f_i 为第 i 个运动副的自由度；d 为机构的阶数。一般情况下对于空间机构 $d=6$，对于平面或球面机构 $d=3$。

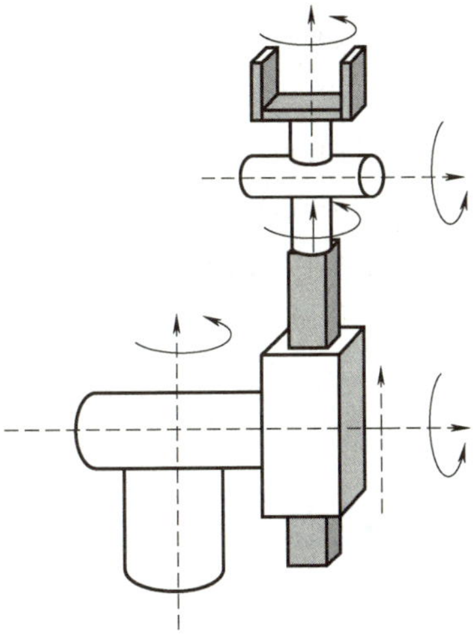

图 2-3　Stanford 机器人

例 2.3　如图 2-3 所示，计算 Stanford 机器人的自由度。

解：由式(2-6)，$d=6$，$g=6$，$N=7$，$\sum_{i=1}^{g} f_i=6$ 可得

$$F=d(N-g-1)+\sum_{i=1}^{g} f_i=6$$

需要注意的是，当机器人机构存在局部自由度、局部过约束等情况时，式(2-6)计算的结果不再正确，需要根据实际情况进行修正。

2.3 机器人的工作空间

机器人的工作空间是指机器人末端执行器能够到达的所有空间位置的集合，通常用三维空间的边界来表示，对其工作能力和适应性具有重要意义。机器人的工作空间取决于其自由度、关节运动范围以及连杆的长度等因素。根据不同的坐标系和运动类型，机器人的工作空间可分为可达工作空间和灵巧工作空间等类型。可达工作空间是指机器人末端执行器能够到达的空间点的集合，不考虑姿态的改变。而灵巧工作空间是指机器人末端执行器能够到达的空间点的集合，同时考虑姿态的改变。常用以下方法绘制机器人的工作空间：

1）几何绘图法，可绘制得到工作空间的各类剖截面或者剖截线。这种方法直观性强，但是当关节数较多时，必须进行分组处理；对于三维空间机器人手无法准确描述。

2）解析法，能够对工作空间的边界进行解析分析，但是由于一般采用机器人手运动学的雅可比矩阵降秩导致表达式过于复杂，以及涉及复杂的空间曲面相交和裁减等计算机图形学内容，难以适用于工程设计。

3）数值方法，即首先计算机器人工作空间边界曲面上的特征点，用这些点构成的线表示机器人的边界曲线，然后用这些边界曲线构成的面表示机器人的边界曲面。这种方法理论简单、操作性强，适合编程求解，但所得空间的准确性与取点的多少有很大的关系，而且点太多会影响计算机的运行速度。

一般工业机器人的产品手册或者规格书都会展示其工作空间的侧视图(见图 2-4)和俯视图。侧视图给出空间可达距离的最大值，以及极限范围的包络线。俯视图一般给出旋转角度范围，特别是基于底座第 1 轴的旋转空间范围。

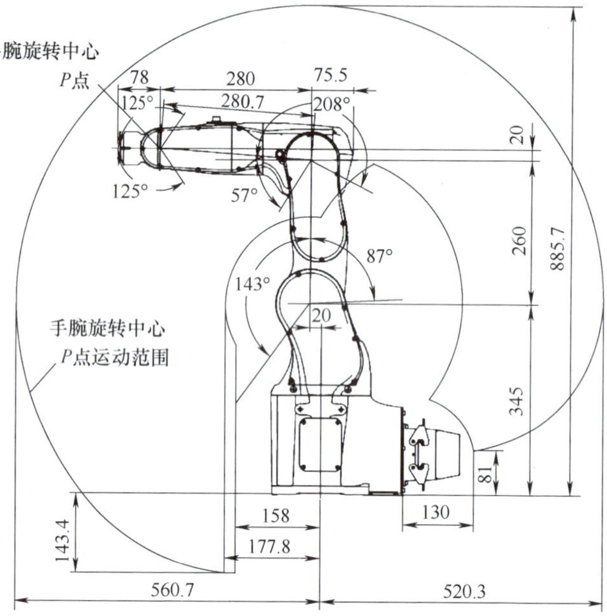

图 2-4　典型机器人工作空间的侧面投影示意

2.4 机器人的组成

机器人系统主要由三大部分、六个子系统组成。三大部分是指机械部分、传感部分、控制部分。六个子系统是指驱动系统、机械结构系统、感知系统、环境交互系统、人机交互系

统、控制系统。以一台在零件分拣线上的工业机器人为例，其系统如图 2-5 所示。

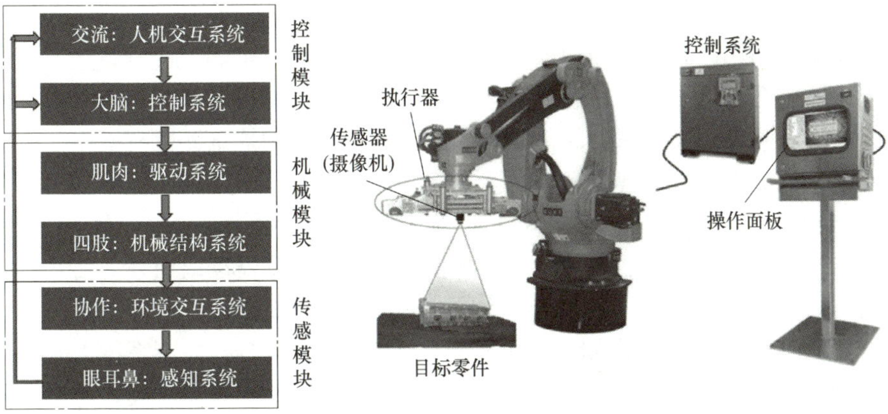

图 2-5　机器人系统的组成

1. 驱动系统

驱动系统是提供给各个关节(即每个运动自由度)动力，使机器人运行起来的装置，可以是液压驱动、气动驱动、电动驱动，或者把它们结合起来应用的综合系统。驱动系统可以直接驱动机器人，也可以通过同步带、链条、轮系、谐波齿轮等机械传动机构进行间接驱动。

2. 机械结构系统

机械结构系统是机器人完成各种运动的机械部件，由骨骼(杆件)和连接它们的关节(运动副)构成。图 2-5 中的工业机器人机械结构系统包括基座、手臂、末端操作器三个部分，每部分都有若干个自由度，构成一个多自由度的机械系统。基座能固定也能移动，如基座具备行走机构，则构成行走机器人；如基座不具备行走及腰转机构，则构成单机器人臂。手臂一般包括上臂、下臂和手腕三部分。末端操作器是直接装在手腕上的一个重要部件，它可以是二手指或多手指的手爪，也可以是喷漆枪、焊具等作业工具。机器人机械结构系统还可能包括其他辅助部件，如传感器支架、线缆管理等。这些部件用于提高机器人的感知能力、保护机器人免受损坏，并确保机器人的正常运行。

3. 感知系统

感知系统包括内部传感器模块和外部传感器模块，其作用是用以获取内部和外部环境状态中有价值的信息。例如，工业机器人内部传感器中，位置传感器和速度传感器是机器人反馈控制中不可缺少的元件。外部传感器的作用则是为了检测作业对象、环境或它们与机器人的关系。智能机器人上会安装有触觉传感器、视觉传感器、力觉传感器、接近传感器、超声波传感器和听觉传感器等，可以大大改善机器人工作状况，使机器人的机动性、适应性和智能化水平得以提高，并使机器人能够完成复杂的工作。

4. 环境交互系统

环境交互系统是指机器人与其所处环境进行交互和通信的系统。该系统允许机器人感知其环境，理解环境中的物体、人和事件，并据此做出决策、执行动作，与环境进行交互以实现特定目标。一个典型的机器人环境交互系统包括传感器、处理器、决策系统、执行器和通信模块。环境交互系统的设计和实现取决于具体的应用场景和需求。例如，在工业自动化领域，机器人可能需要与生产线上的其他设备协同工作；在自动驾驶领域，机器人车辆需要能够感知和理解道路环境，并与其他车辆和行人安全交互。

5. 人机交互系统

人机交互系统的作用是实现操作人员参与机器人控制并与机器人进行联系，如计算机标准终端、指令控制台、信息显示板、危险信号报警器等。该系统可以分为两大类，即指令给定装置和信息显示装置。人们通过人机交互来感知机器系统的信息并进行操作，机器人又通过人机交互系统充分融入人的智能和技巧。

6. 控制系统

控制系统的作用是根据机器人的作业指令程序以及从传感器反馈回来的信号，控制机器人的执行机构去完成规定的运动和功能。如果机器人没有信息反馈功能，则为开环控制系统；如果具备信息反馈功能，则为闭环控制系统。按控制原理分，控制系统可分为程序控制系统、适应性控制系统和人工智能控制系统。按控制运动的形式分，控制系统又可分为点位控制和轨迹控制。在硬件组成上，控制系统通常包括主控制计算机、位置伺服控制卡和编程示教盒等。

2.5 驱动机构

机器人的驱动系统按动力源可分为电动、液压和气动三大类，根据需要也可由这三种基本类型组合成复合式的驱动系统。

1. 电动机驱动

电动机驱动是利用各种电动机产生的力或转矩直接驱动机器人的关节，或者通过诸如减速的机构来驱动机器人的关节，以获得所需的位置、速度、加速度和其他指标，具有控制方便、运动精度高、维护成本低、驱动效率高、环保整洁等优点。如图 2-6 所示，斯坦福大学研制的四足机器人在每条腿侧的边板上安装有两个电动机，通过感应腿部承受的外力以确定各电动机需要施加的力和转矩的大小。按照工作原理和特点，电动机可分为四种类型：步进电动机、直流伺服电动机、交流伺服电动机和直线电动机，它们的具体差异将在本书的第 7 章中进行详细介绍。

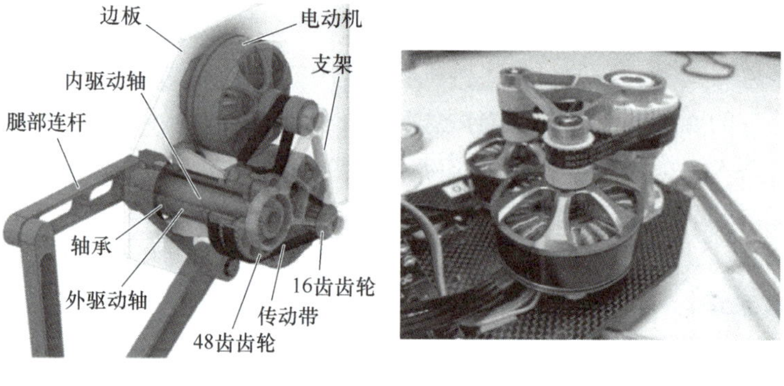

图 2-6　斯坦福大学的四足机器人（两个电动机通过皮带将动力传递给驱动轴）

电动机在机器人的转动关节中有多种配合方式，如驱动机构与回转轴同轴式、驱动机构与回转轴正交式、直接驱动式、安装于外部驱动形式、安装于内部驱动形式等，如图 2-7 所示。

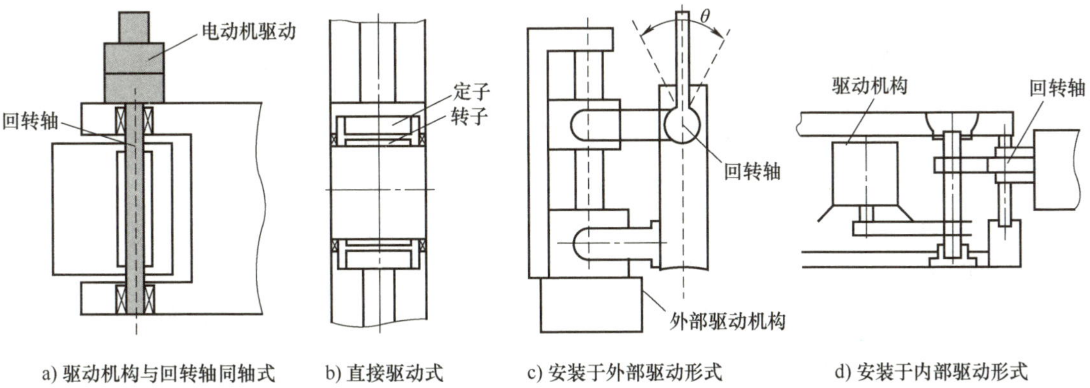

图 2-7　电动机驱动机器人关节形式

2. 液压驱动

在电驱动技术成熟之前，液压驱动是最广泛使用的驱动方法。液压驱动的压力和流量易于控制，具有刚性高、调速简单、操作和控制方便等特点，无级调速范围高达 2000∶1，能够以较小的驱动力或转矩获得较大的动力。缺点是由于流体阻力、温度变化、杂质、泄漏等影响，工件的稳定性和定位精度不准确，还易造成环境污染，增加了维护技术要求。因此，液压驱动经常用于需要较大输出力和低运动速度的场合。液压驱动的应用如图 2-8 所示。

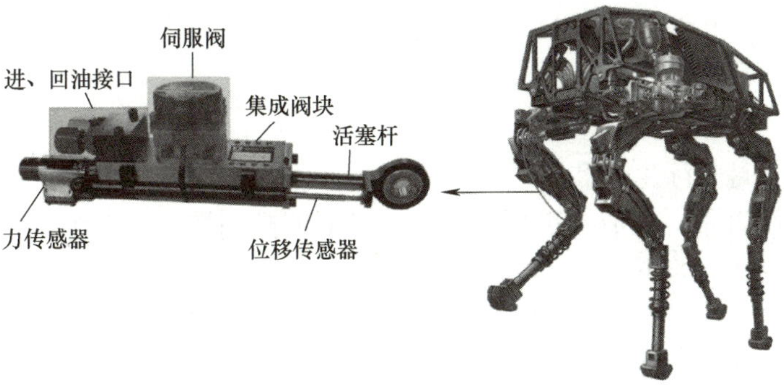

图 2-8　波士顿动力四足机器人采用液压驱动技术

3. 气动驱动

气动驱动以空气为介质，通过气源发生器将压缩空气的压力能转换为机械能，以驱动执行器完成预定运动，具有节能简单、柔软安全、重量轻、成本低、无污染等优点。然而，由于空气的可压缩性，要实现高精度、快响应的位置和速度控制并不容易，而且还会降低驱动系统的刚性。气动驱动在某些特定领域得到广泛使用，如人们利用气动驱动的灵活性来开发软体机器人，如图 2-9 所示，以及与人类共存协作的服务机器人等。

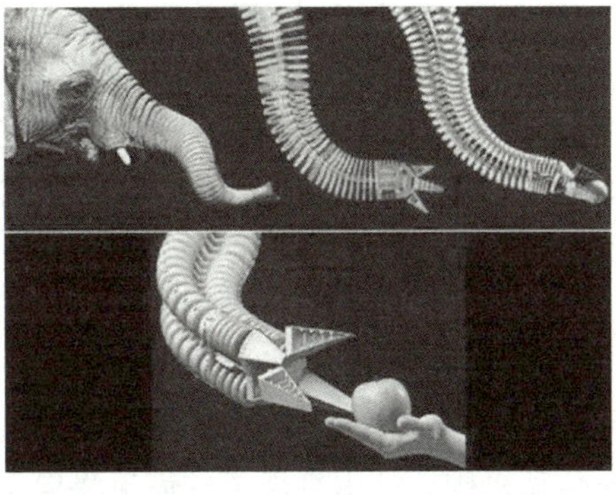

图 2-9　气动驱动常应用于软体机器人

2.6 传动机构

传动机构是把动力从机器的一部分传递到另一部分，使部件运动或机器运转的机构。传动机构具有以下作用。

1）调速度：执行器和驱动器的速度往往不一致，利用传动机构达到改变输出速度的目的。

2）调转矩：改变驱动器输出转矩，以满足工作机的要求。

3）改变运动形式：把驱动器输出的运动转变为执行器所需的形式，如将旋转运动改变为直线运动，或反之。

4）动力和运动的传递和分配：将驱动器的机械能传送到数个工作单元上，或将数个驱动器的机械能传送到一个工作单元上。

5）其他特殊作用：如有利于机器的控制、装配、安装、维护和安全等而设置传动装置。

具体而言，传动机构按照不同传动形式又可分为齿轮传动、丝杠传动、带传动、链传动、连杆传动等。

2.6.1 齿轮传动

齿轮传动是应用最广的一种传动形式，具有传动准确、效率高、结构紧凑、工作可靠、寿命长等优点。齿轮传动主要依靠主动轮轮齿依次推动从动轮轮齿来实现，其基本要求是瞬时传动比保持不变，以确保传动的平稳性和准确性。

1. 齿轮的种类及特点

（1）直齿圆柱齿轮

直齿圆柱齿轮是实际生产和使用中最常见齿轮之一，渐开线标准直齿圆柱齿轮的主要参数有：模数、压力角、齿数、齿顶高系数和径向间隙系数。这 5 个参数除齿数，均制订了行业标准。齿轮的径向尺寸都是模数的倍数，故模数是计算齿轮尺寸的最主要参数。在一对啮合的齿轮中，齿轮的齿数与其转速成反比，输出力矩与输入力矩之比等于输出齿数与输入齿数之比。使用直齿圆柱齿轮传动时除了要选择合适的齿轮参数，还应注意以下问题：

1）齿轮传动一般具有间隙以弥补制造误差和热胀冷缩影响，这会导致机器人的定位误差。

2）齿轮的引入会改变系统的等效转动惯量，从而影响系统的动力学特性和控制特性。

3）齿轮需要保持润滑和冷却，要避免过载和冲击。

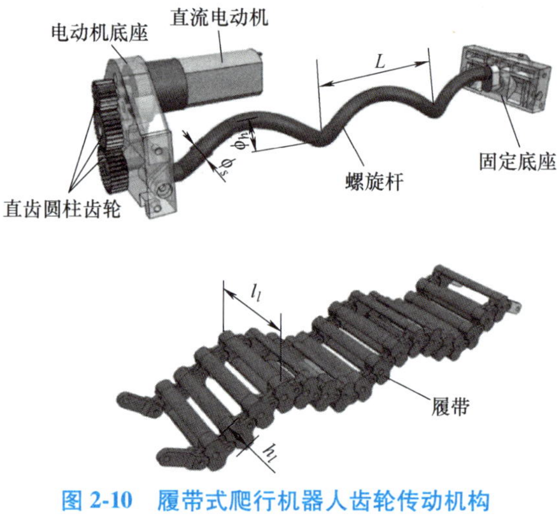

图 2-10　履带式爬行机器人齿轮传动机构

图 2-10 为一种履带式爬行机器人的齿轮传动机构，利用直齿圆柱齿轮将电动机运动传递到波浪形连杆上，使得连杆上的履带产生波浪运动，从而使驱动机器人

爬行前进。

（2）斜齿轮

普通的直齿轮沿齿宽同时进入啮合，因而产生冲击振动噪声，传动不平稳。斜齿轮如图 2-11a 所示，它的齿带有扭曲，传动平稳，冲击振动和噪声较小，故而在高速重载场合使用广泛。斜齿轮具有作用于轴上的横向力，为消除这种力，应该采用止推轴承或成对地布置斜齿轮，如图 2-11b 所示。

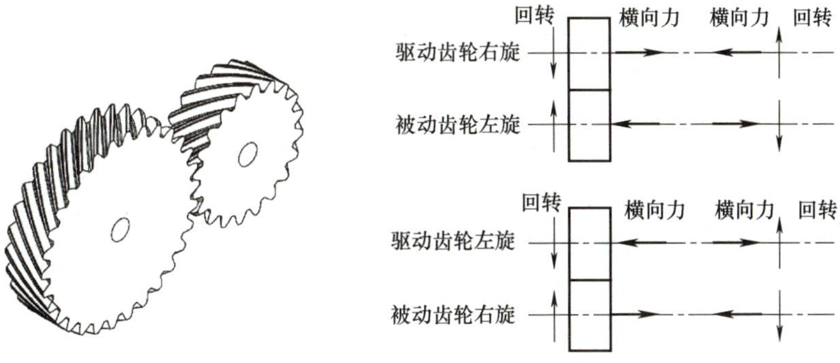

a) 斜齿轮　　b) 斜齿轮的回转方向与横向力

图 2-11　斜齿轮传动

（3）锥齿轮

锥齿轮用于传递两相交轴的运动和动力，其传动可看成是两个锥顶共点的圆锥体相互做纯滚动，如图 2-12 所示。在机器人传动中，锥齿轮通常用于改变电动机的转动方向或角度。锥齿轮有直齿、斜齿和曲线齿之分，其中直齿锥齿轮最常用，斜齿锥齿轮已逐渐被曲线齿锥齿轮代替。与圆柱齿轮相比，直齿锥齿轮的制造精度较低，工作时振动和噪声较大，适用于低速轻载传动（低于 5m/s）。曲线齿锥齿轮传动平稳，承载能力强，常用于高速重载传动，但其设计和制造较复杂。

a) 直齿锥齿轮　　b) 斜齿锥齿轮

图 2-12　锥齿轮传动

图 2-13 为一种 5 个自由度柔顺机械臂的传动机构，锥齿轮位于机械臂关节处，通过锥齿轮可以将运动传递到上连杆。这种传动形式保证了机构的灵活性和运动范围，电动机和变速箱可以放置在机械臂内部，同时减少了机械臂的占地面积。

（4）蜗轮蜗杆

蜗轮蜗杆传动是由蜗杆和蜗轮组成，一般蜗杆为主动件，能以大减速比传递垂直轴之间的运动和动力，两轮啮合齿面间为线接触，其承载能力大大高于交错轴斜齿轮机构。蜗杆传动相当于螺旋传动，和螺纹一样有左旋和右旋之分，为多齿啮合传动，故传动平稳、噪声很

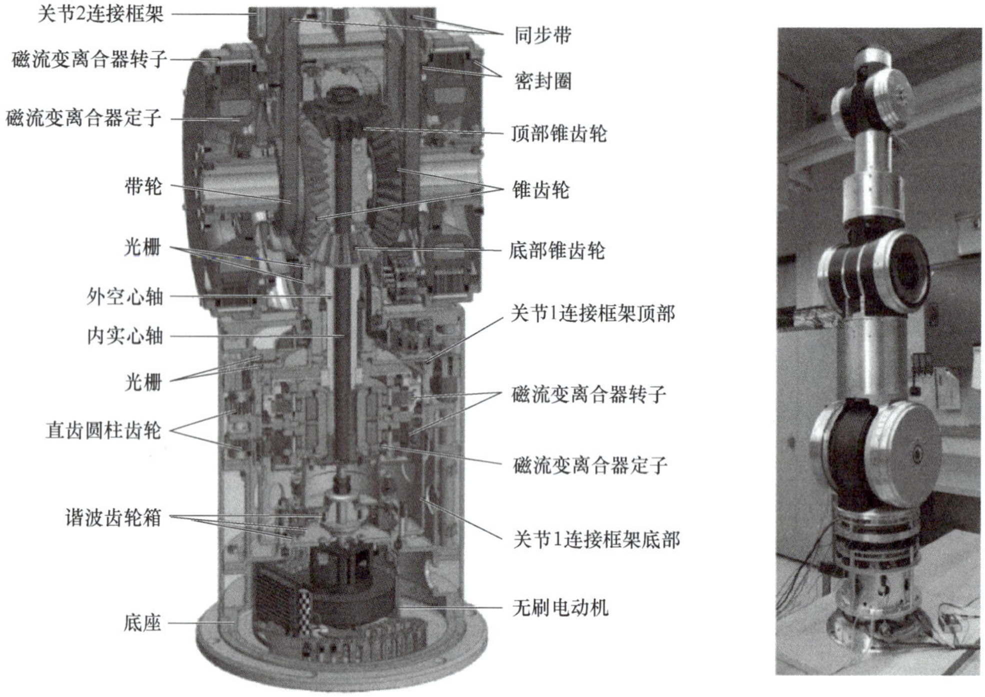

a) 关节剖视图　　b) 机械臂整体

图 2-13　5 个自由度柔顺机械臂锥齿轮传动机构

小，但蜗杆有较大轴向力。当蜗杆的导程角小于啮合轮齿间的当量摩擦角时，机构具有自锁性，只能由蜗杆带动蜗轮，而不能由蜗轮带动蜗杆。蜗轮蜗杆啮合传动的缺点是效率较低，齿面磨损较严重，常需要采用具有减摩性或抗磨性较好的材料及润滑装置，因而成本较高。

图 2-14 为一种用于康复训练的踝关节机器人蜗轮蜗杆传动机构。人体踝关节的结构可以简化为具有 3 个转动自由度的球面副，有三个主要的运动：围绕 x 轴的旋转轴，实现反转和外翻的运动；围绕 y 轴旋转，实现背屈和跖屈运动；围绕 z 轴的旋转轴，实现内收和外展的运动。在该踝关节机器人中，蜗轮蜗杆机构分别模拟背屈和跖屈运动以及内收和外展的运动。

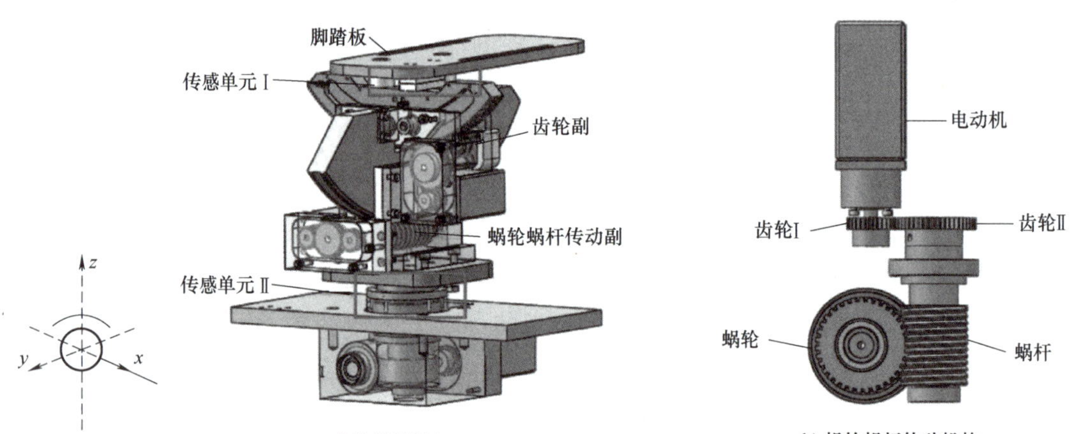

a) 单脚踝机器人　　b) 蜗轮蜗杆传动机构

图 2-14　用于康复训练的踝关节机器人蜗轮蜗杆传动机构

（5）齿轮齿条

齿轮齿条工作原理是将齿轮的回转运动转变为齿条的往复直线运动，或将齿条的往复直线运动转变为齿轮的回转运动。齿轮齿条传动定位机构快速、精准，适用于重负荷、高精度、高刚性、高速度和长行程的场景，如切割、焊接、工业机器人手臂抓取等机构。

图 2-15 为一种机械臂的齿轮齿条传动机构，该机构使得机械臂可以实现蠕虫状的伸展，额外的延展性为机器人提供了更灵巧的操作和更大的工作空间。

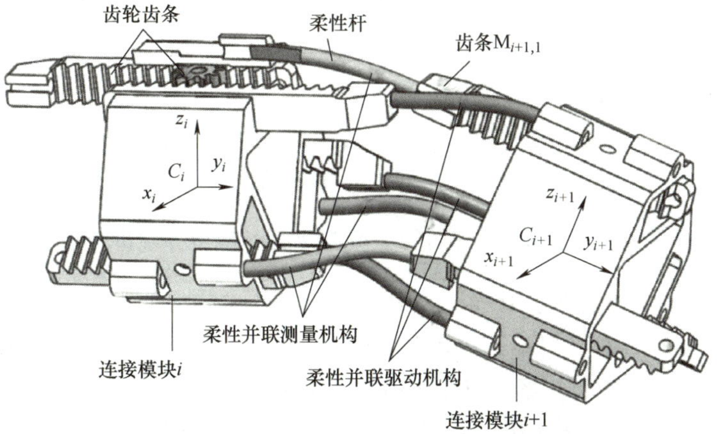

图 2-15　机械臂齿轮齿条传动机构

2. 轮系传动

电动机是高转速、低转矩的驱动器，在机器人中要采用减速轮系传动将其变为低转速、高转矩的驱动器，以满足其精度和柔性的要求。减速轮系的参数有减速比、输出转矩、输出转速和精度，减速比范围一般在 3~20 之间。常用的减速轮系有行星齿轮机构、谐波传动机构、RV 减速机构、摆动针轮传动等。在机器人的某些部分也常用一些普通减速轮系进行降速。这些减速轮系由不同的轮系搭配构成的，根据减速轮系传动时各轮的几何轴线是否固定，可分为定轴轮系、周转轮系和复合轮系等。

（1）定轴轮系传动

所有齿轮几何轴线的位置都固定不动的轮系传动，叫定轴轮系传动，如图 2-16 所示。轮系传动比的分析包括传动比的大小计算和从动轮转动方向的判断。

轮系中首末两轮的转速之比为该轮系的传动比，一般用 i 表示，在其右下角附注两个角标来表示对应的两轮。例如，i_{12}表示齿轮 1 和齿轮 2 的转速之比，即

$$i_{12}=\frac{\omega_1}{\omega_2}=\frac{n_1}{n_2}=\frac{z_2}{z_1} \tag{2-7}$$

式中，ω 为齿轮的角速度；n 为齿轮的转速；z 为齿轮的齿数。

计算图 2-16 中轮系的传动比，即

$$i_{15}=\frac{\omega_1}{\omega_5}=\frac{\omega_1}{\omega_2}\times\frac{\omega_2}{\omega_3}\times\frac{\omega_3'}{\omega_4}\times\frac{\omega_4'}{\omega_5}=\frac{z_2}{z_1}\times\frac{z_3}{z_2}\times\frac{z_4}{z_3'}\times\frac{z_5}{z_4'}=\frac{z_3z_4z_5}{z_1z_3'z_4'}$$

（2）周转轮系传动

周转轮系运转时，至少有一个齿轮的几何轴线绕另一齿轮的固定轴线转动的轮系传动叫

周转轮系传动。周转轮系可以按自由度的不同做进一步的划分，如图 2-17 所示。若周转轮系的自由度为 $F=2$，则称其为差动轮系；若自由度为 $F=1$，则称其为行星轮系。

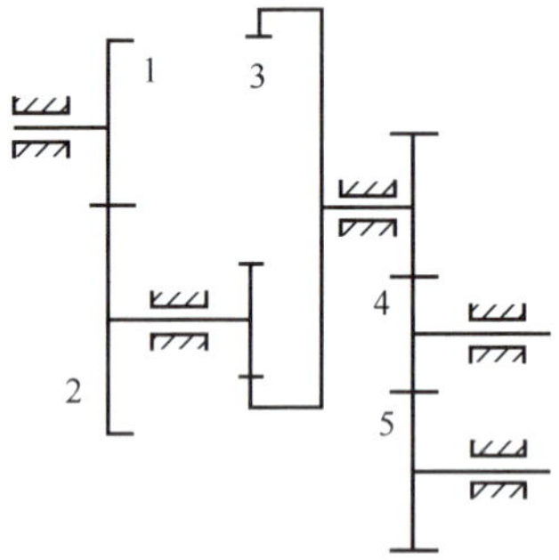

图 2-16　定轴轮系传动示意图

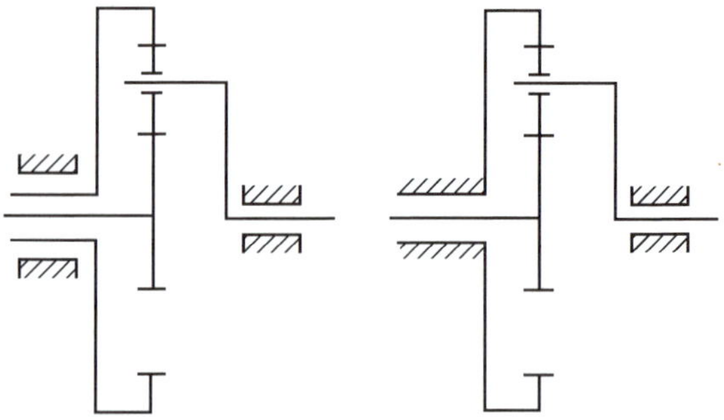

a) 差动轮系　　b) 行星轮系

图 2-17　周转轮系按自由度划分的两种类型

周转轮系除按自由度以外，还可根据其基本构件的不同来进行分类，设轮系中的太阳轮以 K 表示，系杆以 H 表示，带输出机构的输出轴用 V 表示，周转轮系通常可分为 K-HV 型轮系，3K 型轮系和 2K-H 型轮系，可用于机器人的减速系统中。其中 2K-H 型和 3K 型的行星齿轮减速器较为常用，结构如图 2-18 所示。

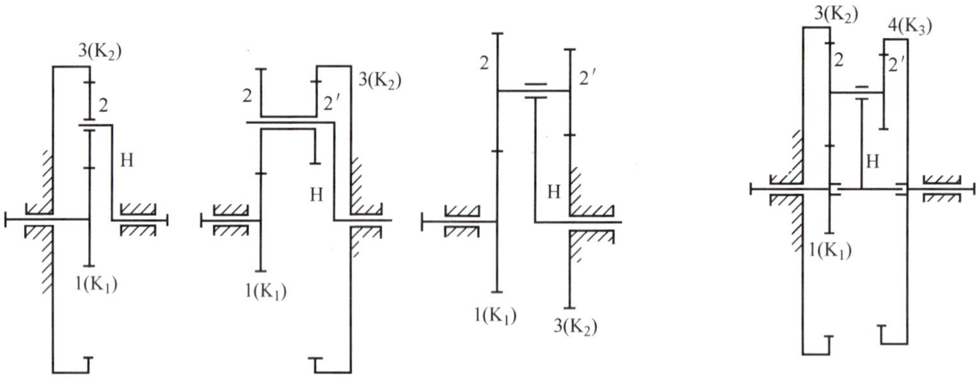

a) 2K-H型行星齿轮减速器　　b) 3K型行星齿轮减速器

图 2-18　周转轮系按结构划分常用类型

（3）复合轮系传动

复合轮系不是单一轮系，而是由定轴轮系与周转轮系或周转轮系与周转轮系组成的复合轮系。图 2-19 所示是某机器工作台的变速机构，其采用了复合轮系。

（4）其他轮系传动

1）钟摆针轮减速器是在行星轮传动结构的基础上发展起来的一种传动方式，结构如图 2-20 所示。它由渐开线行星轮和钟摆针轮两部分组成。渐开线行星轮与曲柄轴连成一体，作为钟摆针轮传动部分的输入。工作时，输入轴通过摆动转子中的凸轮或齿轮来带动摆线针轮旋转，而钟摆针轮与针轮的啮合使得输出轴获得相应的转动。

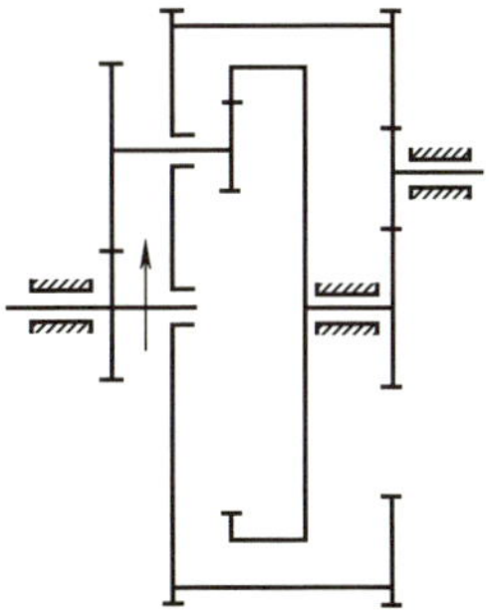

图 2-19　复合轮系传动示意

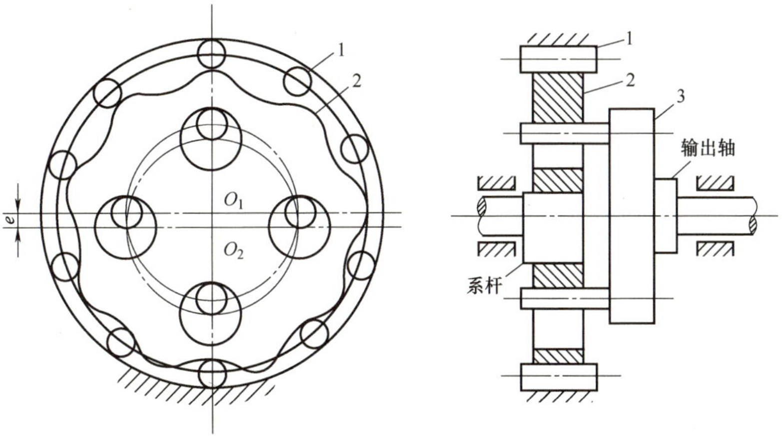

图 2-20　钟摆针轮传动机构

1—波发生器　2—柔轮　3—刚轮

2）谐波齿轮传动，其工作原理主要基于柔轮的可控弹性变形，并且在机器人上获得比行星齿轮更广泛的应用。其由三个基本构件组成：内齿的刚轮、外齿的柔轮和波发生器。当波发生器转动时，柔轮会在其内部产生变形，这种变形使得柔轮的长轴部分齿与刚轮的内齿完全啮合，而短轴部分齿则完全脱开。波发生器的连续转动迫使柔轮上的某一点不断改变位置，从而在柔轮的节圆上形成一种近似正弦波的径向位移变化，这种变形波与刚轮齿的相互作用实现了运动和动力的传递。柔轮齿圈上的任意一点的径向位移将呈近似于正弦波形的变化，因此这种传动被称为谐波传动。图 2-21 是两种类型的谐波齿轮传动的结构。

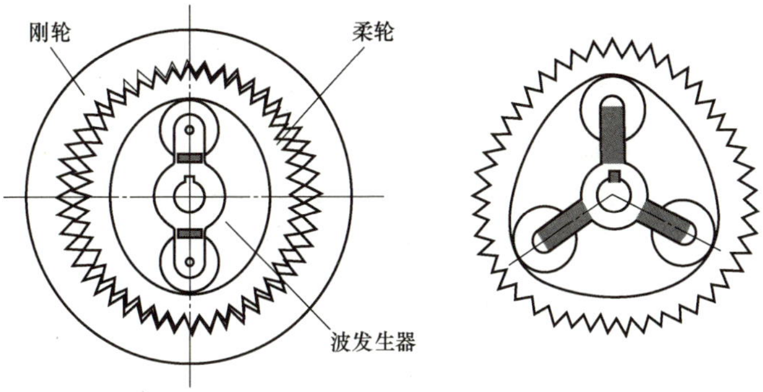

图 2-21　谐波齿轮传动的结构

谐波传动的传动比的计算如下：

如果刚轮固定，谐波发生器为输入齿轮，角速度为 ω_1，柔轮为输出齿轮，角速度为 ω_2，则传动比 $i_{12}=\dfrac{\omega_1}{\omega_2}=-\dfrac{z_r}{z_g-z_r}$。如果柔轮静止，谐波发生器为输入齿轮，角速度为 ω_1，刚轮为输出齿轮，角速度为 ω_3，则速比 $i_{13}=\dfrac{\omega_1}{\omega_3}=-\dfrac{z_r}{z_g-z_r}$。其中，$z_r$ 为柔轮齿数，z_g 为刚轮齿数。

例 2.4　有一谐波齿轮传动，刚轮齿数为 200，柔轮齿数为 195，刚轮固定，柔轮输出，求该谐波传动的传动比。

解： 刚轮固定，柔轮输出，传动比为

$$i_{12}=\frac{\omega_1}{\omega_2}=-\frac{z_r}{z_g-z_r}=-\frac{195}{200-195}=-39$$

其中，负号表示柔轮输出转向与发生器转向相反。

3）RV 减速器，由第一级渐开线圆柱齿轮行星减速机构和第二级摆线针轮行星减速机构两部分组成，为一种封闭差动轮系，其两级减速结构如图 2-22 所示。RV 减速器具有结构紧、传动比大、振动小、噪声低、能耗低的特点，在一定条件下具有自锁功能。它较机器人中常用的谐波传动具有高得多的疲劳强度、刚度以及更长的寿命，而且回差精度稳定，不像谐波传动那样随着使用时间增长运动精度会显著降低，故世界上许多国家高精度机器人传动多采用 RV 减速器，在先进机器人传动中有逐渐取代谐波减速器的发展趋势。

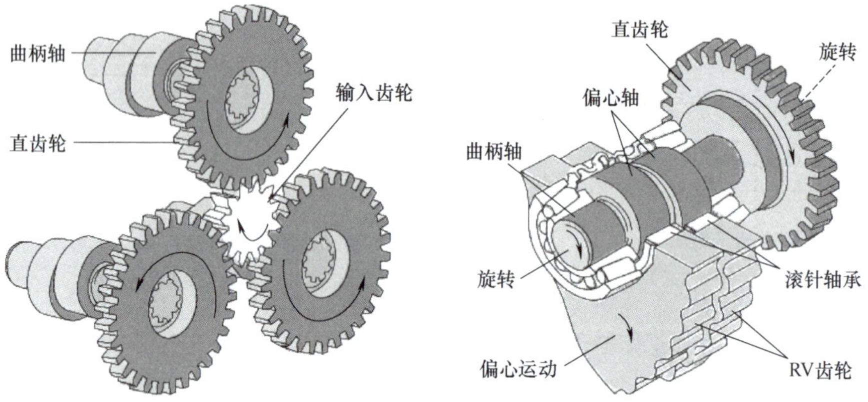

a) 第一级圆柱齿轮行星减速机构　　b) 第二级摆线针轮行星减速机构

图 2-22　RV 减速器结构

2.6.2　丝杠传动

丝杠传动利用丝杠和螺母的相互运动来实现机械元件的运动传递，可以将旋转运动转化为直线运动，或者将直线运动转化为旋转运动。在丝杠传动中，丝杠是主转动件，通过丝杠的旋转来带动螺母等副转动件产生直线运动，从而实现机械元件的运动传递。丝杠传动具有精度高、平稳性好等优点，缺点是由于摩擦等因素会导致传动效率低、磨损及润滑维护问题。

丝杠传动应用于机器人中能够实现高精度的直线运动，或与其他传动机构组合实现复杂的动作和轨迹。图 2-23 为一种扑翼飞行机器人夹持装置的丝杠传动机构，利用丝杠控制末端夹持装置的开合实现飞行机器人在树干平台稳定降落和停留。

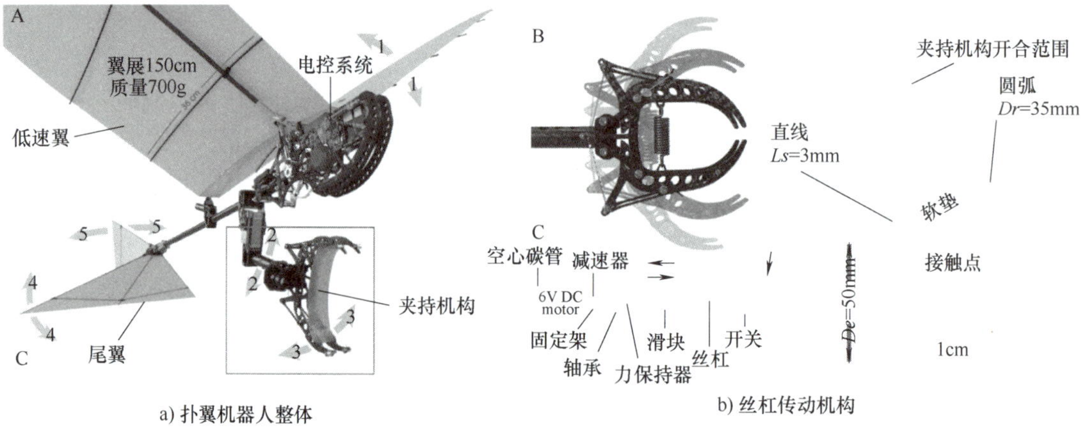

a) 扑翼机器人整体　　b) 丝杠传动机构

图 2-23　扑翼飞行机器人夹持装置丝杠传动方式

2.6.3　带传动和链传动

1. 带传动

带传动利用挠性带作为中间介质，将动力从主动轮传递到从动轮。根据传动原理不同，可分为摩擦型带传动和啮合型带传动。在摩擦型带传动中，带与带轮之间依靠摩擦力传递运动和动力，常见的有平带传动和 V 带传动。而在啮合型带传动中，带与带轮之间通过齿相互啮合传递运动和动力，如常见的同步带传动。

带传动在机器人中有着广泛的应用，能够实现较大距离传动，有助于提升机器人的行程。带传动还有一定的缓冲和吸振作用，能够使得机器人手臂的运动轨迹更加平稳，不产生颤动现象，可以提高机器人的定位精度。带传动过程中带与带轮之间的摩擦较小，产生的噪声小，使其在运行过程中对周围环境的影响也很小。

图 2-24 为一种爬梯功能的可变形六足机器人的带传动传动机构，由于传送带质量较轻，故选用传送带作为传动机构。此外，还设计了张紧轮来增加同步带的张力，以提升传动稳定性。

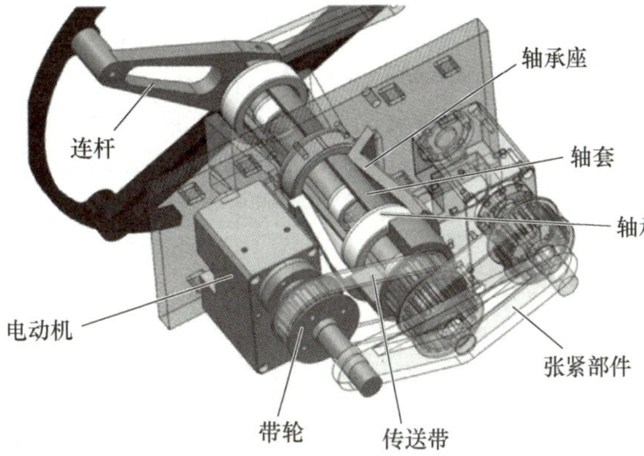

图 2-24　六足机器人带传动传动机构

2. 链传动

链传动是一种通过链条将具有特殊齿形的主动链轮的运动和动力传递到具有特殊齿形的从动链轮的传动方式。链条由一系列链节组成，每个链节都包括两个相连的链板，以及连接链板的销轴。这些销轴通过轴承固定在链轮上，使得链轮可以转动而链条保持连续。链传动具有较高的传动效率和较大的传动比，在机器人中应用广泛。例如，在喷涂机器人中，使用链传动可以使得电动机的安装位置远离机器人的末端执行器，从而实现轻量化的大臂设计，提高机器人的运动灵活性。链传动还具有结构简单、传力大、寿命长和适应性强等优点，还可以实现多关节轴联动。缺点是成本较高，噪声较大，使用久了会造成脱落现象。

图 2-25a 为一种用于船体检测的履带式攀爬机器人，通过将电磁铁固定在链条上实现机器人在船舶垂直船体上的攀爬，进而对船体进行检测并诊断外壳故障。

a) 攀爬机器人

图 2-25　履带式攀爬机器人链传动方式

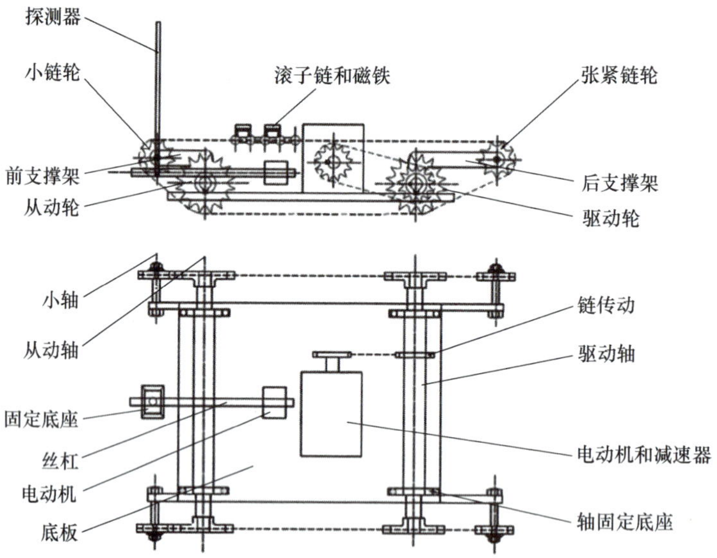

b) 机器人传动机构

图 2-25　履带式攀爬机器人链传动方式(续)

2.6.4　绳传动

绳传动利用绳索缠绕在滑轮或轮轴上，通过滑轮或轮轴的转动实现动力的传递，通常用于改变运动方向、传递力量或实现变速传动。绳传动在机器人中多有应用，主要集中在关节驱动和精密传动等领域。

绳传动的质量小、惯性小、传动距离远且无背隙，在关节驱动中能够实现轻量化、低传动比的需求。其自身的柔性使得机械臂系统具有一定的缓冲吸振作用，提高人与机器、环境与机器之间交互的安全性，在医疗机器人中有广泛应用。例如，在“达・芬奇”手术机器人的手术工具中，就采用了绳传动方式，如图 2-26 所示。手术机器人末端抓握的绳传动机构，利用线驱动即实现长距离传动又极大地缩小了执行器的体积。

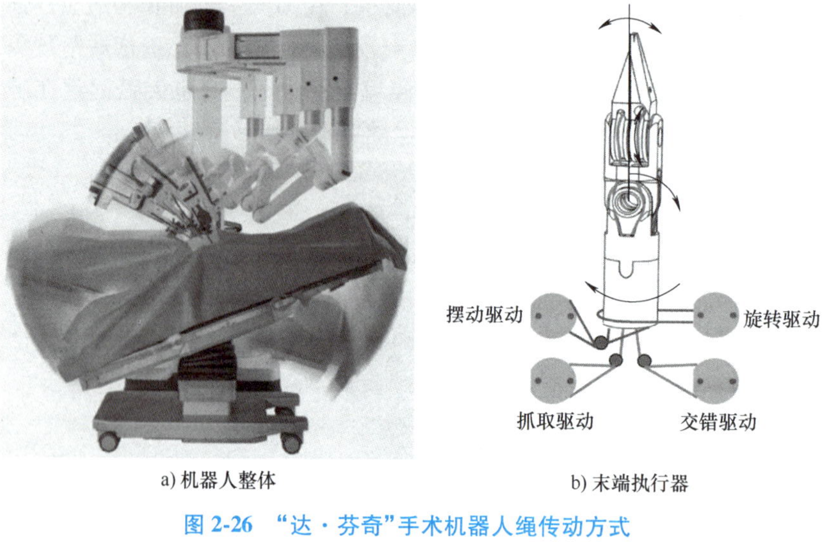

a) 机器人整体　　b) 末端执行器

图 2-26　“达・芬奇”手术机器人绳传动方式

此外，绳传动还可以用于实现紧凑的空间布局，例如，一些机器人的电动机布置在关节上或底座上，通过绳传动将力传递至各个关节，可以节约空间。这种驱动后置还可以大大减少机械臂伸展部分的电气元件，使得防尘、防水性能相对优异，受工作环境影响低，方便维护。

绳传动的缺点是摩擦损失较大，需要定期更换；传动效率较低，传动比和传递的力矩有限，通常适用于中小型机器人。

2.6.5 连杆传动

连杆传动机构通常由若干刚性构件用铰链（回转副）或导轨（移动副）连接而成，能够使回转运动和往复摆动或往复移动得到相互转换，以实现预期的运动轨迹或动力传递。连杆传动在机器人中具有广泛的应用，其优点如下。

1）运动范围大：通过连接不同长度的连杆，机器人可以实现较大的工作空间，并且能够灵活地调整其位置和姿态。例如，在装配生产线、印刷机械、激光切割等领域，机器人使用连杆传动可以快速、准确地完成大范围的运动。

2）控制精准：通过精确设计和连杆长度调节，可以实现机器人的精确运动轨迹，如在喷涂机器人、搬运机器人、焊接机器人等场景中应用。

3）可实现柔顺控制：通过设计具有柔性的连杆机构，可以实现机器人的柔顺运动，在人机交互、康复医疗等领域应用广泛。例如，在人机协作机器人中，使用柔性连杆传动机构可以减小对人体组织的冲击，提高人机协作的安全性和舒适性。

图 2-27 为一种机械手连杆传动机构，该机械手具有大的运动范围，并可以实现高精度的运动轨迹和握力的控制。由于采用连杆传动，机械手易于制造和维护。

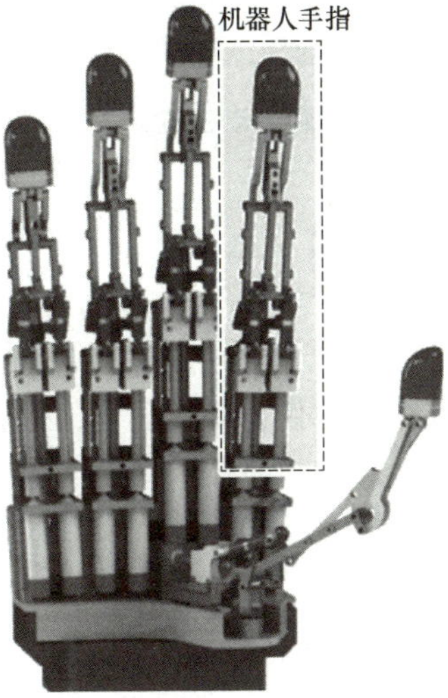

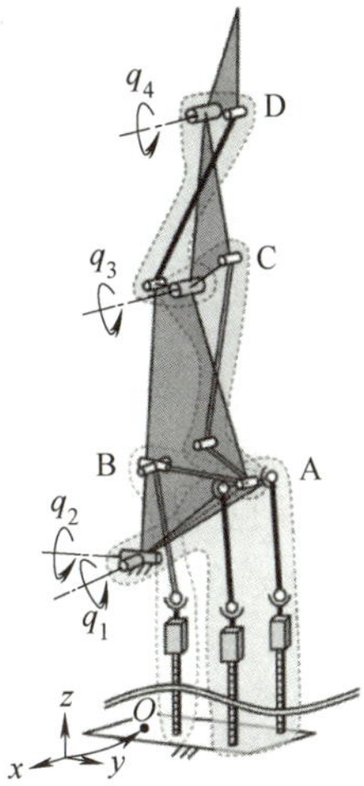

图 2-27　机械手连杆传动机构

2.6.6 凸轮传动

凸轮传动通过凸轮与从动件之间的接触来传递运动和动力。凸轮传动结构简单、紧凑，设计合理时能获得较大的传动比，这使得机器人能够实现精确的动作和姿态控制。通过设计凸轮的几何形状，可以使机器人部件按照预定的规律进行周期性的往复运动，这种周期性运动在机器人及相关领域十分常用。例如，在扫地机器人、装配机器人等应用场景中，凸轮传动可以实现机器人的连续动作。凸轮传动的缺点是凸轮与从动件间有接触，会产生较大的摩擦和磨损，因此不宜用于传递大功率；传动效率较低，制造和安装要求较高。

图 2-28 为一种仿鱼机器人的凸轮传动机构，直流电动机的旋转运动最初通过三角凸轮机构转化为往复直线运动，三角凸轮从动框架侧表面的一部分为齿条齿轮，与齿条齿轮接触的传动轴侧表面为齿轮。在传动轴和非传动轴之间粘贴弹性薄板，使其处于轻微偏转状态。通过使传动轴在该状态下做往复旋转运动，产生屈曲，进而使附着在传动轴上的尾翼产生推进力。

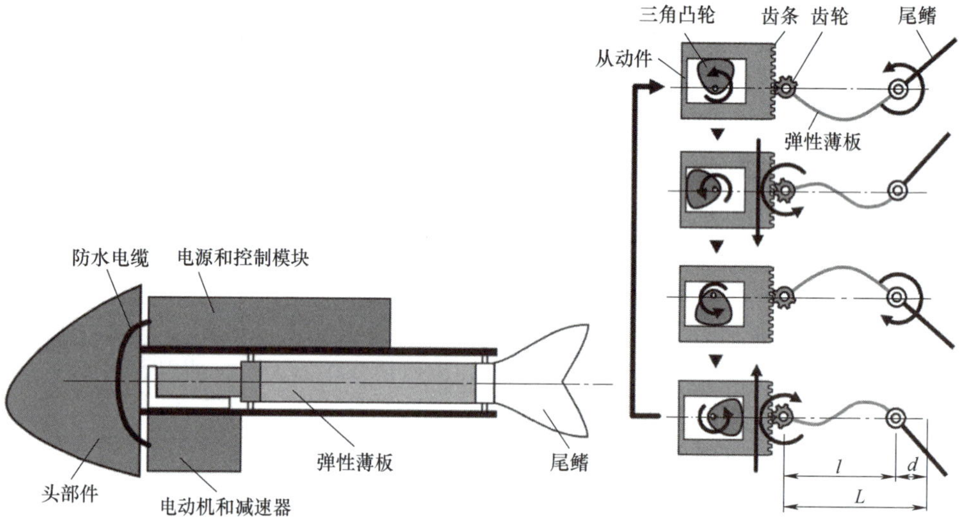

a) 仿鱼机器人　　b) 机器人运动示意

图 2-28　仿鱼机器人凸轮传动机构

2.7　机身机构

机器人的机身是机器人的基础结构，它为机器人的其他部件提供支撑和安装的基础。机器人机身可以是固定的，还可以是移动的甚至飞行的，使机器人适应各种复杂的任务和环境。

机器人的机身结构类型主要有以下几种：

1）直线型，机身结构呈直线形状，关节可以沿轴线转动，运动范围大，能够实现较大范围的移动。

2）倒 L 型，机身结构呈倒 L 形状，关节可以沿水平轴线转动，运动范围较小，适合用于需要较小范围移动的机器人。

3）直立型，机身结构呈直立形状，关节可以沿垂直轴线转动，运动范围较大，适合用于需要较大范围移动的机器人。

4）关节型，机身结构具有多个关节，关节可以自由转动，运动范围大，能够实现复杂的动作和姿态。

5）并联型，机身结构采用并联机构，具有多个连杆和转动关节，可以同时实现多个方向的移动和转动，适合用于需要高精度定位和姿态控制的机器人。

2.7.1　臂部机构

臂部是机器人的主要执行部件，一般与控制系统和驱动系统一起安装在机身上，其作用是支撑手部和腕部，并改变手部的空间位置，其重量直接影响结构的刚度和强度。根据具体的应用需求和工作环境，机器人的臂部可以是伸缩、俯仰、回转或升降的，常见有关节型臂部、连杆型臂部、柔性臂部、模块化臂部等。

1. 臂部伸缩机构

主要有以下几种形式。

1）直线导轨伸缩机构：通过直线导轨和滑块来实现手臂的直线伸缩运动，具有高精度、高刚度、低摩擦等优点。

2）滚珠丝杠伸缩机构：通过滚珠丝杠和螺母来实现手臂的直线伸缩运动，具有高精度、高效率、低磨损等优点。

3）齿轮齿条伸缩机构：通过齿轮和齿条来实现手臂的直线伸缩运动，具有高刚度、大行程、高效率等优点。

4）链条链轮伸缩机构：通过链条和链轮来实现手臂的直线伸缩运动，具有高可靠性、低维护成本等优点。

5）液压伸缩机构：通过液压缸来实现手臂的直线伸缩运动，具有大推力、大行程、高刚度等优点。

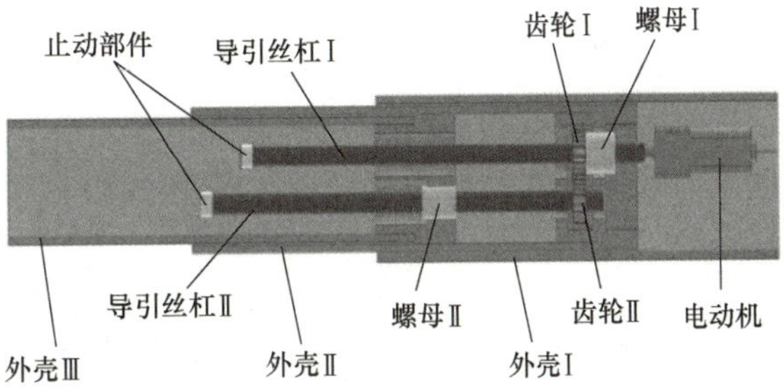

图 2-29　臂部滚珠丝杠三级伸缩机构

图 2-29 所示为典型的滚珠丝杠伸缩机构，整个臂部具有三级嵌套壳体，由丝杠、齿轮和螺母组成。连接驱动电动机的导引丝杠Ⅰ旋转，轴向连接的螺母Ⅰ和外壳Ⅱ直线运动。当螺母Ⅰ运动到丝杠顶部时，螺母Ⅰ和齿轮Ⅰ转动，动力传递给齿轮Ⅱ和导引丝杠Ⅱ。导引丝杠Ⅱ的旋转使得与螺母Ⅱ相连接的外壳Ⅲ发生直线运动，最终实现臂部的完全伸展。

2. 臂部俯仰机构

主要有以下几种形式。

1）曲柄连杆机构（见图 2-30）：由曲柄和连杆组成，通过转动曲柄使连杆前后运动，实现手臂的俯仰运动。这种机构结构简单、可靠性高，但行程较小，适用于对精度要求不高的场合。

2）齿轮齿条机构：通过齿轮和齿条的啮合实现手臂的直线运动，同时也可以通过齿轮的转动实现手臂的俯仰运动，具有高精度、高效率的特点，但需要维护和保养。

3）凸轮机构：通过凸轮和从动件的接触实现手臂的俯仰运动，具有结构简单、行程可调的特

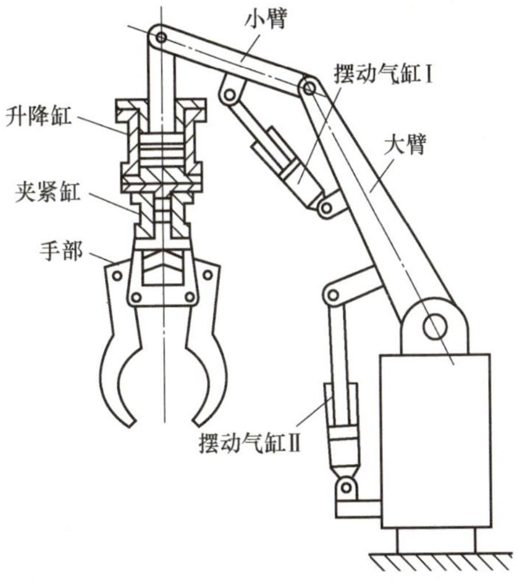

图 2-30　曲柄连杆臂部俯仰机构

点，但需要设计和制造复杂的凸轮轮廓。

4）气动机构：这种机构利用气体的压力差实现手臂的俯仰运动，具有速度快、力量大、响应快的特点，但需要设计和制造复杂的气动系统。

3. 臂部回转机构

主要有以下几种形式。

1）叶片式回转缸机构：通过叶片式回转缸的转动，带动手臂实现回转运动。这种机构具有转动惯量小、响应速度快的特点，但需要设计和制造复杂的叶片式回转缸。

2）齿轮传动机构：通过齿轮的传动实现手臂的回转运动，具有高精度、高效率的特点。

3）链传动机构：通过链轮的传动实现手臂的回转运动，具有传动比准确、可靠性高的特点。

4）曲柄滑块机构：通过曲柄和滑块的相对运动实现手臂的回转运动，具有结构简单、制造成本低的特点，但行程较短。

图 2-31 为一机械臂内部结构，通过齿轮传动直接实现手臂的回转，且利用齿轮啮合实现大的减速比和回转范围，并使得机械臂运转平稳。

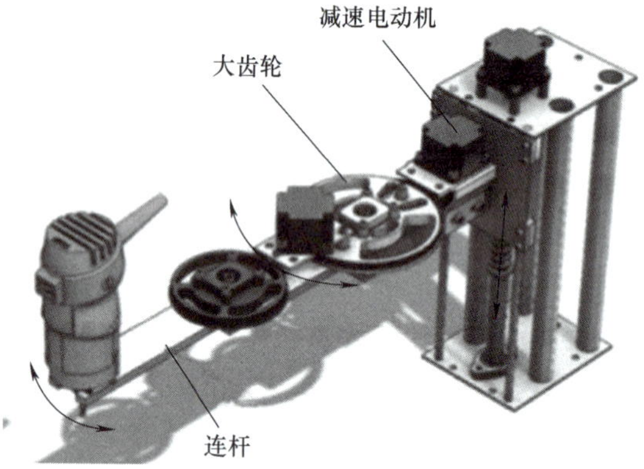

图 2-31 臂部回转机构

2.7.2 腕部机构

机器人的腕部是连接机器人手臂和手部的部件，其作用是调整和改变手部在空间的位置和姿态，使手部能够适应不同的作业任务。机器人的腕部一般具有俯仰、偏转和滚动等自由度，以实现手部对三维空间运动的控制，其结构形式和性能直接影响机器人的运动特性和作业能力。

机器人腕部类型按结构可以分为旋转关节腕部、俯仰关节腕部、滚动关节腕部、复合关节腕部、多轴关节腕部；按自由度可以分为单自由度腕部、二自由度腕部和三自由度腕部等；按照驱动方式可以分为电动驱动腕部、气压驱动腕部、液压驱动腕部、连杆驱动腕部等。

腕部关节可以单独或组合使用，以实现手部的各种复杂运动。腕部的设计和制造需要考虑到重量、尺寸、转动范围、转动速度等因素，还要具有一定的刚度和精度，以确保机器人的定位精度和作业稳定性。

图 2-32 为仿人并联机器人手腕部机构，该机构具有 3 个自由度，这种设计在俯仰和侧倾运动中具有较大的运动范围，且运动范围接近。

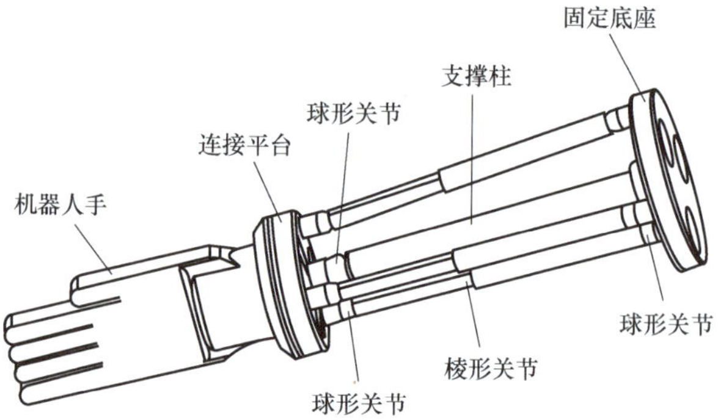

图 2-32 并联机器人手腕部机构

2.7.3 手部机构

机器人手部机构是机器人的末端执行器，负责执行具体的作业任务，手部机构可以是夹持式、吸附式或工具式等类型。夹持式手部机构通常由手指、传动机构和驱动装置组成，可以通过手指的夹紧和松开实现物体的抓取和释放。吸附式手部机构则是通过磁力、真空吸附等方式实现物体的抓取和固定。工具式手部机构则是根据具体作业需求定制的手部机构，如用于焊接、装配、检测等作业的工具。

手部机构的运动通常由机器人的控制系统进行控制，通过编码器、传感器等装置实现对手部机构的精确控制。同时，手部机构还需要具备一定的感知能力，如触觉、力觉等，以实现对物体形状、表面质量、装配配合等的感知和识别。

图 2-33 所示为常见的机器人手部机构，图 2-33a 中机器人手通过营造真空环境使得吸盘内部与机器人手外部形成压差，利用大气压抓取目标物体；图 2-33b 中机器人手通过连杆机构，直接利用手指夹取工件；图 2-33c 中机械手是仿人灵巧手，利用两个驱动器和多种传动机构的耦合，可以实现类似人手大部分的抓取操作。

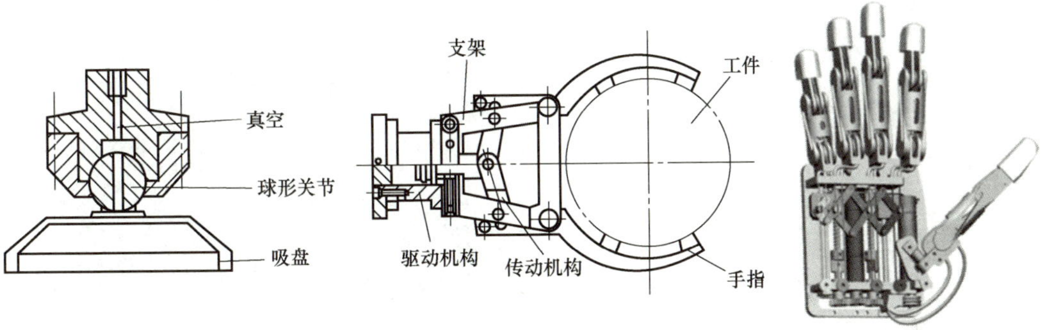

a) 吸盘式机器人手　　b) 夹持式机器人手　　c) 多指灵巧机器人手

图 2-33 机器人手部机构

2.8 移动机构

机器人的移动机构是传动系、移动系、转向系和制动系四部分的组合，是支承、安装机器人动力装置及其各部件的总成，形成机器人的整体造型，承受机器人整体的动力输出，保证正常移动。

2.8.1 轮式机构

轮式机构是机器人技术中常见的移动机构之一，使用轮子作为主要运动部件，具有结构简单、运动速度快、能源利用率高、机动性强等特点。轮式机构可以分为单轮式、双轮式和多轮式等类型（见图 2-34），可以采用不同的驱动方式，如电动机驱动、气压驱动、液压驱动等。其中，电动机驱动方式具有控制精度高、响应速度快、可靠性好等优点，因此在许多工业机器人中得到广泛应用。为了实现精确的定位和轨迹控制，轮式移动机构通常配备传感器和控制系统，用于检测机器人的位置、速度和姿态等信息，控制系统则根据传感器信号对机器人的运动进行实时控制。

1）单轮移动机构：只有一个车轮作为主动驱动轮，另一侧为被动轮或支承轮，具有高度的机动性和灵活性，控制方法相对复杂，适用于室内环境。其实现过程的障碍主要是稳定性问题，在紧急制动时容易前倾翻倒。

2）双轮移动机构：指有两个车轮的机器人，通过两个车轮的协调转动实现机器人的前进、后退和转向等运动，具有结构简单、运动速度快、能源利用率高等优点，在服务机器人、巡检机器人、侦查机器人等领域被广泛应用。

3）多轮移动机构：指具有三个或更多车轮的机器人，这些车轮可以独立地或协同地进行运动，以实现机器人的各种运动需求。多轮移动机构类型包括三轮、四轮、六轮等，能够适应复杂的环境，包括平坦地面、崎岖不平的地面、坡道等。多轮移动机构在控制上比较复杂，需要协调各个车轮的运动。此外，多轮移动机构的非完整约束系统比较复杂，具有高度的灵活性和适应性，但同时也有着更加复杂的运动学和动力学模型。

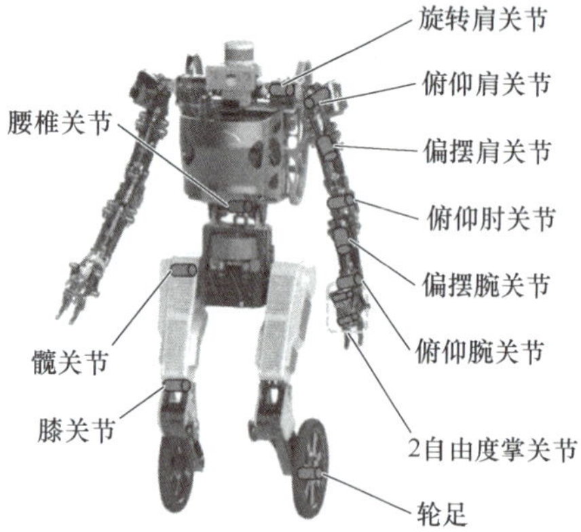

a) 双轮移动机器人

b) 四轮移动机器人

图 2-34　典型轮式机器人

2.8.2　履带式机构

履带式机构通常由履带、驱动装置、转向装置和车体等部分组成，具有接地比压小、越野性能好、承载能力强、稳定性好等优点。履带式机构应用在许多领域中，如排土机设备、挖掘机、坦克等。履带式机构在机器人中也有着广泛的应用，如在服务机器人、巡检机器人、侦察机器人等领域，是机器人的自主移动和导航的基础，如图 2-35 所示。

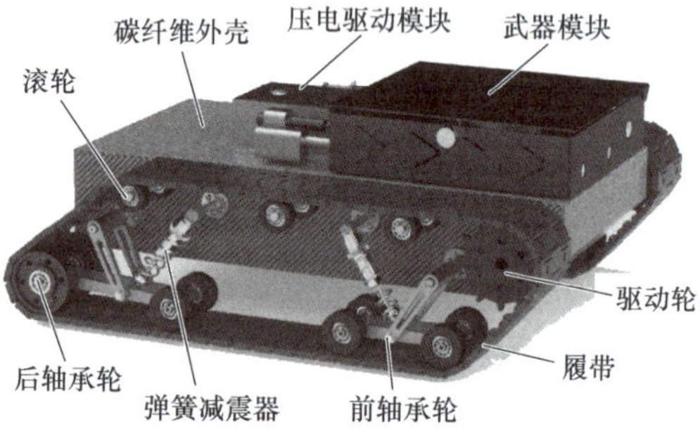

图 2-35　履带式机器人

2.8.3　腿足式机构

腿足式机构是一种模仿人类或动物腿部的移动机构，通常由一系列连杆和关节组成，其特点是具有多自由度的运动轨迹，拥有地形适应能力强、运动灵活性高、能量利用率高等优点。腿足式机构通过采用不同的连杆和关节组合方式，以实现不同的运动轨迹和负载能力，在仿人机器人、仿动物机器人、外太空探测机器人等领域应用广泛。

1）两足机器人移动机构（见图 2-36a）：指具有两条腿的机器人移动机构，通常由金属杆和各种关节连接而成。关节可以根据需要旋转或弯曲，使机器人能够在平面上或在空间中移动。两足机器人移动机构的关键在于其双腿，每条腿由若干个执行器和连接在一起的关节组成，可以类比人类的双腿。在行走过程中，这些执行器协同工作，实现机器人的行走、转弯、上下楼梯等动作。

2）四足机器人移动机构（见图 2-36b）：四足机器人的设计要满足机器人在不同地形和环境下稳定、高效地移动，其机构通常包括四个独立的腿部，每个腿部都配备有多个关节，以模拟生物四肢的运动。步态规划是四足机器人移动机构的关键技术之一。通过规划合理的步态，可以使机器人在行走过程中保持平衡，并减少能量消耗。步态规划需要综合考虑机器人的动力学特性、地形特征以及任务需求，以实现高效、稳定的移动。

3）六足机器人移动机构（见图 2-36c）：六足机器人凭借其丰富的步态和冗余的肢体结构正成为仿生机器人领域的研究热点。通过模仿、分析研究生物系统的结构、运动方式和控制方式，人们已发明了多种形式的六足机器人，并将其成功应用于救险、军事、农业、服务等领域。

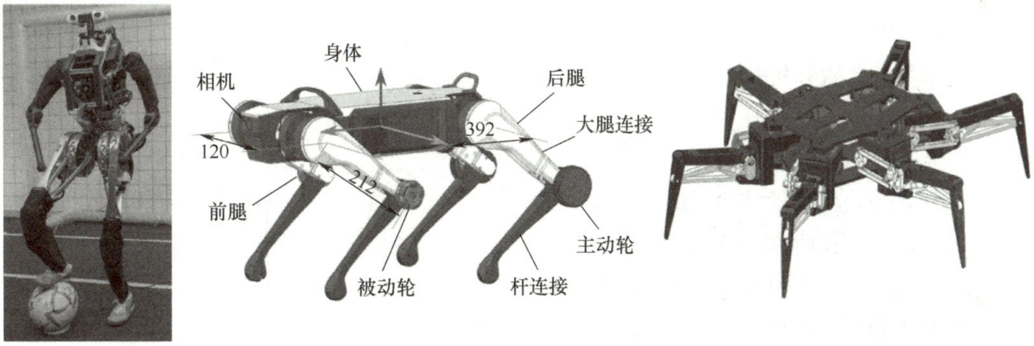

a) 两足机器人　　b) 四足机器人　　c) 六足机器人

图 2-36　腿足式机器人

2.9　其他新型机构

随着新理论、新工艺、新材料等技术的发展，各种新型机构不断涌现，传统的机器人机构学焕发出新的活力，迅速产生新的研究热点。本节将选取一些近年来国内外有较多研究的典型新型机构进行介绍，主要包括柔顺机构和变胞机构。通过介绍其结构特点、分析方法和主要应用，使读者对现代机构学的研究内容和发展趋势有初步的了解。

2.9.1　柔顺机构

传统机构中力、运动或能量的转换和传递主要是通过运动副来实现的，用柔性关节的弹性变形替代运动副的运动则形成了一种全新的有别于传统机构免装配机构，即柔顺机构。由于采用柔顺元件替代了运动副，其具有以下优势：首先，极大缩减了机构构件的数目，优化了机构的重量、加工装配周期和成本；其次，克服了传统机构运动副不可避免的间隙、摩擦等问题，可以极大地提高系统的精度、可靠性等。

柔顺机构的应用实际上已有很长的历史，像古代的弓、弩炮都具有柔顺机构特性。如今，曲别针、指甲刀和背包插销等柔顺小装置也成为人们生活中不可或缺的一部分。在工业应用中，柔性元件通常用来模拟转动副的运动，可以实现1个自由度的转动副，2个自由度的虎克铰，3个自由度的球面转动副(见图2-37a)。图2-37b是一种应用于装配领域的柔性装配机器手腕，它具有一定的变形能力，可以适应高精度的孔轴装配。

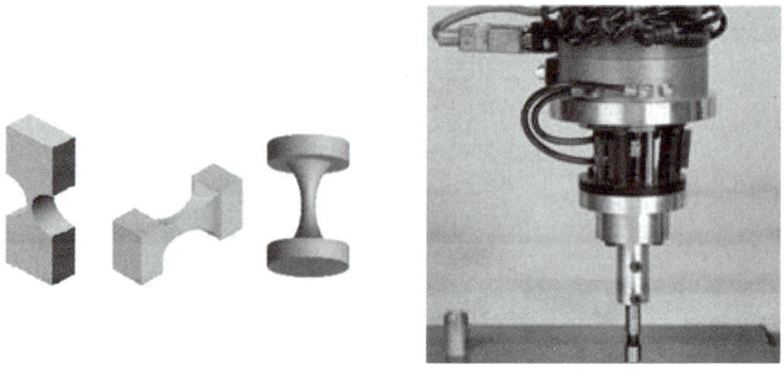

a) 1~3自由度柔顺运动副　　b) 柔性装配机器手腕

图2-37　柔顺机构

一般而言，柔顺机构的构件工作时要承受大变形，会引入几何非线性问题，分析时十分复杂。为此，Howell等提出了伪刚体模型法来分析柔顺机构，用具有等效“力-变形”关系的刚性构件来模拟柔性构件变形，然后就可以用一般的结构设计方法来建立柔顺机构模型，大大方便了柔顺机构的分析。

如图2-38a所示，对于一根柔顺悬臂梁在末端受力作用时，其等效的伪刚体动力学模型如图2-38b所示。根据伪刚体转化原理，长度为l的柔顺悬臂梁AB，转化为长度为γl的刚性杆AK。同时在K处固接一个扭簧，作用相当于柔顺杆的柔顺性。

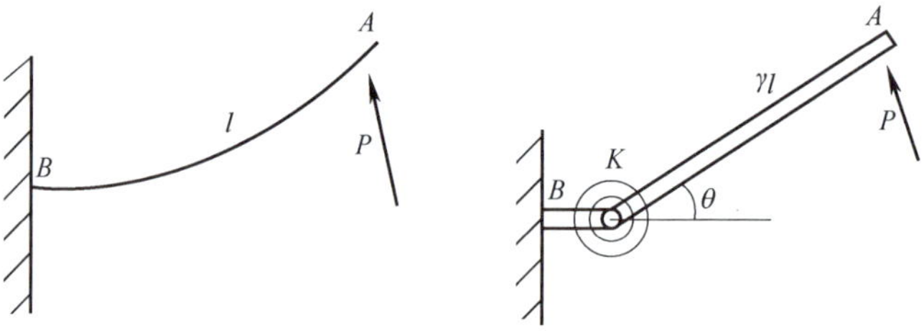

a) 柔顺悬臂梁　　b) 等效伪刚体动力学模型

图2-38　柔顺悬臂梁及其伪刚体动力学模型

2.9.2　变胞机构

作为新型机构代表之一，变胞机构是在第25届美国机械工程师协会机构学与机器人学双年会上被提出的。随后，借鉴生物学中细胞分裂、组合和再生的类似现象以及可衍变、重组和重构的机构特点，戴建生和张启先院士率先将变胞机构这一研究引入了中国。在国内外研究学者的不懈努力下，相关研究取得了重大的进步，逐步形成了变胞机构学的理论体系。

传统机构具有固定的构件数目和固定的自由度，并且在运动的任何阶段都不可改变。而变胞机构是一种在运动过程中自由度或构件数均可改变的新型机构，其定义如下：在具有多个不同工作阶段的周期中，含有闭环的多自由度运动链呈现不同的拓扑结构形式，结合其机架和原动件来实现不同功效，称为变胞机构。

根据变胞机构的定义、内涵、具体工作过程，并综合变胞机构的起源、应用、发展情况，可以得出变胞机构具有以下三个主要特征。

1）多功能阶段变化特征：变胞机构在整个工作过程周期中，有多个不同需求的工作阶段。在不同的工作阶段中，初始的机构需要变化为不同的机构来满足不同的任务需求，包括利用机构的奇异位置来工作，单一阶段的工作过程属于普通的机构而不是变胞机构的特征。

2）多拓扑结构变化特征：变胞机构在不同的工作阶段及变化过程中，呈现出不同的机构拓扑结构，包括构件与运动副数目、运动副种类以及连接方式等，因此变胞机构在不同阶段对应不同拓扑结构形式的机构。

3）多自由度变化特征：变胞机构在不同的工作阶段以及变化过程中具有不同的拓扑结构形式，导致不同阶段具有不同的自由度，或者机构经过多自由度机构变换过渡，实现从一种拓扑结构形式变化到另一种拓扑结构形式。

利用自动组合的特点，可使变胞机构重组、重构并应用于机械制造和机器人，如可展开或可折叠式空间伸展臂、巡线机器人、爬行机器人和特种机器人等。另外，伦敦大学国王学院利用变胞原理研制出了变胞手，天津大学开发了四足变胞机器人等，如图 2-39 所示。

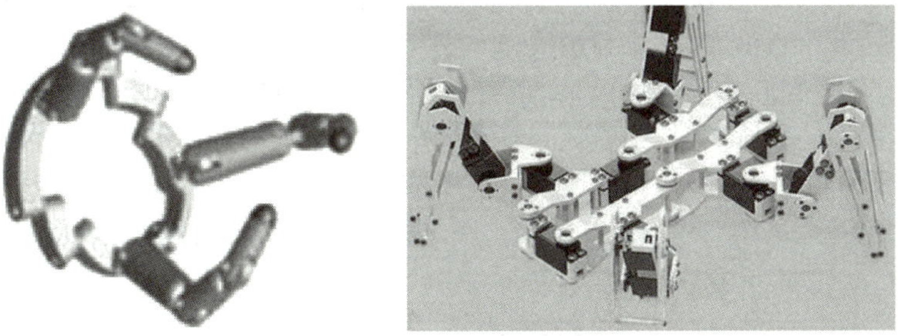

a) 变胞手　　b) 四足变胞机器人

图 2-39　变胞机构在机器人中应用

基于从折纸衍生而来的变胞机构，戴建生院士提出了一个具有变胞手掌的变胞机构如图 2-40 所示。该变胞手掌是一个球面五杆机构。采用变胞手掌可以改变手指的位置和相互之间的角度关系以适应不同的抓取策略，手掌的变胞机构增强了机器人手的灵巧度并增大了工作空间，特别是抓取中手掌的变化使之更接近人手。

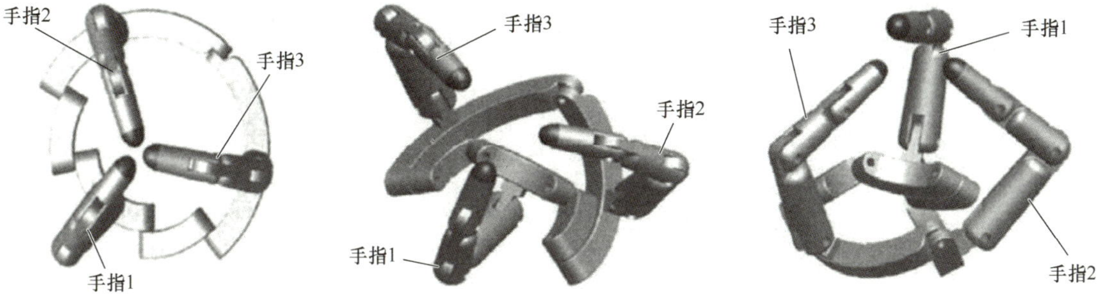

a) 变胞多指灵巧手　　b) 手掌的闭合　　c) 手掌转换成为球面四杆机构

图 2-40　变胞手掌的变胞机构

变胞多指灵巧手的三个手指分别安装在球面五杆机构的机架和两个连杆上，每一根手指由三个相互平行的转动副组成。当其所安装的杆件静止时，手指在一个平面上运动，而且此平面垂直于杆件所在的圆平面，这个平面被称为手指操作平面。定义变胞多指灵巧手的姿态为三个手指操作平面之间的角度关系。由于球面杆件的运动，手指操作平面也随之运动，这就增加了变胞多指灵巧手抓取姿态的变化。

2.10 设计项目：四足机器人的方案设计

从本章开始并在接下来的每章中，我们会将所学到的机器人学相关知识运用到一个简单的四足机器人之中。现如今低成本、模块化的小型机器人关节、驱动器已经能够很容易在网上商城买到，机器人的机身机构也能够通过 3D 打印等方式实现快速制作。

因此我们的目的是在现有条件下，能够比较便捷地完成机器人(见图 2-41)的初步设计，制作一个重量不到 5kg 的四足机器人，能够动态运动，以 0.1m/s 的速度向前移动，还具备行走、小跑等能力。

需要考虑的一些基本设计问题有：

自由度选择：8 个自由度/12 个自由度；

腿型选择：并联腿/串联腿(外膝肘式、全肘式、全膝式、内膝肘式)；

足端选择：圆柱形足端/球型足端/仿生足端。

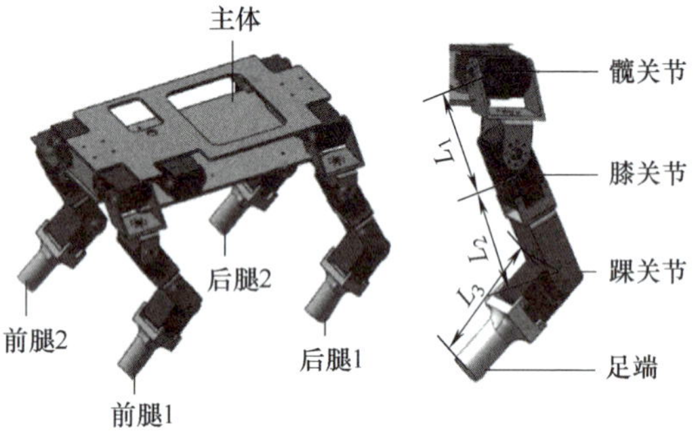

图 2-41　一种简单的四足机器人整体结构示意

一般的设计流程如图 2-42 所示。

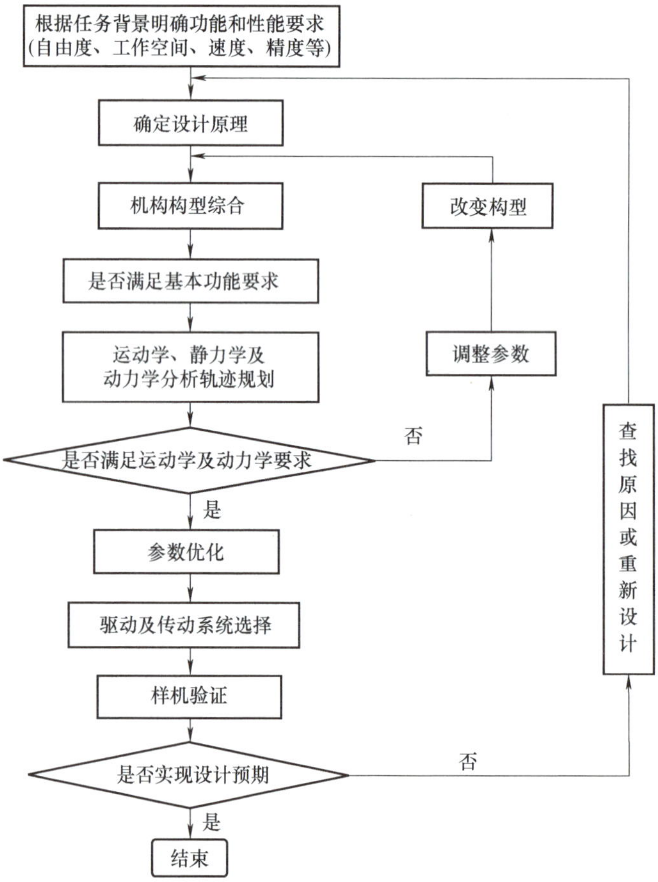

图 2-42　机器人结构设计的一般流程

在接下来的章节中，将继续讨论该机器人的设计。

本章小结

本章首先对机器人的自由度和工作空间的相关概念进行了简单介绍，然后分析了机器人的三大部分和六个子系统组成，分别介绍了机器人的驱动、传动、机身、移动和其他新型机构的形式和特点，其中结合了一些典型机器人的机构实例进行了说明。最后，引入了一个四足机器人的机构设计项目，并将该案例贯穿全书，使读者能够逐步掌握一个典型机器人的基本设计和分析流程。

课后习题

2-1　计算 SCARA 机器人(见图 2-43)的自由度。

2-2　计算平面 3-RRR 并联机器人(见图 2-44)的自由度。

2-3　计算标准 Stewart 并联机器人(见图 2-45)的自由度。

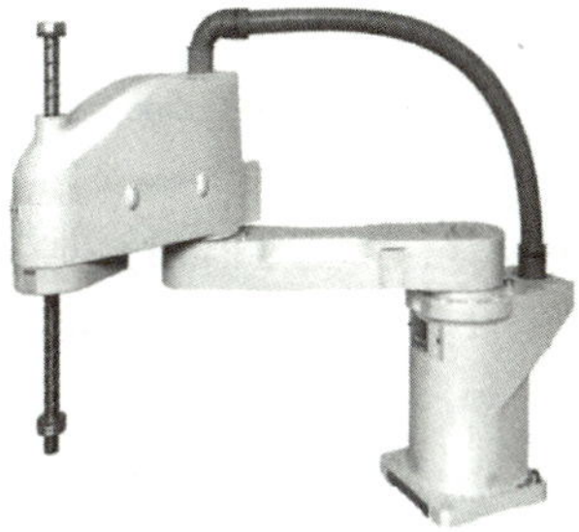

图 2-43　SCARA 机器人

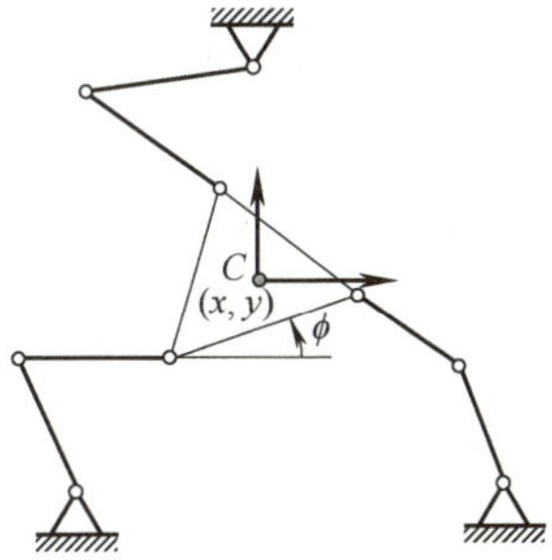

图 2-44　平面 3-RRR 并联机器人简图

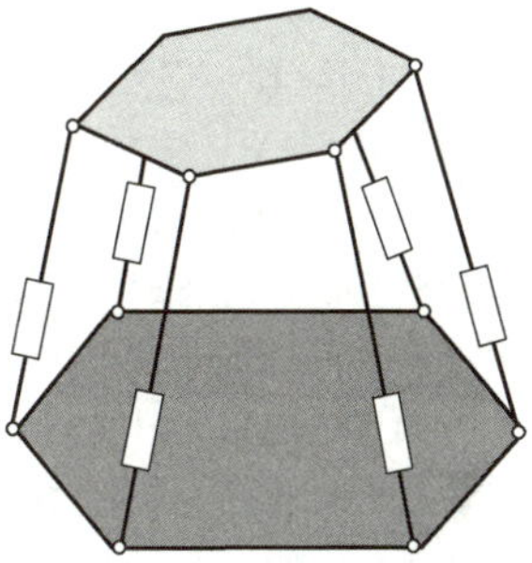

图 2-45　标准 Stewart 并联机器人简图

2-4　分析一个空间激光切割手至少需要有几个自由度，要求能使激光束的焦点定位，并能够切割任意曲面。

2-5　切比雪夫连杆机构(见图 2-46)是一种常用于机器人行走的机构。

1）查阅相关资料，了解该连杆机构在机器人设计中的应用。

2）利用 Solidworks/motion 或者 ADAMS 软件的相关功能，试仿真模拟该机构的运动过程。

2-6　画出 SCARA 机器人的近似工作空间，参考图 2-43。

2-7　调研一种你所感兴趣的机器人，并说明其组成和各部分所实现的功能。

2-8　调研当前机器人常用的减速机构，并进行分类总结。

2-9　有一谐波齿轮传动，刚轮齿数为 200，柔轮齿数为 198，柔轮固定，刚轮输出，求该谐波传动的传动比。

2-10　图 2-47 为一种用于机器人的定轴轮系，1 为输入齿轮，5 为输出齿轮，试推导出该定轴轮系的传动比，并思考齿轮 4 的作用。

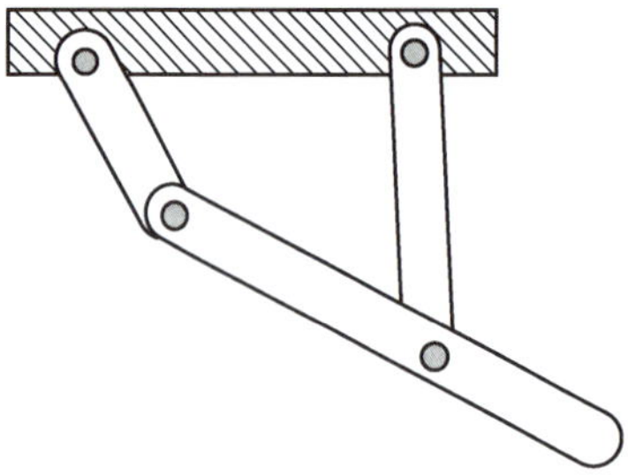

图 2-46 切比雪夫连杆机构简图

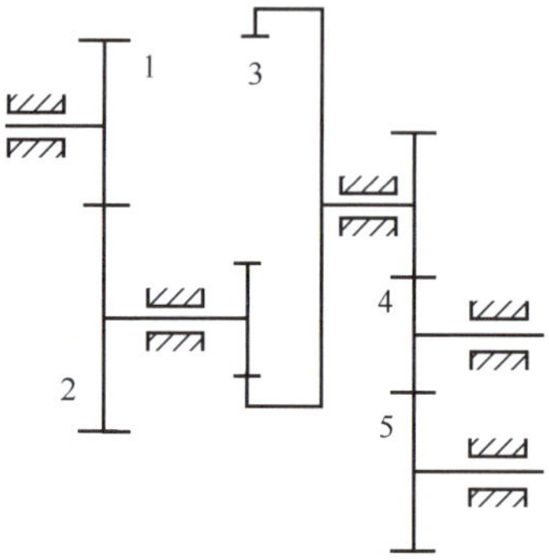

图 2-47 机器人定轴轮系

参考文献

[1] 于靖军，刘辛军. 机器人机构学基础[M]. 北京：机械工业出版社，2022.

[2] 姜金刚，王开端，赵燕江，等. 机器人机构设计及实例解析[M]. 北京：化学工业出版社，2022.

[3] KAU N，SCHULTZ A，et al. Stanford Doggo：An Open-Source，Quasi-Direct-Drive Quadruped[C]. New York：IEEE，2019.

[4] SUN H S，WU Q X，WANG X B，et al. A New Self-Reconfiguration Wave-like Crawling Robot：Design，Analysis，and Experiments[J]. Machines，2023，11(398)：398.

[5] PISETSKIY S，KERMANI M R. Design and Development of the Transmission for a Fully Actuated 5-Degrees-of-Freedom Compliant Robot Manipulator with a Single Motor[J]. Journal of Mechanisms and Robotics，2024，16(2)：021003.

[6] WANG C B，LU Z J，DUAN L H，et al. Mechanism Design of an Ankle Robot MKA-III for Rehabilitation Training[C]. New York：IEEE，2016.

[7] LIU Y J，BEN-TZVI P. A New Extensible Continuum Manipulator Using Flexible Parallel Mechanism and Rigid Motion Transmission[J]. Journal of Mechanisms and Robotics，2021，13(3)：031014.

[8] ZUFFEREY R，TORMO-BARBERO J，FELIU-TALEGÓN D，et al. How ornithopters can perch autonomously on a branch[J]. Nature communications，2022，13(1)：7713.

[9] SUN C H，YANG G Y，YAO S G，et al. RHex-T3：A Transformable Hexapod Robot With Ladder Climbing Function[J]. IEEE-ASME TRANSACTIONS ON MECHATRONICS，2023，28(4)：1-9.

[10] HUANG H C，LI D H，XUE Z，et al. Design and performance analysis of a tracked wall-climbing robot for ship inspection in shipbuilding[J]. Ocean Engineering，2017，131：224-230.

[11] GLORIA C Y，WU D L，PODOLSKY J，et al. A 3 mm Wristed Instrument for the da Vinci Robot：Setup，Characterization，and Phantom Tests for Cleft Palate Repair[J]. IEEE Transactions on Medical Robotics and Bionics，2020，2(2)：130-139.

[12] KIM U，JUNG D，JEONG H，et al. Integrated linkage-driven dexterous anthropomorphic robotic hand[J]. Nature communications，2021，12(1)：7177.

[13] NAKANISHI D，KOBAYASHI S，OBARA K，et al. Development of a fish-like robot with a continuous and high frequency snap-through buckling mechanism using a triangular cam[J]. Journal of Robotics and Mechatronics，2021，33(2)：400-409.

[14] HANAFUSA Y，SATOH H，SASAKI Y，et al. A telescopic robot arm design performing space-saving

motion for autonomous mobile robots[C]. New York: IEEE, 2022.
[15] MISRA A, SHARMA A, SINGH G, et al. Design and Development of a Low-Cost CNC Alternative SCARA Robotic Arm[J]. Procedia Computer Science, 2020, 171: 2459-2468.
[16] GAN D M, SENEVIRATNE L, DIAS J. Design and analytical kinematics of a robot wrist based on a parallel mechanism[C]. New York: IEEE, 2012.
[17] SUN B Y, GONG X, LIANG J Y, et al. Design Principle of a Dual-Actuated Robotic Hand With Anthropomorphic Self-Adaptive Grasping and Dexterous Manipulation Abilities[J]. IEEE Transactions on Robotics, 2022, 38(4): 1-19.
[18] HOWELL L L, MIDHA A. A Method for the Design of Compliant Mechanisms with Small-Length Flexural Pivots [J]. Mechanical Design, 1994, 116(1): 280-290.
[19] 吴学忠，吴宇列，席翔. 高等机构学[M]. 北京：国防工业出版社，2018.
[20] 王德伦，戴建生. 变胞机构及其综合的理论基础[J]. 机械工程学报，2007，43(8)：32-42.
[21] 王德伦，崔磊，戴建生. 变胞多指灵巧手分析[J]. 机械工程学报，2008，44(8)：1-8.

第 3 章　机器人位置运动学

3.1　引言

本章主要介绍机器人的运动学知识。机器人运动学包括正运动学与逆运动学。正运动学即给定机器人各个关节的变量，计算机器人末端的位姿；逆运动学即已知机器人末端位姿，反解机器人各个关节的变量值。显然，对于串联形式的机器人，如工业机械臂，正运动学更容易得到它的唯一解，而逆运动学求解更为复杂，解往往不唯一，且难以建立通用的解析算法，因此在求解逆运动学问题时需要考虑到解的存在性、唯一性以及计算方法等复杂问题。

本章内容从运动学的基础即机器人的矩阵表示和位姿变换，到机器人的正逆运动学，对机器人运动学进行全面的讲述。其中，重点介绍利用 D-H 建模法建立机器人运动学方程。

3.2　机器人的矩阵表示

在对机器人进行分析之前，需要准确地将机器人在空间中的位姿表示出来。

3.2.1　空间向量基础

1. 坐标系与点的坐标表示

对机器人的运动进行分析，总是离不开坐标系。使用坐标系对机器人各部分的位置及运动进行描述，能够使分析过程更加简单。其中，使用最为广泛的是笛卡儿坐标系。

对于图 3-1 所示的笛卡儿坐标系，点 P 的位置可以用坐标原点到该点的三维向量$\overrightarrow{OP}$表示，即

$$\overrightarrow{OP}=p_x\boldsymbol{i}+p_y\boldsymbol{j}+p_z\boldsymbol{k} \tag{3-1}$$

式中，$\boldsymbol{i}$,$\boldsymbol{j}$,$\boldsymbol{k}$ 为 x,y,z 轴方向单位向量，p_x,p_y,p_z 为矢量$\overrightarrow{OP}$在坐标系中的坐标分量。

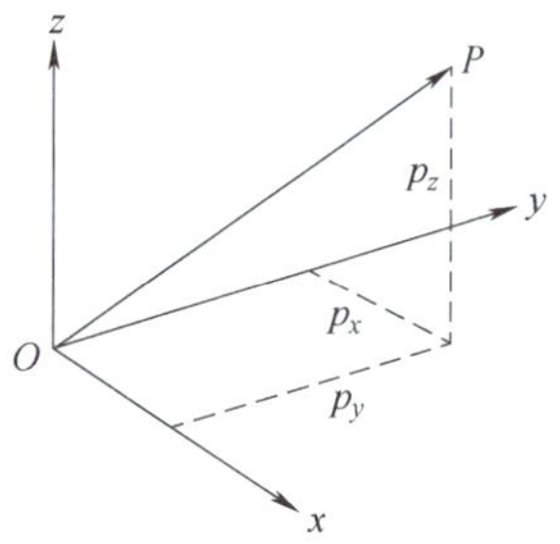

图 3-1　笛卡儿坐标系及点的坐标表示

点 P 的坐标也可直接写成列向量的形式：

$$\boldsymbol{P}=\begin{bmatrix}p_x\\p_y\\p_z\end{bmatrix} \tag{3-2}$$

2. 三维向量及其运算

根据定义，由 n 个有序的数 $p_1, p_2, \cdots, p_n$ 组成的数组称为 n 维向量。n 维向量写成一行，称为行向量，通常记作 $\boldsymbol{p}^{\mathrm{T}} = [p_1, p_2, \cdots, p_n]$；$n$ 维向量写成一列，称为列向量，通常记作 $\boldsymbol{p} = [p_1, p_2, \cdots, p_n]^{\mathrm{T}}$。当 n 为 3 时，即为三维向量，如式(3-2)为三维列向量。

向量是一个既有大小又有方向的量。向量之间还可以进行加减计算，满足交换律和结合律，同时满足数乘的运算法则。

对于两个三维向量，$\boldsymbol{u} = u_x\boldsymbol{i} + u_y\boldsymbol{j} + u_z\boldsymbol{k}$ 和 $\boldsymbol{v} = v_z\boldsymbol{i} + v_y\boldsymbol{j} + v_z\boldsymbol{k}$，则满足：

$$\boldsymbol{u} \pm \boldsymbol{v} = (u_x \pm v_x)\boldsymbol{i} + (u_y \pm v_y)\boldsymbol{j} + (u_z \pm v_z)\boldsymbol{k} \tag{3-3}$$

向量的加减法遵循平行四边形或三角形法则，满足封闭性，如图 3-2 所示。

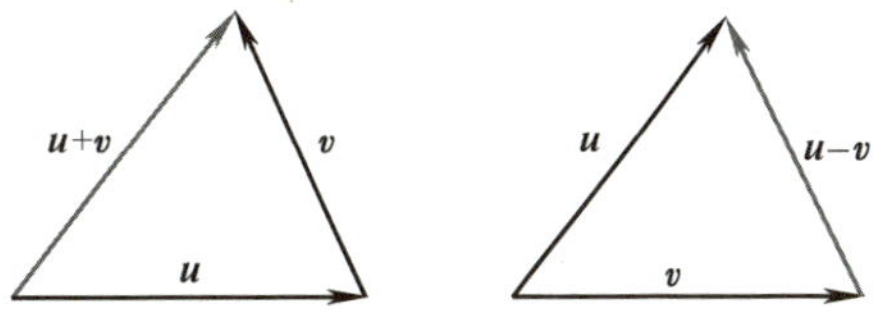

图 3-2　向量三角形法则

向量之间可以进行点积运算，也称之为向量的内积，其内积满足交换律，即

$$\boldsymbol{u} \cdot \boldsymbol{v} = \boldsymbol{v} \cdot \boldsymbol{u} = u_x v_x + u_y v_y + u_z v_z \tag{3-4}$$

两向量点积的几何意义满足：

$$\boldsymbol{u} \cdot \boldsymbol{v} = |\boldsymbol{u}||\boldsymbol{v}|\cos\theta \tag{3-5}$$

式中，$|\boldsymbol{u}|$ 为向量 $\boldsymbol{u}$ 的模或长度，且 $|\boldsymbol{u}| = \sqrt{u_x^2 + u_y^2 + u_z^2}$；$\theta$ 为两向量之间的夹角。

两个三维向量还可以进行叉积运算，即

$$\boldsymbol{u} \times \boldsymbol{v} = \begin{vmatrix} \boldsymbol{i} & \boldsymbol{j} & \boldsymbol{k} \\ u_x & u_y & u_z \\ v_x & v_y & v_z \end{vmatrix} = (u_y v_z - u_z v_y)\boldsymbol{i} + (u_z v_x - u_x v_z)\boldsymbol{j} + (u_x v_y - u_y v_x)\boldsymbol{k} \tag{3-6}$$

新向量垂直于 $\boldsymbol{u}$ 与 $\boldsymbol{v}$ 张成的平面，方向由右手定则确定。

两向量叉积的几何意义满足：

$$|\boldsymbol{u} \times \boldsymbol{v}| = |\boldsymbol{u}||\boldsymbol{v}|\sin\theta \tag{3-7}$$

当三个三维向量进行叉积运算时，可变为点积形式，即

$$\begin{cases} \boldsymbol{u} \times (\boldsymbol{v} \times \boldsymbol{w}) = (\boldsymbol{u} \cdot \boldsymbol{w})\boldsymbol{v} - (\boldsymbol{u} \cdot \boldsymbol{v})\boldsymbol{w} \\ (\boldsymbol{u} \times \boldsymbol{v}) \times \boldsymbol{w} = (\boldsymbol{u} \cdot \boldsymbol{w})\boldsymbol{v} - (\boldsymbol{v} \cdot \boldsymbol{w})\boldsymbol{u} \end{cases} \tag{3-8}$$

由于向量的点积运算满足交换律和分配律，而叉积运算不满足交换律和结合律，但满足分配律，因此，三维向量的混合运算满足：

$$\boldsymbol{u} \cdot (\boldsymbol{v} \times \boldsymbol{w}) = \boldsymbol{v} \cdot (\boldsymbol{w} \times \boldsymbol{u}) = \boldsymbol{w} \cdot (\boldsymbol{u} \times \boldsymbol{v}) = \det[\boldsymbol{u}, \boldsymbol{v}, \boldsymbol{w}] \tag{3-9}$$

式中，$\det[\boldsymbol{u}, \boldsymbol{v}, \boldsymbol{w}]$ 表示三个列向量 $\boldsymbol{u}, \boldsymbol{v}, \boldsymbol{w}$ 组成的行列式的值。

3.2.2　位姿矩阵

研究机器人的运动学，很多情况下需要知道机器人在空间中的位姿，即位置和姿态。一般情况下，机器人可以认为是由多个刚体所构成，因此机器人的位姿可以通过构成该机器人的全部刚体的位姿来表述。这样机器人空间位姿的描述问题可以转换为单个刚体空间位姿的描述问题。为了描述单个刚体的空间位姿，可建立一个固连于此刚体的坐标系。

1. 位置矩阵

为了描述刚体的位姿，首先在全局空间内可以建立一个参考坐标系 $\{A\}$，然后设置一个

笛卡儿坐标系{B}与刚体固连来描述刚体的位姿。如图 3-3 所示，刚体坐标系{B}与参考坐标系{A}的三个坐标轴方向相同仅仅是坐标原点的位置不同，因此可以仅用一个由原点 O_A 指向 O_B 的向量 ${}^A\boldsymbol{P}_B$ 或者表示该向量的 3×1 矩阵来描述。

由 3.2.1 小节可知，在三维空间内，可以将向量 ${}^A\boldsymbol{P}_B$ 表示为 $[p_x, p_y, p_z]$，即

$$ {}^A\boldsymbol{P}_B = p_x\boldsymbol{i} + p_y\boldsymbol{j} + p_z\boldsymbol{k} \tag{3-10} $$

如果表示为 3×1 的位置矩阵形式，则可以写为

$$ {}^A\boldsymbol{P}_B = \begin{bmatrix} p_x \\ p_y \\ p_z \end{bmatrix} \tag{3-11} $$

${}^A\boldsymbol{P}_B$ 左上标的 A 代表参考坐标系{A}，右下标的 B 代表刚体坐标系{B}。

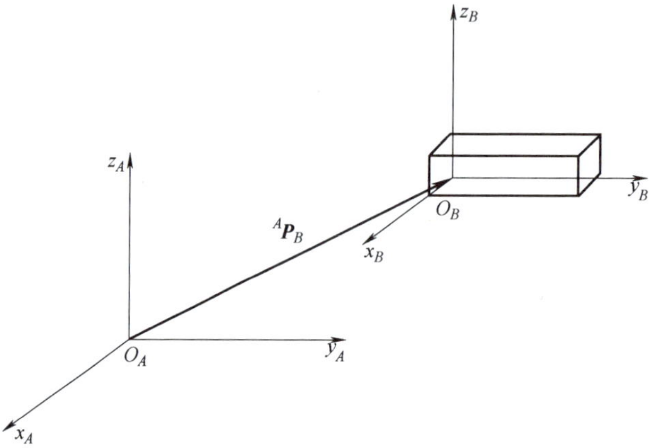

图 3-3　刚体的位置描述

2. 姿态矩阵

如图 3-4 所示，刚体坐标系{B}与参考坐标系{A}的原点相同，但三个坐标轴的方向不同，此时可以仅用一个姿态矩阵来描述刚体的位姿。

以坐标系{B}的三个单位主矢量 $\boldsymbol{x}_B, \boldsymbol{y}_B, z_B$ 相对于参考坐标系{A}的方向余弦组成的 3×3 矩阵 ${}^A\boldsymbol{R}_B$ 表示刚体相对于坐标系{A}的姿态，即

$$ {}^A\boldsymbol{R}_B = [\,{}^A\boldsymbol{x}_B \quad {}^A\boldsymbol{y}_B \quad {}^A\boldsymbol{z}_B\,] = \begin{bmatrix} r_{11} & r_{12} & r_{13} \\ r_{21} & r_{22} & r_{23} \\ r_{31} & r_{32} & r_{33} \end{bmatrix} \tag{3-12} $$

${}^A\boldsymbol{R}_B$ 共有 9 个元素，但只有 3 个是独立的，且 ${}^A\boldsymbol{R}_B$ 的三个互相垂直的单位列矢量 ${}^A\boldsymbol{x}_B, {}^A\boldsymbol{y}_B, {}^A z_B$ 满足以下约束条件：

$$ {}^A\boldsymbol{x}_B \cdot {}^A\boldsymbol{x}_B = {}^A\boldsymbol{y}_B \cdot {}^A\boldsymbol{y}_B = {}^A\boldsymbol{z}_B \cdot {}^A\boldsymbol{z}_B = 1 \tag{3-13} $$

$$ {}^A\boldsymbol{x}_B \cdot {}^A\boldsymbol{y}_B = {}^A\boldsymbol{y}_B \cdot {}^A\boldsymbol{z}_B = {}^A\boldsymbol{z}_B \cdot {}^A\boldsymbol{x}_B = 0 \tag{3-14} $$

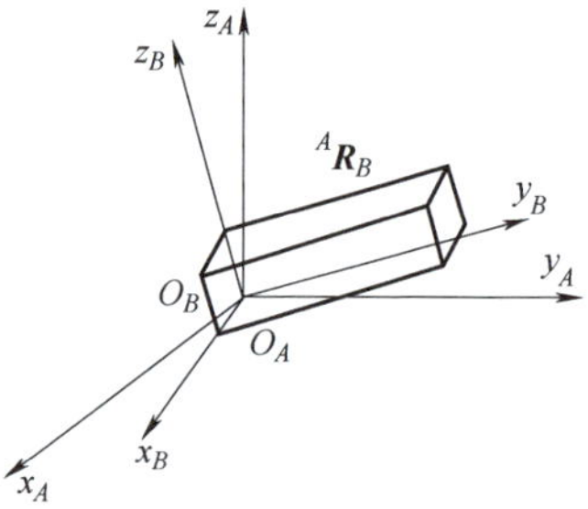

图 3-4　刚体的姿态描述

可知姿态矩阵 ${}^A\boldsymbol{R}_B$ 为正交矩阵，并且满足：

$$ {}^A\boldsymbol{R}_B^{-1} = {}^A\boldsymbol{R}_B^{\mathrm{T}}, \quad |{}^A\boldsymbol{R}_B| = 1 \tag{3-15} $$

3. 位姿矩阵

前文已经讲了如何表示位置矩阵与姿态矩阵，那么对于一个刚体的位姿，可以将位置矩

阵和姿态矩阵结合起来进行描述。

如图 3-5 所示，将坐标系{B}固连在某一刚体上，相对参考坐标系{A}，用坐标系{B}的原点在参考坐标系{A}中的位置矩阵${}^A\boldsymbol{P}_B$和坐标系{B}相对于参考坐标系{A}的姿态矩阵${}^A\boldsymbol{R}_B$来描述坐标系{B}的位姿。因此，刚体的位姿也就可由矩阵$\boldsymbol{B}$来描述，即

$$\boldsymbol{B}=[{}^A\boldsymbol{R}_B \ {}^A\boldsymbol{P}_B] \tag{3-16}$$

当只表示位置时，${}^A\boldsymbol{R}_B=\boldsymbol{I}$；当只表示姿态时，${}^A\boldsymbol{P}_B=0$。需要注意的是，目前该位姿矩阵为 3×4 的矩阵。由于该矩阵不是方阵，所以在进行一些矩阵运算时会有一些不便之处。

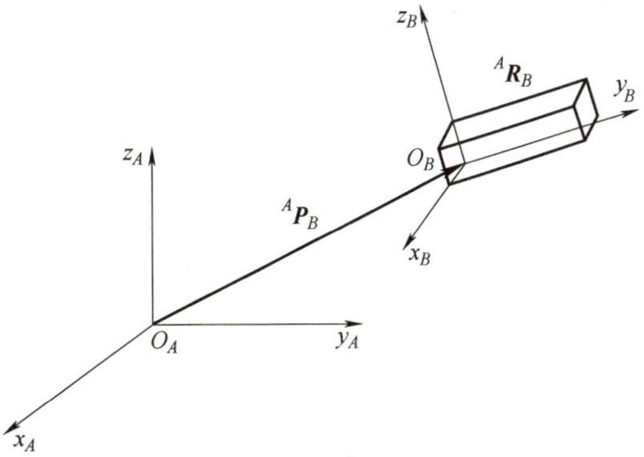

图 3-5　刚体的位姿描述

3.3　齐次变换矩阵

齐次坐标用于投影几何里的坐标系统，其将一个原本是 n 维的矢量用一个 n+1 维矢量来表示。齐次变换则用来表示同一点在两个坐标系中的映射关系。运用齐次坐标与齐次变换能更加便捷地表示机器人的位姿变换。

3.3.1　齐次坐标

对于一个空间点 $\boldsymbol{P}$，设其坐标为

$$\boldsymbol{P}=\begin{bmatrix} a \\ b \\ c \end{bmatrix} \tag{3-17}$$

为了研究的方便，也可以将其表示为

$$\boldsymbol{P}=\begin{bmatrix} x \\ y \\ z \\ w \end{bmatrix} \tag{3-18}$$

式中，$a=\dfrac{x}{w}, b=\dfrac{y}{w}, c=\dfrac{z}{w}$，称$[x,y,z,w]^{\mathrm{T}}$为点 $\boldsymbol{P}$ 的齐次坐标形式，w 表示坐标比例系数。w=1 时，各个分量的大小保持不变。当 w=0 时，a、b、c 为无穷大，在这种情况下，向量$\overrightarrow{OP}$表示长度为无穷大的向量，它的方向即为该向量的方向，这说明方向向量可以用 w=0 的向量来表示，它的长度并不重要。如果此时向量的三个分量又满足$\sqrt{x^2+y^2+z^2}=1$，则又称为单位方向向量。

3.3.2　齐次变换矩阵的表示

对于坐标变换，一般将矩阵写成方阵形式。一方面，方阵的逆矩阵计算较为容易，一般

的长方形矩阵逆矩阵的计算复杂得多；另一方面，矩阵相乘需要满足前一矩阵的列和后一矩阵的行数相同，如($m \times n$)与($n \times p$)相乘得到($m \times p$)。

如此一来，如果两个相乘的矩阵为方阵的话，就不需要考虑行数与列数的问题，可以任意相乘。在坐标变换中，需要将许多矩阵进行连乘，因此使用方阵更为方便。

在式(3-16)中，采用3×4的矩阵来表示机器人的位姿。为了将位置与姿态都在同一个方阵中表示出来，可以在矩阵中最下面加入一行，使之成为4×4的方阵，即

$$\boldsymbol{T}=\begin{bmatrix} {}^{A}\boldsymbol{R}_{B} & {}^{A}\boldsymbol{P}_{B} \\ 0 & 1 \end{bmatrix}=\begin{bmatrix} r_{11} & r_{12} & r_{13} & p_{x} \\ r_{21} & r_{22} & r_{23} & p_{y} \\ r_{31} & r_{32} & r_{33} & p_{z} \\ 0 & 0 & 0 & 1 \end{bmatrix} \tag{3-19}$$

最下面一行可以看作是坐标系{B}在参考坐标系{A}中的三根坐标轴向量及坐标原点向量的比例系数。这种形式的矩阵被称为齐次变换矩阵。以后会看到，当采用4×4的方阵形式时，会给位姿的表达和计算带来很多方便。

3.4 机器人坐标变换的表示

在3.2节中，讨论了如何用矩阵来描述机器人的位置和姿态。本节将讨论如何用矩阵描述机器人位姿的变换。这两者都可以通过矩阵来实现，并且无论从矩阵的形式上还是使用上都有相通之处。

对机器人位姿进行齐次变换矩阵表示之后，就可以通过坐标变换对其运动进行初步的描述。

3.4.1 平移变换

如图3-6所示，设坐标系{A}、{B}姿态相同，但{A}与{B}的原点不同，相差一个矢量${}^{A}\boldsymbol{P}_{B}$，称${}^{A}\boldsymbol{P}_{B}$为{B}相对于{A}的平移矢量。{B}上一点P，在{B}中的坐标向量为${}^{B}\boldsymbol{P}$，则点P在参考坐标系{A}中的坐标向量${}^{A}\boldsymbol{P}$为

$${}^{A}\boldsymbol{P}={}^{B}\boldsymbol{P}+{}^{A}\boldsymbol{P}_{B} \tag{3-20}$$

称式(3-20)为平移变换方程。

向量${}^{A}\boldsymbol{P}_{B}$也可以用表示平移变换的齐次变换矩阵 **Trans**(x,y,z)来表示，如果将向量${}^{A}\boldsymbol{P}$、${}^{B}\boldsymbol{P}$以及 **Trans**(x,y,z)分别表示为齐次坐标和齐次变换矩阵的形式，则表达平移变换的式(3-20)还可以用矩阵相乘表示为

$${}^{A}\boldsymbol{P}=\mathbf{Trans}(x,y,z)\,{}^{B}\boldsymbol{P} \tag{3-21}$$

其中，

$${}^{A}\boldsymbol{P}=\begin{bmatrix} {}^{A}p_{x} \\ {}^{A}p_{y} \\ {}^{A}p_{z} \\ 1 \end{bmatrix} \tag{3-22}$$

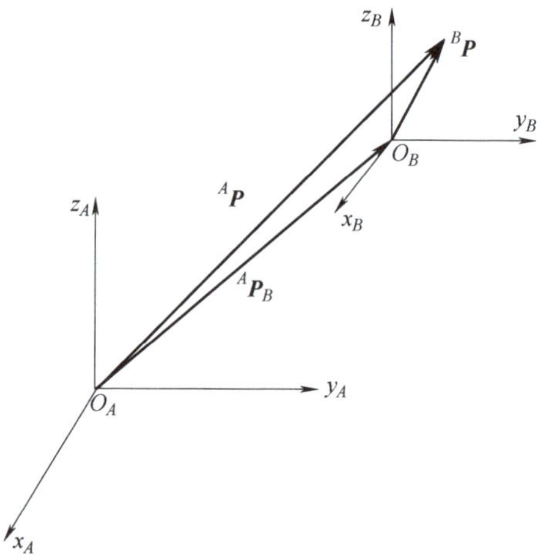

图3-6 平移变换

$$
{}^{B}\boldsymbol{P}=\begin{bmatrix} {}^{B}p_x \\ {}^{B}p_y \\ {}^{B}p_z \\ 1 \end{bmatrix} \tag{3-23}
$$

$$
\textbf{Trans}(x,y,z)=\begin{bmatrix} 1 & 0 & 0 & x \\ 0 & 1 & 0 & y \\ 0 & 0 & 1 & z \\ 0 & 0 & 0 & 1 \end{bmatrix} \tag{3-24}
$$

3.4.2　旋转变换

如图 3-7 所示，坐标系{B}与坐标系{A}姿态不同但原点相同，则可以用旋转矩阵${}^{A}\boldsymbol{R}_B$来描述{B}相对于{A}的姿态，则点 P 在坐标系{B}中的坐标向量${}^{B}\boldsymbol{P}$ 与在参考坐标系{A}中的坐标向量${}^{A}\boldsymbol{P}$ 有如下关系：

$$
{}^{A}\boldsymbol{P}={}^{A}\boldsymbol{R}_B\,{}^{B}\boldsymbol{P} \tag{3-25}
$$

式(3-25)称为旋转变换方程。

同样，可以用${}^{B}\boldsymbol{R}_A$ 来表示{A}相对于{B}的方位关系。在姿态矩阵的表示中，已经讲述过旋转矩阵为正交矩阵且行列式为 1。因此存在如下关系：

$$
{}^{B}\boldsymbol{R}_A={}^{A}\boldsymbol{R}_B^{-1}={}^{A}\boldsymbol{R}_B^{\mathrm{T}} \tag{3-26}
$$

以下为常用的机器人绕 x、y、z 轴旋转角度 θ 的旋转公式：

$$
\begin{cases}
\textbf{Rot}(x,\theta)=\begin{bmatrix} 1 & 0 & 0 \\ 0 & \cos\theta & -\sin\theta \\ 0 & \sin\theta & \cos\theta \end{bmatrix} \\
\textbf{Rot}(y,\theta)=\begin{bmatrix} \cos\theta & 0 & \sin\theta \\ 0 & 1 & 0 \\ -\sin\theta & 0 & \cos\theta \end{bmatrix} \\
\textbf{Rot}(z,\theta)=\begin{bmatrix} \cos\theta & -\sin\theta & 0 \\ \sin\theta & \sin\theta & 0 \\ 0 & 0 & 1 \end{bmatrix}
\end{cases} \tag{3-27}
$$

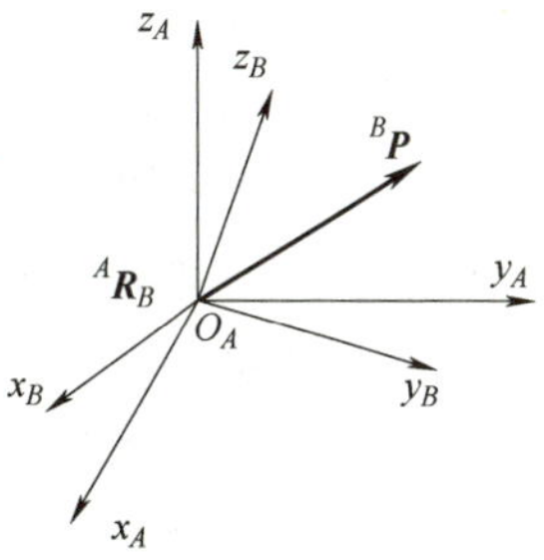

图 3-7　旋转变换

如果旋转变换表达为 4×4 的齐次变换矩阵，则

$$
\begin{cases}
\textbf{Rot}(x,\theta)=\begin{bmatrix} 1 & 0 & 0 & 0 \\ 0 & \cos\theta & -\sin\theta & 0 \\ 0 & \sin\theta & \cos\theta & 0 \\ 0 & 0 & 0 & 1 \end{bmatrix} \\
\textbf{Rot}(y,\theta)=\begin{bmatrix} \cos\theta & 0 & \sin\theta & 0 \\ 0 & 1 & 0 & 0 \\ -\sin\theta & 0 & \cos\theta & 0 \\ 0 & 0 & 0 & 1 \end{bmatrix} \\
\textbf{Rot}(z,\theta)=\begin{bmatrix} \cos\theta & -\sin\theta & 0 & 0 \\ \sin\theta & \sin\theta & 0 & 0 \\ 0 & 0 & 1 & 0 \\ 0 & 0 & 0 & 1 \end{bmatrix}
\end{cases} \tag{3-28}
$$

3.4.3 复合变换

任何变换都可以分解为按照一定顺序组合的平移变换和旋转变换，对于一般情况来说，坐标系{B}与坐标系{A}的姿态不同，原点位置也不相同。此时，有两种考虑变换的方法。

1. 采用矢量计算方法

如图 3-8 所示，P 点在坐标系{B}中的坐标向量${}^{B}\boldsymbol{P}$与在坐标系{A}中的坐标向量${}^{A}\boldsymbol{P}$有如下关系：

$$ {}^{A}\boldsymbol{P}={}^{A}\boldsymbol{R}_{B}{}^{B}\boldsymbol{P}+{}^{A}\boldsymbol{P}_{B} \tag{3-29} $$

式(3-29)为坐标旋转与坐标平移的复合变换。需要注意的是，这里的${}^{A}\boldsymbol{P}_{B}$表示由坐标系{A}的原点指向坐标系{B}的原点的向量，而不是表示平移变换的齐次变换矩阵。在这个变换中，可以引入一个中间坐标系{C}来帮助理解复合变换的过程，其中{C}与{B}原点相同，与{A}方位相同。

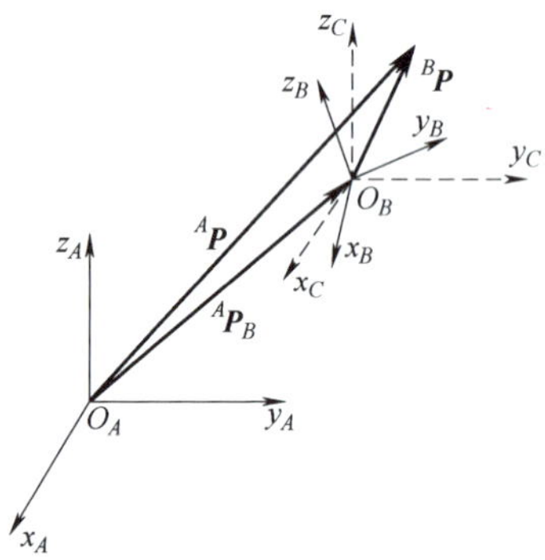

图 3-8 复合坐标变换

1）由{B}变换到{C}，属于旋转坐标变换，根据式(3-25)得

$$ {}^{C}\boldsymbol{P}={}^{C}\boldsymbol{R}_{B}{}^{B}\boldsymbol{P}={}^{A}\boldsymbol{R}_{B}{}^{B}\boldsymbol{P} \tag{3-30} $$

2）由{C}变换到{A}，属于平移变换，根据式(3-20)得

$$ {}^{A}\boldsymbol{P}={}^{C}\boldsymbol{P}+{}^{A}\boldsymbol{P}_{C}={}^{A}\boldsymbol{R}_{B}{}^{B}\boldsymbol{P}+{}^{A}\boldsymbol{P}_{B} \tag{3-31} $$

复合变换的公式就由此得到了。

2. 采用齐次变换矩阵

所有的变换都可以转换为矩阵相乘。如果所有的变换都是相对于参考坐标系的，则总的变换相当于按照变换顺序依次左乘变换矩阵。

对于图 3-8 所示的变换，可以认为由参考坐标系先进行相对于参考坐标系的由${}^{A}\boldsymbol{R}_{B}$所表示的旋转变换，再进行由${}^{A}\boldsymbol{P}_{B}$所代表的平移变换。

那么总的变换矩阵 $\boldsymbol{T}$ 可以表示为

$$ \boldsymbol{T}={}^{A}\boldsymbol{P}_{B}{}^{A}\boldsymbol{R}_{B} \tag{3-32} $$

此时，${}^{A}\boldsymbol{P}_{B}$和${}^{A}\boldsymbol{R}_{B}$均表示为 4×4 的齐次变换矩阵。

相乘的最终结果即总的变换矩阵也为 4×4 的齐次变换矩阵。P 点在坐标系{A}中的坐标${}^{A}\boldsymbol{P}$为

$$ {}^{A}\boldsymbol{P}=\boldsymbol{T}{}^{B}\boldsymbol{P}={}^{A}\boldsymbol{P}_{B}{}^{A}\boldsymbol{R}_{B}{}^{B}\boldsymbol{P} \tag{3-33} $$

对于一些更复杂的变化，可以同样按照以上求解思路进行。

例 3.1 已知坐标系{B}与坐标系{A}的初始位姿相同。首先{B}相对于{A}的 x_A 轴旋转 30°，再相对于{A}的 y_A 轴旋转 60°，再沿{A}的 z_A 轴移动 6 个单位，沿{A}的 y_A 轴移动 3 个单位。设一矢量在{B}中为${}^{B}\boldsymbol{P}=[1,2,3]^{\mathrm{T}}$，求其在{A}中的描述${}^{A}\boldsymbol{P}$。

解： 基于上述两种思路求解上述问题。

第一种，相对于 x_A 轴旋转 30°的旋转矩阵为

$$ {}^{A}\boldsymbol{R}_{B1}=\begin{bmatrix}1 & 0 & 0\\0 & \cos 30^{\circ} & -\sin 30^{\circ}\\0 & \sin 30^{\circ} & \cos 30^{\circ}\end{bmatrix}=\begin{bmatrix}1 & 0 & 0\\0 & 0.866 & -0.5\\0 & 0.5 & 0.866\end{bmatrix} $$

相对于 y_A 轴旋转 60°的旋转矩阵为

$$ {}^{A}\boldsymbol{R}_{B2}=\begin{bmatrix}\cos 60^{\circ} & 0 & \sin 60^{\circ}\\0 & 1 & 0\\-\sin 60^{\circ} & 0 & \cos 60^{\circ}\end{bmatrix}=\begin{bmatrix}0.5 & 0 & 0.866\\0 & 1 & 0\\-0.866 & 0 & 0.5\end{bmatrix} $$

沿 z_A 轴移动 6 个单位，沿 y_A 轴移动 3 个单位的平移矩阵为

$$ {}^{A}\boldsymbol{P}_{B}=\begin{bmatrix}0\\3\\6\end{bmatrix} $$

则

$$ \begin{aligned} {}^{A}\boldsymbol{P} &= {}^{A}\boldsymbol{R}_{B2}\,{}^{A}\boldsymbol{R}_{B1}\,{}^{B}\boldsymbol{P}+{}^{A}\boldsymbol{P}_{B}\\ &=\begin{bmatrix}0.5 & 0 & 0.866\\0 & 1 & 0\\-0.866 & 0 & 0.5\end{bmatrix}\begin{bmatrix}1 & 0 & 0\\0 & 0.866 & -0.5\\0 & 0.5 & 0.866\end{bmatrix}\begin{bmatrix}1\\2\\3\end{bmatrix}+\begin{bmatrix}0\\3\\6\end{bmatrix}\\ &=\begin{bmatrix}3.616\\3.232\\6.933\end{bmatrix} \end{aligned} $$

第二种，基于齐次变换矩阵相乘来考虑。

变换 1：$\{B\}$ 相对于 $\{A\}$ 的 x_A 轴旋转 30°，变换矩阵为

$$ \mathbf{Rot}(x,30^{\circ})=\begin{bmatrix}1 & 0 & 0 & 0\\0 & \cos 30^{\circ} & -\sin 30^{\circ} & 0\\0 & \sin 30^{\circ} & \cos 30^{\circ} & 0\\0 & 0 & 0 & 1\end{bmatrix} $$

变换 2：$\{B\}$ 相对于 y_A 轴旋转 60°，变换矩阵为

$$ \mathbf{Rot}(y,60^{\circ})=\begin{bmatrix}\cos 60^{\circ} & 0 & \sin 60^{\circ} & 0\\0 & 1 & 0 & 0\\-\sin 60^{\circ} & 0 & \cos 60^{\circ} & 0\\0 & 0 & 0 & 1\end{bmatrix} $$

变换 3：再沿 $\{A\}$ 的 z_A 轴移动 6 个单位，变换矩阵为

$$ \mathbf{Trans}(z,6)=\begin{bmatrix}1 & 0 & 0 & 0\\0 & 1 & 0 & 0\\0 & 0 & 1 & 6\\0 & 0 & 0 & 1\end{bmatrix} $$

变换 4：再沿 $\{A\}$ 的 y_A 轴移动 3 个单位，变换矩阵为

$$ \mathbf{Trans}(y,3)=\begin{bmatrix}1 & 0 & 0 & 0\\0 & 1 & 0 & 3\\0 & 0 & 1 & 0\\0 & 0 & 0 & 1\end{bmatrix} $$

由于所有的变换都是相对于参考坐标系的，总的变换矩阵相当于把每步的变换矩阵依次左乘。

$$
\begin{aligned}
{}^{A}\boldsymbol{T}_{B} &= \textbf{Trans}(y,3)\,\textbf{Trans}(z,6)\,\textbf{Rot}(y,60^\circ)\,\textbf{Rot}(x,30^\circ) \\
&= \begin{bmatrix} 0.5 & 0.433 & 0.75 & 0 \\ 0 & 0.866 & -0.5 & 3 \\ -0.866 & 0.25 & 0.433 & 6 \\ 0 & 0 & 0 & 1 \end{bmatrix}
\end{aligned}
$$

则所求矢量在{A}中的描述${}^{A}\boldsymbol{P}$为

$$
{}^{A}\boldsymbol{P} = {}^{A}\boldsymbol{T}_{B}\,{}^{B}\boldsymbol{P} = \begin{bmatrix} 0.5 & 0.433 & 0.75 & 0 \\ 0 & 0.866 & -0.5 & 3 \\ -0.866 & 0.25 & 0.433 & 6 \\ 0 & 0 & 0 & 1 \end{bmatrix} \begin{bmatrix} 1 \\ 2 \\ 3 \\ 1 \end{bmatrix} = \begin{bmatrix} 3.616 \\ 3.232 \\ 6.933 \\ 1 \end{bmatrix}
$$

可见，上述两种计算过程的最终结果是一致的。

3.4.4 相对于当前坐标系的变换

需要注意的是，相对于参考坐标系的坐标变换，都是依次左乘每个变换矩阵得到的。如果是相对于运动坐标系或当前坐标系的变换，则需要右乘变换矩阵。复合坐标变换在计算时要注意坐标变换的顺序。

例 3.2 已知坐标系{B}与坐标系{A}的初始位姿相同。首先{B}相对于当前坐标系的 x_B 轴旋转 30°，再相对于当前坐标系的 y_B 轴旋转 60°，再沿当前坐标系的 z_B 轴移动 6 个单位，最后沿当前坐标系的 y_B 轴移动 3 个单位。设一矢量在{B}中为${}^{B}\boldsymbol{P}=[1,2,3]^{\mathrm{T}}$，用齐次坐标变换的方法求其在{$A$}中的描述${}^{A}\boldsymbol{P}$。

解： 由于所有的变换都是相对于当前坐标系的，因此依次把坐标变换矩阵连续右乘。总的坐标变换矩阵为

$$
\begin{aligned}
{}^{A}\boldsymbol{T}_{B} &= \textbf{Rot}(x,30^\circ)\,\textbf{Rot}(y,60^\circ)\,\textbf{Trans}(z,6)\,\textbf{Trans}(y,3) \\
&= \begin{bmatrix} 0.5 & 0 & 0.866 & 5.196 \\ 0.433 & 0.866 & -0.25 & 1.098 \\ -0.75 & 0.5 & 0.433 & 4.098 \\ 0 & 0 & 0 & 1 \end{bmatrix}
\end{aligned}
$$

则所求矢量在{A}中的描述${}^{A}\boldsymbol{P}$为

$$
{}^{A}\boldsymbol{P} = {}^{A}\boldsymbol{T}_{B}\,{}^{B}\boldsymbol{P} = \begin{bmatrix} 0.5 & 0 & 0.866 & 5.196 \\ 0.433 & 0.866 & -0.25 & 1.098 \\ -0.75 & 0.5 & 0.433 & 4.098 \\ 0 & 0 & 0 & 1 \end{bmatrix} \begin{bmatrix} 1 \\ 2 \\ 3 \\ 1 \end{bmatrix} = \begin{bmatrix} 8.294 \\ 2.513 \\ 5.647 \\ 1 \end{bmatrix}
$$

3.5 机器人的正运动学分析

机器人正运动学即已知机器人各个关节的变量，求出机器人末端执行器的位姿。

3.5.1 位置正运动学

根据一些常用机械臂的机械结构，可以按照其实现末端机械手运动的方式分为笛卡儿坐标、圆柱坐标、球坐标以及链式坐标等。

1. 笛卡儿坐标

对于所有驱动机构都是线性的机器人，其有三个沿 x、y 和 z 轴的运动，可以用笛卡儿坐标对其正运动学矩阵进行表示。

如图 3-9 所示，$Rxyz$ 坐标系为参考坐标系$\{R\}$，$Pnoa$ 坐标系为机器人手坐标系$\{P\}$。由于没有旋转运动，参考坐标系与机器人手坐标系之间的变换矩阵是简单的平移变换。这里只涉及机器人手坐标系原点的定位，不涉及姿态。在笛卡儿坐标系中，表示机器人手的正运动学变换矩阵为

$$ {}^{R}\boldsymbol{T}_{P}=\begin{bmatrix}1&0&0&p_x\\0&1&0&p_y\\0&0&1&p_z\\0&0&0&1\end{bmatrix} \tag{3-34}$$

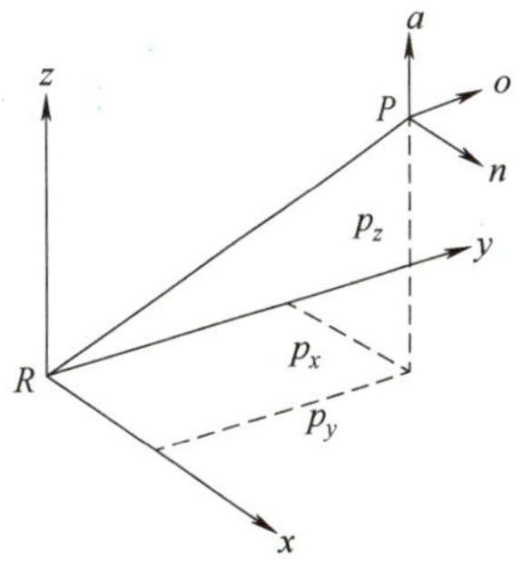

图 3-9　笛卡儿坐标系

其中，${}^{R}\boldsymbol{T}_{P}$ 是参考坐标系$\{R\}$与末端坐标系$\{P\}$之间的变换矩阵。

例 3.3　要求笛卡儿坐标机器人手坐标系原点定位在 $\boldsymbol{P}=[1,2,3]^{\mathrm{T}}$，计算所需要的变换矩阵。

解： 由式(3-34)可得

$$ {}^{R}\boldsymbol{T}_{P}=\begin{bmatrix}1&0&0&p_x\\0&1&0&p_y\\0&0&1&p_z\\0&0&0&1\end{bmatrix}=\begin{bmatrix}1&0&0&1\\0&1&0&2\\0&0&1&3\\0&0&0&1\end{bmatrix}$$

2. 圆柱坐标

当机器人具备两个线性平移运动和一个旋转运动时，可用圆柱坐标对其进行描述。如图 3-10 所示，其运动顺序为：①先沿 x 轴移动 r；②绕 z 轴旋转 α 角；③沿 z 轴移动 l。这三个变换都是相对于参考坐标系的，将这三个变换的变换矩阵依次左乘可以得到总变换矩阵。

$$\begin{aligned}{}^{R}\boldsymbol{T}_{P}=\boldsymbol{T}_{\mathrm{cyl}}(r,\alpha,l)&=\begin{bmatrix}1&0&0&0\\0&1&0&0\\0&0&1&l\\0&0&0&1\end{bmatrix}\begin{bmatrix}\cos\alpha&-\sin\alpha&0&0\\\sin\alpha&\cos\alpha&0&0\\0&0&1&0\\0&0&0&1\end{bmatrix}\begin{bmatrix}1&0&0&r\\0&1&0&0\\0&0&1&0\\0&0&0&1\end{bmatrix}\\&=\begin{bmatrix}\cos\alpha&-\sin\alpha&0&r\cos\alpha\\\sin\alpha&\cos\alpha&0&r\sin\alpha\\0&0&1&l\\0&0&0&1\end{bmatrix}\end{aligned} \tag{3-35}$$

例 3.4　圆柱坐标机器人经过了 $\boldsymbol{T}_{\mathrm{cyl}}(r,\alpha,l)$ 变换以后到达某一位置和姿态。此时在经过绕当前坐标系的一次旋转变换后的位姿矩阵为 $\boldsymbol{T}$，求该旋转变换前的机器人位姿矩阵，其中

$$
T=\begin{bmatrix}1 & 0 & 0 & -7.07\\ 0 & 1 & 0 & 7.07\\ 0 & 0 & 1 & 8\\ 0 & 0 & 0 & 1\end{bmatrix}
$$

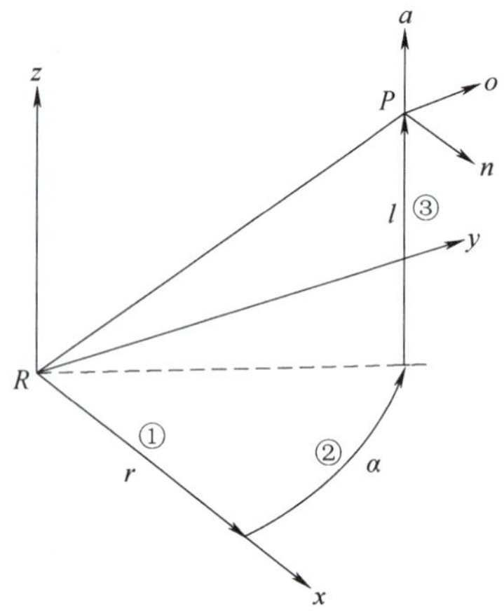

图 3-10　圆柱坐标

解： 由于最后一次旋转变换是沿当前坐标系的，所以机器人手坐标系的原点位置并没有发生变化，即矩阵 $\boldsymbol{T}$ 的最后一列就是式(3-35)的最后一列。

由 $\boldsymbol{T}$ 可得

$$
\begin{cases}l=8\\ \tan(\alpha)=\dfrac{7.07}{-7.07}=-1\\ r\sin(\alpha)=7.07\end{cases}
$$

由于在圆柱坐标下 r 必然为正，则 $\cos\alpha$ 与 $\sin\alpha$ 为一负一正。因此，α 在第二象限，则 $\alpha=135°$，$r=10$。

根据式(3-35)可得

$$
{}^{R}\boldsymbol{T}_{P}=\begin{bmatrix}\cos\alpha & -\sin\alpha & 0 & r\cos\alpha\\ \sin\alpha & \cos\alpha & 0 & r\sin\alpha\\ 0 & 0 & 1 & l\\ 0 & 0 & 0 & 1\end{bmatrix}=\begin{bmatrix}-0.707 & -0.707 & 0 & -7.07\\ 0.707 & -0.707 & 0 & 7.07\\ 0 & 0 & 1 & 8\\ 0 & 0 & 0 & 1\end{bmatrix}
$$

3. 球坐标

如图 3-11 所示，球坐标机器人由一个线性运动和两个旋转运动组成，其运动顺序为：①沿 z 轴平移 r；②绕 y 轴旋转 β；③绕 z 轴旋转 γ。与圆柱坐标一样，依次左乘得到总变换矩阵。

$$
{}^{R}\boldsymbol{T}_{P}=\boldsymbol{T}_{\mathrm{sph}}(r,\beta,\gamma)=\begin{bmatrix}\cos\gamma & -\sin\gamma & 0 & 0\\ \sin\gamma & \cos\gamma & 0 & 0\\ 0 & 0 & 1 & 0\\ 0 & 0 & 0 & 1\end{bmatrix}\begin{bmatrix}\cos\beta & 0 & \sin\beta & 0\\ 0 & 1 & 0 & 0\\ -\sin\beta & 0 & \cos\beta & 0\\ 0 & 0 & 0 & 1\end{bmatrix}\begin{bmatrix}1 & 0 & 0 & 0\\ 0 & 1 & 0 & 0\\ 0 & 0 & 1 & r\\ 0 & 0 & 0 & 1\end{bmatrix}
$$

$$
=\begin{bmatrix}\cos\beta\cos\gamma & -\sin\gamma & \sin\beta\cos\gamma & r\sin\beta\cos\gamma\\ \cos\beta\sin\gamma & \cos\gamma & \sin\beta\sin\gamma & r\sin\beta\sin\gamma\\ -\sin\beta & 0 & \cos\beta & r\cos\beta\\ 0 & 0 & 0 & 1\end{bmatrix} \tag{3-36}
$$

例 3.5　假设要将球坐标机器人手坐标系的原点放在 $[3,4,7]^{\mathrm{T}}$，计算机器人手的关节变量。

解： 根据式(3-36)可得

$$
\begin{cases}r\sin\beta\cos\gamma=3\\ r\sin\beta\sin\gamma=4\\ r\cos\beta=7\end{cases}
$$

由第三个方程可得，$\cos\beta$ 是正的，但没有关于 $\sin\beta$ 是正或负的信息，因此可能会有两个解。由上式可得

$$\tan\gamma=\frac{4}{3}$$

则

$$\begin{cases}\gamma=53.1°\text{或 }233.1°\\ \sin\gamma=0.8\text{ 或}-0.8\\ \cos\gamma=0.6\text{ 或}-0.6\end{cases}$$

则

$$r\sin\beta=\frac{3}{0.6}=5\text{ 或}-5$$

又因为

$$r\cos\beta=7$$

则

$$\begin{cases}\beta=35.5°\text{或}-35.5°\\ r=8.6\end{cases}$$

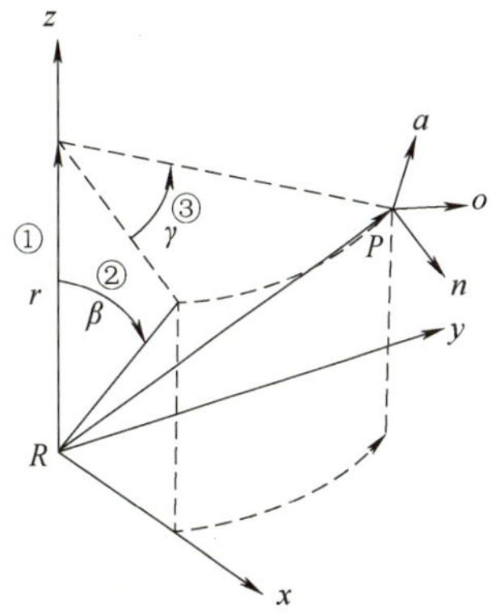

图 3-11　球坐标

可以对这两组解进行检验并证实这两组解都能满足所有的位置方程。如果沿给定的三维坐标轴旋转这些角度，物理上的确能到达同一点。然而必须注意，这两种解将产生同样的位置，但处于不同的姿态。由于目前并不关心机器人手坐标系在这点的姿态，因此两个位置解都是正确的。

3.5.2　姿态正运动学

当机器人末端运动坐标系已经到达期望的位置上，但其末端仍然不是期望的姿态。那么，就需要在不改变位置的情况下，对末端坐标系进行旋转，使其达到期望的姿态。这时只能基于当前坐标系进行变换，绕参考坐标系进行变换则会改变末端坐标系位置。常见的旋转有以下几种。

1. 滚动角(Roll)、俯仰角(Pitch)、偏航角(Yaw)旋转

滚动角、俯仰角、偏航角旋转方式可简称为 RPY。如图 3-12 所示，其由分别绕 a、o 和 n 轴的三个旋转组成。其运动顺序为：①绕 a 轴旋转 ϕ_a 为滚动；②绕 o 轴旋转 ϕ_o 为俯仰；③绕 n 轴旋转 ϕ_n 为偏航。由于是绕末端坐标系运动，即当前坐标系，因此需将三个变换矩阵右乘得到总变换矩阵。

$$\mathbf{RPY}(\phi_a,\phi_o,\phi_n)=\begin{bmatrix}\cos\phi_a\cos\phi_o & \cos\phi_a\sin\phi_o\sin\phi_n-\sin\phi_a\cos\phi_n & \cos\phi_a\sin\phi_o\cos\phi_n+\sin\phi_a\sin\phi_n & 0\\ \sin\phi_a\cos\phi_o & \sin\phi_a\sin\phi_o\sin\phi_n+\cos\phi_a\cos\phi_n & \sin\phi_a\sin\phi_o\cos\phi_n-\cos\phi_a\sin\phi_n & 0\\ -\sin\phi_o & \cos\phi_o\sin\phi_n & \cos\phi_o\cos\phi_n & 0\\ 0 & 0 & 0 & 1\end{bmatrix}\tag{3-37}$$

该坐标系相对于参考坐标系的最终位姿是表示位置变化的矩阵和矩阵 **RPY** 相乘的结果。例如，假设一个机器人是根据圆柱坐标与 RPY 进行设计的，那么这个机器人的位姿变化矩阵为

$$\boldsymbol{T}=\boldsymbol{T}_{\text{cyl}}(r,\alpha,l)\,\mathbf{RPY}(\phi_a,\phi_o,\phi_n)\tag{3-38}$$

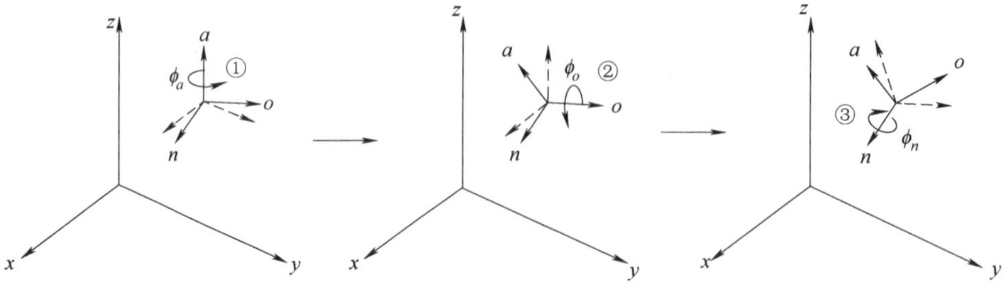

图 3-12　RPY 旋转

2. 欧拉旋转

如图 3-13 所示，欧拉旋转与 RPY 的不同之处在于第③步是绕 a 轴旋转，其余方面与 RPY 相同。其运动顺序为：①绕 a 轴旋转 ϕ；②绕 o 轴旋转 θ；③绕 a 轴旋转 ψ。同样的，右乘三个变换矩阵得到总变换矩阵。

$$\mathbf{Euler}(\phi,\theta,\psi)=\begin{bmatrix}\cos\phi\cos\theta\cos\psi-\sin\phi\sin\psi & -\cos\phi\cos\theta\sin\psi-\sin\phi\cos\psi & \cos\phi\sin\theta & 0\\ \sin\phi\cos\theta\cos\psi+\cos\phi\sin\psi & -\sin\phi\cos\theta\sin\psi+\cos\phi\cos\psi & \sin\phi\sin\theta & 0\\ -\sin\theta\cos\psi & \sin\theta\sin\psi & \cos\theta & 0\\ 0 & 0 & 0 & 1\end{bmatrix} \tag{3-39}$$

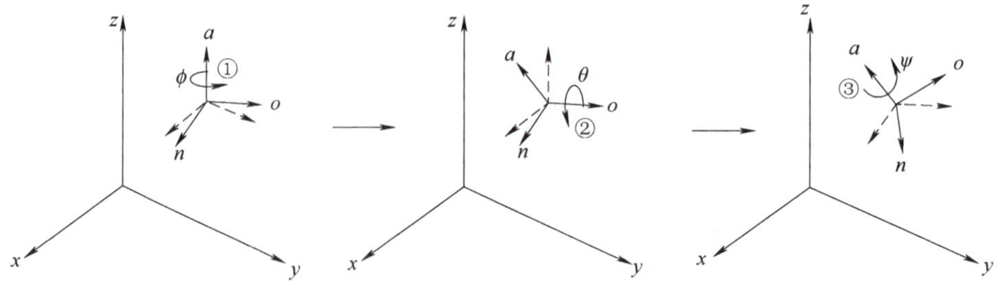

图 3-13　欧拉旋转

需要注意的是，在某些参考书籍及某些应用领域中，RPY 旋转被认为是绕着参考坐标系的坐标轴旋转，而绕着运动坐标系坐标轴的 12 种旋转（旋转顺序分别为 *naa*、*non*、*nao*、*nan*、*ono*、*ona*、*oan*、*oao*、*ano*、*ana*、*aon*、*aoa*）都被认为是欧拉旋转。

3.6　机器人正运动学的 D-H 表示

在机器人正运动学中，采用的例子都较为简单，当机器人的结构变得复杂、运动副数量增多时，采用 3.5 节介绍的方法进行建模计算时会遇到难以克服的瓶颈。此时，采用 D-H 建模法更为合适。

D-H 建模法是一种采用矩阵来表示各构件相互位置和姿态的方法，它最早是由美国西北大学机械工程系的两名教授 Denavit 和 Hartenberg 于 1955 年提出来的。其核心在于提供了一种在机器人各关节建立坐标系即连杆坐标的方法，以此可以建立相邻连杆之间的齐次变换矩阵，再通过连续变换的结果最终得到末端与基座之间的位姿关系。D-H 建模法的运算会比较烦琐，但其对机构的精确定位有特别的意义，而且在求解逆运动学解时有其独特的优势。

3.6.1　标准 D-H 建模法

在 D-H 建模法中，描述机械臂中的每一个连杆必须要建立正确的连杆坐标，从而得到相关的连杆参数。标准的 D-H 建模法，与连杆 i 固连的坐标系 $\{i\}$ 置于连杆 i 的后端或远端，也称作后置坐标系下的 D-H 建模法。

1. 连杆坐标

为了描述连杆的几何关系，从基座开始，将连杆依次标记为 $0 \sim n$（基座记为 0）。而关节依次标记为 $1 \sim n$。除基座和末端执行器之外，每个连杆都连接有前后两个关节，即连杆 i 的前端为关节 i，后端为关节 i+1。连杆及关节的序号定义如图 3-14 所示。

标准 D-H 建模法中，在执行器的每个连杆上都要设立一个笛卡儿坐标系。如图 3-15 所示，除基座和末端执行器之外，坐标系 $\{i\}$ 依下列规则置于连杆 i 上。

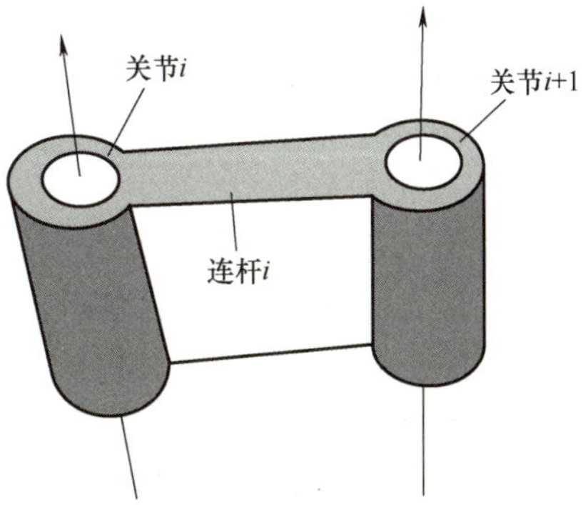

图 3-14　连杆及关节的序号定义

1）坐标系 z 轴：z_i 轴沿着关节 i+1 轴的方向，其转动和移动的正方向任取。如果关节 i+1 为旋转关节，则 z_i 轴沿着关节旋转的轴线方向；如果关节 i+1 为直线移动关节，则 z_i 轴沿着关节直线移动的方向。

2）坐标系 x 轴：x_i 轴定义为沿着 z_{i-1} 轴和 z_i 轴的公法线方向，并由 z_{i-1} 轴指向 z_i 轴。

如果两个关节轴平行，则 x_i 轴可选在与两个关节轴垂直的任意位置。

如果两个关节轴相交，则 x_i 轴可定义为沿着 z_i 与 z_{i-1} 所在平面垂直的方向，而原点位于交点。

3）坐标系 y 轴：y_i 轴由 x_i 轴和 z_i 轴按照右手法则确定。一般 y_i 轴可不明确标出。

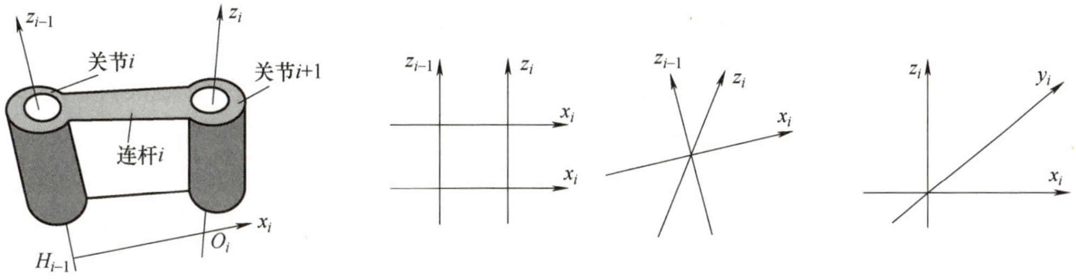

a) 坐标系 z 轴（H_{i-1} 为 x_i 轴与 z_{i-1} 轴的交点）　　b) 坐标系 x 轴　　c) 坐标系 y 轴

图 3-15　标准 D-H 坐标系建立

第 0 个坐标系置于基座的适当位置，使得 z_0 轴沿着第一个关节轴方向。此外，还可以在末端连杆上放置一个坐标系统来描述末端执行器的位置，该坐标系可置于末端执行器的任意位置。为方便起见，z_n 轴通常定义为沿着末端连杆的方向。

需要注意的是，根据以上原则建立的坐标系并不能保证其唯一性。例如，z_i 轴虽与关节

i 重合，但是 z 轴的指向却有两种可能。此外，移动关节的坐标系选择也有一定的任意性。

2. 连杆参数

在标准 D-H 建模法中，描述每一个连杆需要四个运动学参数，分别是关节角 θ_i、连杆偏距 d_i、连杆长度 a_i 和连杆转角 α_i，如图 3-16 所示，记 H_{i-1} 为 x_i 轴与 z_{i-1} 轴的交点，O_i 为第 i 个坐标系的原点。

1）关节角 θ_i：x_{i-1} 轴绕 z_{i-1} 轴旋转到 x_i 轴所旋转的角度。

2）连杆偏距 d_i：沿 z_{i-1} 轴方向上 x_{i-1} 轴到 x_i 轴之间的距离。如果向量 $\overrightarrow{O_{i-1}H_{i-1}}$ 指向 z_{i-1} 轴正方向，则 $d_i=|O_{i-1}H_{i-1}|$ 为正，反之为负。

3）连杆长度 a_i：两个相邻关节轴的偏置距离，即沿 x_i 轴方向上 z_{i-1} 轴与 z_i 轴之间的距离。

4）连杆转角 α_i：两个相邻关节轴间的夹角，即绕 x_i 轴从 z_{i-1} 轴到 z_i 轴旋转的角度。

对于旋转关节，d_i、a_i、α_i 为常数，θ_i 为连杆 i 相对于连杆 $i-1$ 的角度变化量；对于移动关节，θ_i、a_i、α_i 为常数，d_i 为连杆 i 相对于连杆 $i-1$ 的位置变化量。

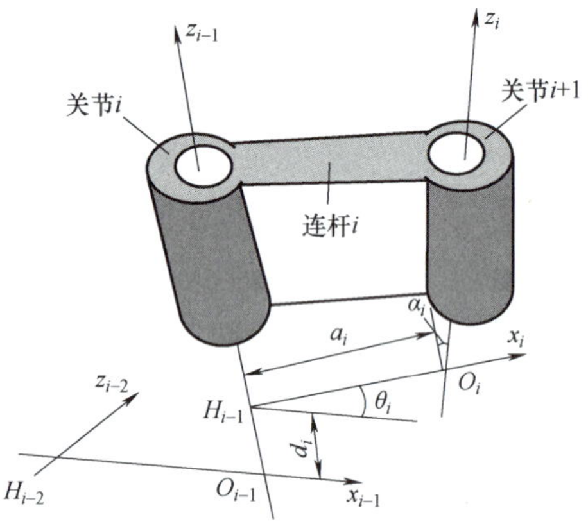

图 3-16 标准 D-H 连杆参数

3. 建立 D-H 坐标系

D-H 坐标系建立步骤如下：

1）对各个连杆依次进行标记。基座记为连杆 0，而最后一个为末端执行器。除基座和末端执行器之外，每个连杆都有两个关节，其中关节 i 连接连杆 i 和连杆 $i-1$。

2）每两个相邻轴之间画一条法线，除第一个和最后一个轴之外，每个关节轴都有两条法线，其中一个是与关节 $i-1$ 轴之间的，另一个是与关节 $i+1$ 轴之间的。

3）建立基坐标系，使得 z_0 轴沿着第一个关节轴，x_0 轴垂直于 z_0 轴，而 y_0 轴根据右手法则确定。

4）建立第 n 个坐标系，使得 x_n 轴垂直于最后一个关节轴。

5）将笛卡儿坐标系置于每个连杆的末端，根据连杆坐标系的建立规则确定每一个连杆的 z_i、x_i 和 y_i 轴。

6）确定连杆参数和关节变量 d_i、θ_i、a_i、α_i。

4. D-H 变换矩阵

在建立完 D-H 坐标系统之后，由于第 i 个坐标系可看作是第 $i-1$ 个坐标系经过一系列旋转和平移后得到，就可以建立相邻坐标系之间的齐次变换矩阵。

1）将第 $i-1$ 个坐标系的 x_{i-1} 轴绕 z_{i-1} 轴旋转 θ_i 角，使 x_{i-1} 与 x_i 平行，对应的变换矩阵为

$$\mathbf{Rot}(z,\theta_i)=\begin{bmatrix}\cos\theta_i & -\sin\theta_i & 0 & 0\\ \sin\theta_i & \cos\theta_i & 0 & 0\\ 0 & 0 & 1 & 0\\ 0 & 0 & 0 & 1\end{bmatrix} \tag{3-40}$$

2）将第 $i-1$ 个坐标系沿着 z_{i-1} 轴平移 d_i，使得 x_{i-1} 轴与 x_i 轴重合，对应的变换矩阵为

$$\mathbf{Trans}(z,d_i)=\begin{bmatrix}1&0&0&0\\0&1&0&0\\0&0&1&d_i\\0&0&0&1\end{bmatrix} \tag{3-41}$$

3）将第 $i-1$ 个坐标系沿着 x_i 轴平移 a_i，使得点 O_{i-1} 与点 O_i 重合对应的变换矩阵为

$$\mathbf{Trans}(x,a_i)=\begin{bmatrix}1&0&0&a_i\\0&1&0&0\\0&0&1&0\\0&0&0&1\end{bmatrix} \tag{3-42}$$

4）将第 $i-1$ 个坐标系绕着 x_i 轴旋转 α_i 角，使得第 $i-1$ 个坐标系和第 i 个坐标系完全重合，对应的变换矩阵为

$$\mathbf{Rot}(x,\alpha_i)=\begin{bmatrix}1&0&0&0\\0&\cos\alpha_i&-\sin\alpha_i&0\\0&\sin\alpha_i&\cos\alpha_i&0\\0&0&0&1\end{bmatrix} \tag{3-43}$$

综上，整个变换过程的变换矩阵为

$$^{i-1}\boldsymbol{T}_i=\mathbf{Rot}(z,\theta_i)\,\mathbf{Trans}(z,d_i)\,\mathbf{Trans}(x,a_i)\,\mathbf{Rot}(x,\alpha_i) \tag{3-44}$$

上式展开得：

$$^{i-1}\boldsymbol{T}_i=\begin{bmatrix}\cos\theta_i&-\cos\alpha_i\sin\theta_i&\sin\alpha_i\sin\theta_i&a_i\cos\theta_i\\\sin\theta_i&\cos\alpha_i\cos\theta_i&-\sin\alpha_i\cos\theta_i&a_i\sin\theta_i\\0&\sin\alpha_i&\cos\alpha_i&d_i\\0&0&0&1\end{bmatrix} \tag{3-45}$$

式(3-45)称为 D-H 变换矩阵，右下标 i 与左上标 $i-1$ 表示变换从第 i 个坐标系到第 $i-1$ 个坐标系。虽然矩阵 $^{i-1}\boldsymbol{T}_i$ 不是正交矩阵，但是仍然存在逆矩阵，表示变换从第 $i-1$ 个坐标系到第 i 个坐标系，即

$$^{i}\boldsymbol{T}_{i-1}=(^{i-1}\boldsymbol{T}_i)^{-1}=\begin{bmatrix}\cos\theta_i&\sin\theta_i&0&-a_i\\-\cos\alpha_i\sin\theta_i&\cos\alpha_i\cos\theta_i&\sin\alpha_i&-d_i\sin\alpha_i\\\sin\alpha_i\sin\theta_i&-\sin\alpha_i\cos\theta_i&\cos\alpha_i&-d_i\cos\alpha_i\\0&0&0&1\end{bmatrix} \tag{3-46}$$

例 3.6　SCARA 机械手是一类很重要的 4 个自由度执行器，包括 Adept、IBM、Seiko 在内的许多公司都生产该产品。该机械手由相互平行的四个关节轴组成，其中关节 1、2 和 4 为旋转关节，关节 3 为移动关节。如图 3-17 所示建立 D-H 坐标系，写出其 D-H 变换矩阵。

解：确定 D-H 参数(见表 3-1)。

表 3-1　D-H 参数表

关节变化	θ_i	d_i	a_i	α_i
0→1	θ_1	d_1	a_1	0

（续）

关节变化	θ_i	d_i	a_i	α_i
1→2	θ_2	0	a_2	π
2→3	0	d_3	0	0
3→4	θ_4	d_4	0	0

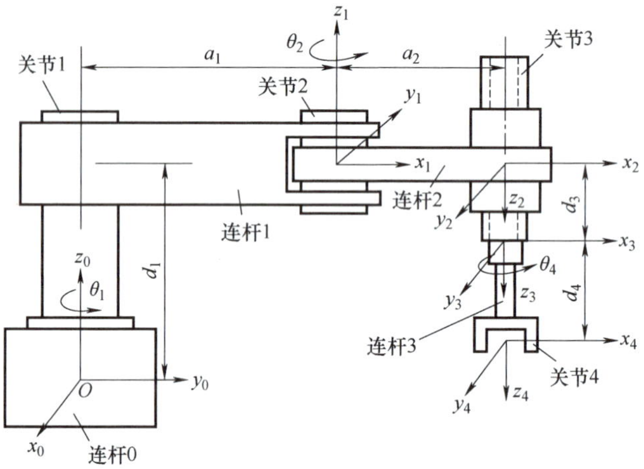

图 3-17 SCARA 机械手 D-H 坐标系

将 D-H 连杆参数代入式(3-45)得 D-H 变换矩阵为

$$
{}^0\boldsymbol{T}_1=\begin{bmatrix}\cos\theta_1 & -\sin\theta_1 & 0 & a_1\cos\theta_1\\ \sin\theta_1 & \cos\theta_1 & 0 & a_1\sin\theta_1\\ 0 & 0 & 1 & d_1\\ 0 & 0 & 0 & 1\end{bmatrix}
$$

$$
{}^1\boldsymbol{T}_2=\begin{bmatrix}\cos\theta_2 & \sin\theta_2 & 0 & a_2\cos\theta_2\\ \sin\theta_2 & -\cos\theta_2 & 0 & a_2\sin\theta_2\\ 0 & 0 & -1 & 0\\ 0 & 0 & 0 & 1\end{bmatrix}
$$

$$
{}^2\boldsymbol{T}_3=\begin{bmatrix}1 & 0 & 0 & 0\\ 0 & 1 & 0 & 0\\ 0 & 0 & 1 & d_3\\ 0 & 0 & 0 & 1\end{bmatrix}
$$

$$
{}^3\boldsymbol{T}_4=\begin{bmatrix}\cos\theta_4 & -\sin\theta_4 & 0 & 0\\ \sin\theta_4 & \cos\theta_4 & 0 & 0\\ 0 & 0 & 1 & d_4\\ 0 & 0 & 0 & 1\end{bmatrix}
$$

由末端执行器到基座变换矩阵为

$$^{0}\boldsymbol{T}_4={}^{0}\boldsymbol{T}_1{}^{1}\boldsymbol{T}_2{}^{2}\boldsymbol{T}_3{}^{3}\boldsymbol{T}_4$$

3.6.2　其他 D-H 建模法

1986 年，提出了一种改进的 D-H 建模法，如图 3-18 所示，其中每个连杆的坐标系被固定在该连杆的前端或近端，又称为前置坐标系下的 D-H 建模法。

1. 坐标系定义

改进的 D-H 建模法和标准坐标系 D-H 建模法关于连杆和关节序号的编号规则是一致的，区别在于坐标系的建立有所不同。坐标系$\{i\}$依下列规则固连于连杆 i 的前端或者近端。

1）坐标系 z 轴：z_i 轴沿着第 i 个关节轴方向，其转动和移动的正方向任取。如果关节 i 为旋转关节，则 z_i 轴沿着关节旋转的轴线方向；如果关节 i 为直线移动关节，则 z_i 轴沿着关节直线移动的方向。

2）坐标系 x 轴：x_i 轴定义为沿着 z_i 轴和 z_{i+1}轴的公法线方向，并由 z_i 轴指向 z_{i+1}轴。

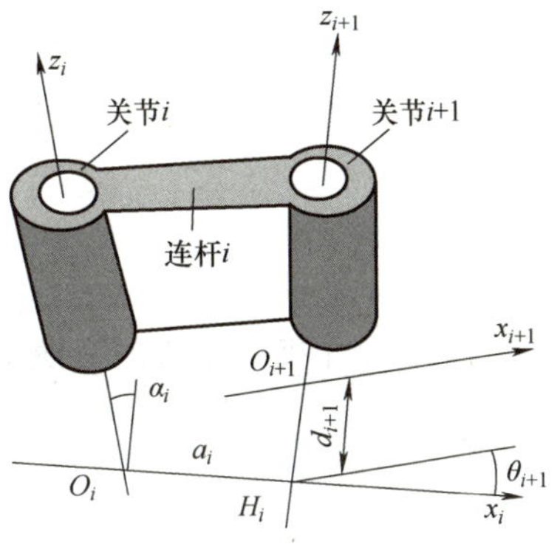

图 3-18　改进的 D-H 建模法连杆参数

如果两个关节轴平行，则 x_i 轴可选在与两个关节轴垂直的任意位置。

如果两个关节轴相交，则 x_i 轴可定义为沿着与 z_i 轴与 z_{i+1}轴所在平面垂直的方向，而原点位于交点。

3）坐标系 y 轴：y_i 轴由 x_i 轴和 z_i 轴按照右手法则确定。一般 y_i 轴可不明确标出。

2. 连杆参数

连杆参数具体定义如下。

1）α_i：关节 i 与关节 i+1 间的夹角，即 z_i 轴绕 x_i 轴旋转到 z_{i+1}轴所旋转的角度。

2）a_i：关节 i 与关节 i+1 的偏置距离，即沿 x_i 轴方向上 z_i 轴与 z_{i+1}轴之间的距离。

3）d_{i+1}：关节 i+1 上两条法线之间的平移距离，即 z_{i+1}轴方向上 x_i 轴到 x_{i+1}轴之间的距离。

4）θ_{i+1}：关节 i+1 上两条法线之间的夹角，即绕 z_{i+1}轴从 x_i 轴旋转到 x_{i+1}轴所旋转的角度。

3. 改进 D-H 建模法的变换矩阵

1）将第 i 个坐标系绕着 x_i 轴旋转 α_i 角，使 z_i 轴与 z_{i+1}轴平行，对应的变换矩阵为

$$\mathbf{Rot}(x,\alpha_i)=\begin{bmatrix}1&0&0&0\\0&\cos\alpha_i&-\sin\alpha_i&0\\0&\sin\alpha_i&\cos\alpha_i&0\\0&0&0&1\end{bmatrix}\tag{3-47}$$

2）沿着 x_i 轴平移距离 a_i，使得点 O_i 与点 H_i 重合，对应的变换矩阵为

$$\mathbf{Trans}(x,a_i)=\begin{bmatrix}1&0&0&a_i\\0&1&0&0\\0&0&1&0\\0&0&0&1\end{bmatrix}\tag{3-48}$$

3）沿着 z_{i+1} 轴平移距离 d_{i+1}，使得点 O_i 与点 O_{i+1} 重合，对应的变换矩阵为

$$\mathbf{Trans}(z,d_{i+1})=\begin{bmatrix}1&0&0&0\\0&1&0&0\\0&0&1&d_{i+1}\\0&0&0&1\end{bmatrix} \tag{3-49}$$

4）绕 z_{i+1} 轴旋转 θ_{i+1} 角，使得坐标系 $\{i\}$ 和 $\{i+1\}$ 完全重合，对应的变换矩阵为

$$\mathbf{Rot}(z,\theta_{i+1})=\begin{bmatrix}\cos\theta_{i+1}&-\sin\theta_{i+1}&0&0\\\sin\theta_{i+1}&\cos\theta_{i+1}&0&0\\0&0&1&0\\0&0&0&1\end{bmatrix} \tag{3-50}$$

综上，整个变换过程的变换矩阵为

$${}^{i}\boldsymbol{T}_{i+1}=\mathbf{Rot}(x,\alpha_i)\mathbf{Trans}(x,a_i)\mathbf{Trans}(z,d_{i+1})\mathbf{Rot}(z,\theta_{i+1}) \tag{3-51}$$

上式展开得：

$${}^{i}\boldsymbol{T}_{i+1}=\begin{bmatrix}\cos\theta_{i+1}&-\sin\theta_{i+1}&0&a_i\\\sin\theta_{i+1}\cos\alpha_i&\cos\theta_{i+1}\cos\alpha_i&-\sin\alpha_i&-d_{i+1}\sin\alpha_i\\\sin\theta_{i+1}\sin\alpha_i&\cos\theta_{i+1}\sin\alpha_i&\cos\alpha_i&d_{i+1}\cos\alpha_i\\0&0&0&1\end{bmatrix} \tag{3-52}$$

在机器人的运动学建模过程中，较常见的运动学建模方法是标准 D-H 方法。然而由于该方法使用传动轴坐标系，并不适用于分支结构的建模。改进的 D-H 方法将传动轴坐标系改为驱动轴坐标系，消除了标准 D-H 方法应用于分支结构时的定义混乱的问题。

3.7 机器人的逆运动学分析

机器人逆运动学分析，即已知机器人末端执行器位姿，反求每个关节的变量值。其解决的问题是将末端执行器在工作空间的运动变换为在相应关节空间的运动，因此逆运动学的求解相较于正运动学具有更重要的意义。

3.7.1 逆运动学的多解性

机器人的工作范围决定了逆运动学的解是否存在。同时，存在解的条件下也会出现多重解的情况。逆运动学的解可分为以下三种情形。

1. 不存在解

当期望的末端位姿超出了机器人的工作空间时，解不存在。例如，当机器人的自由度小于 6 个时，机器人的末端不能运动到三维空间的所有位姿。

2. 存在唯一解

当机器人只能从一个方向达到期望位姿，即只存在一组关节变量值使其达到期望位姿时，存在唯一解。

3. 存在多重解

当机器人能够从多个方向达到期望位姿，即存在多组关节变量值使其能达到期望位姿

时，存在多重解。存在多重解的情况下，可以根据以下准则选取一组最合适的解。

1）关节不受限准则。每个机器人的关节空间都存在一定的运动范围，选择的解不能超出关节的运动范围。例如，求得某关节的两个解为

$$\theta_i'=25°,\ \theta_i''=25°+180°=205°$$

而该关节的运动空间为±160°，此时，就应选择 $\theta_i=\theta_i'=25°$作为解。

2）避障原则。机器人的工作空间中很可能会存在一些障碍物，当多组解中存在与障碍物发生碰撞的解时，要选择避开障碍物的解。

3）最短行程准则。为了保证机器人运动时的平稳性与连续性，当存在多组解时，要选择与上一运动状态最接近的一组解，使得每一个关节的运动量最小。当然，最短行程的前提是遵守避障原则。

如图 3-19 所示，机器人末端处于 A 点，期望运动到 B 点。根据前面的三个原则，应该选择在关节运动范围内避开障碍物，同时也是行程最短的解，即选择路线 2 的解。

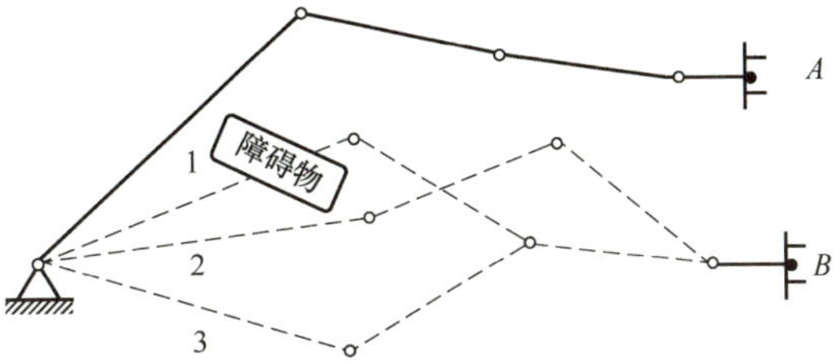

图 3-19　满足三个原则的解

3.7.2　逆运动学求解

求解逆运动学方程时，已知末端执行器位姿，即已知${}^0\boldsymbol{T}_n$。可以用${}^0\boldsymbol{T}_n$ 左乘$({}^{i-1}\boldsymbol{T}_i)^{-1}$矩阵，使方程右边不再包含这个角度，于是可以找到产生角度的正余弦值的元素，进而得出相应的角度，然后通过齐次变换矩阵逆矩阵的性质以及移项解出逆运动学方程。

例 3.7　图 3-20 所示为 5 自由度 Scorbot 机器人，其中第 2~4 个关节轴相互平行，分别为 A,B,P，第 1 关节轴垂直向上，而第 5 关节轴与第 4 关节轴垂直相交。采用图示坐标系，对应的连杆参数见表 3-2，试对其进行正逆运动学分析。

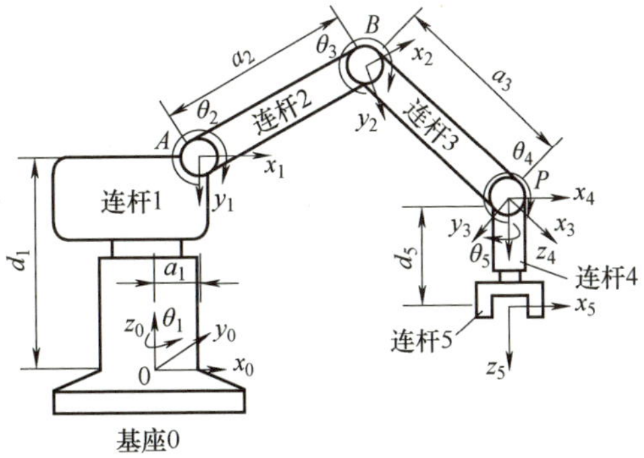

图 3-20　5 自由度 Scorbot 机器人及 D-H 坐标系

表 3-2　5 自由度 Scorbot 机器人 D-H 参数表

关节变化	θ_i	d_i	a_i	α_i
0→1	θ_1	d_1	a_1	$-\pi/2$
1→2	θ_2	0	a_2	0
2→3	θ_3	0	a_3	0
3→4	θ_4	0	0	$-\pi/2$
4→5	θ_5	d_5	0	0

解： 由图 3-20 可以看出，这是采用标准 D-H 建模法建立的坐标系及参数。将 D-H 连杆参数代入式(3-44)得

$$
{}^{0}\boldsymbol{T}_1=\begin{bmatrix}\cos\theta_1 & 0 & -\sin\theta_1 & a_1\cos\theta_1\\ \sin\theta_1 & 0 & \cos\theta_1 & a_1\sin\theta_1\\ 0 & -1 & 0 & d_1\\ 0 & 0 & 0 & 1\end{bmatrix}
$$

$$
{}^{1}\boldsymbol{T}_2=\begin{bmatrix}\cos\theta_2 & -\sin\theta_2 & 0 & a_2\cos\theta_2\\ \sin\theta_2 & \cos\theta_2 & 0 & a_2\sin\theta_2\\ 0 & 0 & 1 & 0\\ 0 & 0 & 0 & 1\end{bmatrix}
$$

$$
{}^{2}\boldsymbol{T}_3=\begin{bmatrix}\cos\theta_3 & -\sin\theta_3 & 0 & a_3\cos\theta_3\\ \sin\theta_3 & \cos\theta_3 & 0 & a_3\sin\theta_3\\ 0 & 0 & 1 & 0\\ 0 & 0 & 0 & 1\end{bmatrix}
$$

$$
{}^{3}\boldsymbol{T}_4=\begin{bmatrix}\cos\theta_4 & 0 & -\sin\theta_4 & 0\\ \sin\theta_4 & 0 & \cos\theta_4 & 0\\ 0 & -1 & 0 & 0\\ 0 & 0 & 0 & 1\end{bmatrix}
$$

$$
{}^{4}\boldsymbol{T}_5=\begin{bmatrix}\cos\theta_5 & -\sin\theta_5 & 0 & 0\\ \sin\theta_5 & \cos\theta_5 & 0 & 0\\ 0 & 0 & 1 & d_5\\ 0 & 0 & 0 & 1\end{bmatrix}
$$

其总的变换矩阵为

$$
{}^{0}\boldsymbol{T}_5={}^{0}\boldsymbol{T}_1{}^{1}\boldsymbol{T}_2{}^{2}\boldsymbol{T}_3{}^{3}\boldsymbol{T}_4{}^{4}\boldsymbol{T}_5
$$

记为

$$
{}^{0}\boldsymbol{T}_5=\begin{bmatrix}n_x & o_x & a_x & p_x\\ n_y & o_y & a_y & p_y\\ n_z & o_z & a_z & p_z\\ 0 & 0 & 0 & 1\end{bmatrix} \tag{3-53}
$$

记 $\theta_{ijk\cdots}=\theta_i+\theta_j+\theta_k+\cdots$，其中，

$$
\begin{cases}n_x=\cos\theta_1\cos\theta_{234}\cos\theta_5+\sin\theta_1\sin\theta_5\\ n_y=\sin\theta_1\cos\theta_{234}\cos\theta_5-\cos\theta_1\sin\theta_5\\ n_z=-\sin\theta_{234}\cos\theta_5\end{cases}
$$

$$
\begin{cases}o_x=-\cos\theta_1\cos\theta_{234}\sin\theta_5+\sin\theta_1\cos\theta_5\\ o_y=-\sin\theta_1\cos\theta_{234}\sin\theta_5-\cos\theta_1\cos\theta_5\\ o_z=\sin\theta_{234}\sin\theta_5\end{cases}
$$

$$
\begin{cases}a_x=-\cos\theta_1\sin\theta_{234}\\ a_y=-\sin\theta_1\sin\theta_{234}\\ a_z=-\cos\theta_{234}\end{cases}
$$

$$\begin{cases}p_x=\cos\theta_1(a_1+a_2\cos\theta_2+a_3\cos\theta_{23}-d_5\sin\theta_{234})\\p_y=\sin\theta_1(a_1+a_2\cos\theta_2+a_3\cos\theta_{23}-d_5\sin\theta_{234})\\p_z=d_1-a_2\sin\theta_2-a_3\sin\theta_{23}-d_5\cos\theta_{234}\end{cases}$$

前面已经获得总的变化矩阵，也就获得了关节变量与末端执行器位姿的关系，下面就可以根据这个关系对机构的正反解进行计算。

1. 正运动学分析

对于正运动学分析，只需将已知关节角代入式(3-53)就可以得到末端执行器位置(p_x,p_y,p_z)，而方向由三个单位方向矢量(n_x,n_y,n_z)、(o_x,o_y,o_z)和(a_x,a_y,a_z)确定。

2. 逆运动学分析

对于逆运动学分析，即已知末端执行器的位姿，求解关节角 θ_i，$i=1,2,3,4,5$。变换矩阵两边同时左乘$({}^0\boldsymbol{T}_1)^{-1}$，即

$$({}^0\boldsymbol{T}_1)^{-1}\cdot{}^0\boldsymbol{T}_5={}^1\boldsymbol{T}_2{}^2\boldsymbol{T}_3{}^3\boldsymbol{T}_4{}^4\boldsymbol{T}_5 \tag{3-54}$$

由式(3-54)第一列相等得

$$\begin{cases}n_x\cos\theta_1+n_y\sin\theta_1=\cos\theta_{234}\cos\theta_5\\-n_z=\sin\theta_{234}\cos\theta_5\\-n_x\sin\theta_1+n_y\cos\theta_1=-\sin\theta_5\end{cases} \tag{3-55}$$

同样，由式(3-54)第四列相等得

$$\begin{cases}p_x\cos\theta_1+p_y\sin\theta_1-a_1=a_2\cos\theta_2+a_3\cos\theta_{23}-d_5\sin\theta_{234}\\-p_z+d_1=a_2\sin\theta_2+a_3\sin\theta_{23}+d_5\cos\theta_{234}\\-p_x\sin\theta_1+p_y\cos\theta_1=0\end{cases} \tag{3-56}$$

由式(3-56)可以得到第一个关节角为

$$\theta_1=\arctan\frac{p_y}{p_x}$$

该方程有两个解，如果 $\theta_1=\theta_1'$ 是方程的解，则 $\theta_1=\pi+\theta_1'$ 也是方程的解。求出 θ_1 后，可根据式(3-55)求出 θ_5 的两个解：

$$\theta_5=\arcsin(n_x\sin\theta_1-n_y\cos\theta_1)$$

如果 $\theta_5=\theta_5'$，是方程的解，则 $\theta_5=\pi-\theta_5'$，也是方程的解。

对于(θ_1,θ_5)的每一个解，由式(3-55)可以求出 θ_{234}的唯一解：

$$\theta_{234}=\arctan2\left[-\frac{n_z}{\cos\theta_5},\frac{n_x\cos\theta_1+n_y\sin\theta_1}{\cos\theta_5}\right]$$

将方程(3-56)第一个公式和式(3-56)第二个公式改写成

$$\begin{cases}a_2\cos\theta_2+a_3\cos\theta_{23}=k_1\\a_2\sin\theta_2+a_3\sin\theta_{23}=k_2\end{cases} \tag{3-57}$$

式中，$k_1=p_x\cos\theta_1+p_y\sin\theta_1-a_1+d_5\sin\theta_{234}$，$k_2=-p_z+d_1-d_5\cos\theta_{234}$。

由式(3-57)可得

$$a_2^2+a_3^2+2a_2a_3\cos\theta_3=k_1^2+k_2^2$$

则

$$\theta_3=\arccos\frac{k_1^2+k_2^2-a_2^2-a_3^2}{2a_2a_3}$$

可知，θ_3 也有两个解，如果 $\theta_3=\theta_3'$ 为一个解，则 $\theta_3=-\theta_3'$ 也为方程的解。

求出 θ_3 后，由式(3-57)可求出 θ_2，将式(3-57)改写为

$$\begin{cases}(a_2+a_3\cos\theta_3)\cos\theta_2-(a_3\sin\theta_3)\sin\theta_2=k_1\\(a_3\sin\theta_3)\cos\theta_2+(a_2+a_3\cos\theta_3)\sin\theta_2=k_2\end{cases}$$

解得

$$\begin{cases}\cos\theta_2=\dfrac{k_1(a_2+a_3\cos\theta_3)+k_2a_3\sin\theta_3}{a_2^2+a_3^2+2a_2a_3\cos\theta_3}\\[2ex]\sin\theta_2=\dfrac{-k_1a_3\sin\theta_3+k_2(a_2+a_3\cos\theta_3)}{a_2^2+a_3^2+2a_2a_3\cos\theta_3}\end{cases}$$

对于 $\theta_1,\theta_3,\theta_5,\theta_{234}$ 的每一组解，可以求得 θ_2 的唯一解为

$$\theta_2=\arctan2(\sin\theta_2,\cos\theta_2)$$

则 θ_4 可以求出

$$\theta_4=\theta_{234}-\theta_2-\theta_3$$

由以上计算可知，对应每个末端执行器的位置，至少有 8 个运动学反解，如图 3-21 所示。

$$\theta_1=\begin{cases}\theta_1\to\theta_5=\begin{cases}\theta_5\to\theta_{234}\to\theta_3=\begin{cases}\theta_3\to\theta_2\to\theta_4\\\theta_3'\to\theta_2\to\theta_4\end{cases}\\\theta_5'\to\theta_{234}\to\theta_3=\begin{cases}\theta_3\to\theta_2\to\theta_4\\\theta_3'\to\theta_2\to\theta_4\end{cases}\end{cases}\\\theta_1'\to\theta_5=\begin{cases}\theta_5\to\theta_{234}\to\theta_3=\begin{cases}\theta_3\to\theta_2\to\theta_4\\\theta_3'\to\theta_2\to\theta_4\end{cases}\\\theta_5'\to\theta_{234}\to\theta_3=\begin{cases}\theta_3\to\theta_2\to\theta_4\\\theta_3'\to\theta_2\to\theta_4\end{cases}\end{cases}\end{cases}$$

图 3-21　运动学反解情况

3.8　机器人的位置运动学仿真

可以运用 MATLAB 软件对机器人进行运动学仿真。MATLAB 软件将数值分析、矩阵计算、科学数据可视化以及非线性动态系统的建模和仿真等诸多强大功能集成在一个易于使用的视窗环境中，其核心功能可通过大量应用领域相关的工具箱进行扩充。MATLAB Robotics Toolbox 是一套基于 MATLAB 的机器人学工具箱，它提供了机器人学研究中的许多重要功能函数，包括机器人运动学、动力学、轨迹规划等，因此非常适用于机器人教学与研究。

3.8.1　坐标变换

利用 MATLAB Robotics Toolbox 工具箱中的 transl( )、rotx( )、roty( )和 rotz( )函数可以非常容易地实现用齐次变换矩阵表示平移变换和旋转变换。

3.8.2　建立机器人对象

在 MATLAB Robotics Toolbox 中，构建机器人对象主要在于用 LINK( )函数对各个关节的构建，其一般形式为：

```
L=LINK([alpha A theta D sigma],CONVENTION)
```

参数 CONVENTION 可以取“standard”和“modified”，其中“standard”代表采用标准的 D-H 参数，“modified”代表采用改进的 D-H 参数。参数“alpha”代表扭角，参数“A”代表连杆长度，参数“theta”代表关节转角，参数“D”代表连杆偏距，参数“sigma”代表关节类型(0 代表旋转关节，非 0 代表平动关节)。

这样，只需指定相应的 D-H 参数，便可以对任意种类的机械手进行建模，通过 MATLAB Robotics Toolbox 扩展的 plot( ) 函数还可将创建好的机器人在三维空间中显示出来。

除了自己构建连杆以外，MATLAB Robotics Toolbox 自带了一些常见的机器人对象，如 PUMA560、Standford 等。

3.8.3　机器人运动学求解

对于某些结构复杂的机器人，人工进行运动学求解非常困难，很难得到最终的数值结果。因此在仿真实验教学中，希望能通过计算机编程的形式来进行机器人运动学的求解。

以 PUMA 560 型机器人为例，运用 Robotics Toolbox 进行正运动学与逆运动学的求解，首先定义 PUMA 560 型机器人，注意系统同时还定义了 PUMA560 型机器人两个特殊的位姿配置：所有关节变量为 0 的 qz 状态，以及表示“READY”状态的 qr 状态。程序见附录 3-1。

3.9　设计项目：四足机器人的运动学分析

3.9.1　D-H 坐标系说明

四足机器人的机械结构可以简化为图 3-22。可以将四足机器人的腿视为一系列由关节连接起来的连杆，为四足机器人的每一连杆建立一个坐标系，并用齐次变换来描述这些坐标系间的相对位置和姿态。采用改进的 D-H 建模法，$\{i\}$ 坐标系的坐标原点在关节 i 和关节 i+1 轴线的公法线和关节 i 轴线的交点上，z_i 轴与关节 i 的轴线重合，x_i 轴和前述公法线重合，方向由关节 i 指向关节 i+1，y_i 轴用右手定则确定。

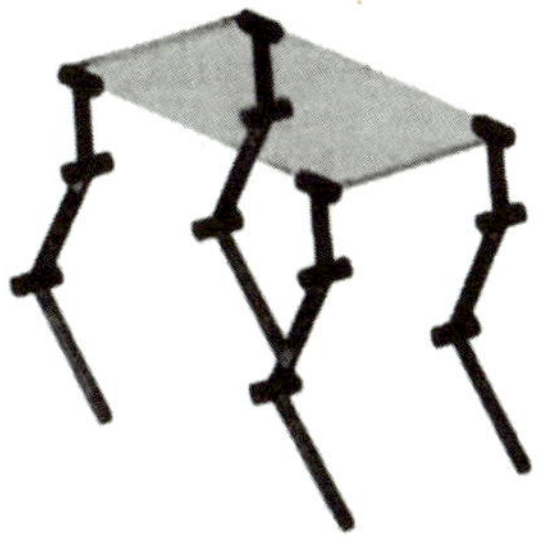

图 3-22　四足机器人结构示意图

3.9.2　右前腿运动学分析

以右前腿为例，如图 3-23 所示建立 D-H 坐标系。

规定躯干固连坐标系 $\{O_b\}$ 位于躯干自身的几何中心，x_b 轴指向躯体前进的方向；z_b 轴的正方向与重力方向相反，垂直躯干横截面向上；y_b 轴的方向由右手法则确定。

$O_0x_0y_0z_0$ 坐标系为腿部坐标系的参考坐标系，原点 O_0 建立在躯体前面的下缘中点，z_0 轴同向平行于 z_b 轴，x_0 轴垂直于躯干右立面，方向由右立面指向左立面。将腿部髋关节坐标原点 O_1 与 O_0 共 z 平面，就不存在 z 轴方向平移。

对于腿部坐标系，坐标系 $\{O_1\}$ 为髋部关节坐标系，以下关节坐标系分别为坐标系 $\{O_2\}$ 和 $\{O_3\}$ 及末端足端坐标系 $\{O_4\}$。

原点 O_1 在机体坐标系 $\{O_0\}$ 中的位置为 (a,b,c)，其中 $a=-w$，$b=0$，$c=0$。z_1 轴与关节 1 的轴线重合，x_1 轴和 z_1、z_2 轴公法线重合，方向由关节 1 指向关节 2，y_1 轴用右手定则确定。

原点 O_2 在关节 1 和关节 2 轴线的公法线和关节 2 轴线的交点上，z_2 轴与关节 2 的轴线重合。x_2 轴和 z_2、z_3 轴的公法线重合，方向由关节 2 指向关节 3，y_2 轴用右手定则确定。

原点 O_3 在关节 2 和关节 3 轴线的公法线和关节 3 轴线的交点上，z_3 轴与关节 3 的轴线重合，与 z_2 轴平行同向。

原点 O_4 位于足端，且各坐标轴的方向与坐标系 $\{O_3\}$ 坐标轴平行。

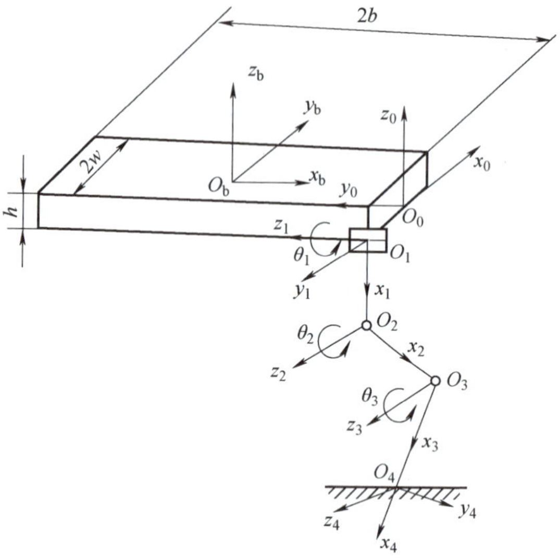

图 3-23　四足机器人右前腿 D-H 坐标系建立

建立 D-H 坐标系后，可根据连杆参数写出 D-H 参数表，并进行运动学分析。具体分析过程请自行推导，同时对其右后腿进行运动学分析。

本章小结

本章讲述了机器人运动学的相关内容，对机器人的位置、姿态、位姿矩阵进行了学习；讲解了机器人的平移变换、旋转变换、复合变换以及相关的齐次变换；重点讨论了机器人正、逆运动学分析以及运用 D-H 参数法进行运动学分析的相关知识。

课后习题

3-1　用一个矩阵描述旋转、平移或旋转平移复合的变换时，左乘或者右乘一个表示变换的矩阵，所得到的结果是否相同？为什么？试举例作图说明。

3-2　写出描述 $\boldsymbol{p}=3\boldsymbol{i}+5\boldsymbol{k}$ 和 $\boldsymbol{q}=4\boldsymbol{i}+5\boldsymbol{j}+6\boldsymbol{k}$ 的叉积方向的单位向量。

3-3　D-H 建模法中标准的 D-H 建模法与改进的 D-H 建模法有什么区别与联系？

3-4　坐标系 $\{B\}$ 的位置变化：初始时，坐标系 $\{A\}$ 与 $\{B\}$ 重合，使坐标系 $\{B\}$ 绕 z_B 轴旋转 θ；然后再绕 x_B 轴旋转 α。给出矢量 $\boldsymbol{P}$ 在坐标系 $\{B\}$ 中的描述转换为在坐标系 $\{A\}$ 中的描述的旋转矩阵。

3-5　已知矢量 $\boldsymbol{u}$ 在坐标系矩阵

$$\boldsymbol{F}=\begin{bmatrix} 0 & 1 & 0 & 10 \\ -1 & 0 & 0 & 20 \\ 0 & 0 & 1 & 1 \\ 0 & 0 & 0 & 1 \end{bmatrix}$$

中的描述为 $\boldsymbol{u}=3\boldsymbol{i}+2\boldsymbol{j}+2\boldsymbol{k}$。

1）确定表示同一点但由基坐标系描述的矢量 $\boldsymbol{u}_0$。

2）首先让坐标系{F}绕基坐标系的 x 轴旋转 90°，然后沿基坐标系 y 轴方向平移 20 个单位。求变换所得的新坐标系{F′}。

3）确定表示同一点但由坐标系{F′}所描述的矢量 $\boldsymbol{u}_0'$。

3-6　求点 $P=[5,6,7]^{\mathrm{T}}$ 绕参考坐标系 x 轴旋转 30°后相对于参考坐标系的坐标。

3-7　求点 $P=[1,2,3]^{\mathrm{T}}$ 绕参考坐标系 z 轴旋转 45°，再绕 y 轴旋转 60°后，相对于参考坐标系的新位置。

3-8　建立图 3-24 所示三连杆 RRP 操作臂的连杆坐标系，并写出 D-H 参数。

3-9　建立图 3-25 所示三连杆 RRR 操作臂的连杆坐标系，并写出 D-H 参数。

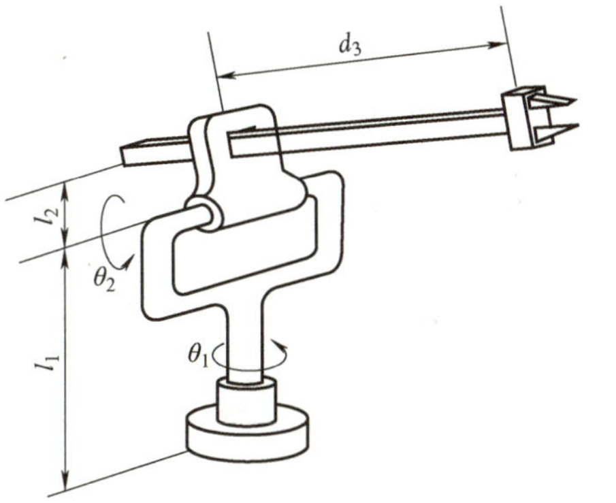

图 3-24　三连杆 RRP 操作臂

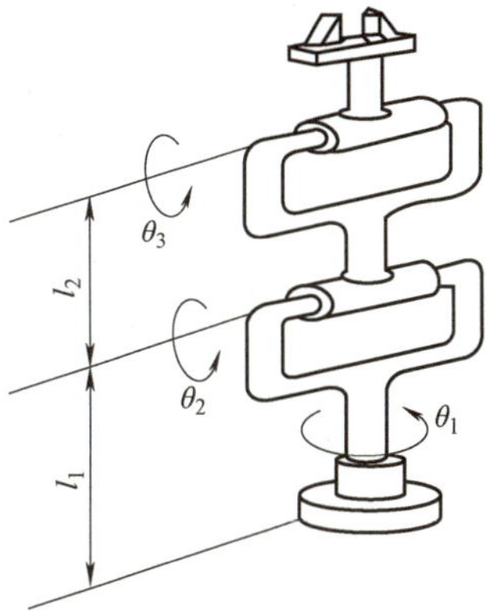

图 3-25　三连杆 RRR 操作臂

3-10　建立图 3-26 中三连杆 PPP 操作臂的连杆坐标系，并写出 D-H 参数。

3-11　建立图 3-27 中 P3R 操作臂的连杆坐标系，并写出 D-H 参数。

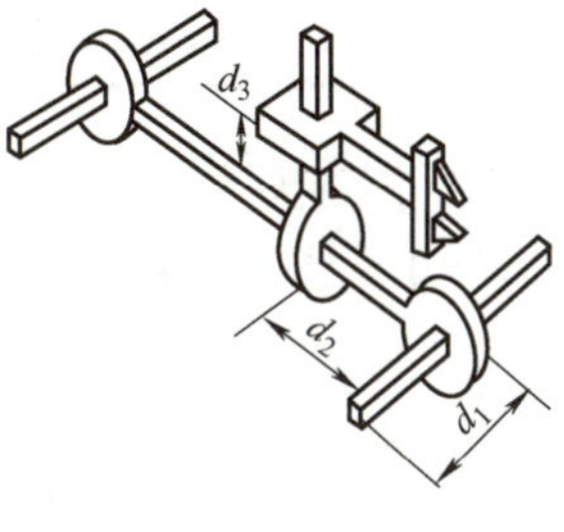

图 3-26　三连杆 PPP 操作臂

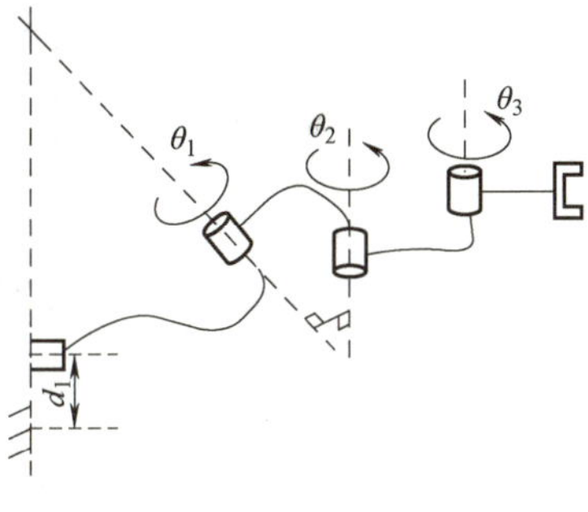

图 3-27　P3R 操作臂

3-12　图 3-28 所示 3 个自由度机械手，其关节 1 与关节 2 相交，而关节 2 与关节 3 平行。图中所有关节均处于零位。各关节转角的正向均由箭头示出。指定该机械手各连杆的坐标系，然后求各变换矩阵 ${}^0\boldsymbol{T}_1$，${}^1\boldsymbol{T}_2$ 和 ${}^2\boldsymbol{T}_3$。

3-13　某个具有 6 个自由度机械臂如图 3-29 所示，它由 6 个简化的转动关节组成，其 D-H 参数见表 3-3。

1）运用 D-H 参数法求该 6 个自由度机械臂的正运动学方程 ${}^0\boldsymbol{T}_6$。

2）根据正运动学方程对其进行逆运动学分析，即求解对应关节角度。

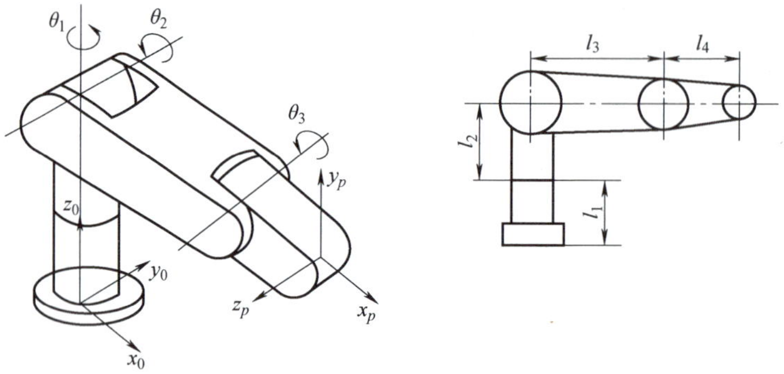

图 3-28 三连杆机械手

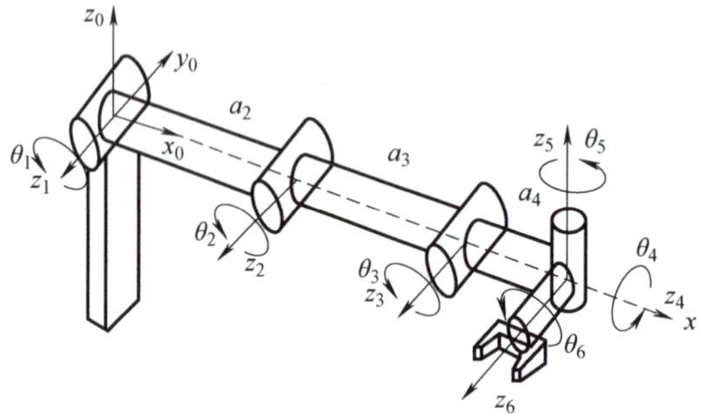

图 3-29 6 个自由度机械臂

表 3-3 6 个自由度机械臂 D-H 参数表

关节 i	α_i	a_i	d_i	θ_i
1	$\pi/2$	0	0	θ_1
2	0	a_2	0	θ_2
3	0	a_3	0	θ_3
4	$-\pi/2$	a_4	0	θ_4
5	$\pi/2$	0	0	θ_5
6	0	0	0	θ_6

3-14 运用标准 D-H 建模法对图 3-30 所示 4 个自由度机器人手臂进行运动学分析。

3-15 图 3-31 所示为偏置式空间 3R 机器人构型，图中标出了关节 1～关节 3 旋转轴的方向及杆件尺寸(长度单位为 m)，完成下列问题：

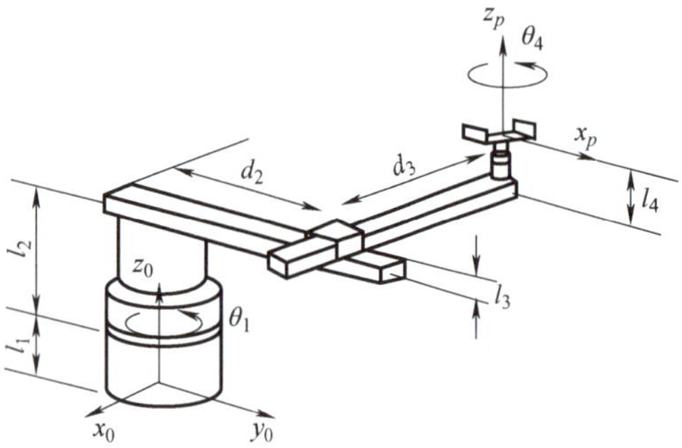

图 3-30 4 个自由度机器人手臂

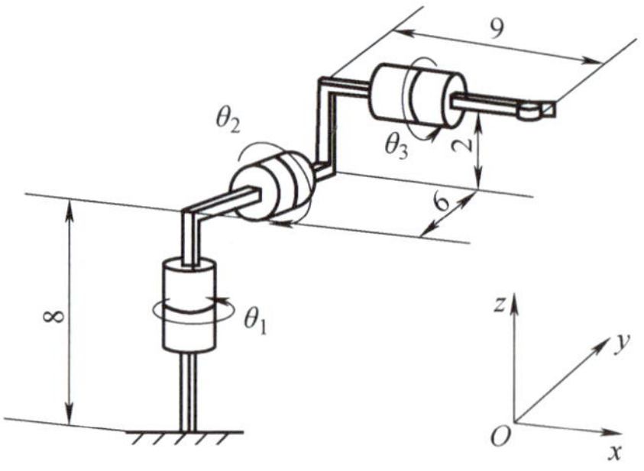

图 3-31 偏置式空间 3R 机器人

1）采用改进 D-H 规则，建立该机器人的 D-H 坐标系，并给出 D-H 参数。

2）推导该机器人的正运动学方程。

附录 3-1　MATLAB 源代码

参考文献

[1]　尼库. 机器人学导论——分析、系统及应用[M]. 孙富春，等译. 北京：电子工业出版社，2018.

[2]　蔡自兴，谢斌. 机器人学[M]. 4 版. 北京：清华大学出版社，2022.

[3]　吴学忠，吴宇列，席翔，等. 高等机构学[M]. 北京：国防工业出版社，2017.

[4]　DENAVIT J，HARTENBERG R S. A kinematic notation for lower-pair mechanisms based on matrices[J]. ASME Journal of Applied Mechanics，1955，22：215-221.

[5]　李彬，陈腾，范永. 四足仿生机器人基本原理及开发教程[M]. 北京：清华大学出版社，2023.

[6]　克雷格. 机器人学导论：原书第 3 版[M]. 贠超，等译. 北京：机械工业出版社，2015.

[7]　蔡自兴，谢斌. 机器人学基础[M]. 3 版. 北京：机械工业出版社，2021.

第4章　机器人的雅可比矩阵与分析

4.1　引言

对机器人进行控制时，机器人某个关节的微小运动会引起机器人末端执行器位姿的微小变化，这些微小变化可由微分变化来表示。微分变化对于研究机器人的速度问题也是十分重要的。在机器人的速度分析方面，雅可比矩阵是较为重要的一种工具，它构建了机器人末端执行器运动速度与各关节速度之间的映射关系。

雅可比矩阵也可以用来对机器人的静力学问题进行分析。机器人的静力学分析是指机器人处于静止平衡状态或者缓慢运动状态时各关节和构件所受力和力矩的分析。当工业机器人进行作业时，末端执行器会与周围环境之间存在着相互作用力。外界环境对末端执行器的作用力将导致机器人各关节产生相应的作用力。机器人静力学分析的目的就是建立末端执行器所受作用力与各关节驱动或平衡力之间的映射关系，从而根据外界环境在末端执行器上的作用力求出静止状态下各关节驱动力，进而合理选择机器人驱动器。

本章主要介绍机器人的微分运动关系、速度雅可比矩阵的意义及构建方法，并由此利用虚功的方法引出了静力雅可比矩阵的概念。此外，本章还重点介绍了机器人系统的静力传递问题，并利用静力雅可比矩阵方法对机构的静力平衡问题进行了分析。本章对基于雅可比矩阵的奇异性分析也做了简单介绍。在本章最后，给出了四足机器人的基于雅可比矩阵的速度和静力学分析案例。

4.2　微分运动关系

4.2.1　微分关系

在很多应用领域，机器人除了对位姿精度有要求外，同时对各关节及末端执行器的速度也有严格的要求。例如，为了获得均匀的焊缝，工业焊接机器人需要其末端执行器具有非常稳定的速度。为了满足工作需求，需要对机器人末端执行器的速度进行分析。

以最简单的二自由度平面二连杆机械臂为例，其每个连杆都可以独立旋转。假设第一个连杆相对于参考坐标系的旋转角度为 θ_1，第二个连杆相对于第一个连杆的旋转角度为 θ_2，如图 4-1 所示。

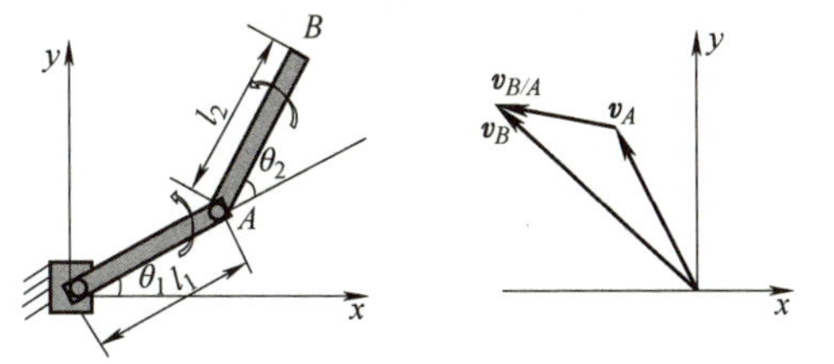

a) 二自由度平面二连杆机械臂　b) 机械臂速度矢量合成图

图 4-1　二自由度平面二连杆机械臂及其速度矢量图

由分析可知，机械臂末端 B 点相对参考坐标系的线速度为 A 点线速度与 B 点相对于 A 点的线速度矢量和，因此机械臂末端速度为

$$\begin{aligned}\boldsymbol{v}_B&=\boldsymbol{v}_A+\boldsymbol{v}_{B/A}\\&=l_1\dot{\theta}_1[\perp l_1]+l_2(\dot{\theta}_1+\dot{\theta}_2)[\perp l_2]\\&=-l_1\dot{\theta}_1\sin\theta_1\boldsymbol{i}+l_1\dot{\theta}_1\cos\theta_1\boldsymbol{j}-l_2(\dot{\theta}_1+\dot{\theta}_2)\sin(\theta_1+\theta_2)\boldsymbol{i}+l_2(\dot{\theta}_1+\dot{\theta}_2)\cos(\theta_1+\theta_2)\boldsymbol{j}\end{aligned}\tag{4-1}$$

式中，$[\perp l_1]$，$[\perp l_2]$ 分别表示垂直于 l_1 杆和 l_2 杆的单位向量。

将式(4-1)写为矩阵形式，可得到机械臂末端速度与关节驱动角速度之间的关系为

$$\begin{bmatrix}v_{Bx}\\v_{By}\end{bmatrix}=\begin{bmatrix}-l_1\sin\theta_1-l_2\sin(\theta_1+\theta_2) & -l_2\sin(\theta_1+\theta_2)\\l_1\cos\theta_1+l_2\cos(\theta_1+\theta_2) & l_2\cos(\theta_1+\theta_2)\end{bmatrix}\begin{bmatrix}\dot{\theta}_1\\\dot{\theta}_2\end{bmatrix}\tag{4-2}$$

式中，v_{Bx}、v_{By} 分别为机械臂末端线速度的 x 轴与 y 轴方向分量；$\dot{\theta}_1$ 与 $\dot{\theta}_2$ 分别为机械臂两个关节的角速度。

式(4-2)为从速度矢量合成角度来分析的关节转速与末端执行器速度间的关系。此外，由于速度为机器人位移在时间尺度上的求导，即 $v=\mathrm{d}s/\mathrm{d}t$，因此若将其视为机器人在微小时间尺度 d$t$ 内的微小运动，则同样可以对关节转速与末端执行器速度之间的映射关系进行分析。

如图 4-1a 所示，机械臂末端位置方程可表示为

$$\begin{cases}x_B=l_1\cos\theta_1+l_2\cos(\theta_1+\theta_2)\\y_B=l_1\sin\theta_1+l_2\sin(\theta_1+\theta_2)\end{cases}\tag{4-3}$$

若分别对式(4-3)两侧变量进行微分计算，可得机械臂末端与各关节之间的微分方程为

$$\begin{cases}\mathrm{d}x_B=-l_1\sin\theta_1\mathrm{d}\theta_1-l_2\sin(\theta_1+\theta_2)(\mathrm{d}\theta_1+\mathrm{d}\theta_2)\\\mathrm{d}y_B=l_1\cos\theta_1\mathrm{d}\theta_1+l_2\cos(\theta_1+\theta_2)(\mathrm{d}\theta_1+\mathrm{d}\theta_2)\end{cases}\tag{4-4}$$

将式(4-4)写为矩阵形式，可表示为

$$\begin{bmatrix}\mathrm{d}x_B\\\mathrm{d}y_B\end{bmatrix}=\begin{bmatrix}-l_1\sin\theta_1-l_2\sin(\theta_1+\theta_2) & -l_2\sin(\theta_1+\theta_2)\\l_1\cos\theta_1+l_2\cos(\theta_1+\theta_2) & l_2\cos(\theta_1+\theta_2)\end{bmatrix}\begin{bmatrix}\mathrm{d}\theta_1\\\mathrm{d}\theta_2\end{bmatrix}\tag{4-5}$$

对比式(4-2)和式(4-5)可以发现，微分方程与速度方程在形式上极为相似，特别是虚线方框内的矩阵部分完全相同，这一部分即为后面 4.3 节所讨论的雅可比矩阵。但式(4-2)和式(4-5)所表达的物理含义不同，速度方程(4-2)反映了机器人末端执行器与驱动关节间的速度关系，而微分方程(4-5)反映的是机器人末端执行器与驱动关节间的微分运动关系。若将

微分方程两边同时除以 dt，则微分方程便可转换为速度方程。因此，微分关系可以将动态的速度关系转换为静态的位移关系。

4.2.2 坐标系的微分运动

在机器人运动过程中，机器人各驱动关节的微量运动将导致末端坐标系进行微量变化。如图 4-2 所示，当驱动关节进行微分运动时，由于末端坐标系固连在末端机械手上，其将会随之由坐标系(n,o,a)微分移动至坐标系(n',o',a')处。因此，必须同时考虑坐标系的微分运动以使机器人产生期望的运动速度。坐标系的运动与坐标变换在形式上是一样的，机构坐标系的微分运动可分为微分平移、微分旋转、微分变换三种情况。

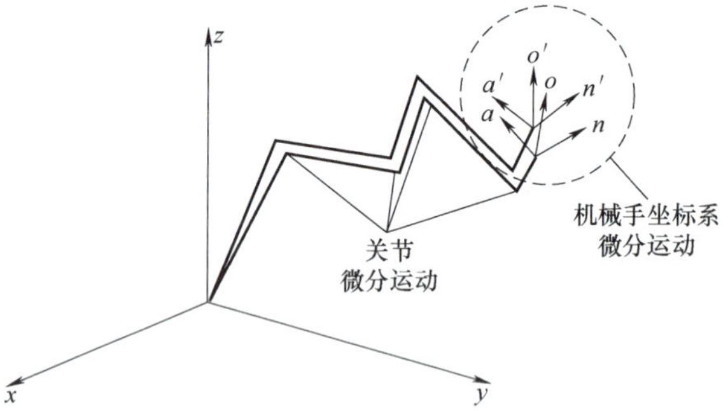

图 4-2 机器人关节的微分运动引起末端机械手坐标系微分运动

1. 微分平移

构件的坐标系微分平移运动即构件坐标系相对参考坐标系的微小位移运动。对沿参考坐标系 x、y、z 轴平移的微分运动，其矢量可表示为以下形式：

$$\boldsymbol{d}=\mathrm{d}x\boldsymbol{i}+\mathrm{d}y\boldsymbol{j}+\mathrm{d}z\boldsymbol{k} \tag{4-6}$$

坐标系的微分平移运动用齐次变换矩阵来表示，可表示为

$$\mathbf{Trans}(\mathrm{d}x,\mathrm{d}y,\mathrm{d}z)=\begin{bmatrix}1&0&0&\mathrm{d}x\\0&1&0&\mathrm{d}y\\0&0&1&\mathrm{d}z\\0&0&0&1\end{bmatrix} \tag{4-7}$$

例 4.1 构件坐标系 $\boldsymbol{B}$ 相对参考坐标系有一个微分平移运动(0.01,0.01,0.01)，找出它微分平移运动后新的位姿。原构件坐标系矩阵为

$$\boldsymbol{B}=\begin{bmatrix}1&0&0&5\\0&1&0&4\\0&0&1&9\\0&0&0&1\end{bmatrix}$$

解： 构件坐标系仅进行微分平移运动，其原始姿态不受影响。故构件坐标系新的位置为

$$\boldsymbol{B}_{\text{new}}=\mathbf{Trans}(0.01,0.01,0.01)\boldsymbol{B}$$

$$=\begin{bmatrix}1&0&0&0.01\\0&1&0&0.01\\0&0&1&0.01\\0&0&0&1\end{bmatrix}\begin{bmatrix}1&0&0&5\\0&1&0&4\\0&0&1&9\\0&0&0&1\end{bmatrix}=\begin{bmatrix}1&0&0&5.01\\0&1&0&4.01\\0&0&1&9.01\\0&0&0&1\end{bmatrix}$$

2. 绕坐标系轴线的微分旋转

构件坐标系的微分旋转为坐标系相对参考坐标系旋转一个微小角度。通常利用 δx、δy、δz 来表示构件坐标系相对于参考坐标系的微分旋转运动。由于微分旋转运动所转动的角度非常小，故可有以下近似关系：

$$\begin{cases}\sin\delta x=\delta x,\sin\delta y=\delta y,\sin\delta z=\delta z\\ \cos\delta x=\cos\delta y=\cos\delta z=1\end{cases} \tag{4-8}$$

因此，构件坐标系相对于参考坐标系的微分旋转运动可分别表示为

$$\begin{cases}\mathbf{Rot}(x,\delta_x)=\begin{bmatrix}1&0&0&0\\0&1&-\delta x&0\\0&\delta x&1&0\\0&0&0&1\end{bmatrix}\\ \mathbf{Rot}(y,\delta_y)=\begin{bmatrix}1&0&\delta y&0\\0&1&0&0\\-\delta y&0&1&0\\0&0&0&1\end{bmatrix}\\ \mathbf{Rot}(z,\delta_z)=\begin{bmatrix}1&-\delta z&0&0\\\delta z&1&0&0\\0&0&1&0\\0&0&0&1\end{bmatrix}\end{cases} \tag{4-9}$$

上述旋转变换矩阵的列向量存在长度大于 1 的情况，但由于微分运动极为微小，可对高阶微分项忽略处理，近似认为该列向量仍为单位向量，因此该旋转变换矩阵仍可认为是标准正交矩阵。

在矩阵乘法计算中，矩阵的相乘顺序是不能改变的。但是，当两个表示微分旋转运动的矩阵以不同的顺序相乘时，由于高阶微分项可以忽略不计，因此可视为其结果是相同的。以坐标系绕 x 轴与 y 轴旋转为例：

$$\mathbf{Rot}(x,\delta x)\mathbf{Rot}(y,\delta y)=\begin{bmatrix}1&0&0&0\\0&1&-\delta x&0\\0&\delta x&1&0\\0&0&0&1\end{bmatrix}\begin{bmatrix}1&0&\delta y&0\\0&1&0&0\\-\delta y&0&1&0\\0&0&0&1\end{bmatrix}=\begin{bmatrix}1&0&\delta y&0\\\delta x\delta y&1&-\delta x&0\\-\delta y&\delta x&1&0\\0&0&0&1\end{bmatrix} \tag{4-10}$$

$$\mathbf{Rot}(y,\delta y)\mathbf{Rot}(x,\delta x)=\begin{bmatrix}1&0&\delta y&0\\0&1&0&0\\-\delta y&0&1&0\\0&0&0&1\end{bmatrix}\begin{bmatrix}1&0&0&0\\0&1&-\delta x&0\\0&\delta x&1&0\\0&0&0&1\end{bmatrix}=\begin{bmatrix}1&\delta x\delta y&\delta y&0\\0&1&-\delta x&0\\-\delta y&\delta x&1&0\\0&0&0&1\end{bmatrix} \tag{4-11}$$

由于坐标系旋转为微分运动，故可以忽略掉高阶无穷小量，令 $\delta x\delta y=0$，因此由(4-10)与式(4-11)可以得知，坐标系绕 x 轴与 y 轴的微分旋转运动与顺序无关，最终结果相同：

$$\mathbf{Rot}(x,\delta x)\mathbf{Rot}(y,\delta y)=\mathbf{Rot}(y,\delta y)\mathbf{Rot}(x,\delta x)=\begin{bmatrix}1&0&\delta y&0\\0&1&-\delta x&0\\-\delta y&\delta x&1&0\\0&0&0&1\end{bmatrix}\tag{4-12}$$

式(4-12)便是微分旋转变换的无序性。由此可知，可以用任何顺序对微分旋转相乘。因此，绕参考坐标系三个轴的微分旋转变换的连乘积，无论是按什么顺序进行旋转，其结果都为

$$\mathbf{Rot}(x,\delta x)\mathbf{Rot}(y,\delta y)\mathbf{Rot}(z,\delta z)=\begin{bmatrix}1&-\delta z&\delta y&0\\\delta z&1&-\delta x&0\\-\delta y&\delta x&1&0\\0&0&0&1\end{bmatrix}\tag{4-13}$$

3. 绕一般轴 *f* 的微分旋转

构件坐标系绕参考坐标系中一轴 f 转动一微小角度 $\mathrm{d}\theta$，可表示为：$\mathbf{Rot}(f,\mathrm{d}\theta)$。构件坐标系绕轴 f 的微分旋转可看作是分别绕参考坐标系 x、y、z 轴的三个微分旋转变换的连乘积所构成的。

用微分运动矢量来进行描述，可表示为

$$\boldsymbol{\delta}=f\mathrm{d}\theta=\boldsymbol{i}\delta x+\boldsymbol{j}\delta y+\boldsymbol{k}\delta z\tag{4-14}$$

式中，δx 为构件坐标系相对参考坐标系 x 轴的微分旋转变换；δy 为构件坐标系相对参考坐标系 y 轴的微分旋转变换；δz 为构件坐标系相对参考坐标系 z 轴的微分旋转变换，如图 4-3所示。

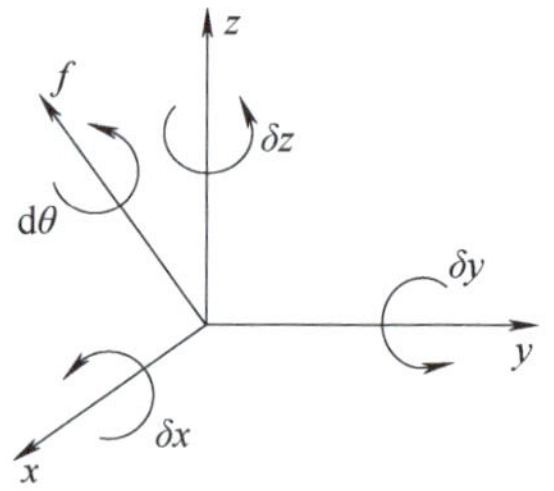

图 4-3　绕一般轴 *f* 的微分旋转

因此，构件坐标系绕一般轴 f 的微分旋转运动为

$$\mathbf{Rot}(f,\mathrm{d}\theta)=\mathbf{Rot}(x,\delta x)\mathbf{Rot}(y,\delta y)\mathbf{Rot}(z,\delta z)=\begin{bmatrix}1&-\delta z&\delta y&0\\\delta z&1&-\delta x&0\\-\delta y&\delta x&1&0\\0&0&0&1\end{bmatrix}\tag{4-15}$$

例 4.2　若坐标系相对于参考坐标系进行了一个小的微分旋转 $\mathrm{d}\theta$，其在坐标轴上的三个微分分量分别为：$\delta x=0.02$；$\delta y=0.05$；$\delta z=0.03$，求其所产生的总微分变换。

解： 将给定的旋转值代入式(4-15)，可得

$$\mathbf{Rot}(f,\mathrm{d}\theta)=\mathbf{Rot}(x,0.02)\mathbf{Rot}(y,0.05)\mathbf{Rot}(z,0.03)=\begin{bmatrix}1&-0.03&0.05&0\\0.03&1&-0.02&0\\-0.05&0.02&1&0\\0&0&0&1\end{bmatrix}$$

4. 坐标系的微分变换

坐标系的微分变换指构件坐标系相对参考坐标系的微分平移和绕任意轴微分旋转的综合变换。用 $\boldsymbol{T}$ 表示微分变换前的构件坐标系 $\{T\}$，在这里默认 $\boldsymbol{T}$ 为构件坐标系相对于参考坐标系的位姿。如果用 $\mathrm{d}\boldsymbol{T}$ 来表示构件坐标系 $\{T\}$ 的微分变换所引起的微分变换量，则从数学意义上该微分变换可表示为

$$\boldsymbol{T}+\mathrm{d}\boldsymbol{T}=\mathbf{Trans}(\mathrm{d}x,\mathrm{d}y,\mathrm{d}z)\cdot\mathbf{Rot}(f,\mathrm{d}\theta)\cdot\boldsymbol{T}\tag{4-16}$$

式中，$\mathbf{Trans}(\mathrm{d}x,\mathrm{d}y,\mathrm{d}z)$ 表示构件坐标系相对于参考坐标系 x、y、z 轴的微分平移运动；$\mathbf{Rot}(f,\mathrm{d}\theta)$ 表示绕参考坐标系中 f 轴的微分旋转运动。

因此，构件坐标系相对于参考坐标系的微分变换 $\mathrm{d}\boldsymbol{T}$ 为

$$\mathrm{d}\boldsymbol{T}=(\mathbf{Trans}(\mathrm{d}x,\mathrm{d}y,\mathrm{d}z)\cdot\mathbf{Rot}(f,\mathrm{d}\theta)-\boldsymbol{I})\boldsymbol{T} \tag{4-17}$$

式中，$\boldsymbol{I}$ 为单位矩阵。

令 $\Delta=\mathbf{Trans}(\mathrm{d}x,\mathrm{d}y,\mathrm{d}z)\cdot\mathbf{Rot}(f,\mathrm{d}\theta)-\boldsymbol{I}$，并将其定义为微分算子，则有

$$\mathrm{d}\boldsymbol{T}=\Delta\boldsymbol{T} \tag{4-18}$$

$$\begin{aligned}\Delta&=\mathbf{Trans}(\mathrm{d}x,\mathrm{d}y,\mathrm{d}z)\cdot\mathbf{Rot}(f,\mathrm{d}\theta)-\boldsymbol{I}\\
&=\begin{bmatrix}1&0&0&\mathrm{d}x\\0&1&0&\mathrm{d}y\\0&0&1&\mathrm{d}z\\0&0&0&1\end{bmatrix}\begin{bmatrix}1&-\delta z&\delta y&0\\\delta z&1&-\delta x&0\\-\delta y&\delta x&1&0\\0&0&0&1\end{bmatrix}-\begin{bmatrix}1&0&0&0\\0&1&0&0\\0&0&1&0\\0&0&0&1\end{bmatrix}\\
&=\begin{bmatrix}0&-\delta z&\delta y&\mathrm{d}x\\\delta z&0&-\delta x&\mathrm{d}y\\-\delta y&\delta x&0&\mathrm{d}z\\0&0&0&0\end{bmatrix}\end{aligned} \tag{4-19}$$

因此，微分算子可视为由微分平移矢量 $\boldsymbol{d}$ 和微分旋转矢量 $\boldsymbol{\delta}$ 构成的，其中，

$$\begin{cases}\boldsymbol{d}=\boldsymbol{i}\mathrm{d}x+\boldsymbol{j}\mathrm{d}y+\boldsymbol{k}\mathrm{d}z\\\boldsymbol{\delta}=\boldsymbol{i}\delta x+\boldsymbol{j}\delta y+\boldsymbol{k}\delta z\end{cases} \tag{4-20}$$

需要注意的是，微分算子并不是一个变换矩阵，也不是位姿矩阵。因此，微分算子并不遵循变换矩阵和位姿矩阵所要求的标准形式。

例 4.3　假设一坐标系 $\boldsymbol{A}$ 进行了微分平移与微分旋转运动，其相对于原参考系坐标轴的微分运动为：$\mathrm{d}x=0.05$，$\mathrm{d}y=0.01$，$\mathrm{d}z=0.06$，$\delta x=0.06$，$\delta y=0.05$，$\delta z=0.04$，试计算其微分算子。

解： 根据式(4-19)，微分算子 $\Delta=\mathbf{Trans}(\mathrm{d}x,\mathrm{d}y,\mathrm{d}z)\cdot\mathbf{Rot}(f,\mathrm{d}\theta)-\boldsymbol{I}$，因此有：

$$\Delta=\begin{bmatrix}0&-\delta z&\delta y&\mathrm{d}x\\\delta z&0&-\delta x&\mathrm{d}y\\-\delta y&\delta x&0&\mathrm{d}z\\0&0&0&0\end{bmatrix}=\begin{bmatrix}0&-0.04&0.05&0.05\\0.04&0&-0.06&0.01\\-0.05&0.06&0&0.06\\0&0&0&0\end{bmatrix}$$

例 4.4　已知一坐标系 $\{B\}$ 的矩阵 $\boldsymbol{B}$，现将其绕 y 轴做 $\delta y=0.1$ 的微分转动，然后做 $[0.1,0.2,0.3]$ 的微分平移运动变换为坐标系 $\{B'\}$，试求微分变换后的坐标系矩阵 $\boldsymbol{B}'$。其中，

$$\boldsymbol{B}=\begin{bmatrix}0&1&0&10\\1&0&0&5\\0&0&1&2\\0&0&0&1\end{bmatrix}$$

解： 坐标系微分变换的微分算子 Δ 为

$$\Delta=\begin{bmatrix}0&-\delta z&\delta y&\mathrm{d}x\\\delta z&0&-\delta x&\mathrm{d}y\\-\delta y&\delta x&0&\mathrm{d}z\\0&0&0&0\end{bmatrix}=\begin{bmatrix}0&0&0.1&0.1\\0&0&0&0.2\\-0.1&0&0&0.3\\0&0&0&0\end{bmatrix}$$

因此坐标系$\{B\}$相对于参考坐标系的微分变换 d$\boldsymbol{B}$ 为

$$\mathrm{d}\boldsymbol{B}=\Delta\boldsymbol{B}=\begin{bmatrix}0&0&0.1&0.1\\0&0&0&0.2\\-0.1&0&0&0.3\\0&0&0&0\end{bmatrix}\begin{bmatrix}0&1&0&10\\1&0&0&5\\0&0&1&2\\0&0&0&1\end{bmatrix}=\begin{bmatrix}0&0&0.1&0.3\\0&0&0&0.2\\0&-0.1&0&-0.7\\0&0&0&0\end{bmatrix}$$

微分变换后新坐标系位姿为

$$\boldsymbol{B}'=\boldsymbol{B}+\mathrm{d}\boldsymbol{B}=\begin{bmatrix}0&1&0&10\\1&0&0&5\\0&0&1&2\\0&0&0&1\end{bmatrix}+\begin{bmatrix}0&0&0.1&0.3\\0&0&0&0.2\\0&-0.1&0&-0.7\\0&0&0&0\end{bmatrix}=\begin{bmatrix}0&1&0.1&10.3\\1&0&0&5.2\\0&-0.1&1&1.3\\0&0&0&1\end{bmatrix}$$

4.2.3 微分运动在不同坐标系间的相互转换

前一节讨论了同一微分运动相对固定参考坐标系的微分变换表达式，记此时的微分算子为 Δ_O。同样，也可以定义微分运动相对于当前坐标系的微分算子 Δ_T，如图 4-4 所示。由于 Δ_T 为相对当前坐标系的微分算子，因此坐标系中的变化为坐标系矩阵右乘微分算子。坐标系的微分运动 d$\boldsymbol{T}$ 为

$$\mathrm{d}\boldsymbol{T}=\Delta_O\boldsymbol{T}=\boldsymbol{T}\Delta_T \tag{4-21}$$

根据微分算子的形式，可以将 Δ_O 表达为

$$\Delta_O=\begin{bmatrix}0&-\delta z&\delta y&\mathrm{d}x\\\delta z&0&-\delta x&\mathrm{d}y\\-\delta y&\delta x&0&\mathrm{d}z\\0&0&0&0\end{bmatrix}$$

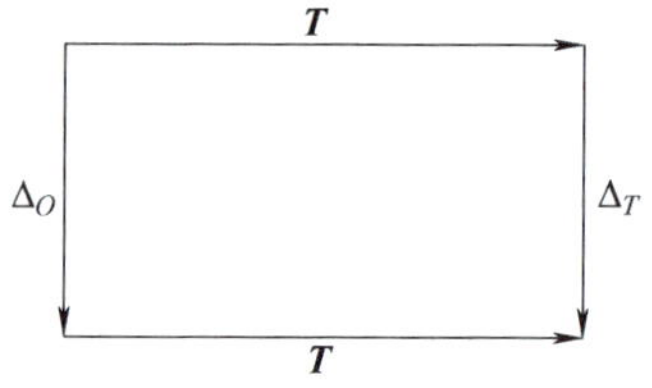

图 4-4 微分变换关系图

将 Δ_T 表达为

$$\Delta_T=\begin{bmatrix}0&-\delta z_T&\delta y_T&\mathrm{d}x_T\\\delta z_T&0&-\delta x_T&\mathrm{d}y_T\\-\delta y_T&\delta x_T&0&\mathrm{d}z_T\\0&0&0&0\end{bmatrix}$$

$\boldsymbol{T}$ 为当前坐标系的位姿矩阵，即

$$\boldsymbol{T}=\begin{bmatrix}n_x&o_x&a_x&p_x\\n_y&o_y&a_y&p_y\\n_z&o_z&a_z&p_z\\0&0&0&1\end{bmatrix}=\begin{bmatrix}\boldsymbol{n}&\boldsymbol{o}&\boldsymbol{a}&\boldsymbol{p}\\0&0&0&1\end{bmatrix} \tag{4-22}$$

式中，$\boldsymbol{n},\boldsymbol{o},\boldsymbol{a},\boldsymbol{p}$ 分别为当前坐标系 $\boldsymbol{T}$ 的列矢量。

由式(4-21)可得，相对于当前坐标系的微分算子 Δ_T 为

$$\Delta_T=\boldsymbol{T}^{-1}\Delta_O\boldsymbol{T} \tag{4-23}$$

省略具体推导过程，将 $\boldsymbol{T}^{-1}$、Δ_O、$\boldsymbol{T}$ 代入式(4-23)以后，最终的结果为

$$\Delta_T=\begin{bmatrix}0 & -\boldsymbol{\delta}\cdot\boldsymbol{a} & \boldsymbol{\delta}\cdot\boldsymbol{o} & \boldsymbol{\delta}\cdot(\boldsymbol{p}\times\boldsymbol{n})+\boldsymbol{d}\cdot\boldsymbol{n}\\ \boldsymbol{\delta}\cdot\boldsymbol{a} & 0 & -\boldsymbol{\delta}\cdot\boldsymbol{n} & \boldsymbol{\delta}\cdot(\boldsymbol{p}\times\boldsymbol{o})+\boldsymbol{d}\cdot\boldsymbol{o}\\ -\boldsymbol{\delta}\cdot\boldsymbol{o} & \boldsymbol{\delta}\cdot\boldsymbol{n} & 0 & \boldsymbol{\delta}\cdot(\boldsymbol{p}\times\boldsymbol{a})+\boldsymbol{d}\cdot\boldsymbol{a}\\ 0 & 0 & 0 & 0\end{bmatrix} \tag{4-24}$$

根据三矢量相乘的性质 $\boldsymbol{a}\cdot(\boldsymbol{b}\times\boldsymbol{c})=\boldsymbol{c}\cdot(\boldsymbol{a}\times\boldsymbol{b})$，式(4-24)可以写为

$$\Delta_T=\begin{bmatrix}0 & -\boldsymbol{a}\cdot\boldsymbol{\delta} & \boldsymbol{o}\cdot\boldsymbol{\delta} & \boldsymbol{n}\cdot((\boldsymbol{\delta}\times\boldsymbol{p})+\boldsymbol{d})\\ \boldsymbol{a}\cdot\boldsymbol{\delta} & 0 & -\boldsymbol{n}\cdot\boldsymbol{\delta} & \boldsymbol{o}\cdot((\boldsymbol{\delta}\times\boldsymbol{p})+\boldsymbol{d})\\ -\boldsymbol{o}\cdot\boldsymbol{\delta} & \boldsymbol{n}\cdot\boldsymbol{\delta} & 0 & \boldsymbol{a}\cdot((\boldsymbol{\delta}\times\boldsymbol{p})+\boldsymbol{d})\\ 0 & 0 & 0 & 0\end{bmatrix} \tag{4-25}$$

式中，$\boldsymbol{n},\boldsymbol{o},\boldsymbol{a},\boldsymbol{p}$ 分别为当前坐标系 $\boldsymbol{T}$ 的列矢量；$\boldsymbol{d}$ 为微分平移矢量；$\boldsymbol{\delta}$ 为微分旋转矢量。

该微分变换相对于当前坐标系的微分运动矢量的各分量为

$$\begin{cases}\mathrm{d}x_T=\boldsymbol{n}\cdot((\boldsymbol{\delta}\times\boldsymbol{p})+\boldsymbol{d})\\ \mathrm{d}y_T=\boldsymbol{o}\cdot((\boldsymbol{\delta}\times\boldsymbol{p})+\boldsymbol{d})\\ \mathrm{d}z_T=\boldsymbol{a}\cdot((\boldsymbol{\delta}\times\boldsymbol{p})+\boldsymbol{d})\\ \delta x_T=\boldsymbol{n}\cdot\boldsymbol{\delta}\\ \delta y_T=\boldsymbol{o}\cdot\boldsymbol{\delta}\\ \delta z_T=\boldsymbol{a}\cdot\boldsymbol{\delta}\end{cases} \tag{4-26}$$

式(4-26)又可以表示为

$$\begin{bmatrix}\mathrm{d}x_T\\ \mathrm{d}y_T\\ \mathrm{d}z_T\\ \delta x_T\\ \delta y_T\\ \delta z_T\end{bmatrix}=\begin{bmatrix}n_x & n_y & n_z & (\boldsymbol{p}\times\boldsymbol{n})_x & (\boldsymbol{p}\times\boldsymbol{n})_y & (\boldsymbol{p}\times\boldsymbol{n})_z\\ o_x & o_y & o_z & (\boldsymbol{p}\times\boldsymbol{o})_x & (\boldsymbol{p}\times\boldsymbol{o})_y & (\boldsymbol{p}\times\boldsymbol{o})_z\\ a_x & a_y & a_z & (\boldsymbol{p}\times\boldsymbol{a})_x & (\boldsymbol{p}\times\boldsymbol{a})_y & (\boldsymbol{p}\times\boldsymbol{a})_z\\ 0 & 0 & 0 & n_x & n_y & n_z\\ 0 & 0 & 0 & o_x & o_y & o_z\\ 0 & 0 & 0 & a_x & a_y & a_z\end{bmatrix}\begin{bmatrix}\mathrm{d}x\\ \mathrm{d}y\\ \mathrm{d}z\\ \delta x\\ \delta y\\ \delta z\end{bmatrix} \tag{4-27}$$

式(4-27)可简化为

$$\begin{bmatrix}\boldsymbol{d}_T\\ \boldsymbol{\delta}_T\end{bmatrix}=\begin{bmatrix}\boldsymbol{R}^{\mathrm{T}} & -\boldsymbol{R}^{\mathrm{T}}\cdot\boldsymbol{S}(\boldsymbol{p})\\ 0 & \boldsymbol{R}^{\mathrm{T}}\end{bmatrix}\begin{bmatrix}\boldsymbol{d}\\ \boldsymbol{\delta}\end{bmatrix} \tag{4-28}$$

式中，$\boldsymbol{R}$ 为旋转矩阵，即

$$\boldsymbol{R}=\begin{bmatrix}n_x & o_x & a_x\\ n_y & o_y & a_y\\ n_z & o_z & a_z\end{bmatrix} \tag{4-29}$$

$\boldsymbol{S}(\boldsymbol{p})$ 为反对称矩阵，即

$$\boldsymbol{S}(\boldsymbol{p})=\begin{bmatrix}0 & -p_z & p_y\\ p_z & 0 & -p_x\\ -p_y & p_x & 0\end{bmatrix} \tag{4-30}$$

4.3 雅可比矩阵

如图 4-5 所示，机器人各驱动关节的微分运动将会导致末端执行器的微分运动。在工业应用中，通常需要对机器人末端机械手的运动及速度进行严格限制，因此，有必要构造一个映射关系，来建立末端机械手与各驱动关节速度之间的联系。

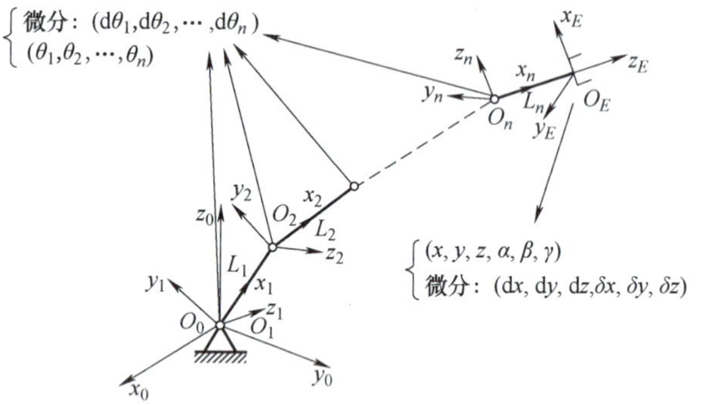

图 4-5 机器人末端执行器微分运动与各关节微分运动关系

雅可比矩阵即为机器人末端执行器在笛卡儿坐标系的操作速度与其关节空间速度的线性变换。形象地讲，雅可比矩阵为机器人从关节空间向笛卡儿坐标系运动速度的传动比。雅可比矩阵建立了机器人关节速度与末端速度之间的映射关系，其是移动关节位移 d 与旋转关节角 θ 的函数。当关节变量发生变化时，雅可比矩阵也将发生相应的变化。

4.3.1 雅可比矩阵的定义

在机器人运动过程中，末端执行器的位姿矢量 $\boldsymbol{X}$ 可由驱动关节广义变量 $\boldsymbol{q}$ 来决定，若将其表示为函数映射关系，则其可表示为

$$\boldsymbol{X}=f(\boldsymbol{q}) \tag{4-31}$$

式中，

$$\boldsymbol{X}=[X_1, X_2, \cdots, X_m]^{\mathrm{T}}$$

$$\boldsymbol{q}=[q_1, q_2, \cdots, q_n]^{\mathrm{T}}$$

若机器人驱动关节为转动关节，则 $\boldsymbol{q}$ 表示关节转角 θ；若驱动关节为移动关节，则 $\boldsymbol{q}$ 表示关节的滑动位移 d。

若分别对末端执行器的位姿矢量 $\boldsymbol{X}$ 与关节广义变量 $\boldsymbol{q}$ 之间的映射关系式在时间尺度上进行求导，则可得机器人末端执行器速度与关节速度之间的映射关系为

$$\dot{\boldsymbol{X}}=\boldsymbol{J}\dot{\boldsymbol{q}} \tag{4-32}$$

式中，$\boldsymbol{J}$ 便为机器人的速度雅可比矩阵：

$$\boldsymbol{J}(\boldsymbol{q})=\frac{\partial f(\boldsymbol{q})}{\partial \boldsymbol{q}}=\begin{bmatrix} \dfrac{\partial f_1}{\partial q_1} & \dfrac{\partial f_1}{\partial q_2} & \cdots & \dfrac{\partial f_1}{\partial q_n} \\ \vdots & \vdots & & \vdots \\ \dfrac{\partial f_m}{\partial q_1} & \dfrac{\partial f_m}{\partial q_2} & \cdots & \dfrac{\partial f_m}{\partial q_n} \end{bmatrix} \in \boldsymbol{R}_{m\times n} \tag{4-33}$$

由雅可比矩阵的定义可以看出，式(4-2)中虚线方框内的部分即是平面二连杆机械臂的雅可比矩阵。在工业生产领域，机器人通常为六个自由度串联机器人，前三个关节控制末端执行器位置，后三个关节控制机器人的姿态。对于含有 n 个关节的工业机器人，其雅可比矩阵 $\boldsymbol{J}(\boldsymbol{q})$ 为 $6\times n$ 阶矩阵，若将其前三行表示为 $\boldsymbol{v}$，后三行表示为 $\boldsymbol{\omega}$，则机器人的末端执行器

线速度、角速度与关节速度之间的映射关系可简化为

$$\begin{bmatrix} \boldsymbol{v} \\ \boldsymbol{\omega} \end{bmatrix} = \begin{bmatrix} \boldsymbol{J}_{v1} & \boldsymbol{J}_{v2} & \cdots & \boldsymbol{J}_{vi} & \cdots & \boldsymbol{J}_{vn} \\ \boldsymbol{J}_{\omega 1} & \boldsymbol{J}_{\omega 2} & \cdots & \boldsymbol{J}_{\omega i} & \cdots & \boldsymbol{J}_{\omega n} \end{bmatrix} \begin{bmatrix} \dot{q}_1 \\ \dot{q}_2 \\ \vdots \\ \dot{q}_n \end{bmatrix} \tag{4-34}$$

式中，$\boldsymbol{J}_{vi}$表示关节 i 速度与末端执行器线速度间的传动比；$\boldsymbol{J}_{\omega i}$表示关节 i 速度与末端执行器角速度间的传动比。

4.3.2　雅可比矩阵的计算方法

雅可比矩阵表示了机器人末端运动与关节运动之间的映射关系，在前面已经介绍了通过对机器人末端运动进行求导来计算雅可比矩阵，即正运动学方法。此外，计算雅可比矩阵的方法还有矢量积法、微分变换法以及连杆速度法。

相对于全局参考坐标系的雅可比矩阵的计算是比较困难的，但相对来说，相对于最后一个机器人手坐标系的雅可比矩阵计算比较简单。

1. 利用微分运动求解雅可比矩阵

若对机器人末端执行器的位姿 $\boldsymbol{X}$ 与驱动关节广义变量 $\boldsymbol{q}$ 之间的函数映射关系进行微分运算，可得末端执行器与各关节微分运动间的映射关系为

$$\mathrm{d}\boldsymbol{X} = \boldsymbol{J}\mathrm{d}\boldsymbol{q}$$

式中，$\mathrm{d}\boldsymbol{X} = [\boldsymbol{d}_T, \boldsymbol{\delta}_T]^{\mathrm{T}}$ 为机器人末端执行器的微分运动；$\mathrm{d}\boldsymbol{q} = [\boldsymbol{d}, \boldsymbol{\delta}]^{\mathrm{T}}$ 为机器人驱动关节的微分运动。

在 D-H 坐标系中，对于转动关节而言，d$\boldsymbol{q}$ 为关节 i 绕 z_i 轴的微分旋转运动 $\mathrm{d}\theta_i$；对于移动关节而言，d$\boldsymbol{q}$ 为关节 i 沿 z_i 轴的微分平移运动 $\mathrm{d}d_i$，需要注意，这里的左边一个 d 表示微分，右边一个 d 表示移动关节的位移。

因此，机器人驱动关节 i 的平移与旋转微分运动为

$$\begin{cases} \boldsymbol{d} = \boldsymbol{0}, \boldsymbol{\delta} = [0, 0, \mathrm{d}\theta_i]^{\mathrm{T}} & （转动关节） \\ \boldsymbol{d} = [0, 0, \mathrm{d}d_i]^{\mathrm{T}}, \boldsymbol{\delta} = \boldsymbol{0} & （移动关节） \end{cases} \tag{4-35}$$

由式(4-35)可以看出，微分转动定义为绕着关节坐标系的 z 轴旋转，微分平移定义为沿着关节坐标系 z 轴平移。如利用式(4-27)计算关节微分运动与机器人手微分运动的关系时，关节坐标系可以认为是参考坐标系，机器人手坐标系则认为是当前坐标系，即：公式左端的$[\boldsymbol{d}_T, \boldsymbol{\delta}_T]^{\mathrm{T}}$ 认为是关于机器人手坐标系的微分运动，$[\boldsymbol{d}, \boldsymbol{\delta}]^{\mathrm{T}}$ 认为是关于参考的关节坐标系的微分运动。

因此若将驱动关节的微分运动代入式(4-27)，便可得由驱动关节 i 的微分运动引起的机器人末端执行器的微分运动分量为

$$\begin{bmatrix} \boldsymbol{d}_T \\ \boldsymbol{\delta}_T \end{bmatrix} = \begin{bmatrix} (\boldsymbol{p} \times \boldsymbol{n})_z \\ (\boldsymbol{p} \times \boldsymbol{o})_z \\ (\boldsymbol{p} \times \boldsymbol{a})_z \\ n_z \\ o_z \\ a_z \end{bmatrix} \mathrm{d}\theta_i \quad （转动关节） \tag{4-36}$$

$$\begin{bmatrix} \boldsymbol{d}_T \\ \boldsymbol{\delta}_T \end{bmatrix} = \begin{bmatrix} n_z \\ o_z \\ a_z \\ 0 \\ 0 \\ 0 \end{bmatrix} \mathrm{d}d_i \quad \text{（移动关节）} \tag{4-37}$$

式中，$\boldsymbol{n},\boldsymbol{o},\boldsymbol{a},\boldsymbol{p}$ 分别为${}^{i}\boldsymbol{T}_n$ 变换中的 4 个方向与位置矢量。

因此，机器人雅可比矩阵的第 i 列为

$$J_i = \begin{cases} [(\boldsymbol{p}\times\boldsymbol{n})_z,(\boldsymbol{p}\times\boldsymbol{o})_z,(\boldsymbol{p}\times\boldsymbol{a})_z,n_z,o_z,a_z]^{\mathrm{T}} & \text{（转动关节）} \\ [n_z,o_z,a_z,0,0,0]^{\mathrm{T}} & \text{（移动关节）} \end{cases} \tag{4-38}$$

通过上述计算，分别计算得出雅可比列向量全部列，便可求得完整的速度雅可比矩阵。因此，对机器人系统的速度雅可比矩阵各元素进行计算时，可分为如下几个步骤：

1）计算各相邻连杆间的变换矩阵${}^{i-1}\boldsymbol{T}_i(i=1,2,\cdots,n)$；

2）计算各连杆至末端执行器的变换矩阵${}^{i-1}\boldsymbol{T}_n(i=1,2,\cdots,n)$，即

$$\begin{cases} {}^{n-1}\boldsymbol{T}_n = {}^{n-1}\boldsymbol{T}_n \\ {}^{n-2}\boldsymbol{T}_n = {}^{n-2}\boldsymbol{T}_{n-1}\,{}^{n-1}\boldsymbol{T}_n \\ {}^{n-3}\boldsymbol{T}_n = {}^{n-3}\boldsymbol{T}_{n-2}\,{}^{n-2}\boldsymbol{T}_n \\ \qquad\vdots \\ {}^{0}\boldsymbol{T}_n = {}^{0}\boldsymbol{T}_1\,{}^{1}\boldsymbol{T}_n \end{cases}$$

3）按照式(4-38)计算 $\boldsymbol{J}$ 的第 i 列元素。

除了可以利用微分变换计算雅可比矩阵各列元素之外，在求得各连杆至末端连杆变换矩阵后，还可利用微分法对速度雅可比矩阵前三行元素进行求解。

若各连杆至末端连杆的变换矩阵${}^{i}\boldsymbol{T}_n$ 为

$${}^{i}\boldsymbol{T}_n = \begin{bmatrix} n_x & o_x & a_x & p_x \\ n_y & o_y & a_y & p_y \\ n_z & o_z & a_z & p_z \\ 0 & 0 & 0 & 1 \end{bmatrix}$$

式中，p_x,p_y,p_z 分别为末端执行器在 x,y,z 轴方向的位置。若分别对其进行微分运算，便可以得到末端执行器沿 x,y,z 轴的微分平移运动 $\mathrm{d}x,\mathrm{d}y,\mathrm{d}z$。

由雅可比矩阵的定义可知：

$$\begin{bmatrix} \mathrm{d}x \\ \mathrm{d}y \\ \mathrm{d}z \\ \delta x \\ \delta y \\ \delta z \end{bmatrix} = \boldsymbol{J} \begin{bmatrix} \mathrm{d}\theta_1 \\ \mathrm{d}\theta_2 \\ \mathrm{d}\theta_3 \\ \mathrm{d}\theta_4 \\ \mathrm{d}\theta_5 \\ \mathrm{d}\theta_6 \end{bmatrix} \tag{4-39}$$

因此，若分别对 p_x, p_y, p_z 进行微分运算便可求得速度雅可比矩阵的前三行元素。

例 4.5　图 4-6 所示的六轴机器人，其运动学方程最后一列为

$$\begin{bmatrix} p_x \\ p_y \\ p_z \\ 1 \end{bmatrix} = \begin{bmatrix} \cos\theta_1(\cos(\theta_2+\theta_3+\theta_4)a_4+\cos(\theta_2+\theta_3)a_3+\cos\theta_2 a_2) \\ \sin\theta_1(\cos(\theta_2+\theta_3+\theta_4)a_4+\cos(\theta_2+\theta_3)a_3+\cos\theta_2 a_2) \\ \sin(\theta_2+\theta_3+\theta_4)a_4+\sin(\theta_2+\theta_3)a_3+\sin\theta_2 a_2 \\ 1 \end{bmatrix}$$

试求其速度雅可比矩阵的第一行元素。

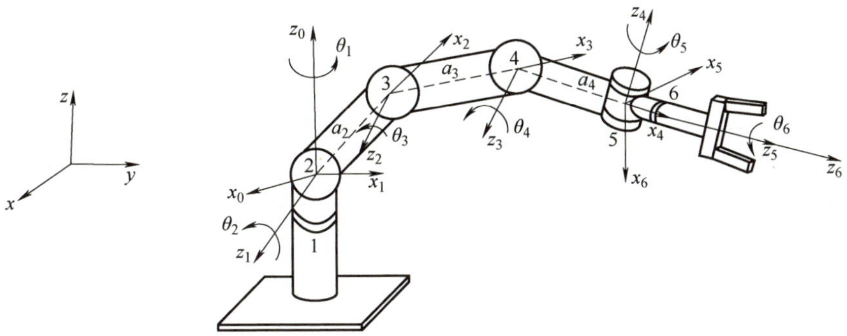

图 4-6　六轴串联机器人

解： 末端机械手在 x 轴方向的位置为

$$p_x=\cos\theta_1(\cos(\theta_2+\theta_3+\theta_4)a_4+\cos(\theta_2+\theta_3)a_3+\cos\theta_2 a_2)$$

对其进行微分运算，可得

$$\begin{aligned} dp_x &= \frac{\partial p_x}{\partial\theta_1}d\theta_1+\frac{\partial p_x}{\partial\theta_2}d\theta_2+\cdots+\frac{\partial p_x}{\partial\theta_6}d\theta_6 \\ &= -\sin\theta_1(\cos(\theta_2+\theta_3+\theta_4)a_4+\cos(\theta_2+\theta_3)a_3+\cos\theta_2 a_2)d\theta_1+\cos\theta_1(-\sin(\theta_2+\theta_3+\theta_4)a_4- \\ &\quad \sin(\theta_2+\theta_3)a_3-\sin\theta_2 a_2)d\theta_2+\cos\theta_1(-\sin(\theta_2+\theta_3+\theta_4)a_4-\sin(\theta_2+\theta_3)a_3)d\theta_3+ \\ &\quad \cos\theta_1(-\sin(\theta_2+\theta_3+\theta_4)a_4)d\theta_4 \end{aligned}$$

整理可得

$$\begin{cases} \dfrac{\partial p_x}{\partial\theta_1}d\theta_1=-\sin\theta_1(\cos(\theta_2+\theta_3+\theta_4)a_4+\cos(\theta_2+\theta_3)a_3+\cos\theta_2 a_2)d\theta_1 \\ \dfrac{\partial p_x}{\partial\theta_2}d\theta_2=\cos\theta_1(-\sin(\theta_2+\theta_3+\theta_4)a_4-\sin(\theta_2+\theta_3)a_3-\sin\theta_2 a_2)d\theta_2 \\ \dfrac{\partial p_x}{\partial\theta_3}d\theta_3=\cos\theta_1(-\sin(\theta_2+\theta_3+\theta_4)a_4-\sin(\theta_2+\theta_3)a_3)d\theta_3 \\ \dfrac{\partial p_x}{\partial\theta_4}d\theta_4=\cos\theta_1(-\sin(\theta_2+\theta_3+\theta_4)a_4)d\theta_4 \\ \dfrac{\partial p_x}{\partial\theta_5}d\theta_5=0 \\ \dfrac{\partial p_x}{\partial\theta_6}d\theta_6=0 \end{cases}$$

因此，雅可比矩阵第一行为

$$J_{r1}=[-\sin\theta_1(\cos(\theta_2+\theta_3+\theta_4)a_4+\cos(\theta_2+\theta_3)a_3+\cos\theta_2 a_2),\cos\theta_1(-\sin(\theta_2+\theta_3+\theta_4)a_4-\sin(\theta_2+\theta_3)a_3-\sin\theta_2 a_2),\cos\theta_1(-\sin(\theta_2+\theta_3+\theta_4)a_4-\sin(\theta_2+\theta_3)a_3),\cdots,\cos\theta_1(-\sin(\theta_2+\theta_3+\theta_4)a_4),0,0]$$

2. 利用连杆速度传递法构建雅可比矩阵

机器人每个驱动关节的运动都将通过连杆传递至下一关节，并最终影响机器人的末端运动。连杆速度传递法即从基坐标系出发，向后递推计算下一个连杆相对于自身坐标系的线速度与角速度，最终得到末端机械手相对于自身坐标系的线速度与角速度并将其转换为相对于基坐标系的速度，以得到末端机械手相对于基坐标系的雅可比矩阵。

如图 4-7 所示，已知机器人第 i 个驱动关节相对于坐标系$\{i\}$的运动 θ_i，${}^i\boldsymbol{v}_i$ 为连杆 i 相对于坐标系$\{i\}$的线速度在坐标系$\{i\}$中的表示，${}^i\boldsymbol{\omega}_i$ 为连杆 i 相对于坐标系$\{i\}$的角速度在坐标系$\{i\}$中的表示。左上角标 i 代表坐标系，右下角标 i 代表连杆。$\boldsymbol{v}_i$ 与 $\boldsymbol{\omega}_i$ 分别为连杆 i 相对于参考坐标系$\{0\}$的线速度与角速度。采用前置坐标系建立法，即与连杆 i 固连的坐标系建立在关节 i 处。

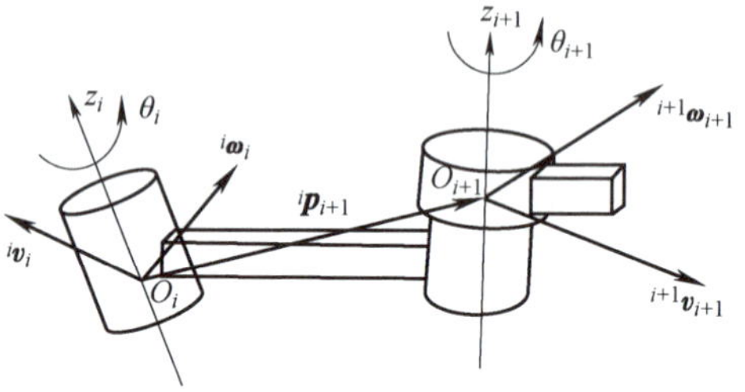

图 4-7　串联机器人相邻两连杆示意图

当关节 i 转动时，其转速将通过连杆 i 同步传递至连杆 i+1 处，因此由关节 i 转动导致的连杆 i+1 的角速度为

$${}^{i+1}\boldsymbol{\omega}_i={}^{i+1}\boldsymbol{R}_i\,{}^i\boldsymbol{\omega}_i \tag{4-40}$$

式中，${}^{i+1}\boldsymbol{R}_i$ 为由坐标系$\{i\}$到坐标系$\{i+1\}$的旋转变换矩阵。

除了关节 i 转动导致的连杆 i+1 运动外，关节 i+1 绕轴 z_{i+1} 轴的转动同样会导致连杆 i+1 转动。因此，连杆 i+1 相对于自身坐标系$\{i+1\}$的总角速度为

$${}^{i+1}\boldsymbol{\omega}_{i+1}={}^{i+1}\boldsymbol{\omega}_i+\dot{\boldsymbol{\theta}}_{i+1}={}^{i+1}\boldsymbol{R}_i\,{}^i\boldsymbol{\omega}_i+\dot{\boldsymbol{\theta}}_{i+1} \tag{4-41}$$

由于关节 i+1 固连在连杆 i 的末端，连杆 i+1 的线速度（坐标系$\{i+1\}$原点的线速度）在坐标系$\{i\}$中的表示应由两部分构成：一是由连杆 i 的线速度所引起的线速度${}^i\boldsymbol{v}_i$；二是连杆 i 的旋转所引起连杆 i+1 产生的线速度${}^i\boldsymbol{\omega}_i\times{}^i\boldsymbol{p}_{i+1}$，因此连杆 i+1 的线速度在其坐标系$\{i\}$中的表示为

$${}^i\boldsymbol{v}_{i+1}={}^i\boldsymbol{v}_i+{}^i\boldsymbol{\omega}_i\times{}^i\boldsymbol{p}_{i+1} \tag{4-42}$$

式中，${}^i\boldsymbol{p}_{i+1}$为由坐标系$\{i\}$到坐标系$\{i+1\}$的变换矩阵${}^i\boldsymbol{T}_{i+1}$中的位移变换。

连杆 i+1 的线速度在其坐标系$\{i+1\}$中的表示应为${}^i\boldsymbol{v}_{i+1}$左乘变换矩阵${}^{i+1}\boldsymbol{R}_i$，即

$${}^{i+1}\boldsymbol{v}_{i+1}={}^{i+1}\boldsymbol{R}_i({}^i\boldsymbol{v}_i+{}^i\boldsymbol{\omega}_i\times{}^i\boldsymbol{p}_{i+1}) \tag{4-43}$$

因此，从参考坐标系的线速度与角速度出发，依次向后递推，便可求得机器人末端机械手相对于自身坐标系的线速度${}^n\boldsymbol{v}_n$与角速度${}^n\boldsymbol{\omega}_n$。

上述为针对关节 i+1 为转动关节的情况，如果关节 i+1 为移动关节，也可以做类似的推导。

上述所求得的是末端机械手相对于末端坐标系的速度，为分析末端机械手在基坐标空间中的运动，还需将其转换至基坐标系中。若在其左端乘以末端坐标系到基坐标系的变换矩阵${}^b\boldsymbol{R}_n$，则可将其转换至基坐标空间中，因此有

$$\dot{\boldsymbol{X}}_n=\begin{bmatrix}{}^b\boldsymbol{R}_n & 0\\ 0 & {}^b\boldsymbol{R}_n\end{bmatrix}\begin{bmatrix}{}^n\boldsymbol{v}_n\\ {}^n\boldsymbol{\omega}_n\end{bmatrix} \tag{4-44}$$

将式(4-44)右端整理后${}^n\boldsymbol{v}_n$、${}^n\boldsymbol{\omega}_n$ 中含有的 $\dot{\theta}_i$ 提出，便可得到其相对于基坐标系的雅可比矩阵：

$$\dot{\boldsymbol{X}}_n=\boldsymbol{J}(\theta)[\dot{\theta}_1,\dot{\theta}_2,\cdots,\dot{\theta}_n]^{\mathrm{T}} \tag{4-45}$$

4.4　基于雅可比矩阵的速度分析

雅可比矩阵反映了机器人各关节与末端执行器之间的速度映射关系。但是在工程应用中，通常需要根据末端机械手所期望的微分运动或速度，来求解机器人各关节的微分运动或速度，以获得各驱动关节的控制参数。因此，需要对雅可比矩阵进行逆运算。

末端执行器的微分运动与关节的微分运动之间的映射关系为

$$\mathrm{d}\boldsymbol{X}=\boldsymbol{J}\mathrm{d}\boldsymbol{q}$$

因此，若雅可比矩阵可逆，对上式等号两边同时左乘 J^{-1}，则可得到机器人各关节的微分运动为

$$\mathrm{d}\boldsymbol{q}=\boldsymbol{J}^{-1}\mathrm{d}\boldsymbol{X}$$

若已知末端机械手的预期微分运动或速度，便可通过雅可比矩阵的逆运算来计算出每个关节的微分运动或速度，以使各驱动关节驱动机器人产生所期望的运动。为了确保机器人的末端机械手保持期望的速度，必须不断地计算机器人各关节的速度。在机器人运动过程中，由于各关节的位姿发生改变，雅可比矩阵中所有元素也将发生变化。因此，需要不断地计算雅可比矩阵的值，这为雅可比矩阵的求逆带来了巨大的计算量。

为了便于雅可比矩阵的逆运算，较为常用的方法就是用逆运动方程来计算各关节的速度。若已知机器人末端执行器相对于参考坐标系的微分平移 $\boldsymbol{d}$ 和微分旋转 $\boldsymbol{\delta}$ 或者相对于当前坐标系的微分平移 $\boldsymbol{d}_T$ 和微分旋转 $\boldsymbol{\delta}_T$，便可求得其相对于参考坐标系的微分算子 Δ 和相对于当前坐标系的微分算子 Δ_T，进而可求得由于微分运动所引起的坐标系的微分变化，即

$$\mathrm{d}\boldsymbol{T}=\Delta\boldsymbol{T}=\boldsymbol{T}\Delta_T=\begin{bmatrix}\mathrm{d}n_x & \mathrm{d}o_x & \mathrm{d}a_x & \mathrm{d}p_x\\ \mathrm{d}n_y & \mathrm{d}o_y & \mathrm{d}a_y & \mathrm{d}p_y\\ \mathrm{d}n_z & \mathrm{d}o_z & \mathrm{d}a_z & \mathrm{d}p_z\\ 0 & 0 & 0 & 1\end{bmatrix} \tag{4-46}$$

注意到微分变化矩阵的最右一列为当前坐标系原点位置的微分变化。随后，便可求出关节坐标系中关节微分变换相对于 $\mathrm{d}\boldsymbol{T}$ 中各元素的微分变化的函数表达式。

例 4.6　构建构型旋转机械臂坐标系如图 4-8 所示，其瞬时位姿参数见表 4-1。现需使其在该瞬时位姿下的线速度与角速度为

$$\mathrm{d}x/\mathrm{d}t=1\mathrm{cm/s},\mathrm{d}y/\mathrm{d}t=-2\mathrm{cm/s}\quad \delta x/\mathrm{d}t=0.1\mathrm{rad/s}$$

试求其第一关节速度。

表 4-1　串联机械臂瞬时位姿参数

关节	θ/(°)	d/cm	a/cm	α/(°)
1	0	0	0	90
2	90	0	15	0
3	0	0	15	0

（续）

关节	θ/(°)	d/cm	a/cm	α/(°)
4	90	0	15	-90
5	0	0	0	90
6	45	0	0	0

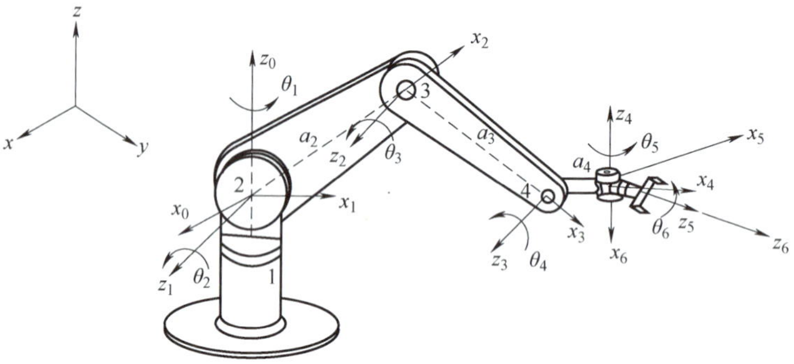

图 4-8 串联旋转机械臂

解： 串联机械臂的总变换矩阵 ${}^0\boldsymbol{T}_6$ 的总变换矩阵为

$$
{}^0\boldsymbol{T}_6={}^0\boldsymbol{T}_1{}^1\boldsymbol{T}_2{}^2\boldsymbol{T}_3{}^3\boldsymbol{T}_4{}^4\boldsymbol{T}_5{}^5\boldsymbol{T}_6
=\begin{bmatrix} T_{11} & T_{12} & T_{13} & T_{14} \\ T_{21} & T_{22} & T_{23} & T_{24} \\ T_{31} & T_{32} & T_{33} & T_{34} \\ T_{41} & T_{42} & T_{43} & T_{44} \end{bmatrix}
$$

$T_{11}=\cos\theta_1(\cos(\theta_2+\theta_3+\theta_4)\cos\theta_5\cos\theta_6-\sin(\theta_2+\theta_3+\theta_4)\sin\theta_6)-\sin\theta_1\sin\theta_5\sin\theta_6$

$T_{12}=\cos\theta_1(-\cos(\theta_2+\theta_3+\theta_4)\cos\theta_5\cos\theta_6-\sin(\theta_2+\theta_3+\theta_4)\cos\theta_6)+\sin\theta_1\sin\theta_5\sin\theta_6$

$T_{13}=\cos\theta_1\cos(\theta_2+\theta_3+\theta_4)\sin\theta_5+\sin\theta_1\cos\theta_5$

$T_{14}=\cos\theta_1(\cos(\theta_2+\theta_3+\theta_4)a_4+\cos(\theta_2+\theta_3)a_3+\cos\theta_2 a_2)$

$T_{21}=\sin\theta_1(\cos(\theta_2+\theta_3+\theta_4)\cos_5\cos\theta_6-\sin(\theta_2+\theta_3+\theta_4)\sin\theta_6)+\cos\theta_1\sin\theta_5\sin\theta_6$

$T_{22}=\sin\theta_1(-\cos(\theta_2+\theta_3+\theta_4)\cos\theta_5\cos\theta_6-\sin(\theta_2+\theta_3+\theta_4)\cos\theta_6)-\cos\theta_1\sin\theta_5\sin\theta_6$

$T_{23}=\sin\theta_1\cos(\theta_2+\theta_3+\theta_4)\sin\theta_5-\cos\theta_1\cos\theta_5$

$T_{24}=\sin\theta_1(\cos(\theta_2+\theta_3+\theta_4)a_4+\cos(\theta_2+\theta_3)a_3+\cos\theta_2 a_2)$

$T_{31}=\sin(\theta_2+\theta_3+\theta_4)\cos\theta_5\cos\theta$

$T_{32}=-\sin(\theta_2+\theta_3+\theta_4)\cos\theta_5\cos\theta_6+\cos(\theta_2+\theta_3+\theta_4)\cos\theta_6$

$T_{33}=\sin(\theta_2+\theta_3+\theta_4)\sin\theta_5$

$T_{34}=\sin(\theta_2+\theta_3+\theta_4)a_4+\sin(\theta_2+\theta_3)a_3+\sin\theta_2 a_2$

$T_{41}=0$

$T_{42}=0$

$T_{43}=0$

$T_{44}=1$

将机械臂各参数代入上式，可得

$$
{}^{0}\boldsymbol{T}_{6}=\begin{bmatrix} n_x & o_x & a_x & p_x \\ n_y & o_y & a_y & p_y \\ n_z & o_z & a_z & p_z \\ 0 & 0 & 0 & 1 \end{bmatrix}=\begin{bmatrix} -0.707 & 0.707 & 0 & -5 \\ 0 & 0 & -1 & 0 \\ -0.707 & -0.707 & 0 & 30 \\ 0 & 0 & 0 & 1 \end{bmatrix}
$$

末端机械手所期望的微分运动为

$$
\boldsymbol{d}=[1,-2,0]^{\mathrm{T}}
$$

$$
\boldsymbol{\delta}=[0.1,0,0]^{\mathrm{T}}
$$

因此，机械手相对于参考坐标系的微分算子 Δ 为

$$
\Delta=\begin{bmatrix} 0 & -\delta z & \delta y & \mathrm{d}x \\ \delta z & 0 & -\delta x & \mathrm{d}y \\ -\delta y & \delta x & 0 & \mathrm{d}z \\ 0 & 0 & 0 & 0 \end{bmatrix}=\begin{bmatrix} 0 & 0 & 0 & 1 \\ 0 & 0 & -0.1 & -2 \\ 0 & 0.1 & 0 & 0 \\ 0 & 0 & 0 & 0 \end{bmatrix}
$$

由微分运动引起的末端机械手构件坐标系的微分变化 $\mathrm{d}({}^{0}\boldsymbol{T}_{6})$ 为

$$
\mathrm{d}({}^{0}\boldsymbol{T}_{6})=\Delta{}^{0}\boldsymbol{T}_{6}=\begin{bmatrix} 0 & 0 & 0 & 1 \\ 0 & 0 & -0.1 & -2 \\ 0 & 0.1 & 0 & 0 \\ 0 & 0 & 0 & 0 \end{bmatrix}\begin{bmatrix} -0.707 & 0.707 & 0 & -5 \\ 0 & 0 & -1 & 0 \\ -0.707 & -0.707 & 0 & 30 \\ 0 & 0 & 0 & 1 \end{bmatrix}
$$

$$
=\begin{bmatrix} 0 & 0 & 0 & 1 \\ 0.0707 & 0.0707 & 0 & -5 \\ 0 & 0 & -0.1 & 0 \\ 0 & 0 & 0 & 0 \end{bmatrix}
$$

由机器人的运动学分析可知，该串联机器人关节 1 的运动方程为

$$
p_x\sin\theta_1-p_y\cos\theta_1=0
$$

对该运动方程进行微分运算，可得

$$
\mathrm{d}p_x\sin\theta_1+p_x\cos\theta_1\mathrm{d}\theta_1-\mathrm{d}p_y\cos\theta_1+p_y\sin\theta_1\mathrm{d}\theta_1=0
$$

$$
\frac{\mathrm{d}\theta_1}{\mathrm{d}t}=\frac{-\mathrm{d}p_x\sin\theta_1+\mathrm{d}p_y\cos\theta_1}{p_x\cos\theta_1+p_y\sin\theta_1}
$$

将各数值代入后可得关节 1 的运动速度为

$$
\frac{\mathrm{d}\theta_1}{\mathrm{d}t}=\frac{-1\times0-5\times1}{-5\times1+0\times0}=1\mathrm{rad/s}
$$

4.5　基于雅可比矩阵的静力分析

4.5.1　机构连杆之间的静力传递

分析机器人各连杆之间的静力传递是了解机器人在静止或处于平衡状态时受力情况的基

础。通过分析静力在各杆件之间的传递关系，便可获得机器人末端执行器到基座的整个受力情况。

当机器人末端执行器承受一个外部静力时，该力可通过机器人的连杆传递到各个关节。为保证机器人系统的静力平衡状态，必须要在各驱动关节处施加相应的平衡力或平衡力矩。因此，对机器人系统进行静力传递分析，是确定机器人各驱动关节的驱动力、选取驱动器的重要环节。

本节选取机器人系统中两个相邻连杆 L_i 与 L_{i+1} 为研究对象，并建立连杆坐标系，如图 4-9 所示。图中，C_i 是连杆 L_i 的质心；$\boldsymbol{r}_i$ 和 $\boldsymbol{r}_{Ci}$ 分别是 O_i 到 O_{i+1} 和 C_i 的矢径。

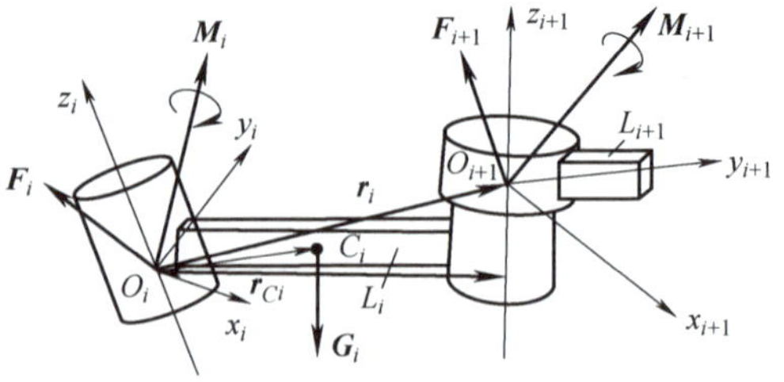

图 4-9　杆件之间的静力传递

假设连杆 L_i 受到连杆 L_{i-1} 所施加的力 $\boldsymbol{F}_i$ 和力矩 $\boldsymbol{M}_i$ 以及重力 $\boldsymbol{G}_i$，连杆 L_i 施加给连杆 L_{i+1} 的力和力矩为 $\boldsymbol{F}_{i+1}$ 和 $\boldsymbol{M}_{i+1}$。在这些力和力矩的作用下，连杆保持平衡状态。

对于连杆 L_i，其处于平衡状态时应满足力与力矩的平衡方程为

$$\begin{cases}\boldsymbol{F}_i-\boldsymbol{F}_{i+1}+\boldsymbol{G}_i=\boldsymbol{O}\\ \boldsymbol{M}_i-\boldsymbol{M}_{i+1}-\boldsymbol{r}_i\times\boldsymbol{F}_{i+1}+\boldsymbol{r}_{Ci}\times\boldsymbol{G}_i=\boldsymbol{O}\end{cases}\tag{4-47}$$

上述的连杆各个物理量均为相对同一个坐标系来表示才能进行运算。在对机器人系统进行静力平衡分析时，通常需要对多个连杆进行受力分析。因此，为了规范计算，需要通过旋转矩阵将连杆所受静力转换到统一的坐标系中来表示。考虑坐标系后机器人各连杆的静力平衡方程可表示为

$$\begin{cases}{}^i\boldsymbol{F}_i={}^i\boldsymbol{R}_{i+1}{}^{i+1}\boldsymbol{F}_{i+1}-{}^i\boldsymbol{R}_0{}^0\boldsymbol{G}_i\\ {}^i\boldsymbol{M}_i={}^i\boldsymbol{R}_{i+1}{}^{i+1}\boldsymbol{M}_{i+1}+{}^i\boldsymbol{r}_i\times{}^i\boldsymbol{R}_{i+1}{}^{i+1}\boldsymbol{F}_{i+1}-{}^i\boldsymbol{r}_{Ci}\times{}^i\boldsymbol{R}_0{}^0\boldsymbol{G}_i\end{cases}\tag{4-48}$$

式中，${}^i\boldsymbol{F}_i$ 的右下角标表示连杆 L_i 受到连杆 L_{i-1} 所施加的力，左上角标表示该力在坐标系$\{i\}$中的表示；${}^i\boldsymbol{M}_i$ 角标的意义与此类似；${}^i\boldsymbol{R}_{i+1}$ 表示由坐标系$\{i+1\}$至坐标系$\{i\}$的变换。

为简便计算，机器人的静力平衡分析时可暂时忽略其自重的影响。若不考虑杆件自重，则式(4-48)可简化为

$$\begin{cases}{}^i\boldsymbol{F}_i={}^i\boldsymbol{R}_{i+1}{}^{i+1}\boldsymbol{F}_{i+1}\\ {}^i\boldsymbol{M}_i={}^i\boldsymbol{R}_{i+1}{}^{i+1}\boldsymbol{M}_{i+1}+{}^i\boldsymbol{r}_i\times{}^i\boldsymbol{R}_{i+1}{}^{i+1}\boldsymbol{F}_{i+1}\end{cases}\tag{4-49}$$

将式(4-49)改写成矩阵形式，则机器人的静力平衡方程为

$$\begin{bmatrix}{}^i\boldsymbol{F}_i\\ {}^i\boldsymbol{M}_i\end{bmatrix}=\begin{bmatrix}{}^i\boldsymbol{R}_{i+1} & \boldsymbol{O}\\ {}^i\boldsymbol{r}_i\times{}^i\boldsymbol{R}_{i+1} & {}^i\boldsymbol{R}_{i+1}\end{bmatrix}\begin{bmatrix}{}^{i+1}\boldsymbol{F}_{i+1}\\ {}^{i+1}\boldsymbol{M}_{i+1}\end{bmatrix}\tag{4-50}$$

式(4-50)就表示了相邻两杆在静止或平衡状态下力和力矩的等效关系和传递关系。进一步将静力分析过程推广至整个机器人系统，则式(4-50)便构成了计算关节驱动力与力矩的递推方程。当 $i=n$ 时，机器人末端执行器的输出力与力矩 ${}^{n+1}\boldsymbol{F}_{n+1}$ 和 ${}^{n+1}\boldsymbol{M}_{n+1}$ 一般已知。因此，根据静力平衡方程便可求出 ${}^n\boldsymbol{F}_n$ 和 ${}^n\boldsymbol{M}_n$。不断向内递推之后，便可求出机器人系统所有连杆所受静力与静力矩。

在连杆 L_i 所受力和力矩中，沿移动关节导路的力分量或绕旋转关节轴的力矩分量是由关节驱动器提供的。因此，在忽略摩擦之后关节平衡力和力矩应为 $\boldsymbol{F}_i$ 和 $\boldsymbol{M}_i$ 在 z_i 轴的分量。其可表示为

$$\tau_i=\begin{cases}{}^{i}\boldsymbol{F}_i\cdot\boldsymbol{k}_i & （移动关节）\\ {}^{i}\boldsymbol{M}_i\cdot\boldsymbol{k}_i & （转动关节）\end{cases} \tag{4-51}$$

式中，$\boldsymbol{k}_i$ 表示沿 z_i 轴的单位向量；τ_i 为关节 i 的约束力或约束力矩。

例 4.7　假设有一个 2-DOF 串联机械臂，其结构参数与受力情况如图 4-10 所示。末端机械手承受一个外部载荷 $\boldsymbol{F}_3$，机器人系统处于平衡状态。求各关节的约束力矩。

解： 由式(4-46)可知，串联机器人系统中相邻两连杆的静力平衡方程为

$$\begin{cases}\boldsymbol{F}_i-\boldsymbol{F}_{i+1}+\boldsymbol{G}_i=\boldsymbol{O}\\ \boldsymbol{M}_i-\boldsymbol{M}_{i+1}-\boldsymbol{r}_i\times\boldsymbol{F}_{i+1}+\boldsymbol{r}_{Ci}\times\boldsymbol{G}_i=\boldsymbol{O}\end{cases}$$

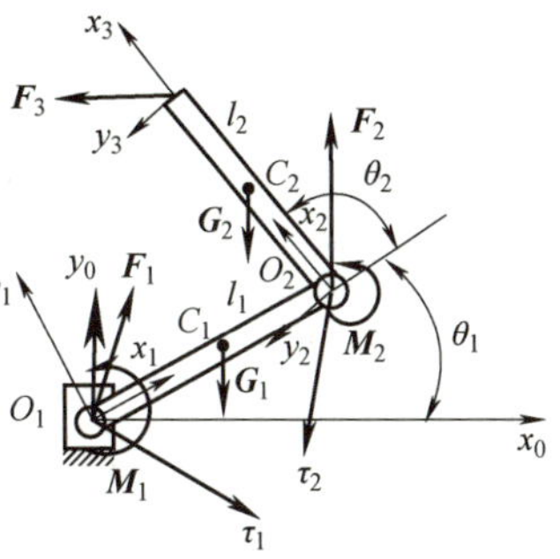

图 4-10　2-DOF 串联机械臂静力分析

该串联机械臂末端机械手所受外部载荷为

$${}^{3}\boldsymbol{F}_3=[{}^{3}F_{3x},{}^{3}F_{3y},0]^{\mathrm{T}}$$

因此，连杆 L_2 所受关节力 $\boldsymbol{F}_2$ 为

$${}^{2}\boldsymbol{F}_2={}^{2}\boldsymbol{R}_3{}^{3}\boldsymbol{F}_3-{}^{2}\boldsymbol{G}_2={}^{2}\boldsymbol{R}_3{}^{3}\boldsymbol{F}_3-{}^{2}\boldsymbol{R}_0{}^{0}\boldsymbol{G}_2$$

式中，

$${}^{2}\boldsymbol{R}_3=\boldsymbol{I},{}^{0}\boldsymbol{G}_2=[0,-m_2g,0]^{\mathrm{T}}$$

因为

$${}^{0}\boldsymbol{R}_2=\begin{bmatrix}\cos(\theta_1+\theta_2) & -\sin(\theta_1+\theta_2) & 0\\ \cos(\theta_1+\theta_2) & \sin(\theta_1+\theta_2) & 0\\ 0 & 0 & 1\end{bmatrix}$$

所以有

$${}^{2}\boldsymbol{R}_0=\begin{bmatrix}\cos(\theta_1+\theta_2) & \sin(\theta_1+\theta_2) & 0\\ -\sin(\theta_1+\theta_2) & \cos(\theta_1+\theta_2) & 0\\ 0 & 0 & 1\end{bmatrix}$$

则连杆 L_2 所受关节力为

$${}^{2}\boldsymbol{F}_2=[{}^{3}F_{3x},{}^{3}F_{3y},0]^{\mathrm{T}}+[m_2g\sin(\theta_1+\theta_2),m_2g\cos(\theta_1+\theta_2),0]^{\mathrm{T}}$$

连杆 L_2 所受关节力矩 $\boldsymbol{M}_2$ 为

$$\begin{aligned}{}^{2}\boldsymbol{M}_2&={}^{2}\boldsymbol{r}_2\times{}^{2}\boldsymbol{R}_3{}^{3}\boldsymbol{F}_3-{}^{2}\boldsymbol{r}_{C2}\times{}^{2}\boldsymbol{R}_0{}^{0}\boldsymbol{G}_2\\ &=\begin{bmatrix}l_2\\0\\0\end{bmatrix}\times\begin{bmatrix}F_{3x}^{3}\\F_{3y}^{3}\\0\end{bmatrix}-\begin{bmatrix}l_{C2}\\0\\0\end{bmatrix}\times\begin{bmatrix}-gm_2\sin(\theta_1+\theta_2)\\-gm_2\cos(\theta_1+\theta_2)\\0\end{bmatrix}\\ &=\begin{bmatrix}0\\0\\l_2F_{3y}^{3}+l_{C2}gm_2\cos(\theta_1+\theta_2)\end{bmatrix}\end{aligned}$$

由于关节 2 为转动关节，因此关节 2 的约束力矩为

$$\tau_2={}^2\boldsymbol{M}_2\cdot\boldsymbol{k}_2=l_2F_{3y}^3+l_{C2}gm_2\cos(\theta_1+\theta_2)$$

在求得连杆 L_2 所受静力与静力矩后，便可进一步递推求解连杆 L_1 所受力与力矩。连杆 L_1 所受关节力 $\boldsymbol{F}_1$ 为

$$^1\boldsymbol{F}_1={}^1\boldsymbol{R}_2{}^2\boldsymbol{F}_2-{}^1\boldsymbol{R}_0{}^0\boldsymbol{G}_1$$

式中，

$$^1\boldsymbol{R}_2=\begin{bmatrix}\cos\theta_2 & -\sin\theta_2 & 0\\ \sin\theta_2 & \cos\theta_2 & 0\\ 0 & 0 & 1\end{bmatrix},\ ^1\boldsymbol{R}_0=\begin{bmatrix}\cos\theta_1 & \sin\theta_1 & 0\\ -\sin\theta_1 & \cos\theta_1 & 0\\ 0 & 0 & 1\end{bmatrix}$$

因此连杆 L_1 所受关节力 $\boldsymbol{F}_1$ 为

$$\begin{aligned}^1\boldsymbol{F}_1&={}^1\boldsymbol{R}_2{}^2\boldsymbol{F}_2-{}^1\boldsymbol{R}_0{}^0\boldsymbol{G}_1\\&={}^1\boldsymbol{R}_2({}^3\boldsymbol{F}_3-{}^2\boldsymbol{R}_0{}^0\boldsymbol{G}_2)-{}^1\boldsymbol{R}_0{}^0\boldsymbol{G}_1\\&={}^1\boldsymbol{R}_2\boldsymbol{F}_3^3-{}^1\boldsymbol{R}_0\boldsymbol{G}_2^0-{}^1\boldsymbol{R}_0{}^0\boldsymbol{G}_1\\&=\begin{bmatrix}\cos\theta_2F_{3x}^3-\sin\theta_2F_{3y}^3\\ \sin\theta_2F_{3x}^3+\cos\theta_2F_{3y}^3\\ 0\end{bmatrix}+\begin{bmatrix}m_2g\sin\theta_1\\ m_2g\cos\theta_1\\ 0\end{bmatrix}+\begin{bmatrix}m_1g\sin\theta_1\\ m_1g\cos\theta_1\\ 0\end{bmatrix}\end{aligned}$$

连杆 L_1 所受关节力矩 $\boldsymbol{M}_1$ 为

$$\begin{aligned}^1\boldsymbol{M}_1&={}^1\boldsymbol{R}_2{}^2\boldsymbol{M}_2+{}^1\boldsymbol{r}_1\times{}^1\boldsymbol{R}_2{}^2\boldsymbol{F}_2-{}^1\boldsymbol{r}_{c1}\times{}^1\boldsymbol{R}_0{}^0\boldsymbol{G}_1\\&=\begin{bmatrix}0\\ 0\\ l_2F_{3y}^3+l_{C2}m_2g\cos(\theta_1+\theta_2)\end{bmatrix}+\begin{bmatrix}l_1\\ 0\\ 0\end{bmatrix}\times\begin{bmatrix}\cos\theta_2F_{3x}^3-\sin\theta_2F_{3y}^3+m_2g\sin\theta_1\\ \sin\theta_2F_{3x}^3+\cos\theta_2F_{3y}^3+m_2g\cos\theta_1\\ 0\end{bmatrix}-\begin{bmatrix}l_{C1}\\ 0\\ 0\end{bmatrix}\times\begin{bmatrix}-m_1g\sin\theta_1\\ -m_1g\cos\theta_1\\ 0\end{bmatrix}\\&=\begin{bmatrix}0\\ 0\\ F_{3y}^3(l_2+l_1\cos\theta_2)+l_1\sin\theta_2F_{3x}^3+(l_{C2}m_2g\cos(\theta_1+\theta_2)+l_{C1}m_1g\cos\theta_1+l_1m_2g\cos\theta_1)\end{bmatrix}\end{aligned}$$

关节 1 为转动关节，因此关节 1 的约束力矩值为

$$\tau_1={}^1\boldsymbol{M}_1\cdot\boldsymbol{k}_1=F_{3y}^3(l_2+l_1\cos\theta_2)+l_1\sin\theta_2F_{3x}^3+(l_{C2}m_2g\cos(\theta_1+\theta_2)+l_{c1}m_1g\cos\theta_1+l_1m_2g\cos\theta_1)$$

若忽略连杆自重的影响，则串联机械臂各关节的驱动力矩为

$$\boldsymbol{\tau}=\begin{bmatrix}\tau_1\\ \tau_2\end{bmatrix}=\begin{bmatrix}l_1\sin\theta_2 & l_2+l_1\cos\theta_2\\ 0 & l_2\end{bmatrix}\begin{bmatrix}F_{3x}^3\\ F_{3y}^3\end{bmatrix}$$

4.5.2 静力雅可比矩阵

上面考虑的是相邻两构件的静力平衡问题。对于一些简单的机器人系统，可通过上面的静力平衡方程递推出各关节的驱动力与驱动力矩。但是，大多数的工业机器人从基座到末端执行器之间的构件和关节数量较多，再采用上述方法来进行逐一递推各关节的驱动力与力矩会极为烦琐。对此，可以通过静力雅可比矩阵的分析方法一次性地分析出机器人系统所受外力和各关节驱动力之间的关系，大大减少了机器人系统静力平衡分析的计算量。

一般串联机器人系统的受力情况如图 4-11 所示。

在机器人运动过程中，设末端执行器的广义力为 $\boldsymbol{F}$(包括末端执行器的力与力矩)，末端位移为 $\boldsymbol{X}$，则有

$$\boldsymbol{F}=\begin{bmatrix} f_e \\ m_e \end{bmatrix} \tag{4-52}$$

$$\mathrm{d}\boldsymbol{X}=\begin{bmatrix} \mathrm{d}p \\ \mathrm{d}\varphi \end{bmatrix} \tag{4-53}$$

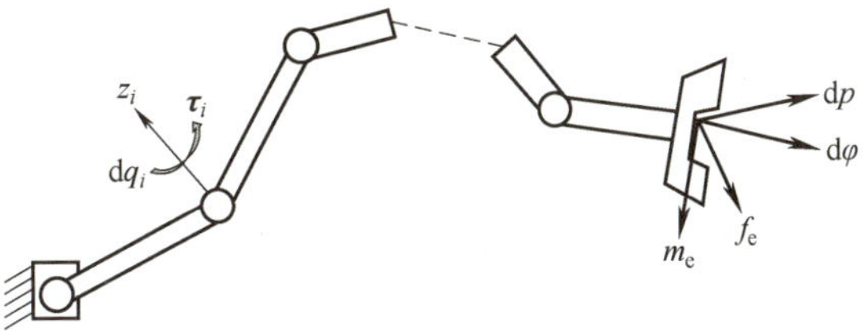

图 4-11　多自由度串联机器人静态受力图

式中，f_e 为末端执行器所受外力；m_e 为末端执行器所受外力矩；$\mathrm{d}p$ 为末端执行器的微分平移；$\mathrm{d}\varphi$ 为末端执行器的微分转动。

根据虚功原理，外力对机器人系统所做虚功为

$$\boldsymbol{W}=\boldsymbol{F}^{\mathrm{T}}\mathrm{d}\boldsymbol{X} \tag{4-54}$$

若不考虑机器人重力及摩擦力的影响，则机构在平衡状态下，系统虚功还可表示为机器人关节驱动力或力矩对系统所做的功：

$$\boldsymbol{W}=\boldsymbol{\tau}^{\mathrm{T}}\mathrm{d}\boldsymbol{q} \tag{4-55}$$

式中，$\boldsymbol{\tau}$ 为关节力或力矩；$\mathrm{d}q$ 为关节微分运动。

由 4.5.1 小节可知，机器人末端位移与关节广义位移之间的映射关系为

$$\mathrm{d}\boldsymbol{X}=\boldsymbol{J}\mathrm{d}\boldsymbol{q}$$

因此，在不考虑符号前提下，由上述两个机器人虚功计算公式可得

$$\boldsymbol{F}^{\mathrm{T}}\boldsymbol{J}\mathrm{d}\boldsymbol{q}=\boldsymbol{\tau}^{\mathrm{T}}\mathrm{d}\boldsymbol{q}$$

故机器人系统末端执行器所受广义力与关节驱动力之间的关系为

$$\boldsymbol{\tau}=\boldsymbol{J}^{\mathrm{T}}\boldsymbol{F} \tag{4-56}$$

式中，$\boldsymbol{J}^{\mathrm{T}}$ 为机器人系统的静力雅可比矩阵，其为速度雅可比矩阵的转置矩阵，它将末端执行器所受的广义外力映射为相应的关节驱动力与力矩。

静力雅可比矩阵存在着奇异性。如果静力雅可比矩阵不是满秩的，则沿某些方向末端执行器将处于失控状态，不能施加所需要的静力或力矩。当机构接近奇异状态时，微小的关节驱动力或力矩都可能产生非常大的末端输出力，此时机构连杆间的压力角为 90°，机构处于死点位置。

例 4.8　试利用静力雅可比矩阵对 2-DOF 串联机械臂各关节驱动力进行分析。

解： 2-DOF 串联机械臂的速度雅可比矩阵为

$$\boldsymbol{J}=\begin{bmatrix} -l_1\sin\theta_1-l_2\sin(\theta_1+\theta_2) & -l_2\sin(\theta_1+\theta_2) \\ l_1\cos\theta_1+l_2\cos(\theta_1+\theta_2) & l_2\cos(\theta_1+\theta_2) \end{bmatrix}$$

因此，其静力雅可比矩阵为

$$\boldsymbol{J}^{\mathrm{T}}=\begin{bmatrix} -l_1\sin\theta_1-l_2\sin(\theta_1+\theta_2) & l_1\cos\theta_1+l_2\cos(\theta_1+\theta_2) \\ -l_2\sin(\theta_1+\theta_2) & l_2\cos(\theta_1+\theta_2) \end{bmatrix}$$

故 2-DOF 串联机械臂各关节驱动力为

$$\begin{bmatrix} \tau_1 \\ \tau_2 \end{bmatrix}=\begin{bmatrix} -l_1\sin\theta_1-l_2\sin(\theta_1+\theta_2) & l_1\cos\theta_1+l_2\cos(\theta_1+\theta_2) \\ -l_2\sin(\theta_1+\theta_2) & l_2\cos(\theta_1+\theta_2) \end{bmatrix}\begin{bmatrix} {}^0F_{3x} \\ {}^0F_{3y} \end{bmatrix}$$

$$=\begin{bmatrix} -l_1\sin\theta_1-l_2\sin(\theta_1+\theta_2) & l_1\cos\theta_1+l_2\cos(\theta_1+\theta_2) \\ -l_2\sin(\theta_1+\theta_2) & l_2\cos(\theta_1+\theta_2) \end{bmatrix} {}^0\boldsymbol{R}_3 \begin{bmatrix} {}^3F_{3x} \\ {}^3F_{3y} \end{bmatrix}$$

计算可得：

$$\boldsymbol{\tau}=\begin{bmatrix} \boldsymbol{\tau}_1 \\ \boldsymbol{\tau}_2 \end{bmatrix}=\begin{bmatrix} l_1\sin\theta_2 & l_2+l_1\cos\theta_2 \\ 0 & l_2 \end{bmatrix}\begin{bmatrix} {}^3F_{3x} \\ {}^3F_{3y} \end{bmatrix}$$

4.5.3 静力雅可比矩阵的坐标系变换

雅可比矩阵反映的是机器人关节空间与其末端执行器直角坐标空间之间的映射关系。在不同坐标系下，其表示形式也是不相同的。假设坐标系$\{A\}$与坐标系$\{B\}$之间的变换关系为${}^A\boldsymbol{R}_B$，则机器人在坐标系$\{A\}$与坐标系$\{B\}$中的速度与角速度关系为

$$\begin{aligned} {}^A\boldsymbol{v}&={}^A\boldsymbol{R}_B\,{}^B\boldsymbol{v} \\ {}^A\boldsymbol{\omega}&={}^A\boldsymbol{R}_B\,{}^B\boldsymbol{\omega} \end{aligned} \tag{4-57}$$

由速度雅可比矩阵的定义式可知，

$${}^A\boldsymbol{V}=\begin{bmatrix} {}^A\boldsymbol{v} \\ {}^A\boldsymbol{\omega} \end{bmatrix}={}^A\boldsymbol{J}\dot{\boldsymbol{\theta}}$$

$${}^B\boldsymbol{V}=\begin{bmatrix} {}^B\boldsymbol{v} \\ {}^B\boldsymbol{\omega} \end{bmatrix}={}^B\boldsymbol{J}\dot{\boldsymbol{\theta}}$$

因此，可得

$${}^A\boldsymbol{J}\dot{\boldsymbol{\theta}}=\begin{bmatrix} {}^A\boldsymbol{v} \\ {}^A\boldsymbol{\omega} \end{bmatrix}=\begin{bmatrix} {}^A\boldsymbol{R}_B & \boldsymbol{O} \\ \boldsymbol{O} & {}^A\boldsymbol{R}_B \end{bmatrix}{}^B\boldsymbol{J}\dot{\boldsymbol{\theta}}$$

亦即

$${}^A\boldsymbol{J}=\begin{bmatrix} {}^A\boldsymbol{R}_B & \boldsymbol{O} \\ \boldsymbol{O} & {}^A\boldsymbol{R}_B \end{bmatrix}{}^B\boldsymbol{J}$$

因此，静力雅可比矩阵的坐标系变换为

$${}^A\boldsymbol{J}^{\mathrm{T}}={}^B\boldsymbol{J}^{\mathrm{T}}\begin{bmatrix} {}^A\boldsymbol{R}_B^{\mathrm{T}} & \boldsymbol{O} \\ \boldsymbol{O} & {}^A\boldsymbol{R}_B^{\mathrm{T}} \end{bmatrix} \tag{4-58}$$

在计算出相对坐标系$\{B\}$的静力雅可比矩阵后，便可获得机器人相对坐标系$\{B\}$的力和力矩。

例 4.9 平面 2R 机器人在末端坐标系下的速度雅可比矩阵${}^3\boldsymbol{J}$如下，试用坐标系变换法求其在基坐标系下的静力雅可比矩阵。

$${}^3\boldsymbol{J}=\begin{bmatrix} l_1\sin\theta_2 & 0 \\ l_2+l_1\cos\theta_2 & l_2 \end{bmatrix}$$

解： 平面 2R 机器人的末端坐标系相对基坐标系的齐次变换矩阵为

$${}^0\boldsymbol{T}_3=\begin{bmatrix} \cos(\theta_1+\theta_2) & -\sin(\theta_1+\theta_2) & 0 & l_1\cos\theta_1+l_2\cos(\theta_1+\theta_2) \\ \sin(\theta_1+\theta_2) & \cos(\theta_1+\theta_2) & 0 & l_1\sin\theta_1+l_2\sin(\theta_1+\theta_2) \\ 0 & 0 & 1 & 0 \\ 0 & 0 & 0 & 1 \end{bmatrix}$$

则有

$$^0\boldsymbol{R}_3=\begin{bmatrix}\cos(\theta_1+\theta_2) & -\sin(\theta_1+\theta_2) & 0\\ \sin(\theta_1+\theta_2) & \cos(\theta_1+\theta_2) & 0\\ 0 & 0 & 1\end{bmatrix}$$

因此，在基坐标系下机器人的速度雅可比矩阵为

$$\begin{aligned}^0\boldsymbol{J}&=\begin{bmatrix}^0\boldsymbol{R}_3 & 0\\ 0 & ^0\boldsymbol{R}_3\end{bmatrix}{}^3\boldsymbol{J}\\&=\begin{bmatrix}\cos(\theta_1+\theta_2) & -\sin(\theta_1+\theta_2) & 0 & 0 & 0 & 0\\ \sin(\theta_1+\theta_2) & \cos(\theta_1+\theta_2) & 0 & 0 & 0 & 0\\ 0 & 0 & 1 & 0 & 0 & 0\\ 0 & 0 & 0 & \cos(\theta_1+\theta_2) & -\sin(\theta_1+\theta_2) & 0\\ 0 & 0 & 0 & \sin(\theta_1+\theta_2) & \cos(\theta_1+\theta_2) & 0\\ 0 & 0 & 0 & 0 & 0 & 1\end{bmatrix}\begin{bmatrix}l_1\sin\theta_2 & 0\\ l_1\cos\theta_2+l_2 & l_2\\ 0 & 0\\ 0 & 0\\ 0 & 0\\ 1 & 1\end{bmatrix}\\&=\begin{bmatrix}-l_1\sin\theta_1-l_2\sin(\theta_1+\theta_2) & -l_2\sin(\theta_1+\theta_2)\\ l_1\cos\theta_1+l_2\cos(\theta_1+\theta_2) & l_2\cos(\theta_1+\theta_2)\\ 0 & 0\\ 0 & 0\\ 0 & 0\\ 1 & 1\end{bmatrix}\end{aligned}$$

上式可简化为

$$^0\boldsymbol{J}=\begin{bmatrix}-l_1\sin\theta_1-l_2\sin(\theta_1+\theta_2) & -l_2\sin(\theta_1+\theta_2)\\ l_1\cos\theta_1+l_2\cos(\theta_1+\theta_2) & l_2\cos(\theta_1+\theta_2)\end{bmatrix}$$

因此，在基坐标系下机器人的静力雅可比矩阵为

$$^0\boldsymbol{J}^{\mathrm{T}}=\begin{bmatrix}-l_1\sin\theta_1-l_2\sin(\theta_1+\theta_2) & l_1\cos\theta_1+l_2\cos(\theta_1+\theta_2)\\ -l_2\sin(\theta_1+\theta_2) & l_2\cos(\theta_1+\theta_2)\end{bmatrix}$$

4.6　基于雅可比矩阵的奇异位形分析

在机器人控制过程中，通常是根据机器人末端执行器的运动来确定各关节的运动参数，从而实现对机器人系统各种运动的控制。若已知末端执行器的运动参数，则机器人各关节的广义运动参数为

$$\dot{\boldsymbol{q}}=\boldsymbol{J}^{-1}\dot{\boldsymbol{X}}\tag{4-59}$$

由式(4-59)可知，其成立的条件为：速度雅可比矩阵 $\boldsymbol{J}$ 可逆。然而由于雅可比矩阵 $\boldsymbol{J}$ 是关节位置 $\boldsymbol{q}$ 的函数，因此不可避免地会在一些位置，雅可比矩阵不可逆即 $\det(\boldsymbol{J})=0$，在该处机器人的位形被称为奇异位形。

在一般情况下，奇异位形的存在对机构的控制都是极为不利的：在奇异位形处，由于雅可比矩阵不可逆，因此无法反解出关节运动参数；此外，在奇异位形附近，关节速度会趋于

无穷大，这对机器人的运动与控制是极为不利的；在奇异位形处，机构可能会处于死点位置，无论选择多大的驱动力，都无法使机器人正常工作；机构运动还可能失去稳定性，机器人运动不确定；此外机器人自由度还可能发生改变。

对于一些不太复杂的串联机器人，利用速度雅可比矩阵来进行机器人的奇异位形分析是较为直接的一种方法：首先计算出串联机器人的速度雅可比矩阵，并计算该矩阵的行列式为0的各种条件。当得到使雅可比矩阵不满秩的条件后，便可根据这些条件进一步确定机器人的奇异位形。

例 4.10 现有平面二连杆机构如图 4-12 所示，试求其奇异位形。

解： 由前面所述，该机构的速度雅可比矩阵为

$$\boldsymbol{J}=\begin{bmatrix}-l_1\sin\theta_1-l_2\sin(\theta_1+\theta_2) & -l_2\sin(\theta_1+\theta_2)\\ l_1\cos\theta_1+l_2\cos(\theta_1+\theta_2) & l_2\cos(\theta_1+\theta_2)\end{bmatrix}$$

令其行列式为 0，则有

$$\begin{vmatrix}-l_1\sin\theta_1-l_2\sin(\theta_1+\theta_2) & -l_2\sin(\theta_1+\theta_2)\\ l_1\cos\theta_1+l_2\cos(\theta_1+\theta_2) & l_2\cos(\theta_1+\theta_2)\end{vmatrix}=0$$

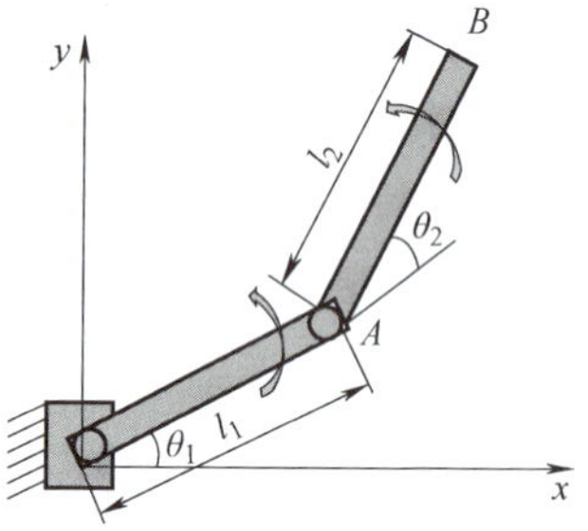

图 4-12 平面二连杆机构

求解可得

$$l_1l_2\sin\theta_2=0$$

因此，该机构的奇异位形点为 $\theta_2=0°$ 或 $\theta_2=180°$。当 $\theta_2=0°$时，杆 l_1 与杆 l_2 处于完全展开状态；当 $\theta_2=180°$时，杆 l_1 与杆 l_2 重叠。

4.7 设计项目：四足机器人的速度与静力学分析

对于四足机器人而言，其每条腿均可视为一个独立的串联机械臂，足端即为末端执行器，其运动区域即为操作空间，腿部的各个关节即为驱动关节。因此，同样可以利用 4.3 节中所介绍的雅可比矩阵求解方法来计算四足机器人每条驱动腿的雅可比矩阵，以对机器人各关节运动速度进行分析。

1. 微分运动法

将四足机器人的单条腿视为独立的串联机械臂，其基坐标系位于机器人的身体部位，机器人足端为末端执行器。因此只需通过微分变换计算出腿部每根连杆到机器人足端的变换矩阵 ${}^{i-1}\boldsymbol{T}_n(i=1,2,\cdots,n)$，并利用机器人驱动关节与足端的微分运动关系便可构造出机器人雅可比矩阵的各列向量。

微分运动法可以利用变换矩阵 ${}^{i-1}\boldsymbol{T}_n$ 直接构造出机器人的雅可比矩阵，无须对各关节及机器人足端的运动进行求导操作，因此计算较为简单，效率较高。

2. 连杆速度传递法

若已知四足机器人基座速度以及各驱动关节的运动方程，则可从机器人基座出发，依次向下递推机器人腿部各连杆末端相对于自身坐标系的线速度 ${}^i\boldsymbol{v}_i$ 与角速度 ${}^i\boldsymbol{\omega}_i$，最终得到机器人足端相对于末端坐标系的线速度 ${}^n\boldsymbol{v}_n$ 与角速度 ${}^n\boldsymbol{\omega}_n$，并利用坐标变换将其转换至基坐标空间，以整理出完整的速度雅可比矩阵。

在第 3 章中，以四足机器人的右前腿为例，建立了其 D-H 坐标系及其运动学方程。本章试建立该机器人腿部的速度雅可比矩阵和静力雅可比矩阵，并分析其足端运动与各驱动关节的运动传动关系和力传递关系。

本章小结

本章主要讲述了机器人的微分运动、雅可比矩阵及其相关的应用，对微分关系、微分平移、微分旋转以及微分变换进行了学习。重点讲解了机器人雅可比矩阵的定义及其构造方法。此外，本章还详细介绍了雅可比矩阵在机器人的速度分析、静力平衡及奇异位形方面的应用方法。

微分运动、雅可比矩阵的构造与应用及力与力矩的平衡等是研究机器人驱动关节与末端执行器间速度传递以及机器人的静力平衡问题的基础，在机器人学领域具有广泛的应用。

课后习题

4-1　现有一构件坐标系$\{A\}$相对于参考坐标系进行了一个微分平移运动，其微分运动量为($\mathrm{d}x$，$\mathrm{d}y$，$\mathrm{d}z$)，试求其微分运动后新的位姿。其中，

$$\boldsymbol{A}=\begin{bmatrix}0.5 & 0 & -0.866 & 3\\0 & 1 & 0 & 2\\0.866 & 0 & 0.5 & 5\\0 & 0 & 0 & 1\end{bmatrix}$$

$$\mathrm{d}x=0.02,\ \mathrm{d}y=0.03,\ \mathrm{d}z=0.01$$

4-2　如习题 4-1 所示的构件坐标系$\{A\}$，现将其相对参考坐标系的三个坐标轴进行微分旋转变换，试求其微分变换后新的位姿。微分旋转变换如下：

$$\delta x=0.2,\ \delta y=0.05,\ \delta z=0.1$$

4-3　如习题 4-1 所示的构件坐标系$\{A\}$，若其相对参考系进行了微分平移与微分旋转运动，试求其由微分运动所引起的总微分变换量及新的位姿。其中，

$$\mathrm{d}x=0.02,\ \mathrm{d}y=0.03,\ \mathrm{d}z=0.01$$

$$\delta x=0.2,\ \delta y=0.05,\ \delta z=0.1$$

4-4　若在某时刻机器人的速度雅可比矩阵为$\boldsymbol{J}$，试计算在给定关节微分运动的情况下机器人末端机械手的微分运动 $\mathrm{d}\boldsymbol{X}$。其中，

$$\boldsymbol{J}=\begin{bmatrix}2 & 0 & 0 & 0 & 1 & 0\\1 & 0 & 1 & 0 & 0 & 0\\0 & 1 & 0 & 0 & 0 & 0\\0 & 0 & 0 & 1 & 0 & 0\\0 & 0 & 0 & 0 & 1 & 0\\0 & 0 & 0 & 0 & 0 & 1\end{bmatrix},\quad \mathrm{d}\boldsymbol{q}=\begin{bmatrix}0\\0.2\\-0.3\\0\\0.1\\0\end{bmatrix}$$

4-5　给定某一时刻的机器人雅可比矩阵及关节微分运动如下：

$$\boldsymbol{J}=\begin{bmatrix}2&0&0&0&1&0\\-1&0&1&0&0&0\\0&1&0&0&0&0\\0&0&0&1&0&0\\0&0&1&0&0&0\\0&0&0&0&0&1\end{bmatrix},\ \mathrm{d}\boldsymbol{q}=\begin{bmatrix}0\\0.1\\-0.1\\0.1\\0\\0.2\end{bmatrix}$$

试分析机器人末端坐标系的线位移微分运动及角位移微分运动。

4-6　已知 5 个自由度机器人的手部坐标系以及某一时刻的雅可比矩阵及微分运动如下：

$$\boldsymbol{T}_6=\begin{bmatrix}1&0&0.1&5\\0&0&-1&3\\0&1&0&2\\0&0&0&1\end{bmatrix},\ \boldsymbol{J}=\begin{bmatrix}3&0&0&0&0\\-2&0&1&0&0\\0&4&0&0&0\\0&1&0&1&0\\-1&0&0&0&1\end{bmatrix},\ \begin{bmatrix}\mathrm{d}q_1\\\mathrm{d}q_2\\\mathrm{d}q_3\\\mathrm{d}q_4\\\mathrm{d}q_5\end{bmatrix}=\begin{bmatrix}0.1\\-0.1\\0.05\\0.1\\0\end{bmatrix}$$

该机器人具有 2RP2R 构型，试求经微分运动后末端机械手的新位置。

4-7　图 4-13 所示的平面二自由度机械手，其手部沿固定坐标系 x_0 轴正向以 1m/s 的速度移动，两根连杆长均为 0.5m，试求其在 $\theta_1=30°$，$\theta_2=-60°$时的关节速度。

4-8　如习题 4-7 所述的平面二自由度机械手，试求其在 $\theta_1=30°,\theta_2=60°$时的关节速度，并尝试分析该机构的奇异位形。

4-9　图 4-14 所示的二自由度机械手，在 $\theta_1=0,\theta_2=90°$时末端机械手所受的手爪力为 $\boldsymbol{F}_A=[f_x,f_y]^{\mathrm{T}}$，并且整个机械臂处于静止状态，试求机器人两个驱动关节所对应的驱动力矩。

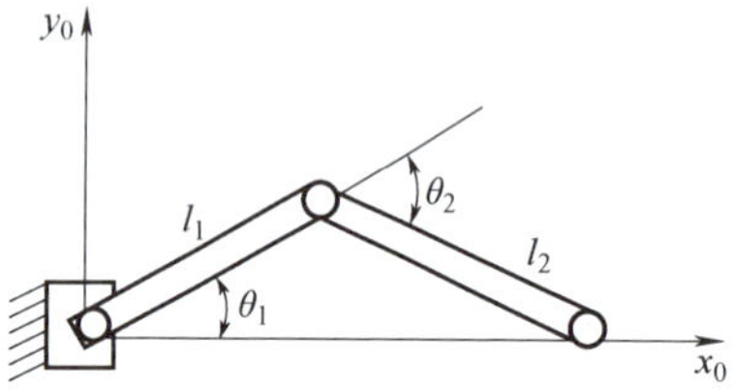

图 4-13　平面二自由度机械手(1)

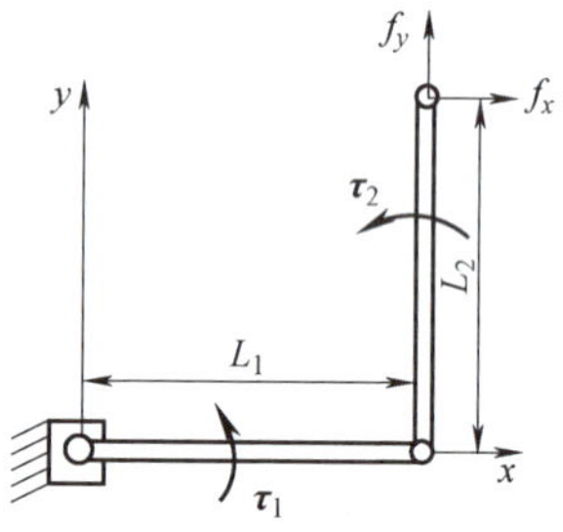

图 4-14　平面二自由度机械手(2)

4-10　如图 4-15 所示的平面 RP 机械臂，试计算其速度雅可比矩阵以及静力雅可比矩阵。

4-11　现有一平面 3R 串联机械臂，如图 4-16 所示，其末端机械手位姿与三个驱动关节之间的关系如下：

$$\begin{cases}x=l_1\cos\theta_1+l_2\cos(\theta_1+\theta_2)+l_3\cos(\theta_1+\theta_2+\theta_3)\\y=l_1\sin\theta_1+l_2\sin(\theta_1+\theta_2)+l_3\sin(\theta_1+\theta_2+\theta_3)\\\theta=\theta_1+\theta_2+\theta_3\end{cases}$$

1）试求该机械臂相对于基坐标系的速度雅可比矩阵。

2）试分析该机械臂的奇异位形。

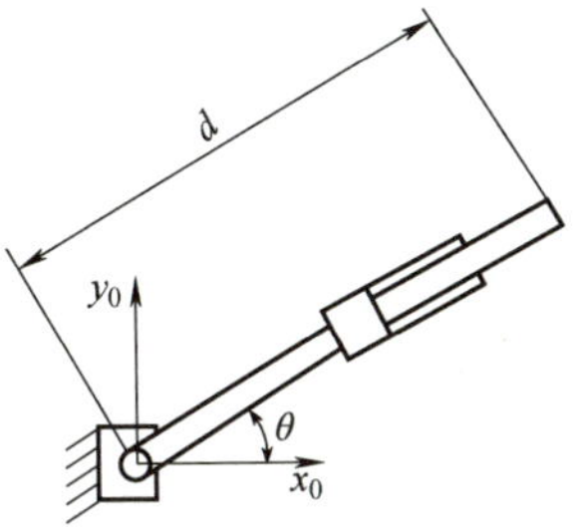

图 4-15　平面 RP 机械臂

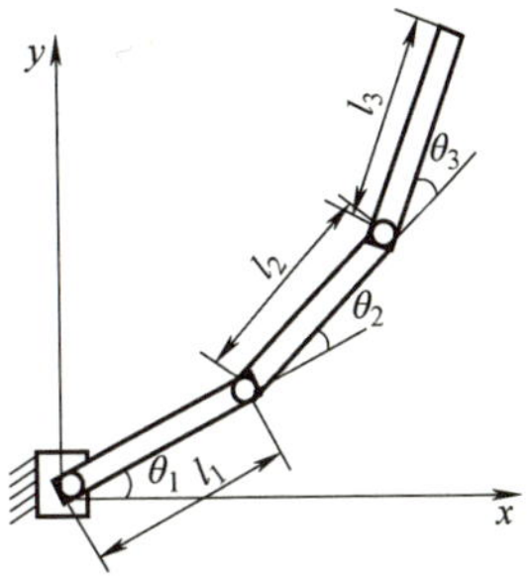

图 4-16　平面 3R 串联机械臂简化图

4-12　如图 4-17 所示的空间 3R 串联机械臂，若其末端机械手相对于基坐标系所受外力为 $F_x=10\text{N}$，$F_y=2\text{N}$。

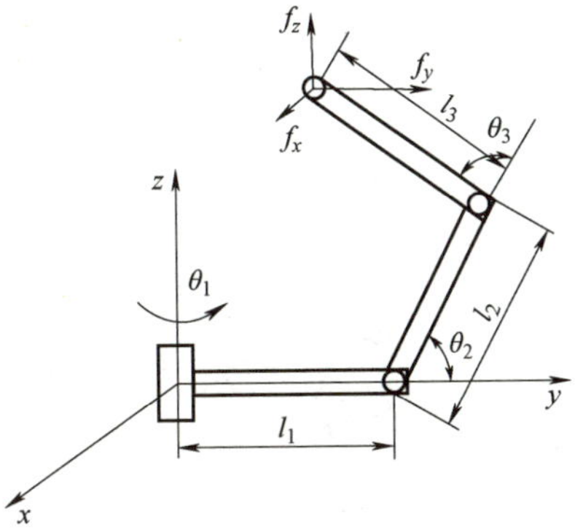

图 4-17　空间 3R 串联机械臂

1）试求其相对于基坐标系的静力雅可比矩阵。

2）试求其各驱动关节的驱动力矩。

4-13　已知有一空间 3R 串联机械臂，如图 4-17 所示，其各连杆的长度为 l_1,l_2,l_3，各关节的运动变量为 $\theta_1,\theta_2,\theta_3$，且末端机械手所受外力为 $\boldsymbol{F}=[f_x,f_y,f_z]^{\mathrm{T}}$，试求该机器人的雅可比矩阵以及各关节的驱动力矩。

4-14　已知有一空间六轴串联机器人，如图 4-6 所示，其运动学方程最后一列如下：

$$\begin{bmatrix} p_x \\ p_y \\ p_z \\ 1 \end{bmatrix} = \begin{bmatrix} \cos\theta_1(\cos(\theta_2+\theta_3+\theta_4)a_4+\cos(\theta_2+\theta_3)a_3+\cos\theta_2 a_2) \\ \sin\theta_1(\cos(\theta_2+\theta_3+\theta_4)a_4+\cos(\theta_2+\theta_3)a_3+\cos\theta_2 a_2) \\ \sin(\theta_2+\theta_3+\theta_4)a_4+\sin(\theta_2+\theta_3)a_3+\sin\theta_2 a_2 \\ 1 \end{bmatrix}$$

试求该机器人相对于基坐标系的第二行与第三行速度雅可比矩阵。

4-15　如图 4-6 所示的空间六轴串联机器人，试构建其 D-H 坐标系及运动学方程，并利用微分变换法计算其完整的雅可比矩阵。

4-16　如图 4-18 所示，已知一个斯坦福 6 个自由度机器人除关节 3 为移动关节外，其余 5 个关节均为转动关节，试利用微分法计算其雅可比矩阵。

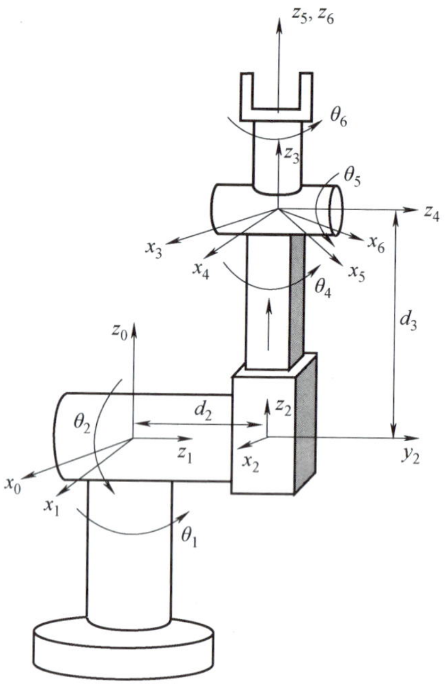

图 4-18　斯坦福 6 自由度机械臂

附录 4-1　MATLAB 源代码

参考文献

[1]　尼库. 机器人学导论——分析、系统及应用[M]. 孙富春，等译. 北京：电子工业出版社，2018.

[2]　于靖军，刘辛军. 机器人机构学基础[M]. 北京：机械工业出版社，2022.

[3]　徐文福. 机器人学：基础理论与应用实践[M]. 哈尔滨：哈尔滨工业大学出版社，2020.

[4]　蒋志宏. 机器人学基础[M]. 北京：北京理工大学出版社，2018.

[5]　吴学忠，吴宇列，席翔，等. 高等机构学[M]. 北京：国防工业出版社，2017.

[6]　李彬，陈腾，范永. 四足仿生机器人基本原理及开发教程[M]. 北京：清华大学出版社，2023.

[7]　陶永，王田苗. 机器人学及其应用导论[M]. 北京：清华大学出版社，2021.

[8]　黄真，赵永生，赵铁石. 高等空间机构学[M]. 北京：高等教育出版社，2005.

[9]　于靖军，刘辛军，丁希仑. 机器人机构学的数学基础[M]. 北京：机械工业出版社，2016.

第 5 章　机器人动力学

5.1　引言

相对于机器人运动学而言，机器人动力学问题更加复杂。机器人动力学描述的是关节力矩、动力学参数及关节运动的关系。与机器人运动学不同的是，机器人动力学不仅与其速度、加速度等运动学物理量有关，还与其质量、惯量、外部载荷等有关。

与运动学类似，机器人动力学同样可分为正动力学问题和逆动力学问题。正动力学问题为给定作用在机器人各关节的驱动力和力矩，求解机器人各关节的位移、速度和加速度等运动参数。该类问题的求解比较困难，一般用于仿真研究。与正动力学相反，逆动力学为给定机器人各关节的位移、速度和加速度等运动参数，以计算机器人各关节实现预期运动所需的驱动力和驱动力矩。逆动力学分析是机器人控制、结构设计与驱动器选型的基础。

建立机器人动力学模型的方法有多种，目前较为常用的有拉格朗日法、牛顿-欧拉法、凯恩方程、阿佩尔方程、广义达朗贝尔原理以及高斯最小约束原理等，它们分别基于不同的力学方程和原理。其中较为经典的，便为拉格朗日法与牛顿-欧拉法。本章将主要介绍机器人动力学建模的这两种经典方法。此外，由于惯性参数在机器人动力学建模中的重要性，本章将对机构的惯性特性进行简要介绍。

5.2　惯性参数

与机器人运动学不同的是，机器人动力学研究中必须考虑结构运动过程中惯性的影响。在机构动力学分析中，由于机构各构件角加速度和线加速度的存在，机构各构件的惯性力成为机构动力分析中的重要组成部分。而惯性力是由构件的惯性参数直接决定的，因此要获得准确的动力学分析结果，就必须对机构的惯性参数有足够且准确的了解。

对于线运动，其惯性参数为质量。对于角运动，其惯性参数则与转动惯量相关。

5.2.1　转动惯量

转动惯量又称质量惯性矩，是经典力学中物体绕某一定轴转动时惯性大小的量度，常用 I 或 J 表示，其标准单位为 kg · m^2。当质点系绕一定轴转动时，其转动惯量为

$$I=\sum m_i r_i^2 \tag{5-1}$$

对质量均匀分布的刚体而言：

$$I=\int_V r^2\mathrm{d}m=\int_V r^2\rho\mathrm{d}V \tag{5-2}$$

式中，r 为质量单元 m_i 或 $\mathrm{d}m$ 距转动轴的垂直距离；ρ 为物体的密度。

转动惯量为描述刚体相对某一固定轴转动的惯性参数，其只取决于刚体的形状、质量分布和转轴位置，而与刚体绕轴的转动状态无关。如果转动轴发生变化，转动惯量也会随之发生变化。机器人在运动过程中，各关节是可以绕很多轴旋转的，因此单个转动惯量无法全面描述刚体转动时的惯性特性，需要在转动惯量的基础上引入一个更为复杂的物理量。

5.2.2 张量

张量是基于标量和矢量向更高维度的推广，它通过将一系列具有某种共同特征的数进行有序的组合来表示一个更加广义的“数”。在研究机器人动力学问题时，机器人各关节的许多物理量已经不能简单地仅用数值和方向来进行说明，因此需要引入张量理论，将对物理量的描述扩展到更高维度，来描述机器人的运动状态。

1. 基矢量

空间中的任意矢量 $\boldsymbol{P}$，其大小与方向都是确定的，但是矢量 $\boldsymbol{P}$ 的分量与其所选用的坐标系的基相关。所选用的坐标系不同，矢量 $\boldsymbol{P}$ 的分量也不同。为简单介绍，本节选用二维坐标系来进行简要分析。

选用任一斜角直线坐标系 Ox_1x_2，沿坐标系的正方向取基矢量 $\boldsymbol{g}_1$ 和 $\boldsymbol{g}_2$(不一定为单位向量)，如图 5-1 所示。将与坐标轴一致的基矢量 $\boldsymbol{g}_i$ 称为协变基矢量。

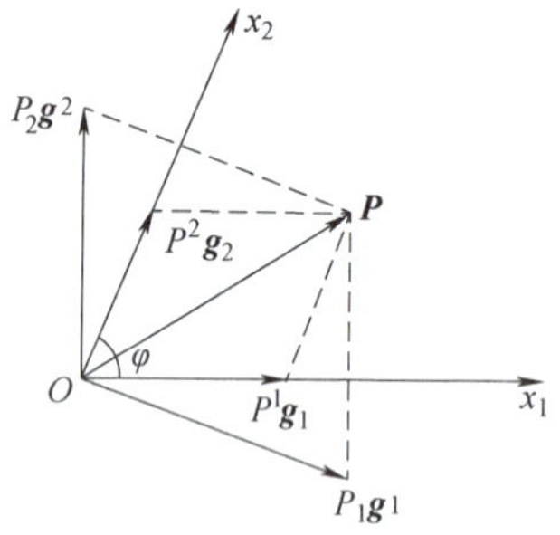

图 5-1 矢量 P 在斜角直线坐标系中表示

显然，$\boldsymbol{g}_i$ 是线性无关的，且 $\boldsymbol{g}_i$ 不一定互相垂直，则矢量 $\boldsymbol{P}$ 在斜角直线坐标系 Ox_1x_2 中可分解为

$$\boldsymbol{P}=P^1\boldsymbol{g}_1+P^2\boldsymbol{g}_2=\sum P^n\boldsymbol{g}_n \tag{5-3}$$

由于协变基矢量不互相垂直，坐标系中的运算较为复杂。为了便于运算，利用协变基矢量 $\boldsymbol{g}_i$ 引入另一组向量 $\boldsymbol{g}^i$，$\boldsymbol{g}^i$ 的定义如下：

$$\boldsymbol{g}^i\boldsymbol{g}_j=\delta_j^i,\delta_j^i=\begin{cases}1,i=j\\0,i\neq j\end{cases} \tag{5-4}$$

式中，$\boldsymbol{g}^i$ 称为逆变基矢量。在二维坐标系中，逆变基矢量 $\boldsymbol{g}^i$ 与协变基矢量 $\boldsymbol{g}_j$ 之间关系如下：

$$|\boldsymbol{g}^i|=\frac{1}{|\boldsymbol{g}_i|\sin\varphi} \tag{5-5}$$

式中，φ 为 x_1 与 x_2 之间夹角。

根据协变基矢量和逆变基矢量就可以比较容易的写出矢量 $\boldsymbol{P}$ 的分量：

$$\boldsymbol{P}=P^1\boldsymbol{g}_1+P^2\boldsymbol{g}_2=P_1\boldsymbol{g}^1+P_2\boldsymbol{g}^2 \tag{5-6}$$

式中，$P^1=\boldsymbol{P}\cdot\boldsymbol{g}_1$；$P^2=\boldsymbol{P}\cdot\boldsymbol{g}_2$；$P_1=\boldsymbol{P}\cdot\boldsymbol{g}^1$；$P_2=\boldsymbol{P}\cdot\boldsymbol{g}^2$。

矢量 $\boldsymbol{P}$ 对协变基矢量 $\boldsymbol{g}_j$ 的分量 $\boldsymbol{P}^j$ 称为逆变分量；矢量 $\boldsymbol{P}$ 对逆变基矢量 $\boldsymbol{g}^i$ 的分量 $\boldsymbol{P}_i$ 称为协变分量。

2. 张量

凡可以在不同坐标系中写成下列不变性形式的量，定义为 $r+s$ 阶张量：

$$\boldsymbol{T}=\boldsymbol{T}_{j_1\cdots j_s}^{i_1\cdots i_r}\boldsymbol{g}_{i_1}\cdots\boldsymbol{g}_{i_r}\boldsymbol{g}^{j_1}\cdots\boldsymbol{g}^{j_s}=\boldsymbol{T}_{j_1'\cdots j_s'}^{i_1'\cdots i_r'}\boldsymbol{g}_{i_1'}\cdots\boldsymbol{g}_{i_r'}\boldsymbol{g}^{j_1'}\cdots\boldsymbol{g}^{j_s'} \tag{5-7}$$

式中，$\boldsymbol{g}_i$、$\boldsymbol{g}^j$ 和 $\boldsymbol{g}_{i'}$、$\boldsymbol{g}^{j'}$ 分别为坐标系 $\{S\}$ 和 $\{S'\}$ 的基矢量。在式(5-7)中，采用了矢量之间的并乘运算。两个矢量 $\boldsymbol{a}$ 和 $\boldsymbol{b}$ 的并乘运算写作 $\boldsymbol{ab}$，其结果为矢量 $\boldsymbol{a}$ 和 $\boldsymbol{b}$ 的各个分量逐个相乘所得到的一组数的集合。并乘也叫张量乘，有时也写作 $\boldsymbol{a}\otimes\boldsymbol{b}$。

在式(5-7)中，$\boldsymbol{T}$ 为张量的不变性记法，即该记法表示张量本身，与坐标系无关，它突出了张量的不变性。$\boldsymbol{T}_{j_1\cdots j_s}^{i_1\cdots i_r}$ 为张量的分量记法，即用张量定义中的分量全体来描述，它比较具体的表现了张量的特点。

此外，仿效矢量，张量也可以用分量和基矢量来表示，称为并矢记法。如，

$$\begin{aligned}\boldsymbol{T}&=\boldsymbol{T}_{k\cdots l}^{i\cdots j}\boldsymbol{g}_i\cdots\boldsymbol{g}_j\boldsymbol{g}^k\cdots\boldsymbol{g}^l\\&=\boldsymbol{T}^{i\cdots jk\cdots l}\boldsymbol{g}_i\cdots\boldsymbol{g}_j\boldsymbol{g}_k\cdots\boldsymbol{g}_l\\&=\boldsymbol{T}_{i\cdots jk\cdots l}\boldsymbol{g}^i\cdots\boldsymbol{g}^j\boldsymbol{g}^k\cdots\boldsymbol{g}^l\end{aligned} \tag{5-8}$$

式中，$\boldsymbol{T}^{i\cdots jk\cdots l}$ 称为 $\boldsymbol{T}$ 的逆变分量；$\boldsymbol{T}_{i\cdots jk\cdots l}$ 称为 $\boldsymbol{T}$ 的协变分量；$\boldsymbol{T}_{k\cdots l}^{i\cdots j}$ 称为 $\boldsymbol{T}$ 的混合分量。

为使并矢记法更加形象，以二阶张量为例，$\boldsymbol{T}$ 的并矢记法为

$$\boldsymbol{T}=\boldsymbol{T}_i^j\boldsymbol{g}_j\boldsymbol{g}^i=\boldsymbol{T}_j^i\boldsymbol{g}_i\boldsymbol{g}^j=\boldsymbol{T}^{ij}\boldsymbol{g}_i\boldsymbol{g}_j=\boldsymbol{T}_{ij}\boldsymbol{g}^i\boldsymbol{g}^j \tag{5-9}$$

式中，$\boldsymbol{T}^{ij}$、$\boldsymbol{T}_{ij}$、$\boldsymbol{T}_i^j$ 和 $\boldsymbol{T}_j^i$ 分别为 $\boldsymbol{T}$ 的逆变分量、协变分量和混合分量，也是 $\boldsymbol{T}$ 的分量记法。

5.2.3　惯量张量

如图 5-2 所示，假设某一刚体由质点系组成，其单个质点的质量为 m_i。若该质点系以一角速度 $\boldsymbol{\omega}$ 绕定点 O 转动，则刚体上任一矢径为 $\boldsymbol{r}_i$ 的质点 i 的速度为

$$\boldsymbol{v}_i=\dot{\boldsymbol{r}}_i=\boldsymbol{\omega}\times\boldsymbol{r}_i \tag{5-10}$$

式中，$\boldsymbol{\omega}=[\omega_x,\omega_y,\omega_z]^{\mathrm{T}}$，$\boldsymbol{r}_i=[x_i,y_i,z_i]^{\mathrm{T}}$。

则刚体相对于点 O 的动量矩为

$$\begin{aligned}\boldsymbol{L}_o&=\sum\boldsymbol{r}_i\times m_i\dot{\boldsymbol{r}}_i\\&=\sum m_i\boldsymbol{r}_i\times(\boldsymbol{\omega}\times\boldsymbol{r}_i)\\&=\sum m_i[\boldsymbol{\omega}(\boldsymbol{r}_i^{\mathrm{T}}\boldsymbol{r}_i)-\boldsymbol{r}_i(\boldsymbol{r}_i^{\mathrm{T}}\boldsymbol{\omega})]\end{aligned} \tag{5-11}$$

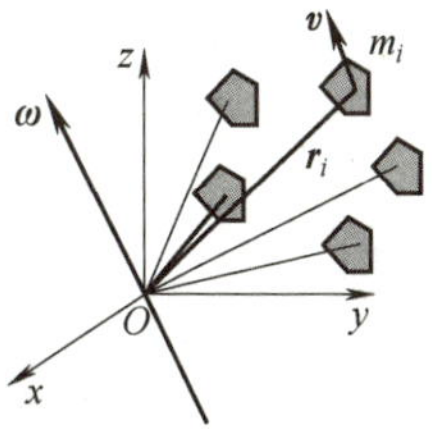

图 5-2　刚体绕定点转动

将 $\boldsymbol{\omega}$ 与 $\boldsymbol{r}_i$ 代入式(5-11)，进一步计算可得

$$\boldsymbol{L}_o=\begin{bmatrix}\sum m_i(y_i^2+z_i^2) & -\sum m_ix_iy_i & -\sum m_ix_iz_i\\-\sum m_ix_iy_i & \sum m_i(x_i^2+z_i^2) & -\sum m_iy_iz_i\\-\sum m_ix_iz_i & -\sum m_iy_iz_i & \sum m_i(x_i^2+y_i^2)\end{bmatrix}\begin{bmatrix}\omega_x\\\omega_y\\\omega_z\end{bmatrix} \tag{5-12}$$

简记为

$$\boldsymbol{L}_o=\boldsymbol{I\omega} \tag{5-13}$$

式中，$\boldsymbol{I}$ 为刚体在三维变换中的二阶张量，通常称作刚体关于定点 O 的惯量张量，也称惯性矩阵，即

$$\boldsymbol{I}=\begin{bmatrix}\sum m_i(y_i^2+z_i^2) & -\sum m_ix_iy_i & -\sum m_ix_iz_i\\-\sum m_ix_iy_i & \sum m_i(x_i^2+z_i^2) & -\sum m_iy_iz_i\\-\sum m_ix_iz_i & -\sum m_iy_iz_i & \sum m_i(x_i^2+y_i^2)\end{bmatrix} \tag{5-14}$$

由式(5-14)可以看出，惯量张量为一对称阵。如果取：

$$\begin{cases} I_{xx}=\sum m_i(y_i^2+z_i^2) \\ I_{yy}=\sum m_i(x_i^2+z_i^2) \\ I_{zz}=\sum m_i(x_i^2+y_i^2) \\ I_{xy}=I_{yx}=\sum m_ix_iy_i \\ I_{xz}=I_{zx}=\sum m_ix_iz_i \\ I_{yz}=I_{zy}=\sum m_iy_iz_i \end{cases} \tag{5-15}$$

则刚体的惯量张量可以表示为

$$\boldsymbol{I}=\begin{bmatrix} I_{xx} & -I_{xy} & -I_{xz} \\ -I_{yx} & I_{yy} & -I_{yz} \\ -I_{zx} & -I_{zy} & I_{zz} \end{bmatrix} \tag{5-16}$$

式中，对角线元素 I_{xx},I_{yy},I_{zz} 分别为刚体绕 x、y、z 轴的惯性矩(转动惯量)；I_{xy},I_{xz},I_{yz} 分别为刚体关于轴 x 和轴 y、轴 x 和轴 z、轴 y 和轴 z 的惯性积。

以上所讲述的是质点系的惯量张量，对于匀质连续的刚体，式(5-15)各元素的求和符号也可以转化为积分符号，即

$$\begin{cases} I_{xx}=\int_V(y^2+z^2)\rho\mathrm{d}V \\ I_{yy}=\int_V(x^2+z^2)\rho\mathrm{d}V \\ I_{zz}=\int_V(x^2+y^2)\rho\mathrm{d}V \\ I_{xy}=I_{yx}=\int_V xy\rho\mathrm{d}V \\ I_{xz}=I_{zx}=\int_V xz\rho\mathrm{d}V \\ I_{yz}=I_{zy}=\int_V yz\rho\mathrm{d}V \end{cases} \tag{5-17}$$

与转动惯量类似，惯量张量是刚体的固有属性，它只取决于刚体上各点的质量及其相对于坐标系原点 O 的分布。点 O 不同，同一刚体的惯量张量也会发生改变。因此，通常将刚体关于其质心的惯量张量称为中心惯量张量 I_C。

例 5.1 已知一均质长方体，并建立参考坐标系如图 5-3 所示，若其长度 $l=10\text{cm}$，宽度 $w=6\text{cm}$，高度 $h=4\text{cm}$，总质量 $M=3\text{kg}$，试求其相对于参考坐标系的惯量张量。

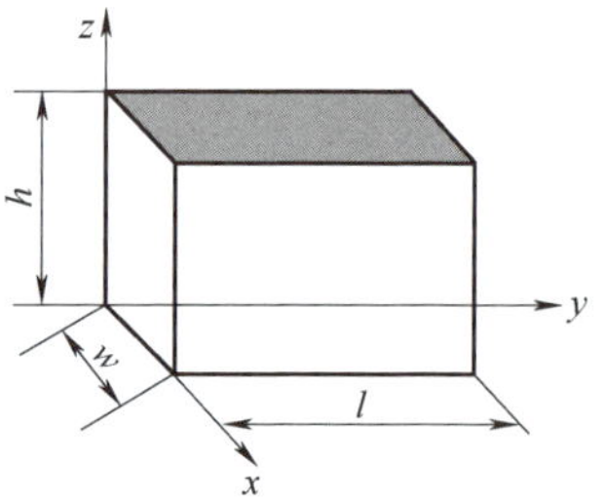

图 5-3 均质长方体的惯性矩阵

解： 长方体相对于 x 轴的转动惯量为

$$I_{xx}=\int(y^2+z^2)\,\mathrm{d}m$$

$$=\int_0^h\int_0^l\int_0^w(y^2+z^2)\rho\mathrm{d}x\mathrm{d}y\mathrm{d}z$$

$$=\left(\frac{hl^3w}{3}+\frac{h^3lw}{3}\right)\rho$$

$$=\frac{M}{3}(l^2+h^2)$$

同理可得长方体相对于 y 轴与 z 轴的转动惯量为

$$I_{yy}=\frac{M}{3}(w^2+h^2),I_{zz}=\frac{M}{3}(l^2+w^2)$$

将长方体参数代入则可得

$$I_{xx}=116\mathrm{kg}\cdot\mathrm{cm}^2,I_{yy}=52\mathrm{kg}\cdot\mathrm{cm}^2,I_{zz}=136\mathrm{kg}\cdot\mathrm{cm}^2$$

长方体绕三个轴转动的惯性积为

$$I_{xy}=\int xy\mathrm{d}m$$

$$=\int_0^h\int_0^l\int_0^w xy\rho\mathrm{d}x\mathrm{d}y\mathrm{d}z$$

$$=\frac{M}{4}wl$$

同理，$I_{xz}=\frac{M}{4}hw,I_{yz}=\frac{M}{4}hl$。

将长方体参数代入可得

$$I_{xy}=45\mathrm{kg}\cdot\mathrm{cm}^2,I_{yz}=30\mathrm{kg}\cdot\mathrm{cm}^2,I_{xz}=18\mathrm{kg}\cdot\mathrm{cm}^2$$

因此，长方体相对于参考坐标系的惯量张量为

$$\boldsymbol{I}=\begin{bmatrix}I_{xx} & -I_{xy} & -I_{xz}\\ -I_{yx} & I_{yy} & -I_{yz}\\ -I_{zx} & -I_{zy} & I_{zz}\end{bmatrix}=\begin{bmatrix}116 & -45 & -18\\ -45 & 52 & -30\\ -18 & -30 & 136\end{bmatrix}\mathrm{kg}\cdot\mathrm{cm}^2$$

5.2.4　惯量张量的平行移轴定理与坐标轴旋转变换

刚体惯量张量的表示与所选用的坐标系有关。当刚体绕同一点旋转时，如果所选用的参考坐标系不同，则惯量张量的表示也不相同。若已知刚体相对于某一参考坐标系的惯量张量，可以利用平行移轴定理或坐标轴旋转变换将其转换为相对于目标坐标系的惯量张量。

(1) 惯量张量的平行移轴定理

如图 5-4 所示，假设坐标系$\{S'\}$是由质心坐标系$\{S\}$经过平移转换得到的坐标系，其原点 O'在坐标系$\{S\}$中的矢径为 $\boldsymbol{r}_{OO'}=(x_c,y_c,z_c)^{\mathrm{T}}$，则刚体在坐标系$\{S'\}$中的惯量张量 $\boldsymbol{I}'$为

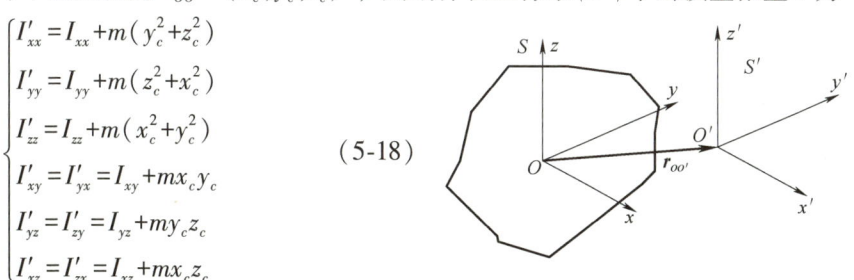

$$\begin{cases}I'_{xx}=I_{xx}+m(y_c^2+z_c^2)\\ I'_{yy}=I_{yy}+m(z_c^2+x_c^2)\\ I'_{zz}=I_{zz}+m(x_c^2+y_c^2)\\ I'_{xy}=I'_{yx}=I_{xy}+mx_cy_c\\ I'_{yz}=I'_{zy}=I_{yz}+my_cz_c\\ I'_{xz}=I'_{zx}=I_{xz}+mx_cz_c\end{cases}\tag{5-18}$$

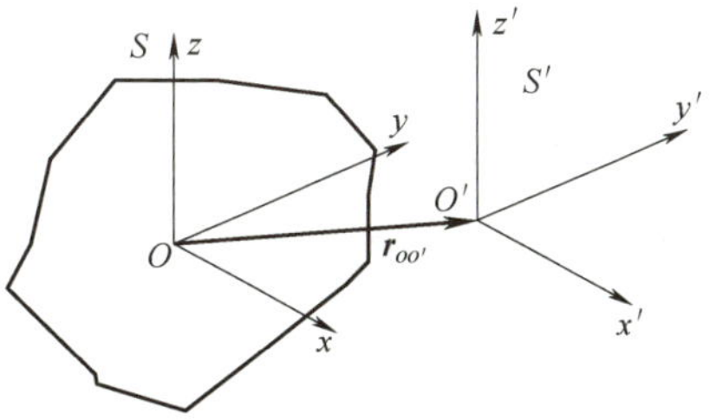

图 5-4　惯量张量的平行移轴定理

将式(5-18)写为矩阵形式，则 $\boldsymbol{I}'$ 为

$$\boldsymbol{I}'=\boldsymbol{I}_c+\begin{bmatrix} m(y_C^2+z_C^2) & -mx_Cy_C & -mx_Cz_C \\ -mx_Cy_C & m(z_C^2+x_C^2) & -my_Cz_C \\ -mx_Cz_C & -my_Cz_C & m(x_C^2+y_C^2) \end{bmatrix} \tag{5-19}$$

由式(5-19)可知，刚体对任意点的惯量张量等于中心惯量张量加上质量集中于质心时对任意点的惯量张量。

例 5.2 若将例 5.1 中的坐标系原点转移至质心处，如图 5-5 所示，试利用平行移轴定理求其相对于质心坐标系的惯量张量。

解： 由题意可知，坐标系原点 O 在质心坐标系的位置为

$$x_C=-\frac{w}{2}=-3\text{cm},y_C=-\frac{l}{2}=-5\text{cm},z_C=-\frac{h}{2}=-2\text{cm}$$

由平行移轴公式，可得：

$$\boldsymbol{I}_C=\boldsymbol{I}'-\begin{bmatrix} m(y_C^2+z_C^2) & -mx_Cy_C & -mx_Cz_C \\ -mx_Cy_C & m(z_C^2+x_C^2) & -my_Cz_C \\ -mx_Cz_C & -my_Cz_C & m(x_C^2+y_C^2) \end{bmatrix}$$

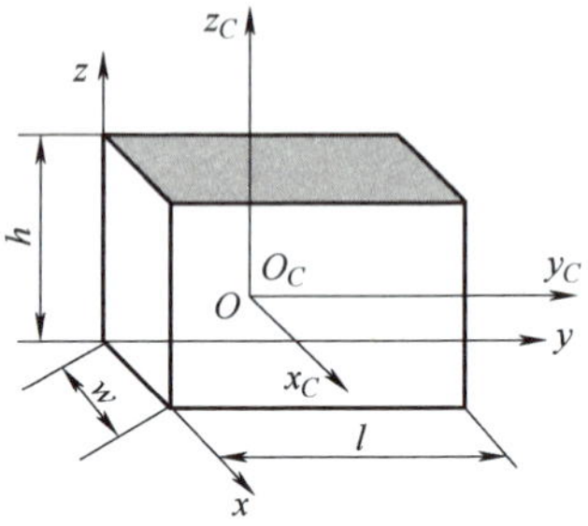

图 5-5　长方体质心坐标系惯量张量

因此根据平行移轴定理，可得其相对于质心坐标系的惯量张量 $\boldsymbol{I}_C$ 为

$$\boldsymbol{I}_C=\begin{bmatrix} 29 & 0 & 0 \\ 0 & 13 & 0 \\ 0 & 0 & 34 \end{bmatrix}\text{kg}\cdot\text{cm}^2$$

（2）惯量张量的坐标轴旋转变化

假设一刚体绕一点 O 转动，在原坐标系$\{S\}$中的惯量张量为 $\boldsymbol{I}$。现将坐标系$\{S\}$绕原点 O 旋转一定角度后形成一新坐标系$\{S'\}$，如图 5-6 所示，S'相对 S 的旋转变换矩阵为 $\boldsymbol{R}=[\boldsymbol{r}_1,\boldsymbol{r}_2,\boldsymbol{r}_3]^{\mathrm{T}}$，其中，$\boldsymbol{r}_1,\boldsymbol{r}_2,\boldsymbol{r}_3$ 为单位方向矢量。

根据二阶张量的旋转变换法则，刚体的在坐标系$\{S'\}$中的惯量张量 $\boldsymbol{I}'$可以表示为

$$\boldsymbol{I}'=\boldsymbol{R}^{\mathrm{T}}\boldsymbol{I}\boldsymbol{R}$$
$$=\begin{bmatrix} \boldsymbol{r}_1^{\mathrm{T}}\boldsymbol{I}\boldsymbol{r}_1 & \boldsymbol{r}_1^{\mathrm{T}}\boldsymbol{I}\boldsymbol{r}_2 & \boldsymbol{r}_1^{\mathrm{T}}\boldsymbol{I}\boldsymbol{r}_3 \\ \boldsymbol{r}_1^{\mathrm{T}}\boldsymbol{I}\boldsymbol{r}_2 & \boldsymbol{r}_2^{\mathrm{T}}\boldsymbol{I}\boldsymbol{r}_2 & \boldsymbol{r}_2^{\mathrm{T}}\boldsymbol{I}\boldsymbol{r}_3 \\ \boldsymbol{r}_1^{\mathrm{T}}\boldsymbol{I}\boldsymbol{r}_3 & \boldsymbol{r}_2^{\mathrm{T}}\boldsymbol{I}\boldsymbol{r}_3 & \boldsymbol{r}_3^{\mathrm{T}}\boldsymbol{I}\boldsymbol{r}_3 \end{bmatrix} \tag{5-20}$$

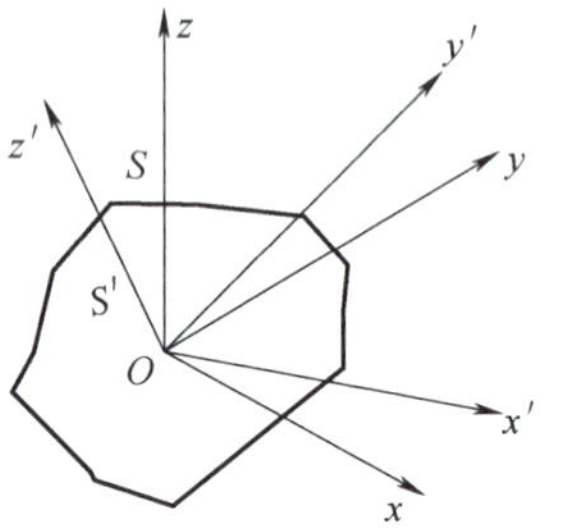

图 5-6　质心坐标系旋转变化

5.2.5　惯性椭球和惯性主轴

设刚体绕通过 O 点的任一轴线 OL 转动，轴线与坐标轴夹角为 α、β、γ，如图 5-7 所示，则刚体对该轴线的转动惯量为

$$I_L=[\cos\alpha,\cos\beta,\cos\gamma]\begin{bmatrix} I_{xx} & -I_{xy} & -I_{xz} \\ -I_{xy} & I_{yy} & -I_{yz} \\ -I_{xz} & -I_{yz} & I_{zz} \end{bmatrix}\begin{bmatrix} \cos\alpha \\ \cos\beta \\ \cos\gamma \end{bmatrix} \tag{5-21}$$

进而可得：

$$I_L = I_{xx}\cos^2\alpha + I_{yy}\cos^2\beta + I_{zz}\cos^2\gamma - 2I_{xy}\cos\alpha\cos\beta - 2I_{yz}\cos\beta\cos\gamma - 2I_{xz}\cos\alpha\cos\gamma \tag{5-22}$$

因此，若轴线 OL 发生变化，转动惯量 I_L 一般也随之发生变化。若在轴线 OL 上取一点 $P(x,y,z)$，使

$$\overline{OP} = \frac{k}{\sqrt{I_L}} \quad (k \neq 0) \tag{5-23}$$

则轴线 OL 与三个坐标轴的方向余弦可表示为

$$\cos\alpha = \frac{x}{k}\sqrt{I_L}, \cos\beta = \frac{y}{k}\sqrt{I_L}, \cos\gamma = \frac{z}{k}\sqrt{I_L} \tag{5-24}$$

当轴线 OL 方位发生变化时，P 点的坐标(x,y,z)也随之变化。若轴线 OL 变化一周，则 P 点所构成的集合将形成一曲面。将式(5-24)代入式(5-22)中，可得 P 点集合的曲面方程为

$$I_{xx}x^2 + I_{yy}y^2 + I_{zz}z^2 - 2I_{xy}xy - 2I_{yz}yz - 2I_{zx}zx = k^2 \tag{5-25}$$

亦即，

$$\boldsymbol{r}^{\mathrm{T}}\boldsymbol{I}\boldsymbol{r} = k^2 \tag{5-26}$$

式中，$\boldsymbol{r}$ 为 P 点的矢径：$\boldsymbol{r} = (x,y,z)^{\mathrm{T}}$

由式(5-26)可知，P 点的集合为以 O 点为中心的一个椭球面，如图 5-7 所示。这个椭球称为刚体关于 O 点的惯性椭球。

为了便于分析，不失一般性地取 $k=1$，则惯性椭球面的方程(5-25)将变为

$$I_{xx}x^2 + I_{yy}y^2 + I_{zz}z^2 - 2I_{xy}xy - 2I_{yz}yz - 2I_{zx}zx = 1 \tag{5-27}$$

式(5-23)可以化简为

$$I_L = 1/(\overline{OP})^2 \tag{5-28}$$

由式(5-28)可知，刚体关于任意轴 OL 的转动惯量，等于该轴与椭球面的交点 P 到 O 点距离的平方的倒数。因此，惯性椭球可以形象地描述 I_L 随轴线 OL 变化的情况。

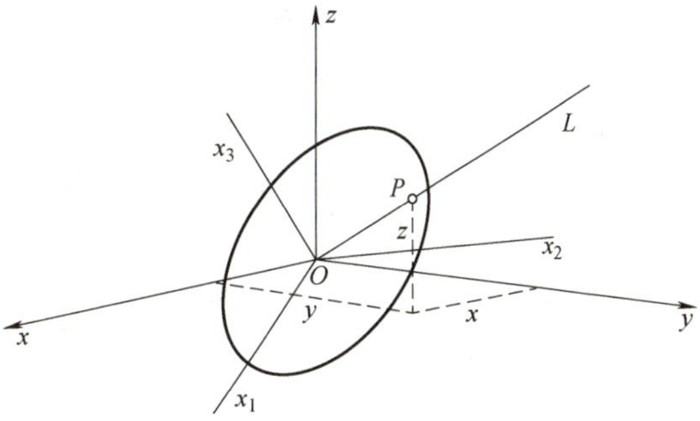

图 5-7 惯性椭球

惯性椭球的三根主轴称为刚体关于 O 点的惯性主轴，以三根互相垂直的惯性主轴构成的坐标系 $Oxyz$ 称为主轴坐标系。刚体关于主轴的转动惯量 I_1、I_2、I_3 称为主转动惯量。由于在主轴坐标系中，刚体对惯性主轴的惯性积为

$$I_{12} = I_{23} = I_{31} = 0 \tag{5-29}$$

因此在主轴坐标系中，惯性椭球的方程式为

$$I_1x^2 + I_2y^2 + I_3z^2 = 1 \tag{5-30}$$

设任一轴线 OL 对于主轴坐标系的夹角为 α_0、β_0、γ_0，则 I_L 的计算式可简化为

$$I_L = I_1\cos^2\alpha_0 + I_2\cos^2\beta_0 + I_3\cos^2\gamma_0 \tag{5-31}$$

采用主轴坐标系时，惯性积为 0，惯性矩阵为对角矩阵，故在计算中会减少多个分量，计算更加简单。因此在分析机构的惯性特性时，应尽可能地选用主轴坐标系，以减小后续机构动力学研究的复杂程度。

5.3 基于牛顿-欧拉方程的机器人动力学分析

基于牛顿-欧拉方程的动力学分析方法是较早开始使用的动力学建模方法。牛顿方程描述了平移刚体所受的外力、质量和质心加速度之间的关系；而欧拉方程描述了旋转刚体所受外力矩、角加速度、角速度和惯量张量之间的关系，因此可以使用牛顿-欧拉方程来描述刚体的力、惯量和加速度之间的关系，并建立刚体的动力学方程。

牛顿-欧拉方程分析了机器人系统中每个关节的约束力，可以表达出机器人系统较为完整的受力情况，具有明确的物理意义，为机器人系统中机构的强度、刚度和驱动器设计提供了便利。

5.3.1 牛顿动力学方程

牛顿方程是用来描述刚体随质心平动的动力学特性的方程，主要用于解决刚体的平动问题。其形式为

$$\boldsymbol{F}=m\dot{\boldsymbol{v}}_c=\frac{\mathrm{d}(m\boldsymbol{v}_c)}{\mathrm{d}t} \tag{5-32}$$

式中，m 为刚体质量；$\dot{\boldsymbol{v}}_c$ 为刚体的质心线加速度；$\boldsymbol{F}$ 为作用在刚体质心处的力。

5.3.2 欧拉方程

欧拉方程是用于描述刚体绕定点转动的动力学方程，主要用于解决刚体的旋转问题。不失一般性，本小节以一旋转刚体为研究对象对其进行分析。现以刚体的质心为原点，建立参考坐标系 $Oxyz$ 与固联坐标系 $Ox_0y_0z_0$，如图 5-8 所示。

由惯量张量的旋转变换可知，刚体相对于参考坐标系 $Oxyz$ 的惯量张量 $\boldsymbol{I}$ 为

$$\boldsymbol{I}=\boldsymbol{R}\boldsymbol{I}_0\boldsymbol{R}^{\mathrm{T}} \tag{5-33}$$

式中，$\boldsymbol{R}$ 为固联坐标系 $Ox_0y_0z_0$ 相对于参考坐标系 $Oxyz$ 的旋转变换矩阵，$\boldsymbol{R}\boldsymbol{R}^{\mathrm{T}}=\boldsymbol{E}$，$\boldsymbol{E}$ 为单位矩阵；$\boldsymbol{I}_0$ 为刚体相对于固联坐标系的惯量张量。

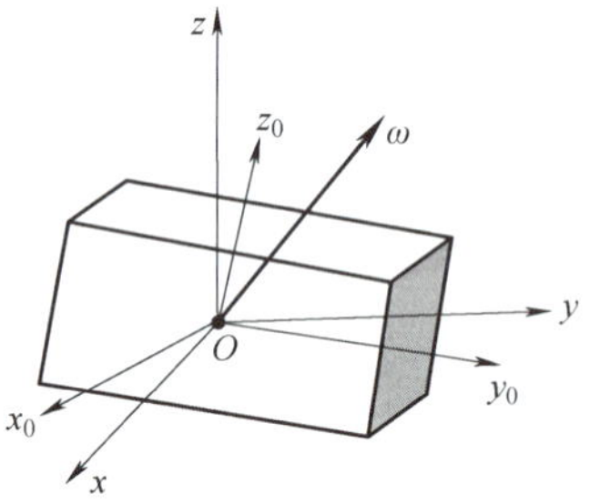

图 5-8　刚体坐标系

若刚体相对参考坐标系的瞬时角速度为 ω，则刚体相对参考坐标系的瞬时角动量为

$$\boldsymbol{J}=\boldsymbol{I}\boldsymbol{\omega} \tag{5-34}$$

因此，根据动量矩定理可得，刚体上某一定点所受的合外力矩 $\boldsymbol{M}$ 为

$$\boldsymbol{M}=\frac{\mathrm{d}\boldsymbol{J}}{\mathrm{d}t}=\frac{\mathrm{d}(\boldsymbol{I}\boldsymbol{\omega})}{\mathrm{d}t}=\dot{\boldsymbol{I}}\boldsymbol{\omega}+\boldsymbol{I}\dot{\boldsymbol{\omega}} \tag{5-35}$$

将式(5-33)代入式(5-35)，并继续求导化简可得

$$\begin{aligned}\boldsymbol{M}&=\boldsymbol{I}\dot{\boldsymbol{\omega}}+\dot{\boldsymbol{R}}\boldsymbol{I}_0\boldsymbol{R}^{\mathrm{T}}\boldsymbol{\omega}+\boldsymbol{R}\boldsymbol{I}_0\dot{\boldsymbol{R}}^{\mathrm{T}}\boldsymbol{\omega}\\&=\boldsymbol{I}\dot{\boldsymbol{\omega}}+\dot{\boldsymbol{R}}\boldsymbol{R}^{\mathrm{T}}\boldsymbol{I}\boldsymbol{\omega}+\boldsymbol{I}\boldsymbol{R}\dot{\boldsymbol{R}}^{\mathrm{T}}\boldsymbol{\omega}\end{aligned} \tag{5-36}$$

由于旋转变换矩阵 $\boldsymbol{R}$ 满足如下条件：

$$\dot{\boldsymbol{R}}=\boldsymbol{\omega}\times\boldsymbol{R}=\hat{\boldsymbol{\omega}}\cdot\boldsymbol{R},\quad \boldsymbol{R}\boldsymbol{R}^{\mathrm{T}}=\boldsymbol{E} \tag{5-37}$$

式中，$\hat{\omega}$ 为叉乘矩阵；$\boldsymbol{E}$ 为单位矩阵。

因此将式(5-37)代入式(5-36)，便可得刚体转动的欧拉动力学方程为

$$\boldsymbol{M}=\boldsymbol{I}\dot{\boldsymbol{\omega}}+\dot{\boldsymbol{I}}\boldsymbol{\omega}=\boldsymbol{I}\dot{\boldsymbol{\omega}}+\boldsymbol{\omega}\times\boldsymbol{I}\boldsymbol{\omega} \tag{5-38}$$

式(5-38)中的惯量张量 $\boldsymbol{I}$ 与角速度 $\boldsymbol{\omega}$ 都是相对于参考坐标系来计算的，参考坐标系选择不同，其值也将发生变化。因此在进行机器人的动力学建模时，需要注意参考坐标系的选择问题。

5.3.3　机器人机构的牛顿-欧拉动力学方程

机器人单根连杆的运动均可分解为连杆质心的平动与连杆绕质心的转动。为建立机构的牛顿-欧拉方程，现任取机器人的某一连杆 L_i 进行分析，采用前置方法建立坐标系。该连杆在力、力矩与重力的作用下作一般运动，质心平动的线速度为 v_{Ci}，连杆绕质心转动的角速度为 $\boldsymbol{\omega}_i$。在运动过程中，该连杆受到连杆 L_{i-1} 的作用力 $\boldsymbol{F}_{i-1,i}$、作用力矩 $\boldsymbol{M}_{i-1,i}$ 与连杆 L_{i+1} 的作用力 $-\boldsymbol{F}_{i,i+1}$、作用力矩 $-\boldsymbol{M}_{i,i+1}$ 以及自身重力 $m_i\boldsymbol{g}$，如图 5-9 所示。

由连杆的受力分析可知，连杆 L_i 所受的合外力与合外力矩为

$$\begin{cases}\boldsymbol{F}=\boldsymbol{F}_{i-1,i}-\boldsymbol{F}_{i,i+1}+m_i\boldsymbol{g}\\ \boldsymbol{M}=\boldsymbol{M}_{i-1,i}-\boldsymbol{M}_{i,i+1}+\boldsymbol{r}_{i,C_i}\times\boldsymbol{F}_{i-1,i}-\boldsymbol{r}_{i+1,C_i}\times\boldsymbol{F}_{i,i+1}\end{cases} \tag{5-39}$$

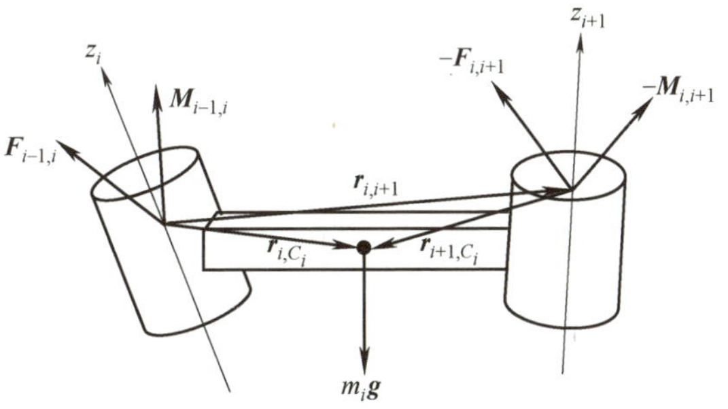

图 5-9　连杆受力图

由牛顿方程与欧拉方程可知，该连杆的合外力与力矩平衡方程为

$$\begin{cases}m_i\dot{\boldsymbol{v}}_{Ci}=\boldsymbol{F}_{i-1,i}-\boldsymbol{F}_{i,i+1}+m_i\boldsymbol{g}\\ \boldsymbol{I}_i\dot{\boldsymbol{\omega}}_i+\boldsymbol{\omega}_i\times\boldsymbol{I}_i\boldsymbol{\omega}_i=\boldsymbol{M}_{i-1,i}-\boldsymbol{M}_{i,i+1}+\boldsymbol{r}_{i,C_i}\times\boldsymbol{F}_{i-1,i}-\boldsymbol{r}_{i+1,C_i}\times\boldsymbol{F}_{i,i+1}\end{cases} \tag{5-40}$$

在串联机器人中，各驱动关节的约束力与约束力矩为作用力/力矩沿 z 轴的分量，因此便可得机器人各关节的约束力与约束力矩为

$$\boldsymbol{\tau}_i=\begin{cases}\boldsymbol{M}_{i-1,i}\cdot\boldsymbol{k}_i & \text{旋转关节}\\ \boldsymbol{F}_{i-1,i}\cdot\boldsymbol{k}_i & \text{移动关节}\end{cases} \tag{5-41}$$

式中，$\boldsymbol{k}_i$ 表示沿 z_i 轴的单位方向向量。

例 5.3　现有一平面单连杆机械臂如图 5-10 所示，设机械臂的长度为 l_1，连杆与水平轴间夹角为 θ_1，机械臂总质量为 m 且均匀分布，试利用牛顿-欧拉法对其进行动力学建模分析。

解： 由题意可知，该机械臂的质心位置及惯量张量为

$$l_{C1}=\frac{l_1}{2}$$

$$\boldsymbol{I}_C=\begin{bmatrix}0 & 0 & 0\\ 0 & \dfrac{ml_1^2}{12} & 0\\ 0 & 0 & \dfrac{ml_1^2}{12}\end{bmatrix}$$

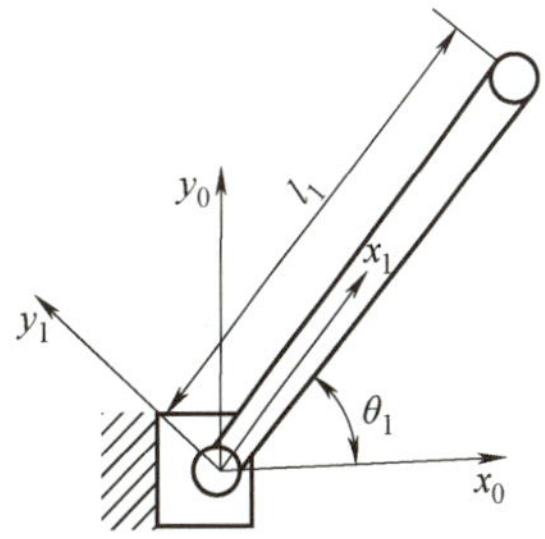

图 5-10　单自由度机械臂

由于基座固定，因此其连杆的运动参数为

$$\boldsymbol{\omega}_1=[0\quad 0\quad \dot{\theta}_1]^{\mathrm{T}},\dot{\boldsymbol{\omega}}_1=[0\quad 0\quad \ddot{\theta}_1]^{\mathrm{T}}$$

$$\boldsymbol{v}_{C1}=\begin{bmatrix}-l_{C1}\dot{\theta}_1\sin\theta_1\\ l_{C1}\dot{\theta}_1\cos\theta_1\\ 0\end{bmatrix},\dot{\boldsymbol{v}}_{C1}=\begin{bmatrix}-l_{C1}(\sin\theta_1\ddot{\theta}_1+\cos\theta_1\dot{\theta}_1^2)\\ l_{C1}(\cos\theta_1\ddot{\theta}_1-\sin\theta_1\dot{\theta}_1^2)\\ 0\end{bmatrix}$$

由式(5-39)以及式(5-40)可知，该连杆所受的约束力 $\boldsymbol{F}_{0,1}$ 与约束力矩 $\boldsymbol{M}_{0,1}$ 为

$$\begin{cases}\boldsymbol{F}_{0,1}=-m\boldsymbol{g}+m\dot{\boldsymbol{v}}_{C1}\\ \boldsymbol{M}_{0,1}=-\boldsymbol{r}_{1,C1}\times\boldsymbol{F}_{0,1}+\boldsymbol{I}_C\dot{\boldsymbol{\omega}}_1+\boldsymbol{\omega}_1\times(\boldsymbol{I}_C\boldsymbol{\omega}_1)\end{cases}$$

将连杆的运动参数代入上式，可得

$$\boldsymbol{F}_{0,1}=-m\boldsymbol{g}+m\dot{\boldsymbol{v}}_{C1}=m\begin{bmatrix}0\\-g\\0\end{bmatrix}+m\begin{bmatrix}-l_{C1}(\sin\theta_1\ddot{\theta}_1+\cos\theta_1\dot{\theta}_1^2)\\ l_{C1}(\cos\theta_1\ddot{\theta}_1-\sin\theta_1\dot{\theta}_1^2)\\ 0\end{bmatrix}$$

$$\boldsymbol{M}_{0,1}=-\boldsymbol{r}_{1,C1}\times\boldsymbol{F}_{0,1}+\boldsymbol{I}_1\dot{\boldsymbol{\omega}}_1+\boldsymbol{\omega}_1\times(\boldsymbol{I}_1\boldsymbol{\omega}_1)$$

$$=\begin{bmatrix}0\\0\\ ml_{C1}^2\ddot{\theta}_1+ml_{C1}\cos\theta_1 g\end{bmatrix}+\boldsymbol{I}_1\begin{bmatrix}0\\0\\ \ddot{\theta}_1\end{bmatrix}=\begin{bmatrix}0\\0\\ \frac{1}{3}ml_1^2\ddot{\theta}_1+\frac{1}{2}ml_1\cos\theta_1 g\end{bmatrix}$$

因此，该机械臂所需约束力矩为

$$\boldsymbol{\tau}=\boldsymbol{M}_{0,1}\cdot\boldsymbol{k}_1=\frac{1}{3}ml_1^2\ddot{\theta}+\frac{1}{2}mgl_1\cos\theta_1$$

5.4 牛顿-欧拉动力学方程的递推算法

5.3 节所讲述的牛顿-欧拉方程需要对串联机器人逐杆分析，需要计算出所有的运动参数，然后再求受力参数，因此当机器人的连杆较多，结构较复杂时计算量会大大增加。在机器人运动过程中，各连杆的运动与受力存在着内在联系，因此可以采用递推的方式，由基座向末端执行器递推计算各杆的运动参数及惯性力，再由末端向第一关节递推计算连杆所受约束力及关节力矩，便可以实现机器人的速度及动力分析，如图 5-11 所示。

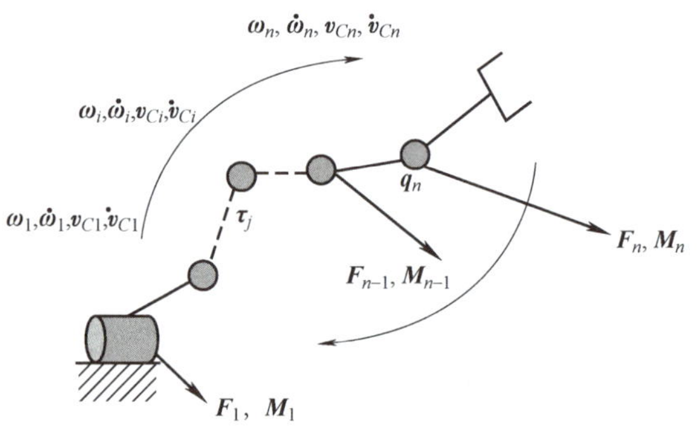

图 5-11　串联机器人运动与动力参数的递推计算

本节以串联机器人的连杆 i 为研究对象，对其进行动力学分析。如图 5-12 所示，利用标准 D-H 法构建坐标系 $\{i-1\}$ 与 $\{i\}$。已知两个坐标系原点间的位移矢量为 ${}^i\boldsymbol{p}_{i-1,i}$，连杆 i 的质量为 m_i，其相对于自身质心 C_i 的惯量矩阵为 ${}^i\boldsymbol{I}_{Ci}$；杆件 $i-1$ 对杆件 i 以及杆件 i 对杆件 $i+1$ 所施加的力与力矩分别为 ${}^i\boldsymbol{f}_{i-1,i}$、${}^i\boldsymbol{f}_{i,i+1}$ 与 ${}^i\boldsymbol{M}_{i-1,i}$、${}^i\boldsymbol{M}_{i,i+1}$；连杆质心的线速度为 ${}^i\boldsymbol{v}_{Ci}$，绕质心旋转的角速度为 ${}^i\boldsymbol{\omega}_{Ci}$。以上

参数中，左上角标 i 的意义是参数在坐标系$\{i\}$中的表示。

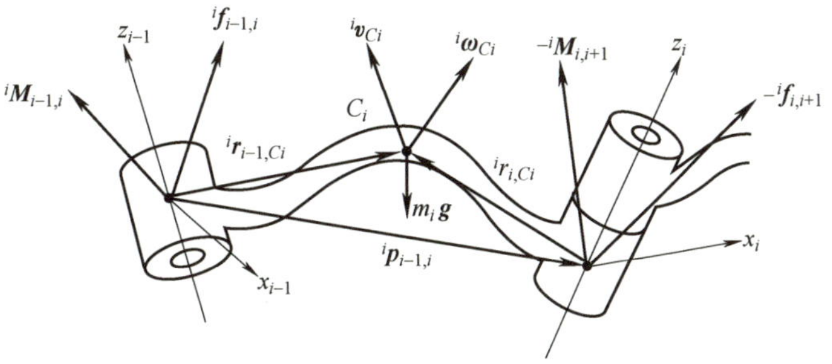

图 5-12　连杆 i 的运动及受力图

5.4.1　速度及加速度的向后递推计算

在机器人系统中，基座的边界条件通常是已知的。因此，从基座的运动开始，逐步外推到末端连杆 n，便可以依次得到串联机器人各连杆的运动参数。

在连杆的运动过程中，连杆 i 的角速度为连杆 $i-1$ 的角速度与两连杆相对角速度之和，因此若已知连杆 $i-1$ 相对其自身坐标系的角速度${}^{i-1}\boldsymbol{\omega}_{i-1}$以及关节 i 的运动参数，便可求得连杆 i 的角速度为

$$
{}^{i}\boldsymbol{\omega}_i=\begin{cases}{}^{i}\boldsymbol{R}_{i-1}({}^{i-1}\boldsymbol{\omega}_{i-1}+{}^{i-1}\boldsymbol{z}_{i-1}\dot{\boldsymbol{q}}_i) & (\text{旋转关节})\\ {}^{i}\boldsymbol{R}_{i-1}{}^{i-1}\boldsymbol{\omega}_{i-1} & (\text{移动关节})\end{cases} \tag{5-42}
$$

式中，${}^{i}\boldsymbol{R}_{i-1}$为坐标系$\{i-1\}$至坐标系$\{i\}$的旋转变换矩阵，$\boldsymbol{q}_i$ 为关节 i 的广义运动变量；${}^{i-1}\boldsymbol{z}_{i-1}=[0,0,1]$。

同理，连杆 i 末端的线速度为连杆 $i-1$ 末端的线速度与由两者牵连运动引起的相对速度之和：

$$
{}^{i}\boldsymbol{v}_i=\begin{cases}{}^{i}\boldsymbol{R}_{i-1}{}^{i-1}\boldsymbol{v}_{i-1}+{}^{i}\boldsymbol{\omega}_i\times{}^{i}\boldsymbol{p}_{i-1,i} & (\text{旋转关节})\\ {}^{i}\boldsymbol{R}_{i-1}({}^{i-1}\boldsymbol{v}_{i-1}+{}^{i-1}\boldsymbol{z}_{i-1}\dot{\boldsymbol{q}}_i)+{}^{i}\boldsymbol{\omega}_i\times{}^{i}\boldsymbol{p}_{i-1,i} & (\text{移动关节})\end{cases} \tag{5-43}
$$

因此，在连杆质心 C_i 处的线速度为

$$
{}^{i}\boldsymbol{v}_{ci}={}^{i}\boldsymbol{v}_i+{}^{i}\boldsymbol{\omega}_i\times{}^{i}\boldsymbol{r}_{i,Ci} \tag{5-44}
$$

若对连杆 i 的角速度${}^{i}\boldsymbol{\omega}_i$ 以及末端线速度${}^{i}\boldsymbol{v}_i$ 在时间尺度上进行求导，便可得连杆 i 的角加速度以及连杆末端的线加速度为

$$
{}^{i}\dot{\boldsymbol{\omega}}_i=\begin{cases}{}^{i}\boldsymbol{R}_{i-1}({}^{i-1}\dot{\boldsymbol{\omega}}_{i-1}+{}^{i-1}\boldsymbol{z}_{i-1}\ddot{\boldsymbol{q}}_i+{}^{i-1}\boldsymbol{\omega}_{i-1}\times{}^{i-1}\boldsymbol{z}_{i-1}\dot{q}_i) & (\text{旋转关节})\\ {}^{i}\boldsymbol{R}_{i-1}{}^{i-1}\dot{\boldsymbol{\omega}}_{i-1} & (\text{移动关节})\end{cases} \tag{5-45}
$$

$$
{}^{i}\dot{\boldsymbol{v}}_i=\begin{cases}{}^{i}\boldsymbol{R}_{i-1}{}^{i-1}\dot{\boldsymbol{v}}_{i-1}+{}^{i}\dot{\boldsymbol{\omega}}_i\times{}^{i}\boldsymbol{p}_{i-1,i}+{}^{i}\boldsymbol{\omega}_i\times({}^{i}\boldsymbol{\omega}_i\times{}^{i}\boldsymbol{p}_{i-1,i}), & (\text{旋转关节})\\ {}^{i}\boldsymbol{R}_{i-1}({}^{i-1}\dot{\boldsymbol{v}}_{i-1}+{}^{i-1}\boldsymbol{z}_{i-1}\ddot{\boldsymbol{q}}_i)+\dot{\boldsymbol{\omega}}_i\times{}^{i}\boldsymbol{p}_{i-1,i}+{}^{i}\boldsymbol{\omega}_i\times({}^{i}\boldsymbol{\omega}_i\times{}^{i}\boldsymbol{p}_{i-1,i})+2{}^{i}\boldsymbol{\omega}_i\times({}^{i}\boldsymbol{R}_{i-1}{}^{i-1}\boldsymbol{z}_{i-1}\dot{\boldsymbol{q}}_i) & (\text{移动关节})\end{cases} \tag{5-46}
$$

此外，若对式(5-44)进行求导，可得连杆质心 C_i 处的线加速度为

$$
{}^{i}\dot{\boldsymbol{v}}_{Ci}={}^{i}\dot{\boldsymbol{v}}_i+{}^{i}\dot{\boldsymbol{\omega}}_i\times{}^{i}\boldsymbol{r}_{i,Ci}+{}^{i}\boldsymbol{\omega}_i\times({}^{i}\boldsymbol{\omega}_i\times{}^{i}\boldsymbol{r}_{i,Ci})\quad(\text{旋转关节}) \tag{5-47}
$$

5.4.2 关节力与力矩的向前递推计算

为了计算简便，本小节将统一在坐标系$\{i\}$中对连杆 i 所受力与力矩进行分析。在坐标系$\{i\}$中，连杆 i 分别受到连杆 $i-1$ 的作用力${}^{i}\boldsymbol{f}_{i-1,i}$、连杆 $i+1$ 的反作用力$-{}^{i}\boldsymbol{f}_{i,i+1}$以及自身重力$m_i\boldsymbol{g}$，因此其在质心处所受合外力${}^{i}\boldsymbol{f}_{Ci}$为

$$ {}^{i}\boldsymbol{f}_{Ci}={}^{i}\boldsymbol{f}_{i-1,i}-{}^{i}\boldsymbol{f}_{i,i+1}+m_i\boldsymbol{g} \tag{5-48}$$

由于各机械臂连杆均存在一个方向沿$\{0\}$坐标系 y 轴向下且大小相等的重力加速度，若我们假设基座存在一个与之方向相反且大小相等的线加速度，即假设${}^{0}\dot{\boldsymbol{v}}_0=[0,g,0]^{\mathrm{T}}$，则该加速度便可与重力加速度相抵消，从而暂时忽略连杆的重力项，因此式(5-48)可简化为

$$ {}^{i}\boldsymbol{f}_{Ci}={}^{i}\boldsymbol{f}_{i-1,i}-{}^{i}\boldsymbol{f}_{i,i+1} \tag{5-49}$$

此外，在坐标系$\{i\}$中，连杆 i 分别受到连杆 $i-1$ 的作用力矩${}^{i}\boldsymbol{M}_{i-1,i}$、连杆 $i+1$ 的反作用力矩$-{}^{i}\boldsymbol{M}_{i,i+1}$以及由${}^{i}\boldsymbol{f}_{i-1,i}$、${}^{i}\boldsymbol{f}_{i,i+1}$产生的力矩，因此连杆 i 在质心处所受的等效合外力矩${}^{i}\boldsymbol{M}_{Ci}$为

$$ {}^{i}\boldsymbol{M}_{Ci}={}^{i}\boldsymbol{M}_{i-1,i}-{}^{i}\boldsymbol{M}_{i,i+1}+{}^{i}\boldsymbol{f}_{i-1,i}\times{}^{i}\boldsymbol{r}_{i-1,Ci}-{}^{i}\boldsymbol{f}_{i,i+1}\times{}^{i}\boldsymbol{r}_{i,Ci} \tag{5-50}$$

将式(5-32)和式(5-38)代入式(5-48)及式(5-49)，便可得连杆 i 所受连杆 $i-1$ 的力与力矩为

$$\begin{cases}{}^{i}\boldsymbol{f}_{i-1,i}={}^{i}\boldsymbol{f}_{Ci}+{}^{i}\boldsymbol{f}_{i,i+1}=m_i\,{}^{i}\dot{\boldsymbol{v}}_{Ci}+{}^{i}\boldsymbol{f}_{i,i+1}\\ {}^{i}\boldsymbol{M}_{i-1,i}={}^{i}\boldsymbol{M}_{Ci}+{}^{i}\boldsymbol{M}_{i,i+1}-{}^{i}\boldsymbol{f}_{i-1,i}\times{}^{i}\boldsymbol{r}_{i-1,Ci}+{}^{i}\boldsymbol{f}_{i,i+1}\times{}^{i}\boldsymbol{r}_{i,Ci}\\ \qquad={}^{i}\boldsymbol{I}_{Ci}\,{}^{i}\dot{\boldsymbol{\omega}}_i+{}^{i}\boldsymbol{\omega}_i\times{}^{i}\boldsymbol{I}_{Ci}\,{}^{i}\boldsymbol{\omega}_i+{}^{i}\boldsymbol{M}_{i+1}-{}^{i}\boldsymbol{f}_{i-1,i}\times{}^{i}\boldsymbol{r}_{i-1,Ci}+{}^{i}\boldsymbol{f}_{i,i+1}\times{}^{i}\boldsymbol{r}_{i,Ci}\end{cases} \tag{5-51}$$

在机器人的受力分析中，不同坐标系间力的表述转换关系为

$$ {}^{i}\boldsymbol{f}_{i,i+1}={}^{i}\boldsymbol{R}_{i+1}\,{}^{i+1}\boldsymbol{f}_{i,i+1} \tag{5-52}$$

式中，${}^{i+1}\boldsymbol{f}_{i,i+1}$为连杆 $i+1$ 所受力在$\{i+1\}$坐标系中的描述；${}^{i}\boldsymbol{R}_{i+1}$为坐标系$\{i+1\}$至坐标系$\{i\}$的旋转变换矩阵。

因此，若已知机器人末端所受力${}^{i+1}\boldsymbol{f}_{i,i+1}$与力矩${}^{i+1}\boldsymbol{M}_{i,i+1}$以及相邻两坐标系变换矩阵${}^{i}\boldsymbol{R}_{i+1}$，便可向前依次递推求得机器人各连杆所受约束力与力矩：

$$\begin{cases}{}^{i}\boldsymbol{f}_{i-1,i}={}^{i}\boldsymbol{f}_{Ci}+{}^{i}\boldsymbol{R}_{i+1}\,{}^{i+1}\boldsymbol{f}_{i,i+1}\\ {}^{i}\boldsymbol{M}_{i-1,i}={}^{i}\boldsymbol{M}_{Ci}+{}^{i}\boldsymbol{R}_{i+1}\,{}^{i+1}\boldsymbol{M}_{i,i+1}-{}^{i}\boldsymbol{f}_{i-1,i}\times{}^{i}\boldsymbol{r}_{i-1,Ci}+({}^{i}\boldsymbol{R}_{i+1}\,{}^{i+1}\boldsymbol{f}_{i,i+1})\times{}^{i}\boldsymbol{r}_{i,Ci}\end{cases} \tag{5-53}$$

例 5.4 现有一平面二连杆机构如图 5-13 所示，其两根连杆的质心惯量张量分别为$\boldsymbol{I}_1$、$\boldsymbol{I}_2$，质量为 m_1、m_2，连杆长度为 l_1、l_2，质心分别位于两连杆的中点，距连杆端点的距离分别为 l_{C1}、l_{C2}。若其末端执行器与外部环境间无相互作用力，试利用牛顿-欧拉方程计算各驱动关节的约束力与约束力矩。

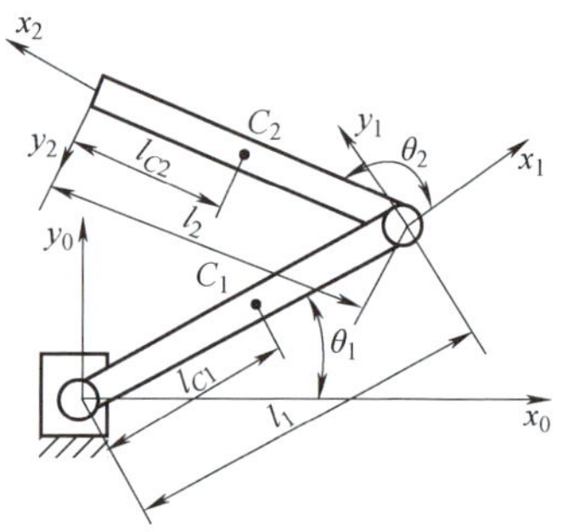

图 5-13 平面二连杆机构简图

解： 1）机械臂质心及 D-H 坐标系原点位置矢量的确定。机械臂两根连杆的质心位置矢量为

$$ {}^{1}\boldsymbol{r}_{0,C1}=[l_{C1},0,0]^{\mathrm{T}},\quad {}^{1}\boldsymbol{r}_{1,C1}=[-l_{C1},0,0]^{\mathrm{T}}$$

$$ {}^{2}\boldsymbol{r}_{1,C2}=[l_{C2},0,0]^{\mathrm{T}},\quad {}^{2}\boldsymbol{r}_{2,C2}=[-l_{C2},0,0]^{\mathrm{T}}$$

相邻两坐标系原点间的位置矢量为

$$ {}^{1}\boldsymbol{p}_{0,1}=[l_1,0,0]^{\mathrm{T}};$$

$$ {}^{2}\boldsymbol{p}_{1,2}=[l_2,0,0]^{\mathrm{T}}$$

2）机械臂各连杆速度及加速度的向后递推。由于机械臂基座固定，因此其速度及加速度为

$$^{0}\boldsymbol{\omega}_0={}^{0}\dot{\boldsymbol{\omega}}_0=\mathbf{0};\quad {}^{0}\boldsymbol{v}_0=\mathbf{0}$$

由于各连杆均存在一个重力加速度，且其方向均沿{0}坐标系 y 轴向下，为忽略各连杆重力加速度的影响，我们设基座存在一个沿{0}坐标系 y 轴向上的线加速度，即

$$^{0}\dot{\boldsymbol{v}}_0=[0,g,0]^{\mathrm{T}}$$

由式(5-42)～式(5-47)可知，连杆 1 与连杆 2 的速度及加速度为

$$^{1}\boldsymbol{\omega}_1={}^{1}\boldsymbol{R}_0({}^{0}\boldsymbol{\omega}_0+{}^{0}z_0\dot{\boldsymbol{\theta}}_1)=\begin{bmatrix}0\\0\\\dot{\theta}_1\end{bmatrix}$$

$$^{1}\dot{\boldsymbol{\omega}}_1={}^{1}\boldsymbol{R}_0({}^{0}\dot{\boldsymbol{\omega}}_0+{}^{0}z_0\ddot{\theta}_1+{}^{0}\boldsymbol{\omega}_0\times{}^{0}z_0\dot{\boldsymbol{\theta}}_1)=\begin{bmatrix}0\\0\\\ddot{\theta}_1\end{bmatrix}$$

$$^{1}\boldsymbol{v}_1={}^{1}\boldsymbol{R}_0{}^{0}\boldsymbol{v}_0+{}^{1}\boldsymbol{\omega}_1\times{}^{1}\boldsymbol{p}_{0,1}=\begin{bmatrix}0\\0\\\dot{\theta}_1\end{bmatrix}\times\begin{bmatrix}l_1\\0\\0\end{bmatrix}=\begin{bmatrix}0\\l_1\dot{\theta}_1\\0\end{bmatrix}$$

$$\begin{aligned}^{1}\dot{\boldsymbol{v}}_1&={}^{1}\boldsymbol{R}_0\,{}^{0}\dot{\boldsymbol{v}}_0+{}^{1}\dot{\boldsymbol{\omega}}_1\times{}^{1}\boldsymbol{p}_{0,1}+{}^{1}\boldsymbol{\omega}_1\times({}^{1}\boldsymbol{\omega}_1\times{}^{1}\boldsymbol{p}_{0,1})\\&=\begin{bmatrix}\cos\theta&\sin\theta&0\\-\sin\theta&\cos\theta&0\\0&0&1\end{bmatrix}\begin{bmatrix}0\\g\\0\end{bmatrix}+\begin{bmatrix}0\\0\\\ddot{\theta}_1\end{bmatrix}\times\begin{bmatrix}l_1\\0\\0\end{bmatrix}+\begin{bmatrix}0\\0\\\dot{\theta}_1\end{bmatrix}\times\begin{bmatrix}0\\l_1\dot{\theta}_1\\0\end{bmatrix}=\begin{bmatrix}g\sin\theta_1-l_1\dot{\theta}_1^2\\g\cos\theta_1+l_1\ddot{\theta}_1\\0\end{bmatrix}\end{aligned}$$

$$^{1}\boldsymbol{v}_{C1}={}^{1}\boldsymbol{v}_1+{}^{1}\boldsymbol{\omega}_1\times{}^{1}\boldsymbol{r}_{1,C1}=\begin{bmatrix}0\\l_1\dot{\theta}_1\\0\end{bmatrix}+\begin{bmatrix}0\\0\\\dot{\theta}_1\end{bmatrix}\times\begin{bmatrix}-l_{C1}\\0\\0\end{bmatrix}=\begin{bmatrix}0\\l_{C1}\dot{\theta}_1\\0\end{bmatrix}$$

$$\begin{aligned}^{1}\dot{\boldsymbol{v}}_{C1}&={}^{1}\dot{\boldsymbol{v}}_1+{}^{1}\dot{\boldsymbol{\omega}}_1\times{}^{1}\boldsymbol{r}_{1,C1}+{}^{1}\boldsymbol{\omega}_1\times({}^{1}\boldsymbol{\omega}_1\times{}^{1}\boldsymbol{r}_{1,C1})\\&=\begin{bmatrix}0\\l_{C1}\dot{\theta}_1\\0\end{bmatrix}+\begin{bmatrix}0\\0\\\ddot{\theta}_1\end{bmatrix}\times\begin{bmatrix}-l_{C1}\\0\\0\end{bmatrix}+\begin{bmatrix}0\\0\\\dot{\theta}_1\end{bmatrix}\times\begin{bmatrix}0\\-l_{C1}\dot{\theta}_1\\0\end{bmatrix}=\begin{bmatrix}g\sin\theta_1-l_{C1}\dot{\theta}_1^2\\g\cos\theta_1+l_{C1}\ddot{\theta}_1\\0\end{bmatrix}\end{aligned}$$

同理，在求得连杆 1 的运动参数后，我们便可向后递推得到连杆 2 的运动参数：

$$^{2}\boldsymbol{\omega}_2={}^{2}\boldsymbol{R}_1({}^{1}\boldsymbol{\omega}_1+{}^{1}z_1\dot{\theta}_2)=\begin{bmatrix}0\\0\\\dot{\theta}_2\end{bmatrix}$$

$$^{2}\dot{\boldsymbol{\omega}}_2={}^{2}\boldsymbol{R}_1({}^{1}\dot{\boldsymbol{\omega}}_1+{}^{1}z_1\ddot{\theta}_2+{}^{1}\boldsymbol{\omega}_1\times{}^{1}z_1\dot{\theta}_2)=\begin{bmatrix}0\\0\\\ddot{\theta}_1+\ddot{\theta}_2\end{bmatrix}$$

$$^{2}\boldsymbol{v}_2={}^{2}\boldsymbol{R}_1{}^{1}\boldsymbol{v}_1+{}^{2}\boldsymbol{\omega}_2\times{}^{2}\boldsymbol{p}_{1,2}=\begin{bmatrix}l_1\sin\theta_2\dot{\theta}_1\\l_1\cos\theta_2\dot{\theta}_1+l_2(\dot{\theta}_1+\dot{\theta}_2)\\0\end{bmatrix}$$

$$
{}^{2}\dot{\boldsymbol{v}}_{2}={}^{2}\boldsymbol{R}_{1}\,{}^{1}\dot{\boldsymbol{v}}_{1}+{}^{2}\dot{\boldsymbol{\omega}}_{2}\times{}^{2}\boldsymbol{p}_{1,2}+{}^{2}\boldsymbol{\omega}_{2}\times({}^{2}\boldsymbol{\omega}_{2}\times{}^{2}\boldsymbol{p}_{1,2})=\begin{bmatrix} g\sin(\theta_1+\theta_2)-l_1\cos\theta_2\dot{\theta}_1^2+l_1\sin\theta_2\ddot{\theta}_1-l_2(\dot{\theta}_1+\dot{\theta}_2)^2 \\ g\cos(\theta_1+\theta_2)+l_1\sin\theta_2\dot{\theta}_1^2+l_1\cos\theta_2\ddot{\theta}_1+l_2(\ddot{\theta}_1+\ddot{\theta}_2) \\ 0 \end{bmatrix}
$$

$$
{}^{2}\boldsymbol{v}_{C2}={}^{2}\boldsymbol{v}_{2}+{}^{2}\boldsymbol{\omega}_{2}\times{}^{2}\boldsymbol{r}_{2,C2}=\begin{bmatrix} l_1\sin\theta_2\dot{\theta}_1 \\ l_1\cos\theta_2\dot{\theta}_1+l_{C2}(\dot{\theta}_1+\dot{\theta}_2) \\ 0 \end{bmatrix}
$$

$$
{}^{2}\dot{\boldsymbol{v}}_{C2}={}^{2}\dot{\boldsymbol{v}}_{2}+{}^{2}\dot{\boldsymbol{\omega}}_{2}\times{}^{2}\boldsymbol{r}_{2,C2}+{}^{2}\boldsymbol{\omega}_{2}\times({}^{2}\boldsymbol{\omega}_{2}\times{}^{2}\boldsymbol{r}_{2,C2})=\begin{bmatrix} g\sin(\theta_1+\theta_2)-l_1\cos\theta_2\dot{\theta}_1^2+l_1\sin\theta_2\ddot{\theta}_1-l_{C2}(\dot{\theta}_1+\dot{\theta}_2)^2 \\ g\cos(\theta_1+\theta_2)+l_1\sin\theta_2\dot{\theta}_1^2+l_1\cos\theta_2\ddot{\theta}_1+l_{C2}(\ddot{\theta}_1+\ddot{\theta}_2) \\ 0 \end{bmatrix}
$$

3）力与力矩的向前递推。由于末端机械手不受外界环境的作用，因此有

$$
{}^{3}\boldsymbol{f}_{2,3}=\boldsymbol{0};\quad {}^{3}\boldsymbol{M}_{2,3}=\boldsymbol{0}
$$

由式(5-52)可知，连杆 2 所受的约束力与力矩为

$$
{}^{2}\boldsymbol{f}_{1,2}={}^{2}\boldsymbol{f}_{C2}+{}^{2}\boldsymbol{R}_{3}\,{}^{3}\boldsymbol{f}_{2,3}=\boldsymbol{m}_{2}\,{}^{2}\dot{\boldsymbol{v}}_{C2}=\boldsymbol{m}_{2}\begin{bmatrix} g\sin(\theta_1+\theta_2)-l_1\cos\theta_2\dot{\theta}_1^2+l_1\sin\theta_2\ddot{\theta}_1-l_{C2}(\dot{\theta}_1+\dot{\theta}_2)^2 \\ g\cos(\theta_1+\theta_2)+l_1\sin\theta_2\dot{\theta}_1^2+l_1\cos\theta_2\ddot{\theta}_1+l_{C2}(\ddot{\theta}_1+\ddot{\theta}_2) \\ 0 \end{bmatrix}
$$

$$
\begin{aligned}
{}^{2}\boldsymbol{M}_{1,2}&={}^{2}\boldsymbol{M}_{C2}+{}^{2}\boldsymbol{R}_{3}\,{}^{3}\boldsymbol{M}_{2,3}-{}^{2}\boldsymbol{f}_{1,2}\times{}^{2}\boldsymbol{r}_{1,C2}+({}^{2}\boldsymbol{R}_{3}\,{}^{3}\boldsymbol{f}_{2,3})\times{}^{2}r_{2,C2}\\
&=I_2\begin{bmatrix} 0 \\ 0 \\ \ddot{\theta}_1+\ddot{\theta}_2 \end{bmatrix}-m_2\begin{bmatrix} g\sin(\theta_1+\theta_2)-l_1\cos\theta_2\dot{\theta}_1^2+l_1\sin\theta_2\ddot{\theta}_1-l_{C2}(\dot{\theta}_1+\dot{\theta}_2)^2 \\ g\cos(\theta_1+\theta_2)+l_1\sin\theta_2\dot{\theta}_1^2+l_1\cos\theta_2\ddot{\theta}_1+l_{C2}(\ddot{\theta}_1+\ddot{\theta}_2) \\ 0 \end{bmatrix}\times\begin{bmatrix} l_{C2} \\ 0 \\ 0 \end{bmatrix}\\
&=I_2\begin{bmatrix} 0 \\ 0 \\ \ddot{\theta}_1+\ddot{\theta}_2 \end{bmatrix}+m_2l_{C2}\begin{bmatrix} 0 \\ 0 \\ g\cos(\theta_1+\theta_2)+l_1\sin\theta_2\dot{\theta}_1^2+l_1\cos\theta_2\ddot{\theta}_1+l_{C2}(\ddot{\theta}_1+\ddot{\theta}_2) \end{bmatrix}
\end{aligned}
$$

同理，在求得连杆 2 所受力与力矩后，便可向前递推求得连杆 1 所受力与力矩为

$$
{}^{1}\boldsymbol{f}_{0,1}={}^{1}\boldsymbol{f}_{C1}+{}^{1}\boldsymbol{R}_{2}\,{}^{2}\boldsymbol{f}_{1,2}=m_1\begin{bmatrix} g\sin\theta_1-l_{C1}\dot{\theta}_1^2 \\ g\cos\theta_1+l_{C1}\ddot{\theta}_1 \\ 0 \end{bmatrix}+m_2\begin{bmatrix} g\sin\theta_1-l_1\dot{\theta}_1^2-l_{C2}\cos\theta_2(\dot{\theta}_1+\dot{\theta}_2)^2-l_{C2}\sin\theta_2(\ddot{\theta}_1+\ddot{\theta}_2) \\ g\cos\theta_1+l_1\ddot{\theta}_1-l_{C2}\sin\theta_2(\dot{\theta}_1+\dot{\theta}_2)^2+l_{C2}\cos\theta_2(\ddot{\theta}_1+\ddot{\theta}_2) \\ 0 \end{bmatrix}
$$

$$
\begin{aligned}
{}^{1}\boldsymbol{M}_{0,1}&={}^{1}\boldsymbol{M}_{C1}+{}^{1}\boldsymbol{R}_{2}\,{}^{2}\boldsymbol{M}_{1,2}-{}^{1}\boldsymbol{f}_{0,1}\times{}^{1}\boldsymbol{r}_{0,C1}+({}^{1}\boldsymbol{R}_{2}\,{}^{2}\boldsymbol{f}_{1,2})\times{}^{1}\boldsymbol{r}_{1,C1}\\
&=I_1\begin{bmatrix} 0 \\ 0 \\ \ddot{\theta}_1 \end{bmatrix}+I_2\begin{bmatrix} 0 \\ 0 \\ \ddot{\theta}_1+\ddot{\theta}_2 \end{bmatrix}+m_2l_{C2}\begin{bmatrix} 0 \\ 0 \\ g\cos(\theta_1+\theta_2)+l_1\sin\theta_2\dot{\theta}_1^2+l_1\cos\theta_2\ddot{\theta}_1+l_{C2}(\ddot{\theta}_1+\ddot{\theta}_2) \end{bmatrix}-\\
&\quad\left(m_1\begin{bmatrix} g\sin\theta_1-l_{C1}\dot{\theta}_1^2 \\ g\cos\theta_1+l_{C1}\ddot{\theta}_1 \\ 0 \end{bmatrix}+m_2\begin{bmatrix} g\sin\theta_1-l_1\dot{\theta}_1^2-l_{C2}\cos\theta_2(\dot{\theta}_1+\dot{\theta}_2)^2-l_{C2}\sin\theta_2(\ddot{\theta}_1+\ddot{\theta}_2) \\ g\cos\theta_1+l_1\ddot{\theta}_1-l_{C2}\sin\theta_2(\dot{\theta}_1+\dot{\theta}_2)^2+l_{C2}\cos\theta_2(\ddot{\theta}_1+\ddot{\theta}_2) \\ 0 \end{bmatrix}\right)\times\begin{bmatrix} l_{C1} \\ 0 \\ 0 \end{bmatrix}+
\end{aligned}
$$

$$m_2\begin{bmatrix} g\sin\theta_1-l_1\dot{\theta}_1^2-l_{C2}\cos\theta_2(\dot{\theta}_1+\dot{\theta}_2)^2-l_{C2}\sin\theta_2(\ddot{\theta}_1+\ddot{\theta}_2) \\ g\cos\theta_1+l_1\ddot{\theta}_1-l_{C2}\sin\theta_2(\dot{\theta}_1+\dot{\theta}_2)^2+l_{C2}\cos\theta_2(\ddot{\theta}_1+\ddot{\theta}_2) \\ 0 \end{bmatrix}\times\begin{bmatrix} -l_{C1} \\ 0 \\ 0 \end{bmatrix}$$

若忽略掉各驱动关节间摩擦力的影响，则机器人第 i 个驱动关节的驱动力矩为

$$\boldsymbol{\tau}_i={}^i\boldsymbol{M}_{i-1,i}\cdot\boldsymbol{k}_i(i=1,2)$$

式中，$\boldsymbol{k}_i$ 表示力矩${}^i\boldsymbol{M}_{i-1,i}$在 z 轴的单位方向向量。因此，平面二连杆机构各连杆不计摩擦的关节驱动力矩为

$$\begin{cases}\tau_1=H_{11}\ddot{\theta}_1+H_{12}\ddot{\theta}_2+h_{122}\dot{\theta}_2^2+2h_{112}\dot{\theta}_1\dot{\theta}_2+G_1\\ \tau_2=H_{22}\ddot{\theta}_2+H_{21}\ddot{\theta}_1+h_{211}\dot{\theta}_1^2+G_2\end{cases}$$

式中，

$$\begin{cases}H_{11}=m_1l_{C1}^2+I_1+m_2(l_1^2+2l_1l_{C2}\cos\theta_2+l_{C2}^2)+I_2\\ H_{22}=m_2l_{C2}^2+I_2\\ H_{12}=H_{21}=m_2l_1l_{C2}\cos\theta_2+I_2+m_2l_{C2}^2\\ h_{112}=h_{122}=-h_{211}=-m_2l_1l_{C2}\sin\theta_2\\ G_1=m_1gl_{C1}\cos\theta_1+m_2g(l_1\cos\theta_1+l_{C2}\cos(\theta_1+\theta_2))\\ G_2=m_2gl_{C2}\cos(\theta_1+\theta_2)\end{cases}$$

5.5　基于拉格朗日方程的机器人动力学建模

牛顿-欧拉方程在形式上较为简洁，但是当串联机器人的杆件较多时，其需要进行多次的递推来分析系统的动力学特性，计算量较大。当机器人结构较为复杂，利用牛顿-欧拉法较难确定系统最终形式的动力学方程时，可以从系统能量的角度利用拉格朗日方程来实现系统动力学的建模。在建模过程中，拉格朗日方程可以避免系统内部刚体之间出现的作用力，简化了建模过程，并且其所得到的动力学方程均为显式方程。

5.5.1　拉格朗日方程概述

在理论力学中，拉格朗日方程的一般形式为

$$Q_i=\frac{\mathrm{d}}{\mathrm{d}t}\left(\frac{\partial L}{\partial\dot{q}_i}\right)-\frac{\partial L}{\partial q_i}\quad(i=1,2,\cdots,n)\tag{5-54}$$

式中，拉格朗日函数 $L=T-U$（T 为刚体动能，U 为刚体势能）。q_i 为系统广义坐标，对于直线运动，其为系统的位移 x_i；对于旋转运动，其为系统的转角 θ_i。Q_i 为系统的广义力，对于直线运动，其为系统的驱动力 F_i；对于旋转运动，其为系统的驱动力矩 M_i。n 为机构的自由度数。

例 5.5　有一单连杆机械臂如图 5-14 所示，已知其连杆长度为 l，质量为 m，连杆绕质心的转动惯量为 I_C，末端机械手与周围环境无相互作用。试构建其拉格朗日方程，并计算关节的平衡力矩。

解： 由题可知，该机械臂的质心位置与角位移为

$$\begin{cases}\varphi=\theta\\ x_C=\dfrac{l}{2}\cos\theta\\ y_C=\dfrac{l}{2}\sin\theta\end{cases}$$

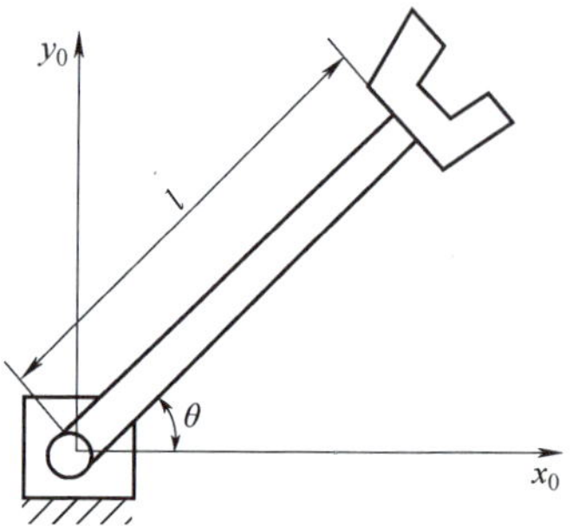

图 5-14　平面单连杆机械臂

对上式在时间上进行求导，可得机械臂的角速度与质心线速度为

$$\begin{cases}\omega=\dot{\theta}\\ v_C=\sqrt{\left(\dfrac{\mathrm{d}x_c}{\mathrm{d}\theta}\dot{\theta}\right)^2+\left(\dfrac{\mathrm{d}y_c}{\mathrm{d}\theta}\dot{\theta}\right)^2}=\dfrac{l}{2}\dot{\theta}\end{cases}$$

因此，机械臂的动能为

$$T=\frac{1}{2}I_C\omega^2+\frac{1}{2}mv_C^2=\frac{1}{2}I_C\dot{\theta}^2+\frac{1}{8}ml^2\dot{\theta}^2$$

若规定基座为零势能面，则该机械杆的势能为重力所做的功：

$$U_i=-W_G=mg\cdot\frac{l}{2}\sin\theta$$

因此，该机械杆的拉格朗日函数为

$$L=T-U=\frac{1}{2}I_C\dot{\theta}^2+\frac{1}{8}ml^2\dot{\theta}^2-\frac{1}{2}mgl\sin\theta$$

由此计算可得：

$$\begin{cases}\dfrac{\partial L}{\partial\dot{\theta}}=\left(I_C+\dfrac{1}{4}ml^2\right)\dot{\theta}\\ \dfrac{\partial L}{\partial\theta}=-\dfrac{1}{2}mgl\cos\theta\end{cases}$$

因此，该机械臂的驱动关节的驱动力矩为

$$M=\frac{\mathrm{d}}{\mathrm{d}t}\left(\frac{\partial L}{\partial\dot{\theta}}\right)-\frac{\partial L}{\partial\theta}=\left(I_C+\frac{1}{4}ml^2\right)\ddot{\theta}+\frac{1}{2}mgl\cos\theta$$

5.5.2　拉格朗日方程在机器人动力学中的应用

在机器人系统中，其拉格朗日函数为系统的总动能与总势能之差，即

$$\begin{aligned}L(\boldsymbol{q},\dot{\boldsymbol{q}})&=T(\boldsymbol{q},\dot{\boldsymbol{q}})-U(\boldsymbol{q})\\&=\sum T_i(\boldsymbol{q},\dot{\boldsymbol{q}})-\sum U_i(\boldsymbol{q})\end{aligned}\tag{5-55}$$

式中，$\boldsymbol{q}=[q_1,q_2,\cdots,q_n]^{\mathrm{T}}$；$\dot{\boldsymbol{q}}=[\dot{q}_1,\dot{q}_2,\cdots,\dot{q}_n]^{\mathrm{T}}$。

在机器人运动过程中，连杆的任意运动均可分解为质心的平动以及围绕质心的转动，因此单根连杆的动能 T_i 为由质心线速度产生的动能与连杆绕质心旋转产生的角动能之和：

$$T_i=\frac{1}{2}m_i\boldsymbol{v}_{C_i}^{\mathrm{T}}\boldsymbol{v}_{C_i}+\frac{1}{2}\boldsymbol{\omega}_i^{\mathrm{T}}\,{}^{C}I_i\boldsymbol{\omega}_i\tag{5-56}$$

式中，$\boldsymbol{v}_{C_i}$ 为连杆的质心线速度；$\boldsymbol{\omega}_i$ 为连杆绕其质心旋转的角速度；${}^{C}I_i$ 为连杆绕质心的转动惯量。

若引入速度雅可比矩阵来构造串联机器人的质心线速度和角速度与关节运动之间的映射关系，则连杆质心线速度与角速度可表示为

$$\begin{bmatrix} \boldsymbol{v}_{C_i} \\ \boldsymbol{\omega}_i \end{bmatrix} = \begin{bmatrix} \boldsymbol{J}_{vi} \\ \boldsymbol{J}_{\omega i} \end{bmatrix} \dot{\boldsymbol{q}} \tag{5-57}$$

式中，$\boldsymbol{J}_{\omega i}$为连杆角速度对应的速度雅可比矩阵块；$\boldsymbol{J}_{vi}$为连杆末端线速度对应的速度雅可比矩阵块。

将上述雅可比矩阵代入连杆动能计算公式中，可求得单根连杆的动能为

$$T_i = \frac{1}{2} m_i \boldsymbol{v}_{C_i}^{\mathrm{T}} \boldsymbol{v}_{C_i} + \frac{1}{2} \boldsymbol{\omega}_i^{\mathrm{T}\,c} I_i \boldsymbol{\omega}_i = \frac{1}{2} \dot{\boldsymbol{q}}^{\mathrm{T}} (m_i \boldsymbol{J}_{vi}^{\mathrm{T}} \boldsymbol{J}_{vi} + \boldsymbol{J}_{\omega i}^{\mathrm{T}\ C} I_i \boldsymbol{J}_{\omega i}) \dot{\boldsymbol{q}} = \frac{1}{2} \dot{\boldsymbol{q}}^{\mathrm{T}} \boldsymbol{M}_i \dot{\boldsymbol{q}} \tag{5-58}$$

$$\boldsymbol{M}_i = m_i \boldsymbol{J}_{vi}^{\mathrm{T}} \boldsymbol{J}_{vi} + \boldsymbol{J}_{wi}^{\mathrm{T}\ C} I_i \boldsymbol{J}_{wi} \tag{5-59}$$

式中，$\boldsymbol{I}_3$ 为 3×3 的单位矩阵。因此，串联机器人系统的总动能为

$$T(\boldsymbol{q},\dot{\boldsymbol{q}}) = \sum T_i(\boldsymbol{q},\dot{\boldsymbol{q}}) = \frac{1}{2} \sum \dot{\boldsymbol{q}}^{\mathrm{T}} \boldsymbol{M}_i \dot{\boldsymbol{q}} = \frac{1}{2} \dot{\boldsymbol{q}}^{\mathrm{T}} \boldsymbol{M} \dot{\boldsymbol{q}} \tag{5-60}$$

式中，系统的广义惯性矩阵 $\boldsymbol{M} = \sum \boldsymbol{M}_i$。

在机器人动力学的研究中，通常仅考虑由重力而导致的重力势能。若定义基坐标系{0}为系统的零势能参考面，则单根连杆的势能便为由重力所做功的负值：

$$U_i = -W_G = -m_i \boldsymbol{g}^{\mathrm{T}} \boldsymbol{r}_{C_i} \tag{5-61}$$

式中，$\boldsymbol{r}_{C_i}$为连杆质心相对基坐标系原点的位置矢量。

因此串联机器人系统的总势能为

$$U(\boldsymbol{q}) = \sum U_i(\boldsymbol{q}) = -\sum m_i \boldsymbol{g}^{\mathrm{T}} \boldsymbol{r}_{C_i} \tag{5-62}$$

由上述分析可知，串联机器人系统的总动能为广义坐标 $\boldsymbol{q}$ 与广义速度 $\dot{\boldsymbol{q}}$ 的函数；总势能为广义坐标 $\boldsymbol{q}$ 的函数。系统的拉格朗日方程为

$$L(\boldsymbol{q},\dot{\boldsymbol{q}}) = T(\boldsymbol{q},\dot{\boldsymbol{q}}) - U(\boldsymbol{q}) = \frac{1}{2} \dot{\boldsymbol{q}}^{\mathrm{T}} \boldsymbol{M} \dot{\boldsymbol{q}} + \sum m_i \boldsymbol{g}^{\mathrm{T}} \boldsymbol{r}_{C_i} \tag{5-63}$$

因此，结合式(5-54)与式(5-63)，便可求得机器人各关节的广义驱动力 Q_i 为

$$Q_i = \frac{\mathrm{d}}{\mathrm{d}t}\left(\frac{\partial L}{\partial \dot{q}_i}\right) - \frac{\partial L}{\partial q_i} \quad (i = 1,2,\cdots,n) \tag{5-64}$$

若我们将机器人各驱动关节的广义驱动力定义为一个矢量，即 $\boldsymbol{Q}_d = [Q_1, Q_2, \cdots, Q_n]^{\mathrm{T}}$，则上述方程组可整理为矩阵形式，由此可得机器人系统的动力学方程为

$$\boldsymbol{Q}_d = M(\boldsymbol{q})\ddot{\boldsymbol{q}} + B(\boldsymbol{q})\dot{\boldsymbol{q}}\dot{\boldsymbol{q}} + C(\boldsymbol{q})\dot{\boldsymbol{q}}^2 + G(\boldsymbol{q}) \tag{5-65}$$

式中，$M(\boldsymbol{q})\ddot{\boldsymbol{q}}$ 为机器人关节加速度对关节驱动力与力矩的影响；$M(\boldsymbol{q})$为机器人的惯量并且随着机器人的位形变化而变化；$B(\boldsymbol{q})\dot{\boldsymbol{q}}\dot{\boldsymbol{q}}$ 为由一对关节速度相耦合而产生的科氏力项；$B(\boldsymbol{q})$为科氏系数；$\dot{\boldsymbol{q}}\dot{\boldsymbol{q}} = (\dot{q}_1\dot{q}_2, \dot{q}_1\dot{q}_3, \dot{q}_1\dot{q}_4, \cdots, \dot{q}_1\dot{q}_n; \dot{q}_2\dot{q}_3, \dot{q}_2\dot{q}_4, \cdots, \dot{q}_{n-1}\dot{q}_n)^{\mathrm{T}}$；$C(\boldsymbol{q})\dot{\boldsymbol{q}}^2$ 为关节角加速度产生的向心力项；$C(\boldsymbol{q})$为向心系数；$G(\boldsymbol{q})$为各连杆重力对关节驱动力的影响。

在机器人动力学研究中，为了使动力学方程的表达形式更为简洁，我们可将科氏力项与向心力项合并为一项，因此合并后的动力学方程为

$$\boldsymbol{Q}_d = M(\boldsymbol{q})\ddot{\boldsymbol{q}} + V(\boldsymbol{q},\dot{\boldsymbol{q}}) + G(\boldsymbol{q}) \tag{5-66}$$

在上述分析中，我们都并未考虑末端执行器与周围环境间的相互作用。若机器人末端执行器与外部环境存在一相互作用力 $\boldsymbol{F}_0$，则由末端执行器所受的外部作用力所引起的关节负载为

$$\boldsymbol{Q}_0=\boldsymbol{J}^{\mathrm{T}}\boldsymbol{F}_0 \tag{5-67}$$

因此，机器人关节总驱动力为

$$\boldsymbol{Q}=\boldsymbol{Q}_d+\boldsymbol{Q}_0 \tag{5-68}$$

例 5.6 已知有一平面 2R 机械臂如图 5-15 所示，并建立如图所示的坐标系。设机械臂的两根连杆长度分别为 l_1 和 l_2，各杆件的质量分别为 m_1 和 m_2，并且杆件的质量分布均匀，机械臂各关节角为 θ_1 和 θ_2。若其机械臂末端与周围环境无相互作用，试分析其两个驱动关节的驱动力矩。

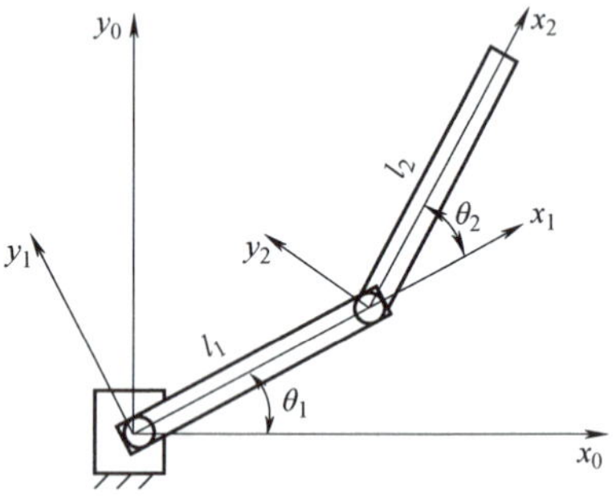

图 5-15 平面 2R 机械臂

解： 由上述条件可知，平面 2R 机械臂各连杆的质心在 Ox_0y_0 坐标系中可表示为

$$\boldsymbol{r}_{C1}=\begin{bmatrix}\frac{1}{2}l_1\cos\theta_1\\ \frac{1}{2}l_1\sin\theta_1\end{bmatrix},\boldsymbol{r}_{C2}=\begin{bmatrix}l_1\cos\theta_1+\frac{1}{2}l_2\cos(\theta_1+\theta_2)\\ l_1\sin\theta_1+\frac{1}{2}l_2\sin(\theta_1+\theta_2)\end{bmatrix}$$

对上述方程在时间上进行求导，可得连杆 1 与连杆 2 的质心线速度为

$$\boldsymbol{v}_{C1}=\dot{\boldsymbol{r}}_{C1}=\begin{bmatrix}-\frac{1}{2}l_1\sin\theta_1\\ \frac{1}{2}l_1\cos\theta_1\end{bmatrix}\dot{\theta}_1,\boldsymbol{v}_{C2}=\dot{\boldsymbol{r}}_{C2}=\begin{bmatrix}-l_1\dot{\theta}_1\sin\theta_1-\frac{1}{2}l_2\sin(\theta_1+\theta_2)(\dot{\theta}_1+\dot{\theta}_2)\\ l_1\dot{\theta}_1\cos\theta_1+\frac{1}{2}l_2\cos(\theta_1+\theta_2)(\dot{\theta}_1+\dot{\theta}_2)\end{bmatrix}$$

机械臂各连杆的动能分别为

$$\begin{cases}T_1=\frac{1}{2}m_1\boldsymbol{v}_{C1}^{\mathrm{T}}\boldsymbol{v}_{C1}+\frac{1}{2}I_{C1}\omega_1^2\\ T_2=\frac{1}{2}m_2\boldsymbol{v}_{C2}^{\mathrm{T}}\boldsymbol{v}_{C2}+\frac{1}{2}I_{C2}\omega_2^2\end{cases}$$

式中，ω_1 和 ω_2 分别为连杆 1 和连杆 2 的角速度；I_{C1} 和 I_{C2} 分别为连杆绕各自质心的转动惯量。

$$\omega_1=\dot{\theta}_1,\omega_2=\dot{\theta}_1+\dot{\theta}_2$$

$$I_{C1}=\frac{1}{12}m_1l_1^2,I_{C2}=\frac{1}{12}m_2l_2^2$$

因此，通过计算可得，机械臂连杆的动能为

$$\begin{cases}T_1=\frac{1}{6}m_1l_1^2\dot{\theta}_1^2\\ T_2=\frac{1}{2}m_2l_1^2\dot{\theta}_1^2+\frac{1}{2}m_2l_1l_2\cos\theta_2\dot{\theta}_1(\dot{\theta}_1+\dot{\theta}_2)+\frac{1}{6}m_2l_2^2(\dot{\theta}_1+\dot{\theta}_2)^2\end{cases}$$

因此，平面 2R 机械臂的总动能为

$$T=T_1+T_2=\left(\frac{1}{6}m_1l_1^2+\frac{1}{2}m_2l_1^2\right)\dot{\theta}_1^2+\frac{1}{2}m_2l_1l_2C_2\dot{\theta}_1(\dot{\theta}_1+\dot{\theta}_2)+\frac{1}{6}m_2l_2^2(\dot{\theta}_1+\dot{\theta}_2)^2$$

由于机械臂的连杆为均质杆，故机械臂各连杆的势能分别为

$$\begin{cases}U_1=\dfrac{1}{2}m_1gl_1\sin\theta_1\\[2ex] U_2=m_2g\left(l_1\sin\theta_1+\dfrac{l_2}{2}\sin(\theta_1+\theta_2)\right)\end{cases}$$

因此，系统的总势能为

$$U=U_1+U_2=\frac{1}{2}m_1gl_1\sin\theta_1+m_2g\left(l_1\sin\theta_1+\frac{l_2}{2}\sin(\theta_1+\theta_2)\right)$$

由上述计算，我们可构建机械臂的拉格朗日函数为

$$\begin{aligned}L&=T-U\\&=\left(\frac{1}{6}m_1l_1^2+\frac{1}{2}m_2l_1^2\right)\dot{\theta}_1^2+\frac{1}{2}m_2l_1l_2\cos\theta_2\dot{\theta}_1(\dot{\theta}_1+\dot{\theta}_2)+\frac{1}{6}m_2l_2^2(\dot{\theta}_1+\dot{\theta}_2)^2-\\&\quad\frac{1}{2}m_1gl_1\sin\theta_1-m_2g\left(l_1\sin\theta_1+\frac{l_2}{2}\sin(\theta_1+\theta_2)\right)\end{aligned}$$

将拉格朗日函数分别对 $\dot{\theta}_1$、$\dot{\theta}_2$、θ_1 和 θ_2 进行求导，可得

$$\begin{cases}\dfrac{\partial L}{\partial\dot{\theta}_1}=\left(\dfrac{1}{3}m_1l_1^2+m_2l_1^2+\dfrac{1}{3}m_2l_2^2\right)\dot{\theta}_1+m_2l_1l_2\cos\theta_2\dot{\theta}_1+\dfrac{1}{2}m_2l_1l_2\cos\theta_2\dot{\theta}_2+\dfrac{1}{3}m_2l_2^2\dot{\theta}_2\\[2ex] \dfrac{\partial L}{\partial\dot{\theta}_2}=\dfrac{1}{2}m_2l_1l_2\cos\theta_2\dot{\theta}_1+\dfrac{1}{3}m_2l_2^2(\dot{\theta}_1+\dot{\theta}_2)\\[2ex] \dfrac{\partial L}{\partial\theta_1}=-\left[\dfrac{1}{2}m_1gl_1\cos\theta_1+m_2g\left(l_1\cos\theta_1+\dfrac{l_2}{2}\cos(\theta_1+\theta_2)\right)\right]\\[2ex] \dfrac{\partial L}{\partial\theta_2}=-\dfrac{1}{2}m_2l_1l_2\sin\theta_2\dot{\theta}_1(\dot{\theta}_1+\dot{\theta}_2)+\dfrac{1}{2}m_2gl_2\cos(\theta_1+\theta_2)\end{cases}$$

由拉格朗日方程可知，平面 2R 机械臂各关节所受驱动力矩 τ_i 为

$$\tau_i=\frac{\mathrm{d}}{\mathrm{d}t}\left(\frac{\partial L}{\partial\dot{\theta}_i}\right)-\frac{\partial L}{\partial\theta_i}\quad(i=1,2)$$

因此，平面 2R 机械臂的拉格朗日动力学方程为

$$\begin{aligned}\tau_1=&\left(\frac{1}{3}m_1l_1^2+m_2l_1^2+\frac{1}{3}m_2l_2^2+m_2l_1l_2\cos\theta_2\right)\ddot{\theta}_1+\left(\frac{1}{3}m_2l_2^2+\frac{1}{2}m_2l_1l_2\cos\theta_2\right)\ddot{\theta}_2-m_2l_1l_2\sin\theta_2\dot{\theta}_1\dot{\theta}_2-\\&\frac{1}{2}m_2l_1l_2\sin\theta_2\dot{\theta}_2^2+\frac{1}{2}m_1gl_1\cos\theta_1+m_2g\left(l_1\cos\theta_1+\frac{l_2}{2}\cos(\theta_1+\theta_2)\right)\end{aligned}$$

$$\tau_2=\left(\frac{1}{3}m_2l_2^2+\frac{1}{2}m_2l_1l_2\cos\theta_2\right)\ddot{\theta}_1+\frac{1}{3}m_2l_2^2\ddot{\theta}_2+\frac{1}{2}m_2l_1l_2\sin\theta_2\dot{\theta}_1^2+\frac{1}{2}m_2gl_2\cos(\theta_1+\theta_2)$$

将方程写为矩阵形式，有

$$\boldsymbol{M}(\theta)\ddot{\theta}+\boldsymbol{V}(\theta,\dot{\theta})+\boldsymbol{G}(\theta)=\boldsymbol{\tau}_d$$

式中，$\boldsymbol{\tau}_d$ 表示驱动力矩；惯性项 $\boldsymbol{M}(\theta)$、科氏力与向心力项 $\boldsymbol{V}(\theta,\dot{\theta})$ 和重力项 $\boldsymbol{G}(\theta)$ 分别为

$$\boldsymbol{M}(\theta)=\begin{bmatrix}\frac{1}{3}m_1l_1^2+m_2l_1^2+\frac{1}{3}m_2l_2^2+m_2l_1l_2\cos\theta_2 & -\left(\frac{1}{3}m_2l_2^2+\frac{1}{2}m_2l_1l_2\cos\theta_2\right)\\ -\left(\frac{1}{3}m_2l_2^2+\frac{1}{2}m_2l_1l_2\cos\theta_2\right) & \frac{1}{3}m_2l_2^2\end{bmatrix}$$

$$\boldsymbol{V}(\theta,\dot{\theta})=\begin{bmatrix}-m_2l_1l_2\sin\theta_2\dot{\theta}_1\dot{\theta}_2+\frac{1}{2}m_2l_1l_2\sin\theta_2\dot{\theta}_2^2\\ \frac{1}{2}m_2l_1l_2\sin\theta_2\dot{\theta}_1^2\end{bmatrix}$$

$$\boldsymbol{G}(\theta)=\begin{bmatrix}\frac{1}{2}m_1gl_1\cos\theta_1+m_2g\left(l_1\cos\theta_1+\frac{l_2}{2}\cos(\theta_1+\theta_2)\right)\\ -\frac{1}{2}m_2gl_2\cos(\theta_1+\theta_2)\end{bmatrix}$$

5.6 机器人动力学仿真

上述介绍的几种传统动力学建模方法适用于结构较为简单、自由度较少时的情况，但随着科技发展，机器人结构变得越来越复杂，传统动力学建模方法将引入大量的计算，从而使机器人动力学分析极为困难。因此，利用计算机技术对机器人的动力学模型进行仿真分析，可以更好地进行机器人的动力学设计。

5.6.1 通用机构的动力学仿真软件

当进行通用机构开发时，可使用该类软件进行三维模型的构建，并且可对所设计机构进行动力学建模、分析与求解，如基于多刚体系统动力学理论中的拉格朗日方程方法求解的 ADAMS(见图 5-16)，应用于航空航天、国防工业、汽车、机器人等高端领域的 LMS Virtual. Lab motion(见图 5-17)以及基于相对坐标系建模和递归求解的 RecurDyn(见图 5-18)等。

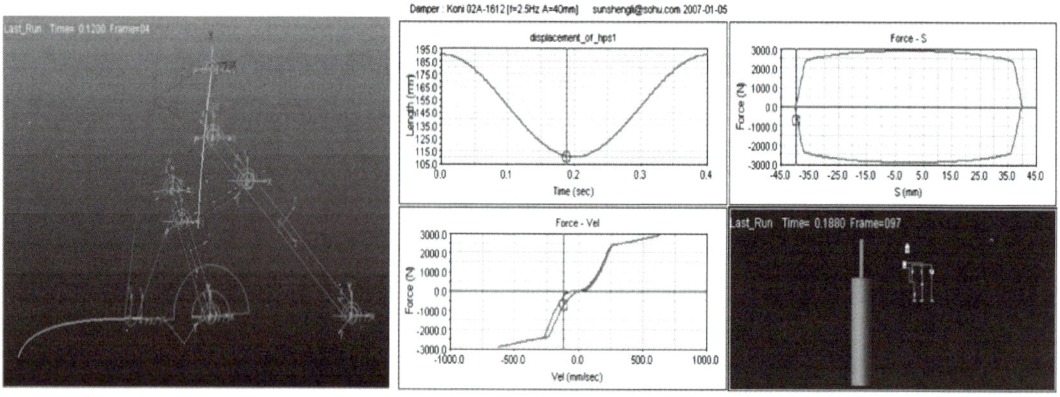

图 5-16 利用 ADAMS 对平面连杆机构进行动力学分析

图 5-17　LMS Virtual. Lab motion 软件界面

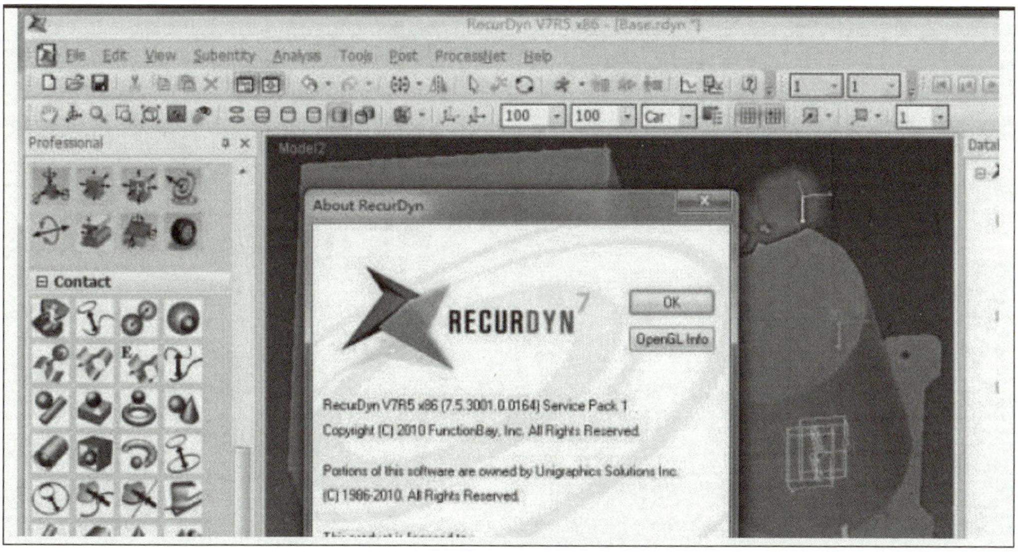

图 5-18　RecurDyn 软件界面

5.6.2　通用建模和分析软件的动力学仿真模块

在一些建模与分析软件中，通常内嵌开发着动力学分析模块，以便捷用户对所设计模型的动力学分析，如三维建模软件 Solidworks 中的 Simulation 系统（见图 5-19）可以非常简单直观地对三维结构进行运动学与动力学分析；美国 Math Works 公司出品的数学分析软件 MATLAB 除了数学建模功能之外，还具有机器人工具箱、Simulink 插件，可以实现机器人的建模、动力学分析及载荷分析；此外，著名的有限元分析软件 ANSYS 以及多物理场建模分析软件 COMSOL（见图 5-20）同样开发了动力学分析模块，以实现对机构的动力学分析。

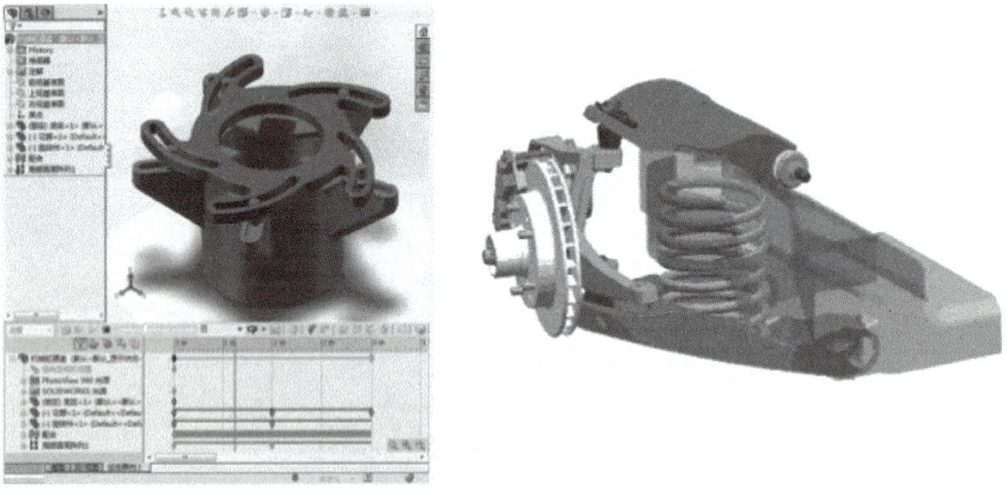

图 5-19　Solidworks Simulation 动力学分析

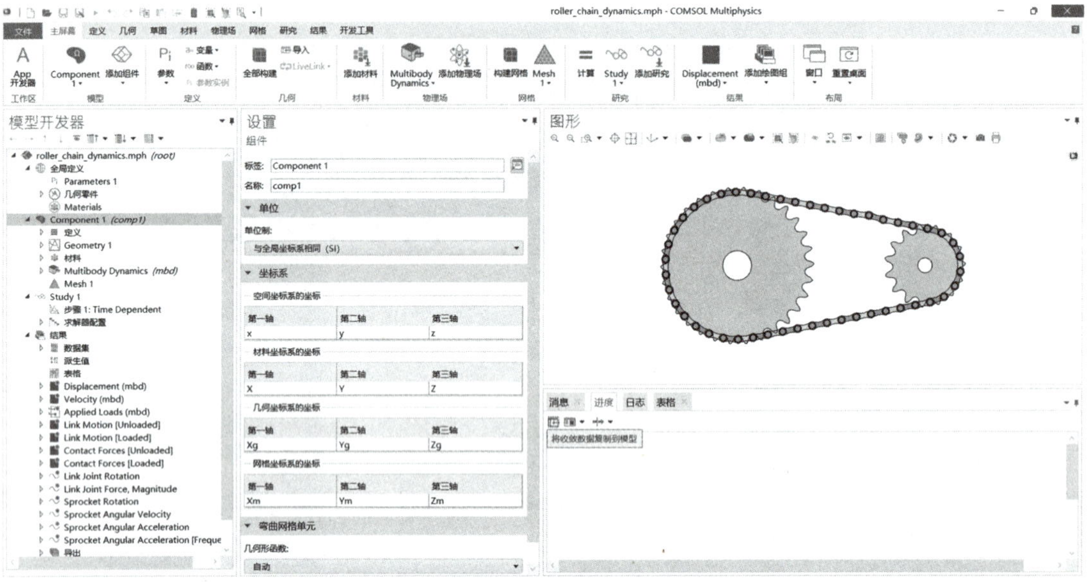

图 5-20　COMSOL 仿真界面

5.6.3　专用机械系统动力学仿真软件

为了适应机械工业的发展与需求，多个公司研发了针对于专用的机械系统建模及动力学分析的仿真软件，如由英国铁路德比研究所研发的专门针对铁路机车系统研究的 VAMPIRE，可以实现机车动力学的自动建模，计算效率较高；由德国 INTEC GmbH 公司开发的针对机械动力学仿真分析的 SIMPACK，可以进行静力学、准静态分析、运动学、频域模态、时域积分分析等；此外，在车辆动力学分析领域还可利用 CarSim 软件来仿真车辆对驾驶员、路面及空气动力学输入的响应，已被广泛应用于现代汽车控制系统的开发。

5.6.4　利用 MATLAB Robotics Toolbox 的动力学仿真

机器人动力学研究主要集中在机器人各关节位置、速度、加速度与各关节驱动力矩之间的关系。MATLAB Robotics Toolbox 工具箱是研究机器人学问题的一款功能较强的辅助工具，十分便于机器人正动力学以及逆动力学的仿真分析。

1. 机器人正动力学问题

在已知各关节驱动力矩的情况下，可以利用工具箱中的 R. fdyn( )指令以求得各个关节的位置、速度以及加速度信息：

[T,q,dq]=R. fdyn(T,torqfun)

其中，T 为采样时间；torqfun 为关节力矩函数，根据 torqfun 函数，便可求得各关节坐标 q 以及速度 dq。

若已经指定机器人的初始角度 q0 以及初始速度 dq0，则同样可以利用 R. fdyn( )指令以求得初始条件确定的情况下各个关节的位置、速度以及加速度信息：

[T,q,dq]=R. fdyn(T,torqfun,q0,dq0)

在解得各关节坐标 q 以及速度 dq 之后，便可利用如下指令求解各关节的角加速度：

d2q=R. accel(q,dq,torqfun)

以较为经典的 PUMA560 串联机器人为例，其利用 MATLAB Robotics Toolbox 的正运动学仿真如下：


```
mdl_puma560;
torqfun=[1 2 3 4 5 6];
p560=p560.nofriction();%为了加快求解速度,选择使用不考虑摩擦的动力学
模型
[T,q,dq]=p560.fdyn(1,torqfun);
for kk=1:65
    d2q(kk,:)=p560.accel(q(kk,:),dq(kk,:),torqfun);
end
```

2. 机器人逆动力学问题

逆动力学问题为机器人设计过程中需要考虑的主要问题之一。在机器人设计过程中需要根据关节的运动信息求得各关节所需的驱动力矩，以确定所需的驱动器参数。利用 MATLAB Robotics Toolbox 工具箱的 R. rne( )指令，可以实现机器人驱动力矩的反解，其具体指令形式为

tau=R. rne(q,dq,d2q)

在机器人工作过程中，末端机械手通常会受到一定的外部作用力；此外，重力也是机器人动力学中的一大影响因素。若同时考虑重力以及外部作用力的影响，则其逆动力学仿真的指令形式为

tau=R. rne(q,dq,d2q,G,F)

其中，G 为重力加速度；F 为末端机械手所受的外部作用力，用矩阵表示为

$$\boldsymbol{F}=[f_x,f_y,f_z,M_x,M_y,M_z]$$

为了较为形象地说明利用 MATLAB Robotics Toolbox 工具箱进行动力学分析，以一个较为典型的 DENSO 机械手为例，对其进行逆动力学仿真。具体代码可扫二维码附录 5-1 获取。

5.7 设计项目：四足机器人的动力学分析

与传统机器人不同，四足机器人的平台可以通过四条机械腿的协同运动在笛卡儿坐标空间中自由移动。若把四足机器人的机身平台视为每条机械腿的基座，则该基座为一个浮动基座。因此，为了便于分析四足机器人的动力学模型，可以将机械腿的基坐标系设立为浮动基坐标系。若已知机器人各杆件的质量、长度、扭转角以及各关节转角及距离，则可利用拉格朗日法进行四足机器人每条腿的动力学建模：

1）以四足机器人机身平台为浮动基坐标系，建立机器人腿部的 D-H 坐标系，并确定其 D-H 参数。

2）构建正运动学方程。

3）获得连杆的运动速度和角速度。

4）计算机器人腿部各连杆的动能及机械腿的总动能。

5）计算机器人腿部各连杆的势能及机械腿的总势能。

6）将总动能与总势能代入拉格朗日函数，以求得机械腿的广义力矩。

现有一四足机器人的基本结构如图 5-21 所示，已知其基座长为 $2l$，宽为 $2w$，厚为 h，并且腿部连杆长度为 l_1, l_2, l_3，其每条机械腿均具有三个转动关节。请试着以右前腿为研究对象构建 D-H 坐标系，并对其进行动力学分析。

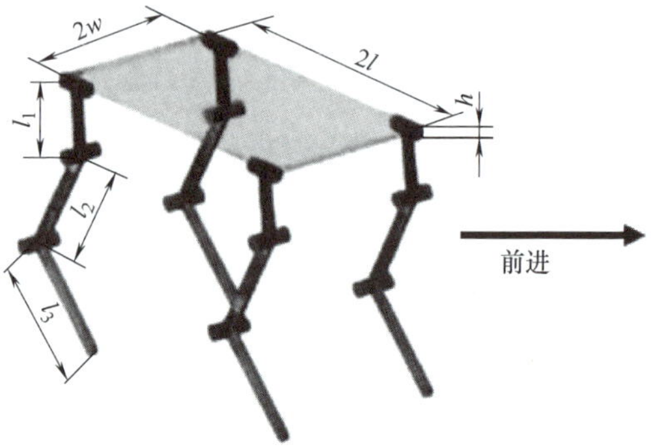

图 5-21 四足仿生机器人简略图

本章小结

本章以机器人动力学为背景，主要介绍了机构的惯性特性及拉格朗日方程、牛顿-欧拉方程及递归牛顿-欧拉方程等动力学分析基础知识及方法。

1. 惯性特性

惯性特性是机器人动力学分析中不可忽略的重要因素。机构在运动过程中，产生的惯性力与力矩是机器人设计中必须考虑的要素。转动惯量与惯量张量是机器人动力学分析过程中一些常用的刚体固有特性，其不随刚体的运动而变化，只与所选定的描述该特性的坐标系有关。本章对刚体的转动惯量与惯量张量的计算、平行移轴定理及坐标轴旋转变换公式进行了简要概述，为后期动力学分析过程中惯性参数的使用提供了一个基础。

2. 牛顿-欧拉方程及其递推公式

牛顿-欧拉方程是分析机构动力学较经典的方法。牛顿-欧拉方程描述了力、力矩、质量与惯量张量之间的相互关系，具有明确的物理意义。本章对牛顿-欧拉方程进行了简要概述，推导了关节驱动力与驱动力矩方程。此外，针对复杂机器人系统牛顿-欧拉方程计算繁琐的缺点，本文还介绍了牛顿-欧拉方程的递推公式，减小了机器人动力学建模的计算量，为机器人动力学建模提供了一种简便方法。

3. 拉格朗日方程

拉格朗日方程是较为经典的动力学分析方法，描述了处于完整约束下，并且约束力满足虚功原理的机械系统的力和运动随时间的变化。本章对一般刚体的拉格朗日方程进行了推导，介绍了拉格朗日方程的含义。在此基础上，对串联机器人的拉格朗日动力学方程进行了推导，为串联机器人的动力学分析提供了一个工具。

课后习题

5-1　试说明何为机器人动力学正问题与动力学逆问题，并分析这两类问题的应用场景。

5-2　已知一均质圆柱形薄板如图 5-22 所示，其中心轴位于 x 轴上，且直径为 d，顶面和底面与 yOz 平面间的距离为 l_1、l_2，质量为 m，试计算其关于 y 轴与 z 轴的转动惯量。

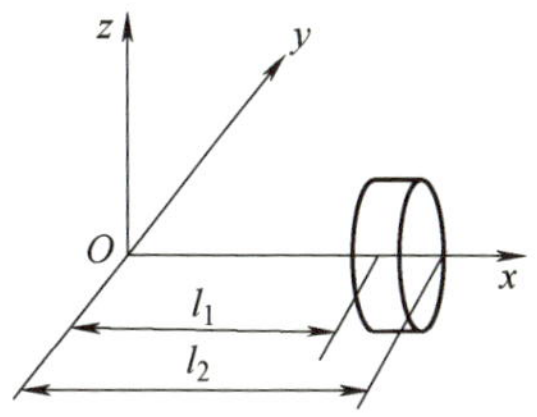

图 5-22　圆柱形薄板

5-3　已知一均质圆柱体如图 5-23 所示，已知其半径 $r=4\text{cm}$，高度 $h=5\text{cm}$，质量 $m=2\text{kg}$。

1）试求该圆柱体对质心坐标系的惯量张量。

2）试求该圆柱体对底面圆心坐标系 $Oxyz$ 的惯量张量。

5-4　已知一均质薄板对坐标系 $Oxyz$ 的惯量张量为 I_O，如图 5-24 所示，试求其对坐标系 $Ox_1y_1z_1$ 的惯量张量。

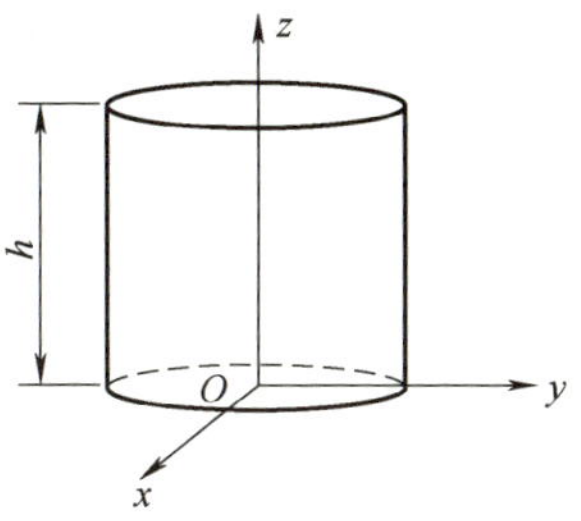

图 5-23　圆柱体

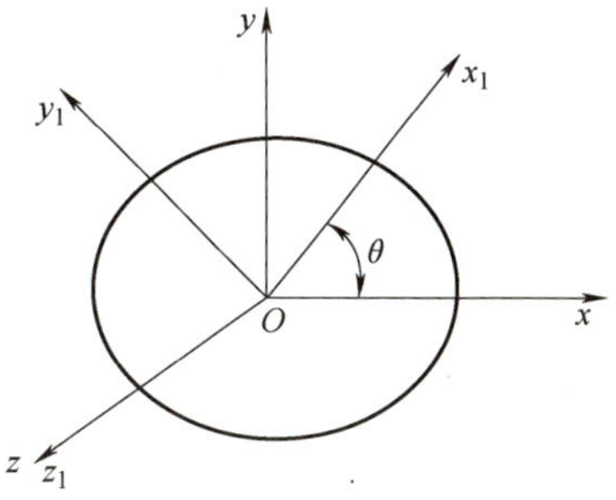

图 5-24　均质薄板

5-5　已知一机械臂单连杆如图 5-25 所示，其长度 $l=20\text{cm}$，宽度 $w=5\text{cm}$，高度 $h=5\text{cm}$，总质量 $M=5\text{kg}$，试求其相对于质心坐标系 $O_Cx_Cy_Cz_C$ 及参考坐标系 $Oxyz$ 的惯量张量。

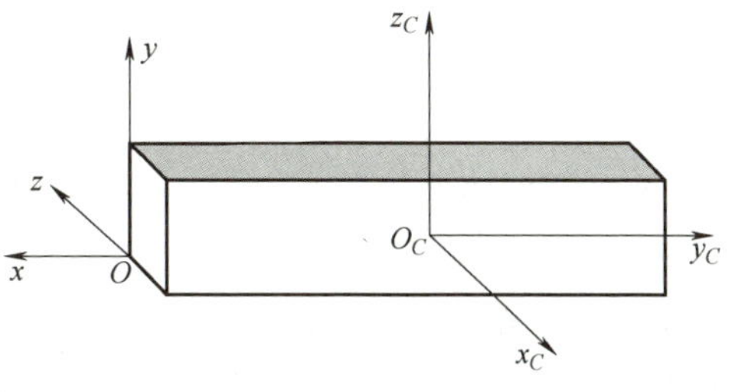

图 5-25　机械臂单连杆

5-6　已知有一平面 2R 机械臂如图 5-26 所示，其两根连杆分别长为 l_1、l_2。假设机械臂连杆的质量集中在连杆末端，分别为 m_1、m_2，试利用递推牛顿-欧拉法对机械臂各关节的约束力与约束力矩进行分析。

5-7　已知一平面 3R 串联机械臂如图 5-27 所示，其三根连杆的质量与长度见表 5-1，且均为匀质杆。

1）试计算各连杆绕其质心的转动惯量。

2）若其末端执行器负载为 0，试编写一段 MATLAB 程序，利用递推牛顿-欧拉方法写出其动力学方程。

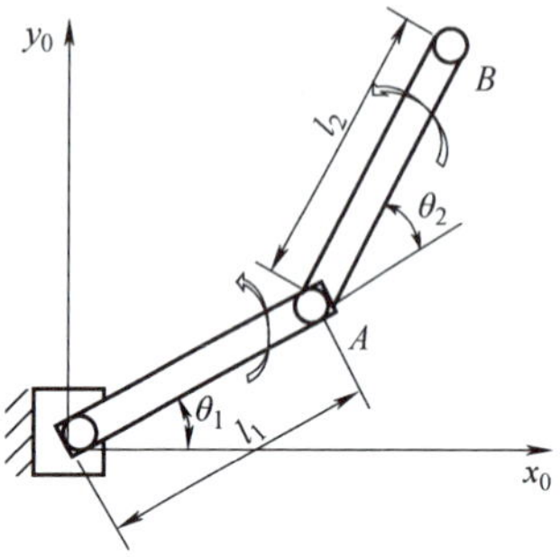

图 5-26　平面 2R 机械臂

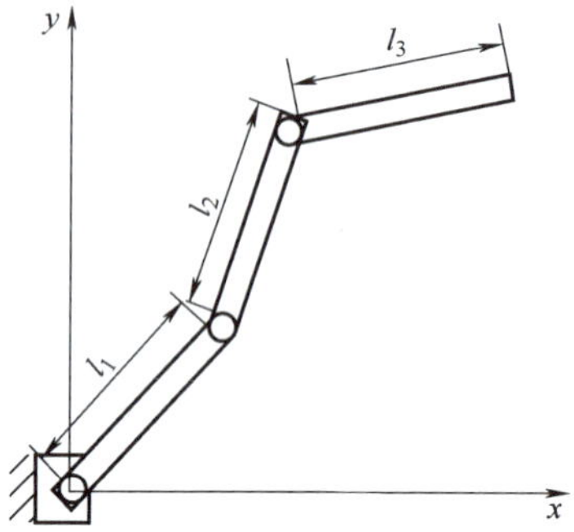

图 5-27　平面 3R 串联机械臂

表 5-1　平面 3R 串联机械臂结构参数

序号	连杆长度	连杆质量
1	$l_1 = 40\text{cm}$	$m_1 = 2\text{kg}$
2	$l_2 = 30\text{cm}$	$m_2 = 1.5\text{kg}$
3	$l_3 = 20\text{cm}$	$m_3 = 1\text{kg}$

5-8　试推导拉格朗日动力学方程的一般表示形式，并说明各变量有何含义。

5-9　如习题 5-7 所述的平面 3R 机械臂，若其末端执行器所受负载为 0，试利用拉格朗日方法写出其动力学方程。

5-10　已知一平面 RP 串联机械臂如图 5-28 所示，其连杆均为匀质杆。若两根连杆的质心位置为 l_{C1}、l_{C2}，连杆质量为 m_1、m_2，旋转关节变量为 θ_1，平动关节距原点距离变量为 d_2。

1）试利用拉格朗日法推导该机器人的动力学模型。

2）试利用递推牛顿-欧拉法推导该机器人的动力学模型。

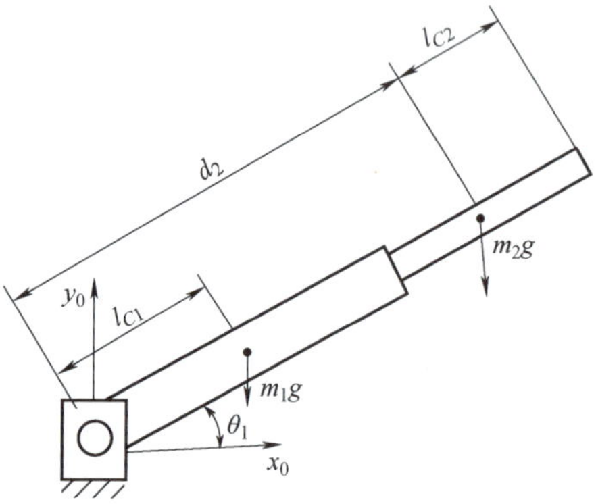

图 5-28　平面 RP 串联机械臂

5-11　已知一平面 PR 串联机械臂如图 5-29 所示，若两根均质连杆的质心位置分别与连接点的距离为 l_{C1}、l_{C2}，连杆质量为 m_1、m_2，运动变量为 q_1、q_2，试利用拉格朗日法推导其动力学模型，并编写一段 MATLAB 程序以实现其动力学建模。

5-12　已知一空间 2R 串联机械臂如图 5-30 所示，其连杆质量均匀分布。若两根连杆的长度为 l_1、l_2，连杆质量为 m_1、m_2，旋转关节变量为 θ_1、θ_2，试利用牛顿-欧拉法推导其动力学方程。

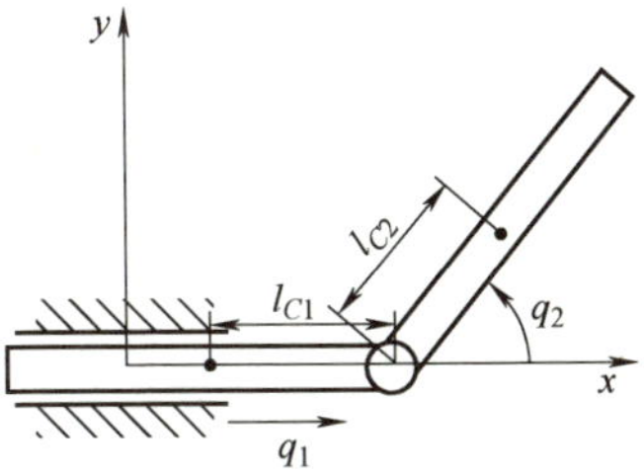

图 5-29　平面 PR 串联机械臂

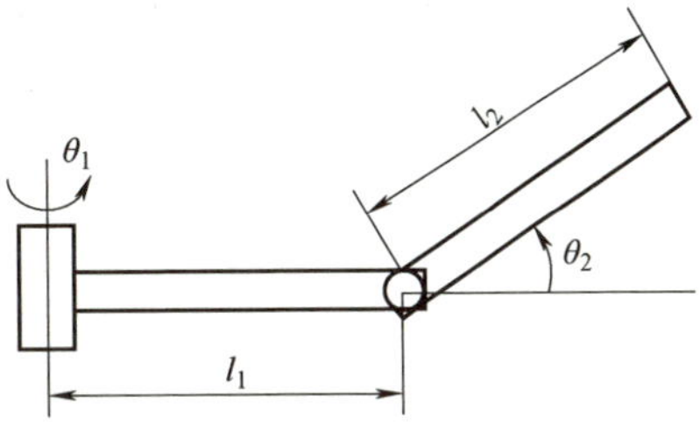

图 5-30　空间 2R 串联机械臂

5-13　已知一空间 3R 机械臂如图 5-31 所示，其连杆质量分别为 m_1、m_2、m_3 且均匀分布。若各连杆的长度为 l_1、l_2、l_3，各关节的运动变量为 θ_1、θ_2、θ_3，试利用牛顿-欧拉法推导其动力学方程。

5-14　如习题 5-13 所述的空间 3R 机械臂，试利用拉格朗日法推导其动力学方程。

5-15　如图 5-32 所示的空间 2RP 三连杆机械臂，已知其每根连杆均为均质长方形刚体，尺寸为 $l_i \times w_i \times h_i$，质量为 m_i，试建立其动力学方程。

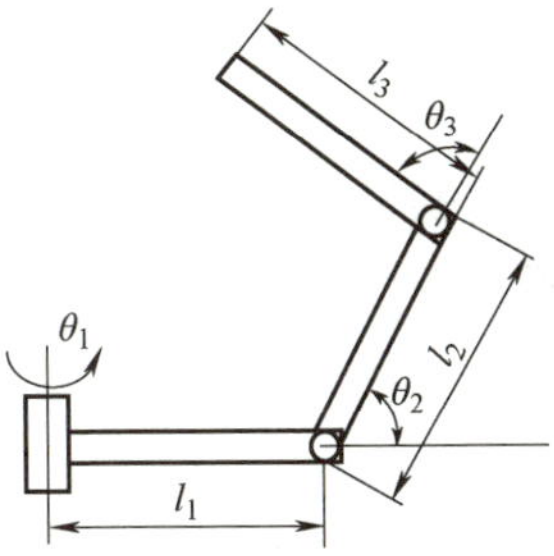

图 5-31　空间 3R 机械臂

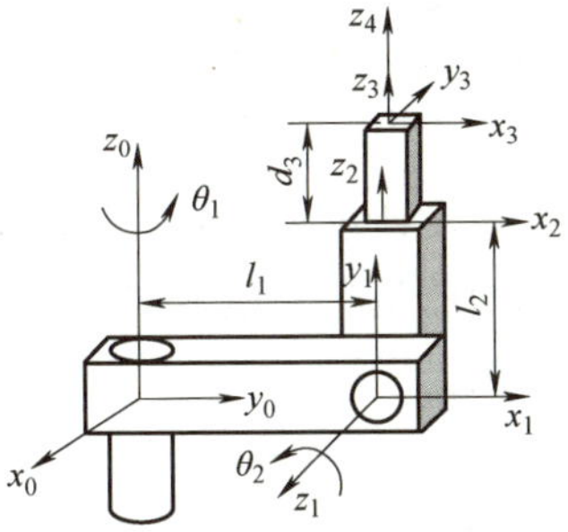

图 5-32　空间 2RP 三连杆机械臂

附录 5-1　MATLAB 源代码

参考文献

[1]　于靖军，刘辛军. 机器人机构学基础[M]. 北京：机械工业出版社，2022.
[2]　徐文福. 机器人学：基础理论与应用实践[M]. 哈尔滨：哈尔滨工业大学出版社，2020.
[3]　尼库 S B. 机器人学导论——分析、系统及应用[M]. 孙富春，等译. 北京：电子工业出版社，2018.
[4]　蒋志宏. 机器人学基础[M]. 北京：北京理工大学出版社，2018.
[5]　吴学忠，吴宇列，席翔，等. 高等机构学[M]. 北京：国防工业出版社，2017.
[6]　李彬，陈腾，范永. 四足仿生机器人基本原理及开发教程[M]. 北京：清华大学出版社，2023.
[7]　朱大昌，张春良，吴文强. 机器人机构学基础[M]. 北京：机械工业出版社，2020.

第 6 章　机器人轨迹规划

6.1　引言

在机器人的实际应用中，机器人的运动精度和运动平稳性对其工作性能至关重要，而轨迹规划则是提升机器人运动精度与平稳性的基础。

所谓轨迹，就是对机器人在某一状态时的空间位姿及其在相应状态下的速度与加速度的描述。机器人的轨迹规划包括笛卡儿坐标空间轨迹规划与关节空间轨迹规划。笛卡儿坐标空间轨迹规划为根据机器人末端位姿组合及其相应的约束条件，以确定机器人在执行不同任务时末端位姿、速度和加速度等的变化规律。关节空间轨迹规划则是根据末端状态变化规律及控制器的时序要求来确定机器人每个关节状态的变化规律，包括各关节位置、速度和加速度等。

机器人的轨迹规划是机器人设计过程中的底层环节，对机器人的设计与优化具有重要的作用。本章将从机器人轨迹规划的基本原理出发，重点介绍机器人在关节空间和笛卡儿坐标空间中的各种常用轨迹规划方法。

6.2　轨迹规划基本原理

6.2.1　路径、轨迹及轨迹规划

1. 路径与轨迹的区别

在机器人学中，路径与轨迹是两个不同的概念。路径是指机器人部件在工作过程中所经过的所有空间位置的集合，其与时间序列无关。而轨迹是机器人在某一状态时的空间位姿及其在相应状态下的速度与加速度的描述，它不仅要考虑机器人在某一时刻各部件所处的空间位置，还包括部件在每个时刻的位移、速度与加速度，其与时间有关。轨迹真正体现了机器人在每一时刻的运动特性。机器人的轨迹规划之后，其路径也随之确定。

以机器人最常用的直线运动为例，假设某平面机器人的末端机械手初始位于点 $A(2,1)$ 处，其需要沿直线运动至点 $B(5,6)$，则其路径即为末端机械手所经过的所有点的集合，如图 6-1 所示。而轨迹为末端机械手随时间变化的位置、速度及加速度曲线，其为时间的函数。例如，上述做直线运动的机械手启动阶段需要经过 1s 的匀加速过渡段，停车需要经过

1s 的匀减速过渡段，并且在 *AB* 两点间的总运动时长为 5s，则末端机械手的轨迹即为如图 6-2 所示的曲线。

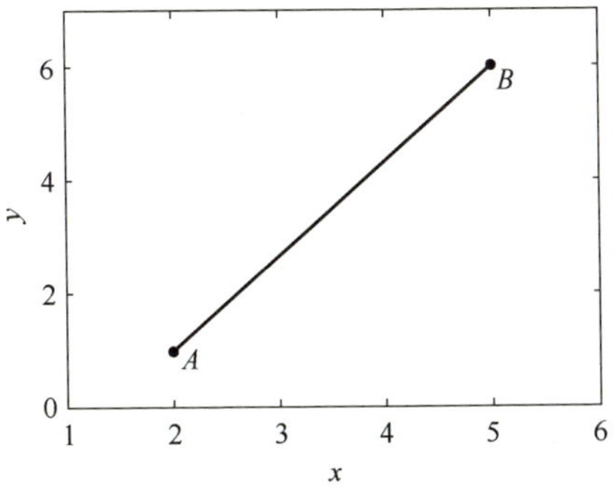

图 6-1　平面机器人末端机械手的路径图

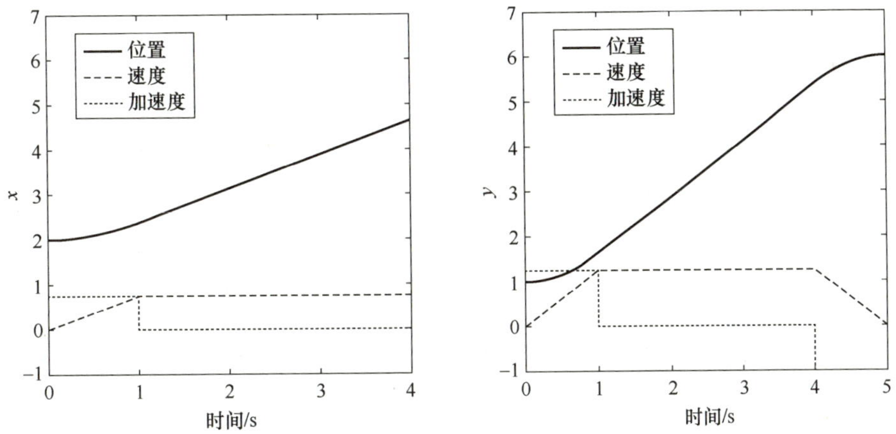

图 6-2　平面机器人末端机械手的轨迹图

2. 轨迹规划定义与分类

所谓轨迹规划，就是机器人为了完成自身工作任务，而对末端执行器以及各驱动关节的路径点位姿、速度及加速度进行求解的过程。根据求解参考空间的不同，轨迹规划可以分为关节空间轨迹规划以及笛卡儿坐标空间轨迹规划两类。关节空间轨迹规划即在关节坐标空间中对机器人期望运动所需的各关节变量进行求解，其计算量较小，但末端执行器在起始点与目标点间的运动是不可预知的；笛卡儿坐标空间轨迹规划即根据末端执行器在笛卡儿坐标空间的期望运动进行分析，并将其转化为所需关节变量的过程。虽然该方法可以实现完全可控的末端运动，但其计算量较大，并且可能存在着奇异位姿的问题。

6.2.2　关节空间轨迹规划的基本原理

关节空间轨迹规划就是只对机器人关节的运动轨迹进行规划。假设有一平面二连杆机械臂如图 6-3 所示，已知该机械臂在 *A* 点的各驱动关节参数为：$\alpha_0=20°$，$\beta_0=20°$，并且要求末端机械手在 3s 内运动至 *B* 点（$\alpha_3=50°$，$\beta_3=80°$）。最简单的方法便为使两个驱动关节同时在各自的运动范围内做匀速运动，如图 6-3 所示；其各个关节在不同时刻的位姿见

表6-1。该种规划方法只关注了机器人各关节的取值，无须考虑机械臂末端在不同时刻所处的位置，计算较为简便，但机器人末端运动路径不规则，机器人末端在两点之间的运动是不可预知的。

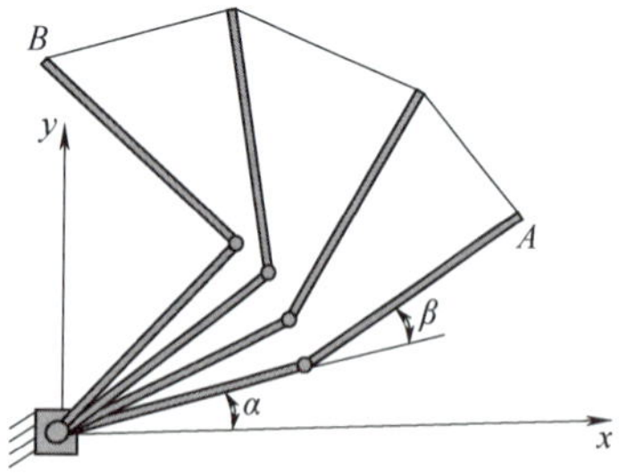

图 6-3　从 A 点到 B 点的关节空间轨迹规划

表 6-1　关节空间轨迹规划位姿变量

时间/s	α/(°)	β/(°)
0	20	20
1	30	40
2	40	60
3	50	80

6.2.3　笛卡儿空间轨迹规划的基本原理

在机器人的应用场景中通常需要机器人末端以一个固定路径进行运动，关节空间轨迹规划便无法满足应用需求，而机器人末端所在空间一般是笛卡儿坐标空间，因此，就需要在笛卡儿坐标空间对机器人末端的运动轨迹进行规划，即笛卡儿坐标空间轨迹规划。

假设上述平面二连杆机械臂的起始点为 $A(10,6)$，目标点为 $B(1,9)$，并且其在两点间的距离为直线，我们便可以在 AB 两点间的直线轨迹中插入若干路经点以将其均分为若干份(如3份)，如图6-4所示。需要注意的是，我们在笛卡儿坐标空间规划出机械臂末端路经点的运动参数后，还必须利用逆运动学方程将其转化为关节空间参数 α 与 β，以控制机器人的运动，其各个关节在不同时刻的位姿见表6-2。

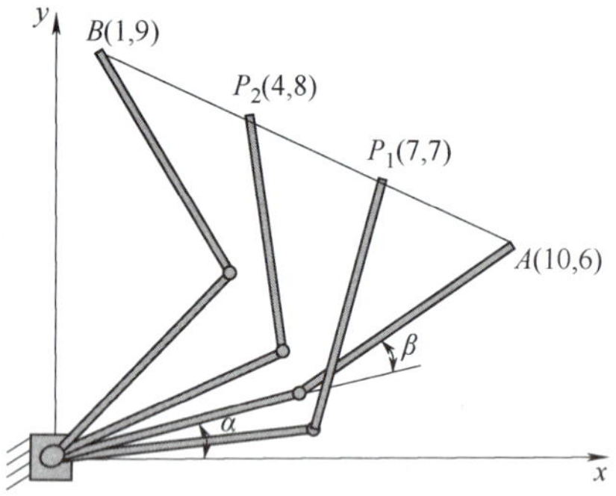

图 6-4　从 A 点到 B 点的笛卡儿坐标空间轨迹规划

在笛卡儿坐标空间中进行规划，其末端运动轨迹是规则且可预知的，然而关节角的运动却是不规则的，并且各关节的参数可能发生突变。此外，由于需要解出各关节的运动参数，其计算量较大。

表 6-2　从 A 点到 B 点的笛卡儿坐标空间轨迹规划位姿变量

时间/s	x/cm	y/cm	α/(°)	β/(°)
0	10	6	17.33	27.27
1	7	7	10.58	68.83
2	4	8	21.62	83.62
3	1	9	42.65	82.02

6.2.4　轨迹规划实现的基本方法

以上所讲述的是机器人关节空间轨迹规划与笛卡儿坐标空间轨迹规划的基本原理，在机器人的实际应用中，轨迹规划的功能是由轨迹规划器(规划算法)来实现的。在进行轨迹规划时，用户需首先根据机器人系统的任务需求、路径规划、作业空间、运动障碍以及机器人驱动器的驱动能力、响应能力等问题制定轨迹规划的各种约束条件，并将这些约束条件提交给轨迹规划器。轨迹规划器随后根据用户所设定的路径规划以及相关的约束条件按照关节空间轨迹规划方法直接生成期望的关节轨迹，或者首先在笛卡儿坐标空间中生成机器人的末端轨迹再利用逆运动学法转化为机器人各关节轨迹。随后，将机器人系统的各关节轨迹提交给关节控制器来驱动机器人的运动。机器人轨迹规划的功能框图如图 6-5 所示。

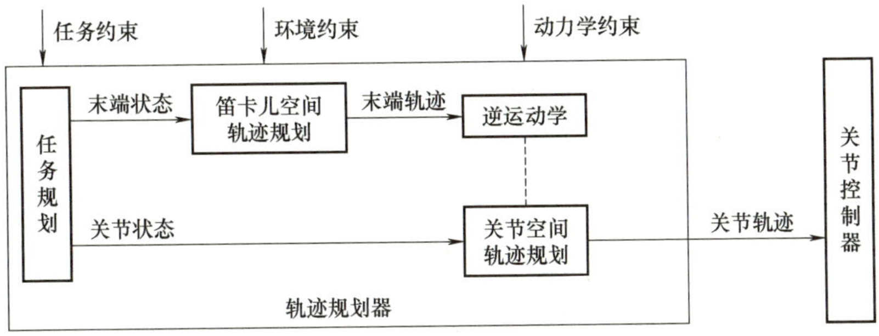

图 6-5 轨迹规划功能框图

6.3 关节空间轨迹规划的实现方法

关节空间轨迹规划是指根据机器人系统工作的约束条件生成机器人各关节变量的变化曲线的过程。该方法是以关节变量的函数来描述机器人轨迹的，其进行轨迹规划的全程均在关节坐标系中进行，无须在笛卡儿坐标系中描述机器人各关节的路径形状，计算较为简单。此外，关节空间轨迹规划为描述机器人各关节的运动状态，因此不会出现机器人位姿的奇异性问题。

关节空间轨迹规划包括单路段的轨迹规划与具有中间点的轨迹规划，单路段的轨迹规划只需要根据机器人在起始点和终止点的位置、速度、加速度等约束求出关节的运动轨迹函数。常用的关节空间轨迹规划方法有线性规划、抛物线过渡的线性轨迹规划、三次多项式规划、五次多项式规划等方法。具有中间点的轨迹规划方法则需要根据起始点、终止点以及中间点的位置和运动情况以及运动的连续性求出关节的运动轨迹函数，主要有高次多项式规划、样条曲线规划等方法。

6.3.1 单路段轨迹规划

1. 线性轨迹规划

(1) 纯线性轨迹规划

设机器人系统各关节在初始时刻 t_0 和终止时刻 t_f 的变量参数分别为

$$\boldsymbol{q}_0=[q_{10},q_{20},\cdots,q_{n0}]^{\mathrm{T}}$$
$$\boldsymbol{q}_f=[q_{1f},q_{2f},\cdots,q_{nf}]^{\mathrm{T}}$$

若不考虑其他约束条件，则可直接利用直线来连接各关节的起始位置与终止位置，即

$\boldsymbol{q}(t_0)=\boldsymbol{q}_0$，$\boldsymbol{q}(t_f)=\boldsymbol{q}_f$。

令 $\tau=t-t_0$，则 $\tau_0=0$，$\tau_f=t_f-t_0$。这样，就可以将初始时刻不为 0 的机器人运动情况转化为初始时刻为 0，以简化轨迹规划的复杂度。对机器人系统各关节的始末状态之间进行线性规划，则关节 i 的轨迹规划函数为

$$q_i(\tau)=a_{i0}+a_{i1}\tau \quad (i=1,2,\cdots,n) \tag{6-1}$$

将机器人各关节始末状态的参数代入式(6-1)，可得出 a_{i0} 与 a_{i1} 为

$$\begin{cases} a_{i0}=q_{i0} \\ a_{i1}=\dfrac{q_{if}-q_{i0}}{\tau_f} \end{cases} \tag{6-2}$$

因此，机器人的纯线性轨迹规划函数为

$$\begin{cases} q_i(\tau)=q_{i0}+\dfrac{q_{if}-q_{i0}}{\tau_f}\tau \\ \dot{q}_i(\tau)=\dfrac{q_{if}-q_{i0}}{\tau_f} \quad (i=1,2,\cdots,n) \end{cases} \tag{6-3}$$

纯线性轨迹规划如图 6-6 所示。

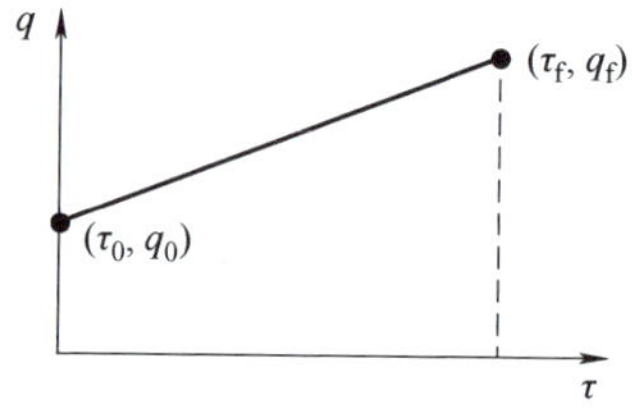

图 6-6 纯线性轨迹规划

例 6.1 若要求一个六轴机械臂的第一关节在 5s 内由初始位置 $q=30°$ 平滑地运动到 $q=75°$ 位置，试利用线性规划法对该关节进行轨迹规划并绘制出该关节的位置、角速度与角加速度曲线。

解： 该六轴机械臂第一关节轨迹规划的约束条件为

$$\begin{cases} \tau_f=5\text{s} \\ q(0)=30° \\ q(\tau_f)=75° \end{cases}$$

由约束条件，可得机械臂线性轨迹规划的方程为

$$\begin{cases} q(0)=a_0=30° \\ q(5)=a_0+5a_1=75° \end{cases}$$

通过求解上述方程，可得该机械臂的线性轨迹规划函数为

$$\begin{cases} q(\tau)=30+9\tau \\ \dot{q}(\tau)=9(°)/\text{s} \\ \ddot{q}(\tau)=0 \end{cases}$$

因此，该机械臂第一关节的位置、角速度与角加速度如图 6-7 所示。

由轨迹规划函数可知，在线性轨迹规划中，机器人系统各关节均为匀速运动。在关节运动的始末时刻，关节的速度均不为 0。如果机器人各关节在始末时刻分别为启动、停止状态，则关节的加速度会趋于无穷大，从而对关节驱动器产生损害。

（2）抛物线过渡的线性轨迹规划

上述纯线性轨迹规划法在启动与停止阶段加速度趋于无穷大，会对驱动器造成严重危害。因此，可以在启动与停止阶段各增加一个中间节点，在这两段内利用抛物线来过渡，使机器人在启动与停止阶段匀加速、匀减速，以避免加速度无穷大对驱动机构造成的冲击与振动。

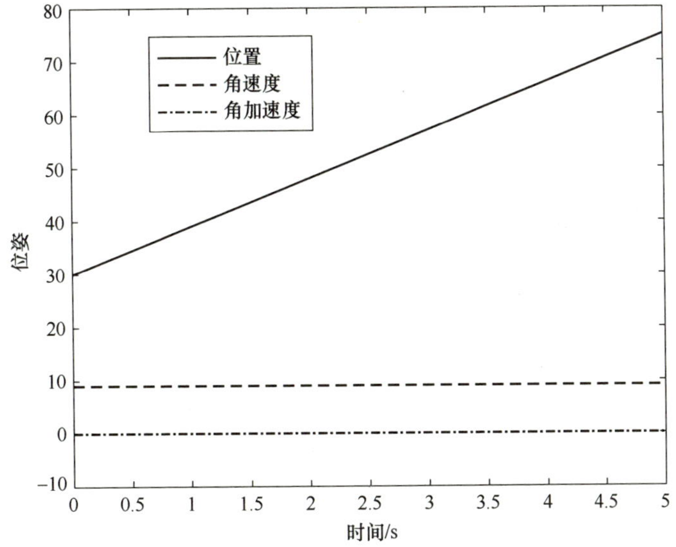

图 6-7　机械臂第一关节线性规划的位置、角速度与角加速度曲线

如图 6-8 所示，设在 0 和 τ_f 附近各增加一个过渡点 τ_b 和 τ_c，并使机器人在 0~τ_b 和 τ_c~τ_f 时间段内利用抛物线轨迹进行过渡，以实现驱动机构的匀加速、匀减速，记这两段轨迹的加速度为 a_i；在 τ_b~τ_c 时间段内，机器人仍进行纯线性轨迹规划，记该时间段内机器人的速度为 v_i。

在机器人启动阶段，机器人的轨迹为抛物线，因此其关节 i 的轨迹规划函数可表示为

$$\begin{cases} q_i(\tau)=q_{i0}+\dfrac{1}{2}a_i\tau^2 \\ \dot{q}_i(\tau)=a_i\tau \\ \ddot{q}_i(\tau)=a_i \end{cases} \tag{6-4}$$

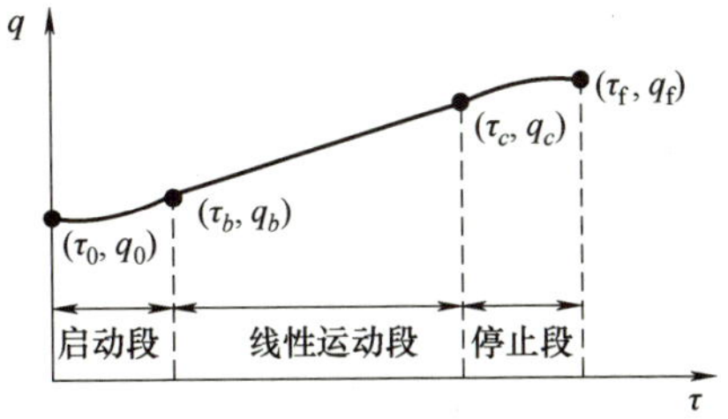

图 6-8　抛物线过渡的线性轨迹规划

因此，在 τ_b、τ_c 和 τ_f 时刻，机器人关节 i 的位置与速度分别为

$$\begin{cases} q_{ib}=q_{i0}+\dfrac{1}{2}a_i\tau_b^2 \\ \dot{q}_{ib}=a_i\tau_b=\omega_i \\ q_{ic}=q_{ib}+\omega_i(\tau_c-\tau_b)=q_{ib}+\omega_i(\tau_f-2\tau_b) \\ \dot{q}_{ic}=\omega_i \\ q_{if}=q_{ic}+(q_{ib}-q_{i0}) \\ \dot{q}_{if}=0 \end{cases} \tag{6-5}$$

通过求解上述方程式，可得

$$q_{if}=q_{i0}+\left(\frac{\omega_i}{\tau_b}\right)\tau_b^2+\omega_i(\tau_f-2\tau_b) \tag{6-6}$$

因此，机器人的最小启动时间 τ_b 为

$$\tau_b=\frac{q_{i0}-q_{if}+\omega_i\tau_f}{\omega_i} \tag{6-7}$$

需要注意的是，启动时间 τ_b 应小于总时间 τ_f 的$\frac{1}{2}$，否则机器人的轨迹规划将没有直线运动段。因此，其所对应的最大速度限制为

$$\omega_{i\max}=2(q_{if}-q_{i0})/\tau_f \tag{6-8}$$

在减速运动段，其加速度与启动阶段相同，只是符号为负，因此可表示为

$$q_i(\tau)=q_{if}-\frac{1}{2}a_i(\tau_f-\tau)^2 \tag{6-9}$$

将加速度代入，减速阶段机器人的轨迹规划函数可表示为

$$\begin{cases} q_i(\tau)=q_{if}-\dfrac{1}{2}\dfrac{\omega_i}{\tau_b}(\tau_f-\tau)^2 \\ \dot{q}_i(\tau)=\dfrac{\omega_i}{\tau_b}(\tau_f-\tau) \\ \ddot{q}_i(\tau)=-\dfrac{\omega_i}{\tau_b} \end{cases} \tag{6-10}$$

例 6.2 若要求一个六轴机械臂的第一关节以 10(°)/s 的速度在 5s 内由初始位置 $q=30°$ 平滑地运动到 $q=70°$的位置，试计算该关节的最小过渡时间，并以最小过渡时间为机器人的启动时间，绘制出其轨迹规划的位置、角速度与角加速度曲线。

解： 由题可知，该机构轨迹规划的约束条件为

$$\begin{cases} q_0=30°, & q_1=70° \\ \omega=10(°)/\mathrm{s}, & t_f=5\mathrm{s} \end{cases}$$

将约束条件代入抛物线过渡法轨迹规划的最小过渡时间函数，可得

$$t_b=\frac{q_0-q_1+\omega t_f}{\omega}=\frac{30-70+10\times5}{10}\mathrm{s}=1\mathrm{s}$$

因此，机器人在启动阶段、匀速阶段与减速阶段的位置、角速度与角加速度函数分别为

$$\begin{cases} q=30+5t^2 \\ \dot{q}=10t \\ \ddot{q}=10(°)/\mathrm{s}^2 \end{cases}\text{（启动阶段）},\quad \begin{cases} q=35+10(t-1) \\ \dot{q}=10(°)/\mathrm{s} \\ \ddot{q}=0 \end{cases}\text{（匀速阶段）},\quad \begin{cases} q=70-5(5-t)^2 \\ \dot{q}=10(5-t) \\ \ddot{q}=-10(°)/\mathrm{s}^2 \end{cases}\text{（减速阶段）}$$

其位置、角速度与角加速度曲线如图 6-9 所示。

2. 三次多项式轨迹规划

机械手在运动过程中，起始点关节角度 q_{i0} 已知，终止点关节角度 q_{if} 也可通过运动学反解得到。为实现单个关节的平稳运动，所规划的机器人各关节轨迹函数至少需要如下两个约束条件。

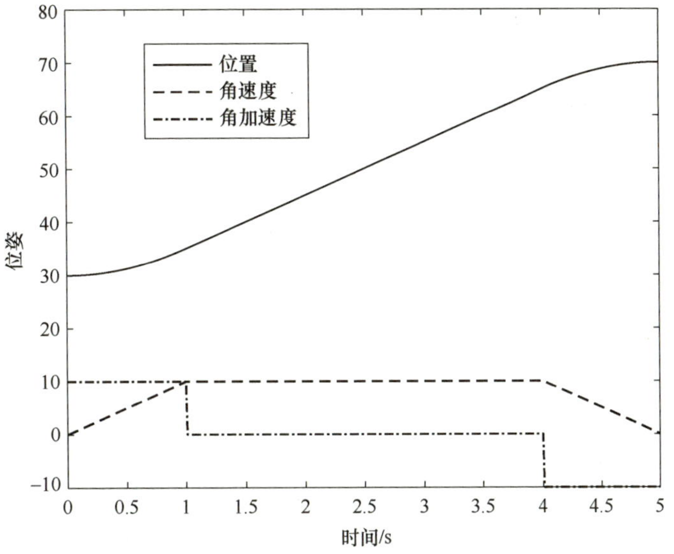

图 6-9　抛物线过渡的线性规划位置、角速度与角加速度曲线

一个是关节角度约束条件，即起始点与终止点的关节角度约束：

$$\begin{cases} q_i(0)=q_{i0} \\ q_i(\tau_f)=q_{if} \end{cases} \tag{6-11}$$

另一个是速度约束条件，起始点与终止点的速度需为 0，以满足关节运动速度的连续性要求：

$$\begin{cases} \dot{q}_i(0)=0 \\ \dot{q}_i(\tau_f)=0 \end{cases} \tag{6-12}$$

由机器人系统的关节角度与速度约束条件，可唯一确定一个三次多项式来作为机器人系统的轨迹函数：

$$q_i(\tau)=a_{i0}+a_{i1}\tau+a_{i2}\tau^2+a_{i3}\tau^3 \quad (i=1,2,\cdots,n) \tag{6-13}$$

其速度与加速度函数分为

$$\begin{cases} \dot{q}_i(\tau)=a_{i1}+2a_{i2}\tau+3a_{i3}\tau^2 & (i=1,2,\cdots,n) \\ \ddot{q}_i(\tau)=2a_{i2}+6a_{i3}\tau & (i=1,2,\cdots,n) \end{cases} \tag{6-14}$$

将机器人系统的关节角度与速度约束条件代入式(6-14)，可得三次多项式轨迹函数的待定参数为

$$\begin{cases} a_{i0}=q_{i0} \\ a_{i1}=0 \\ a_{i2}=\dfrac{3}{\tau_f^2}(q_{if}-q_{i0}) \\ a_{i3}=-\dfrac{2}{\tau_f^3}(q_{if}-q_{i0}) \end{cases} \tag{6-15}$$

因此，机器人系统三次多项式轨迹规划函数为

$$q_i(\tau)=q_{i0}+\frac{3}{\tau_f^2}(q_{if}-q_{i0})\tau^2-\frac{2}{\tau_f^3}(q_{if}-q_{i0})\tau^3 \quad (i=1,2,\cdots,n) \tag{6-16}$$

三次多项式规划如图 6-10 所示。

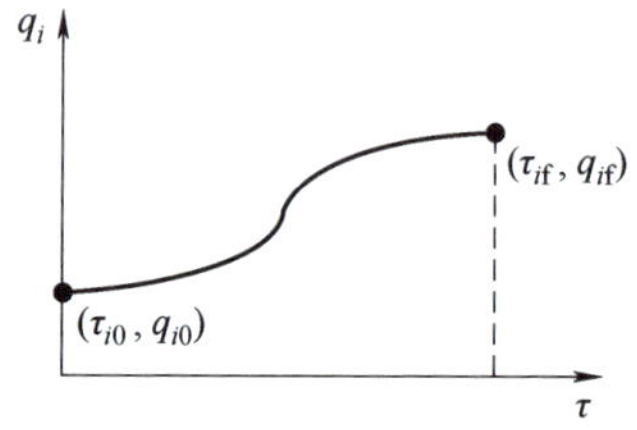

图 6-10　三次多项式轨迹规划

例 6.3　若要求一个六轴机械臂的第一关节在 5s 内由初始位置 $q=30°$ 平滑地运动到 $q=75°$ 位置，试绘制出该关节三次多项式轨迹规划的位置、角速度与角加速度曲线。

解： 该六轴机械臂第一关节轨迹规划的约束条件为

$$\begin{cases}\tau_f=5\text{s}\\ q(0)=30°\\ q(\tau_f)=75°\\ \dot{q}(0)=0\\ \dot{q}(\tau_f)=0\end{cases}$$

由约束条件，可得机械臂三次多项式规划的方程为

$$\begin{cases}q(0)=a_0=30°\\ q(5)=a_0+5a_1+5^2a_2+5^3a_3=75°\\ \dot{q}(0)=a_1=0\\ \dot{q}(5)=a_1+2\cdot 5a_2+3\cdot 5^2a_3=0\end{cases}$$

由此可得

$$\begin{cases}a_0=30\\ a_1=0\\ a_2=5.4\\ a_3=-0.72\end{cases}$$

因此，该机械臂第一关节三次多项式轨迹规划的位置、角速度与角加速度方程为

$$\begin{cases}q(\tau)=30+5.4\tau^2-0.72\tau^3\\ \dot{q}(\tau)=10.8\tau-2.16\tau^2\\ \ddot{q}(\tau)=10.8-4.32\tau\end{cases}$$

该关节的位置、角速度与角加速度曲线如图 6-11 所示。

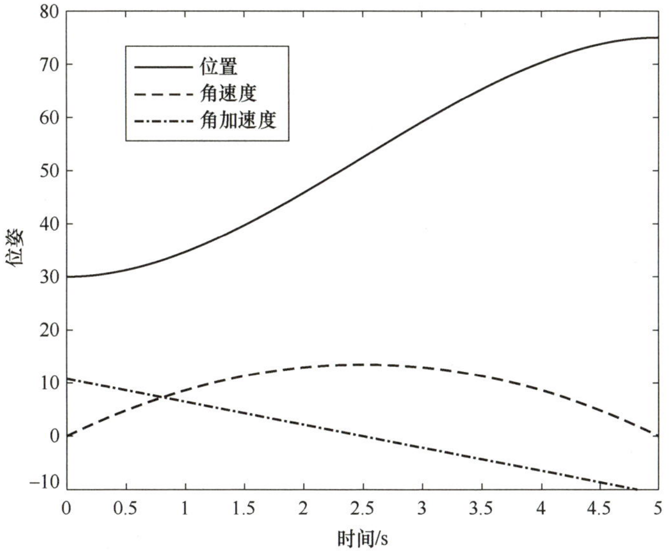

图 6-11　机械臂第一关节的三次多项式轨迹规划

以上轨迹规划函数只适用于关节起始速度与终止速度为 0 的情况。当机器人需经过某些特定路径点时，也可将这些路径点视为“起始点”或“终止点”，此时，“起始点”与“终止点”的关节运动速度不为 0，机器人系统关节速度约束条件为

$$\begin{cases}\dot{q}_i(0)=\dot{q}_{i0}\\ \dot{q}_i(\tau_{\mathrm{f}})=\dot{q}_{i\mathrm{f}}\end{cases}\tag{6-17}$$

同理，将机器人系统的角度与关节速度约束条件代入三次多项式，可得出三次多项式轨迹规划曲线的待定参数为

$$\begin{cases}a_{i0}=q_{i0}\\ a_{i1}=\dot{q}_{i0}\\ a_{i2}=\dfrac{3}{\tau_{\mathrm{f}}^2}(q_{i\mathrm{f}}-q_{i0})-\dfrac{2}{\tau_{\mathrm{f}}}\dot{q}_{i0}-\dfrac{1}{\tau_{\mathrm{f}}}\dot{q}_{i\mathrm{f}}\\ a_{i3}=-\dfrac{2}{\tau_{\mathrm{f}}^3}(q_{i\mathrm{f}}-q_{i0})+\dfrac{1}{\tau_{\mathrm{f}}^2}(\dot{q}_{i\mathrm{f}}+\dot{q}_{i0})\end{cases}\tag{6-18}$$

因此，推广的三次多项式轨迹规划函数为

$$q_i(\tau)=q_{i0}+\dot{q}_{i0}\tau+\left(\frac{3}{\tau_{\mathrm{f}}^2}(q_{i\mathrm{f}}-q_{i0})-\frac{2}{\tau_{\mathrm{f}}}\dot{q}_{i0}-\frac{1}{\tau_{\mathrm{f}}}\dot{q}_{i\mathrm{f}}\right)\tau^2+\left(-\frac{2}{\tau_{\mathrm{f}}^3}(q_{i\mathrm{f}}-q_{i0})+\frac{1}{\tau_{\mathrm{f}}^2}(\dot{q}_{i\mathrm{f}}+\dot{q}_{i0})\right)\tau^3\quad(i=1,2,\cdots,n)\tag{6-19}$$

3. 五次多项式轨迹规划

若机器人系统运行过程中对运动轨迹的位置、速度与加速度均有要求，则需要更高阶的多项式来进行轨迹规划。通常可采用五次多项式来进行轨迹规划计算。机器人各关节的轨迹规划曲线函数为

$$q_i(\tau)=a_{i0}+a_{i1}\tau+a_{i2}\tau^2+a_{i3}\tau^3+a_{i4}\tau^4+a_{i5}\tau^5\quad(i=1,2,\cdots,n)\tag{6-20}$$

其相应关节的速度与加速度函数为

$$\begin{cases}\dot{q}_i(\tau)=a_{i1}+2a_{i2}\tau+3a_{i3}\tau^2+4a_{i4}\tau^3+5a_{i5}\tau^4 \quad (i=1,2,\cdots,n)\\ \ddot{q}_i(\tau)=2a_{i2}+6a_{i3}\tau+12a_{i4}\tau^2+20a_{i5}\tau^3 \quad (i=1,2,\cdots,n)\end{cases} \tag{6-21}$$

对于一般情况，机器人系统起始点与终止点的约束条件为

$$\begin{cases}q_{i0}=a_{i0}\\ q_{if}=a_{i0}+a_{i1}\tau_f+a_{i2}\tau_f^2+a_{i3}\tau_f^3+a_{i4}\tau_f^4+a_{i5}\tau_f^5\\ \dot{q}_{i0}=a_{i1}\\ \dot{q}_{if}=a_{i1}+2a_{i2}\tau_f+3a_{i3}\tau_f^2+4a_{i4}\tau_f^3+5a_{i5}\tau_f^4\\ \ddot{q}_{i0}=2a_{i2}\\ \ddot{q}_{if}=2a_{i2}+6a_{i3}\tau_f+12a_{i4}\tau_f^2+20a_{i5}\tau_f^3\end{cases} \quad (i=1,2,\cdots,n) \tag{6-22}$$

通过上述约束条件，可以解得五次多项式的系数为

$$\begin{cases}a_{i0}=q_{i0}\\ a_{i1}=\dot{q}_{i0}\\ a_{i2}=\dfrac{\ddot{q}_{i0}}{2}\\ a_{i3}=\dfrac{20(q_{if}-q_{i0})-(8\dot{q}_{if}+12\dot{q}_{i0})\tau_f+(\ddot{q}_{if}-3\ddot{q}_{i0})\tau_f^2}{2\tau_f^3}\\ a_{i4}=\dfrac{-30(q_{if}-q_{i0})+(14\dot{q}_{if}+16\dot{q}_{i0})\tau_f-(2\ddot{q}_{if}-3\ddot{q}_{i0})\tau_f^2}{2\tau_f^4}\\ a_{i5}=\dfrac{12(q_{if}-q_{i0})-(6\dot{q}_{if}+6\dot{q}_{i0})\tau_f+(\ddot{q}_{if}-\ddot{q}_{i0})\tau_f^2}{2\tau_f^5}\end{cases} \tag{6-23}$$

在机器人系统启动与停止阶段，若其速度与加速度均为 0，则式(6-23)可化简为

$$\begin{cases}a_{i0}=q_{i0}\\ a_{i1}=0\\ a_{i2}=0\\ a_{i3}=\dfrac{10(q_{if}-q_{i0})}{\tau_f^3}\\ a_{i4}=\dfrac{-15(q_{if}-q_{i0})}{\tau_f^4}\\ a_{i5}=\dfrac{6(q_{if}-q_{i0})}{\tau_f^5}\end{cases} \tag{6-24}$$

采用五次多项式规划法进行轨迹规划，其位置、速度与加速度曲线均较为平滑，避免了机器人在启动与停止时对电动机的冲击，机器人运动较为平缓，可以保证机器人的工作精度。但是该种方法的计算量较大，计算较为复杂。

例 6.4　若要求一个六轴机械臂的第一关节在 5s 内由初始位置 $q=30°$ 平滑地运动到 $q=75°$ 位置，在初始位置与末端位置，其角加速度均为 0，试利用五次多项式规划出该关节的位置、角速度与角加速度曲线。

解：该六轴机械臂第一关节轨迹规划的约束条件为

$$\begin{cases}\tau_{\mathrm{f}}=5\mathrm{s}\\ q(0)=30°\\ q(\tau_{\mathrm{f}})=75°\\ \dot{q}(0)=\dot{q}(\tau_{\mathrm{f}})=0\\ \ddot{q}(0)=\ddot{q}(\tau_{\mathrm{f}})=0\end{cases}$$

由约束条件，可得机械臂五次多项式规划的方程为

$$\begin{cases}q(0)=a_0=30°\\ q(5)=a_0+5a_1+5^2a_2+5^3a_3+5^4a_4+5^5a_5=75°\\ \dot{q}(0)=a_1=0\\ \dot{q}(5)=a_1+2\cdot 5a_2+3\cdot 5^2a_3+4\cdot 5^3a_4+5\cdot 5^4a_5=0\\ \ddot{q}(0)=2a_2=0\\ \ddot{q}(5)=2a_2+6\cdot 5a_3+12\cdot 5^2a_4+20\cdot 5^3a_5=0\end{cases}$$

由此可得

$$\begin{cases}a_0=30\\ a_1=0\\ a_2=0\\ a_3=3.6\\ a_4=-1.08\\ a_5=0.0864\end{cases}$$

因此，该机械臂第一关节五次多项式轨迹规划的位置、角速度与角加速度方程为

$$\begin{cases}q(\tau)=30+3.6\tau^3-1.08\tau^4+0.0864\tau^5\\ \dot{q}(\tau)=10.8\tau^2-4.32\tau^3+0.432\tau^4\\ \ddot{q}(\tau)=21.6\tau-12.96\tau^2+1.728\tau^3\end{cases}$$

该关节五次多项式轨迹规划的位置、角速度与角加速度曲线如图 6-12 所示。

6.3.2　具有中间点的轨迹规划

1. 具有中间点的线性轨迹规划

前面介绍了单路段的线性规划，对带中间点的多路段轨迹也可以采用线性规划，在起始点、终点以及中间点均采用抛物线过渡，确保运动的平稳性、连续性。例如某个关节运动中设有 n 个中间点，其中 3 个相邻的中间点为 j、k、l。每两个相邻中间点之间都以线性函数相连，所有中间点附近都具有抛物线过渡域，如图 6-13 所示。

其中，t_k 为在途经点 k 的过渡域的持续时间；t_{jk} 为点 j 和点 k 之间线性域的持续时间；t_{djk} 为点 j 和点 k 之间轨迹的全部时间；$\dot{q}_{jk}$ 为点 j 和点 k 之间线性域机器人运动速度。

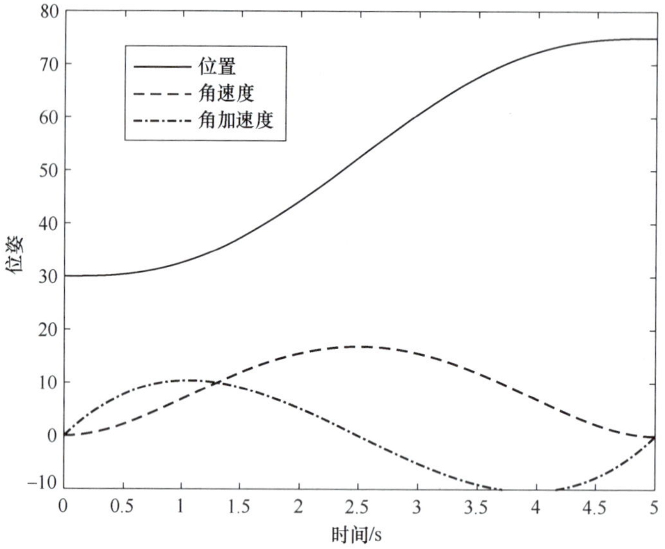

图 6-12　机械臂第一关节的五次多项式轨迹规划

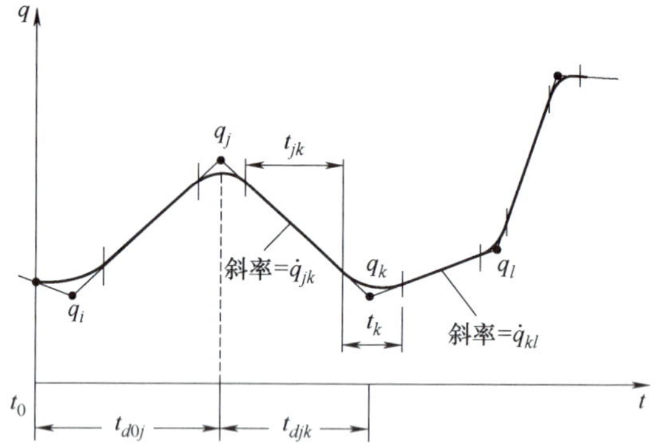

图 6-13　多段带有抛物线过渡域的线性轨迹

在具有中间点的情况下，确定带有抛物线过渡域的线性轨迹是有很多解的。这些解由每个过渡域的加速度来决定。当给定任意轨迹点的位置 q_k、期望持续时间 t_{djk} 以及过渡域机器人加速度 $\ddot{q}_k$ 后，便可以计算出过渡域的持续时间 t_k。对于那些内部的轨迹点($j,k\neq1,2;j,k\neq n-1,n$)，其轨迹规划函数为

$$\begin{cases}\dot{q}_{jk}=\dfrac{q_k-q_j}{t_{djk}}\\ \ddot{q}_k=\mathrm{sign}(\dot{q}_{kl}-\dot{q}_{jk})\,|\ddot{q}_k|\\ t_k=\dfrac{\dot{q}_{kl}-\dot{q}_{jk}}{\ddot{q}_k}\\ t_{jk}=t_{djk}-\dfrac{1}{2}t_j-\dfrac{1}{2}t_k\end{cases}\tag{6-25}$$

式(6-25)中 sign( )为符号函数，表示根据两段轨迹的速度来确定加速度方向以及加减速。

在第一个轨迹段和最后一个轨迹段，在轨迹端部的整个过渡域时间都必须计入轨迹段的持续时间。

对于第一个轨迹段，起始点过渡域持续时间为 t_1，则

$$\frac{q_2-q_1}{t_{d12}-\frac{1}{2}t_1}=\ddot{q}_1 t_1 \tag{6-26}$$

根据式(6-26)，进而可求出第一段机器人的轨迹规划参数 $\dot{q}_{12}$ 和 t_{12}：

$$\begin{cases}\ddot{q}_1=\text{sign}(q_2-q_1)\,|\ddot{q}_1| \\ t_1=t_{d12}-\sqrt{t_{d12}^2-\dfrac{2(q_2-q_1)}{\ddot{q}_1}} \\ \dot{q}_{12}=\dfrac{q_2-q_1}{t_{d12}-\frac{1}{2}t_1} \\ t_{12}=t_{d12}-t_1-\dfrac{1}{2}t_2\end{cases} \tag{6-27}$$

对于最后一段线性轨迹规划，情况与第一段相类似，即有

$$0-\frac{q_n-q_{n-1}}{t_{d(n-1)n}-\frac{1}{2}t_n}=\ddot{q}_n t_n \tag{6-28}$$

根据式(6-28)，可求出最后一段轨迹函数为

$$\begin{cases}\ddot{q}_n=\text{sign}(q_{n-1}-q_n)\,|\ddot{q}_n| \\ t_n=t_{d(n-1)n}-\sqrt{t_{d(n-1)n}^2+\dfrac{2(q_n-q_{n-1})}{\ddot{q}_n}} \\ \dot{q}_{(n-1)n}=\dfrac{q_n-q_{n-1}}{t_{d(n-1)n}-\frac{1}{2}t_n} \\ t_{(n-1)n}=t_{d(n-1)n}-t_n-\dfrac{1}{2}t_{n-1}\end{cases} \tag{6-29}$$

由此，便可求出多段轨迹中各个过渡域的时间和速度。对于所有的过渡域，机器人的加速度值都必须足够大，即过渡域持续时间应足够短，机器人的过渡域足够小，以便使得各段之间有足够长的线性域。

2. 具有中间点的三次多项式轨迹规划

除了抛物线过渡的线性轨迹规划外，我们也可以在两个路径点间利用三次多项式进行轨迹规划，以确保机器人经过所有路径点且运动保持稳定。

若已知机器人需要由初始位置 q_0 运动至末端位置 q_f，并且在运动过程中经过了 $n-1$ 个中间点 $q_1, q_2, \cdots, q_{n-1}$，我们便可以利用路径点将机器人的全段运动分解为 n 段轨迹 $[(q_0,q_1),(q_1,q_2),\cdots,(q_{n-1},q_f)]$，并在各分段内利用三次多项式进行轨迹规划，如图 6-14 所示。其各段的轨迹规划函数为

$$\begin{cases} q_i(\tau)=a_i+b_i\tau+c_i\tau^2+d_i\tau^3 \\ \dot{q}_i(\tau)=b_i+2c_i\tau+3d_i\tau^2 \\ \ddot{q}_i(\tau)=2c_i+6d_i\tau \end{cases} \tag{6-30}$$

式中，τ 为机器人在各分段内的运动时间；a_i、b_i、c_i、d_i 为(q_{i-1},q_i)段内轨迹规划的未知参数。

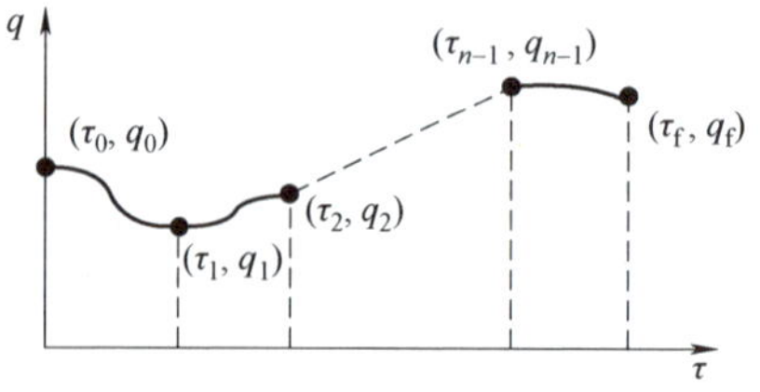

图 6-14　具有多个中间点的三次多项式轨迹规划

因此，对于经过了 $n-1$ 个中间点的轨迹规划，我们需要求解 $4n$ 个未知参数。为求解这些未知参数，机器人运动具有的几种位置、角速度及角加速度约束条件见表 6-3。

表 6-3　具有中间点的三次多项式轨迹规划约束条件

约束类型	内容
位置约束	$q_1(0)=q_0, q_n(\tau_f)=q_f$
	$q_i(\tau_f)=q_{i+1}(0)=q_i \quad (i=1,2,\cdots,n-1)$
角速度约束	$\dot{q}_i(\tau_f)=\dot{q}_{i+1}(0) \quad (i=1,2,\cdots,n-1)$
角加速度约束	$\ddot{q}_i(\tau_f)=\ddot{q}_{i+1}(0) \quad (i=1,2,\cdots,n-1)$

上述介绍了 $4n-2$ 个机器人运动约束条件，为确定唯一的机器人具有中间点的三次多项式轨迹规划函数，我们还需增加两个约束条件，一般选择以下两类边界条件之一来进行计算。

（1）第一类边界条件

已知机器人起始点与终止点的速度：

$$\begin{cases} \dot{q}_1(0)=v_0 \\ \dot{q}_n(\tau_f)=v_f \end{cases} \tag{6-31}$$

（2）第二类边界条件

已知机器人起始点与终止点的加速度：

$$\begin{cases} \ddot{q}_1(0)=a_0 \\ \ddot{q}_n(\tau_f)=a_f \end{cases} \tag{6-32}$$

任选上述其中一组边界条件，便可求出唯一的过中间点的三次多项式轨迹规划函数。利用该法进行规划，其轨迹连续且平衡，速度变化连续。但是，由于规划曲线起点与终点处的加速度不为 0，机器人在启动与停止过程中也会对电动机产生冲击。

例 6.5　假设有一个工业机器人初始停在起点 $q_0=30°$ 处，其需要经过中间点 $q_1=60°$、$q_2=20°$，最终停止在目标点 $q_f=10°$，若其在 $q_0\to q_1$、$q_1\to q_2$ 与 $q_2\to q_f$ 三个运动段的时间分别为 $\tau_1=1\text{s}$、$\tau_2=2\text{s}$、$\tau_3=1\text{s}$，试利用多个中间点的三次多项式法对其进行轨迹规划。

解： 根据三次多项式轨迹规划，机器人在各路经点间的轨迹规划方程为

$$\begin{cases} q_i(\tau)=a_i+b_i\tau+c_i\tau^2+d_i\tau^3 \\ \dot{q}_i(\tau)=b_i+2c_i\tau+3d_i\tau^2 \qquad (i=1,2,3) \\ \ddot{q}_i(\tau)=2c_i+6d_i\tau \end{cases}$$

由题意可知，机器人在三个运动段的约束条件见表 6-4。

表 6-4　过中间点的轨迹规划约束条件

约束类型	内容
位置约束	$q_1(0)=q_0=30°, q_3(1)=q_f=10°$
	$q_2(0)=q_1(1)=q_1=60°$
	$q_3(0)=q_2(2)=q_2=20°$
角速度约束	$\dot{q}_1(0)=0, \dot{q}_3(1)=0$
	$\dot{q}_1(1)=\dot{q}_2(0), \dot{q}_2(2)=\dot{q}_3(0)$
角加速度约束	$\ddot{q}_1(1)=\ddot{q}_2(0), \ddot{q}_2(2)=\ddot{q}_3(0)$

将上述约束条件代入机器人的轨迹规划方程，可得机器人三段运动的未知参数为

$$\begin{cases} a_1=30, b_1=0, c_1=66, d_1=-36 \\ a_2=60, b_2=24, c_2=-42, d_2=10 \\ a_3=20, b_3=-24, c_3=18, d_3=-4 \end{cases}$$

因此，机器人在各中间点之间的位置方程为

$$\begin{cases} q_1(\tau)=30+66\tau^2-36\tau^3 \\ q_2(\tau)=60+24\tau-42\tau^2+10\tau^3 \\ q_3(\tau)=20-24\tau+18\tau^2-4\tau^3 \end{cases}$$

其三次多项式轨迹规划的位置、角速度与角加速度曲线如图 6-15 所示。

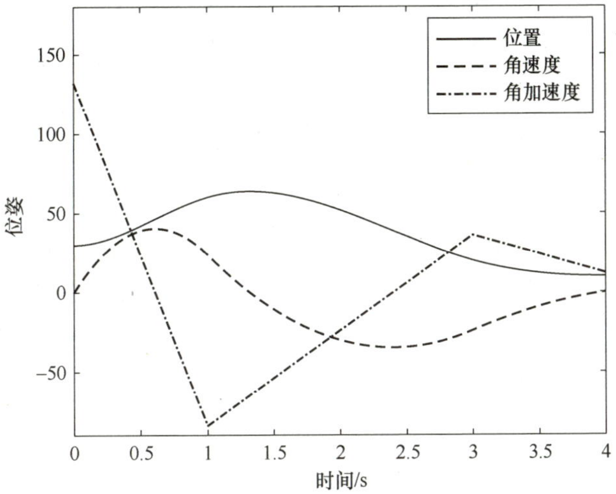

图 6-15　过多个中间点的三次多项式轨迹规划曲线

3. 具有中间点的高次多项式轨迹规划

机器人的任何轨迹均可视为路经多个中间点的平滑曲线，我们可以利用泰勒公式将机器

人轨迹曲线方程展开为一个高阶多项式来表示：

$$q_i(t)=a_0+a_1t+a_2t^2+\cdots+a_{n-1}t^{n-1}+a_nt^n \tag{6-33}$$

然而，高阶多项式轨迹规划的位置、速度及加速度方程均为高阶多项式，计算量较大。为了减小轨迹规划的计算量，我们可以将机器人轨迹划分为多个运动段，利用多个低阶多项式来代替高阶多项式，如利用 4-3-4 轨迹、3-5-3 轨迹或五段三次多项式轨迹来代替七次多项式轨迹，本结通过 4-3-4 轨迹来分析具体规划过程，其余方法则与 4-3-4 轨迹类似。

4-3-4 轨迹，即将机器人从起始点到目标点的轨迹拆分为三段，如图 6-16 所示。在轨迹规划时，我们需要对第一段轨迹与第三段轨迹利用四次多项式进行轨迹规划，第二段轨迹利用三次多项式进行轨迹规划，其运动方程如下：

$$\begin{cases}q_{i1}(t)=a_0+a_1t+a_2t^2+a_3t^3+a_4t^4\\q_{i2}(t)=b_0+b_1t+b_2t^2+b_3t^3\\q_{i3}(t)=c_0+c_1t+c_2t^2+c_3t^3+c_4t^4\end{cases} \tag{6-34}$$

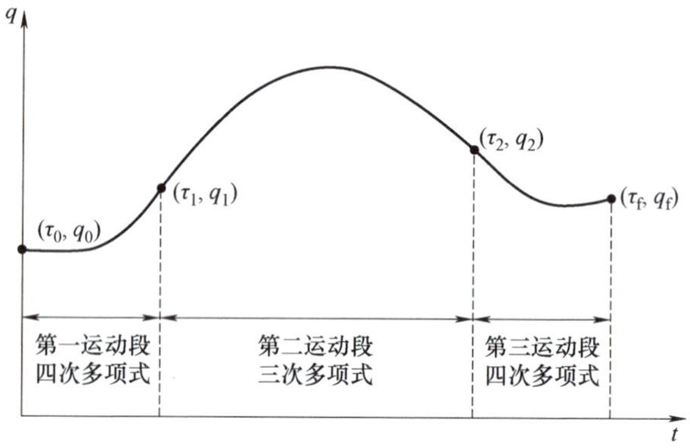

图 6-16 4-3-4 轨迹规划

由 4-3-4 轨迹的运动方程可知，我们需要确定 14 个未知参数，以求解机器人完整的轨迹方程。机器人轨迹有 7 个位置、角速度与角加速度约束条件来求解这些未知参数见表 6-5。

表 6-5 具有中间点的高次多项式轨迹规划约束条件

约束类型	内容
位置约束	起点位置 q_1 与终点位置 q_f 已知
	中间点 q_2 为第一运动段与第二运动段连接点
	中间点 q_3 为第二运动段与第三运动段连接点
角速度约束	起点速度 $\dot{q}_1$ 与终点速度 $\dot{q}_f$ 已知
	中间点附近速度保持连续
角加速度约束	起点加速度 $\ddot{q}_1$ 与终点加速度 $\ddot{q}_f$ 已知
	中间点附近加速度保持连续

例 6.6 现有一个工业机器人需要由起点 q_1 运动至目标点 q_f，若其在运动过程中需要经过两个路经点 q_2 与 q_3 来完成避障动作，现给定该机器人在三个运动段的位置、角速度、角加速度与运动时间如下，试利用 4-3-4 次多项式法对其进行轨迹规划，并绘制其位置、角速度与角加速度曲线。已知各点的位置和运动参数如下：

$$\begin{cases}q_1=0,\dot{q}_1=0,\ddot{q}_1=0,\tau_{1f}=2\text{s}\\q_2=30°,\tau_{2f}=4\text{s}\\q_3=90°,\tau_{3f}=2\text{s}\\q_f=60°,\dot{q}_f=0,\ddot{q}_f=0\end{cases}$$

解： 根据 4-3-4 轨迹规划，该机器人在三段运动中的位置、角速度与角加速度函数为

$$\begin{cases} q_1(t)=a_0+a_1t+a_2t^2+a_3t^3+a_4t^4 \\ q_2(t)=b_0+b_1t+b_2t^2+b_3t^3 \\ q_3(t)=c_0+c_1t+c_2t^2+c_3t^3+c_4t^4 \end{cases}$$

$$\begin{cases} \dot{q}_1(t)=a_1+2a_2t+3a_3t^2+4a_4t^3 \\ \dot{q}_2(t)=b_1+2b_2t+3b_3t^2 \\ \dot{q}_3(t)=c_1+2c_2t+3c_3t^2+4c_4t^3 \end{cases}$$

$$\begin{cases} \ddot{q}_1(t)=2a_2+6a_3t+12a_4t^2 \\ \ddot{q}_2(t)=2b_2+6b_3t \\ \ddot{q}_3(t)=2c_2+6c_3t+12c_4t^2 \end{cases}$$

根据机器人运动的边界条件，该轨迹规划函数的约束条件见表 6-6。

表 6-6　4-3-4 多项式轨迹规划约束条件

约束类型	内容
位置约束	$q_1(0)=0, q_3(2)=60°$
	$q_2(0)=q_1(2)=30°$
	$q_3(0)=q_2(4)=90°$
角速度约束	$\dot{q}_1=0, \dot{q}_3(2)=0$
	$\dot{q}_1(2)=\dot{q}_2(0), \dot{q}_2(4)=\dot{q}_3(0)$
角加速度约束	$\ddot{q}_1(0)=0, \ddot{q}_3(2)=0$
	$\ddot{q}_1(2)=\ddot{q}_2(0), \ddot{q}_2(4)=\ddot{q}_3(0)$

通过求解上述约束条件，可得轨迹规划的未知参数为

$$\begin{cases} a_0=0, a_1=0, a_2=0, a_3=7.32, a_4=-1.79 \\ b_0=30, b_1=30.71, b_2=1.07, b_3=-1.25 \\ c_0=90, c_1=-20.71, c_2=-13.93, c_3=14.46, c_4=-3.04 \end{cases}$$

其 4-3-4 轨迹规划的曲线如图 6-17 所示。

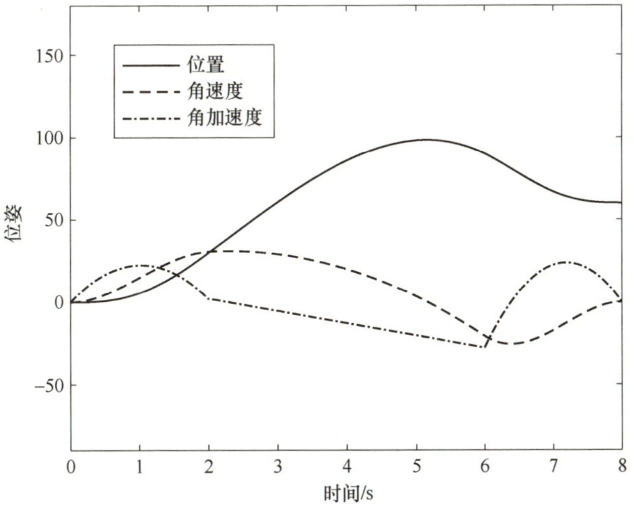

图 6-17　4-3-4 轨迹规划曲线

6.4 笛卡儿坐标空间轨迹规划

前面介绍的关节空间轨迹规划可以使机器人各关节沿平滑曲线运动并经过某些给定的路径节点。这种方法虽然可以确保机器人各关节在多个节点处的位姿状态，但却无法保证其在两个节点之间以及整个运动过程中的轨迹形状。当机器人在执行一些对末端轨迹有严格要求的任务，如进行插孔、打磨、焊接等工作时，关节空间轨迹规划将无法满足任务的轨迹需求，这就需要在笛卡儿坐标空间内对机器人末端进行轨迹规划。

例如，机器人进行安装螺栓作业时，末端机械手需要从螺栓槽中抓取螺栓并将其放入托架的一个孔中，如图 6-18 所示。令 P_i 表示机械手必须经过的笛卡儿坐标节点，以使机器人能沿如图所示虚线进行运动并完成螺栓的抓取与安置作业。此时，利用关节空间轨迹规划将无法较好地控制机器人末端轨迹，因此便需要对机器人末端机构进行笛卡儿坐标空间轨迹规划。

与关节空间轨迹不同，笛卡儿坐标空间轨迹所描述的是机器人相对于笛卡儿坐标系的运动轨迹，其机器人末端的路径可以实现可控化设计。实际上所有用于关节空间轨迹规划的方法都可用于笛卡儿坐标空间轨迹规划。但是，笛卡儿坐标空间轨迹规划必须反复通过逆运动学方程将所规划轨迹的笛卡儿坐标参数转化为机器人各关节参数，以此来控制机器人各关节运动。

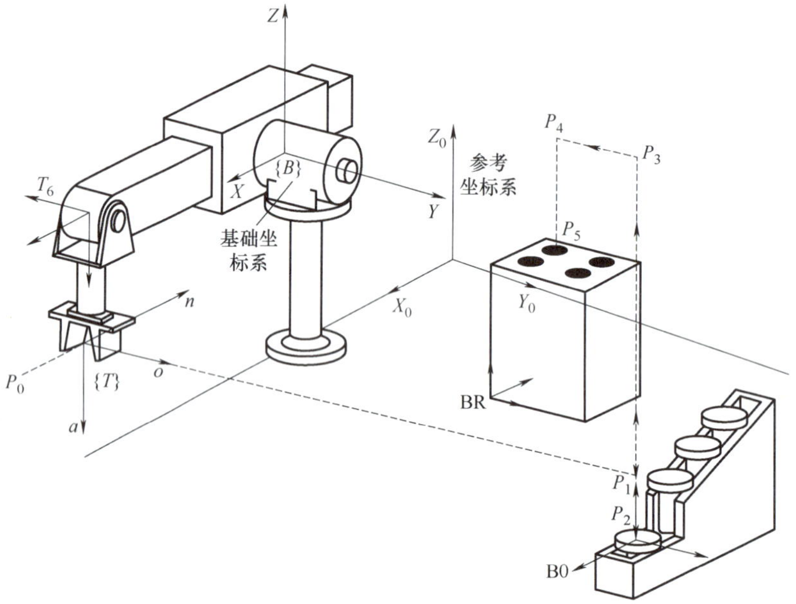

图 6-18 机器人安装螺栓作业

6.4.1 空间直线轨迹规划

在实际工业应用中，最常用的轨迹是点到点的直线运动。为实现机器人在两点间的直线运动，必须计算起点与终点间的位姿变换。

假设机器人在起点的位姿为 $\boldsymbol{T}_i$，在终点的位姿为 $\boldsymbol{T}_f$，则机器人在两点处的位姿可表示为

$$T_i=\begin{bmatrix}\boldsymbol{n}_i & \boldsymbol{o}_i & \boldsymbol{a}_i & \boldsymbol{p}_i\\ 0 & 0 & 0 & 1\end{bmatrix}=\begin{bmatrix}n_{ix} & o_{ix} & a_{ix} & p_{ix}\\ n_{iy} & o_{iy} & a_{iy} & p_{iy}\\ n_{iz} & o_{iz} & a_{iz} & p_{iz}\\ 0 & 0 & 0 & 1\end{bmatrix} \tag{6-35}$$

$$T_{\mathrm{f}}=\begin{bmatrix}\boldsymbol{n}_{\mathrm{f}} & \boldsymbol{o}_{\mathrm{f}} & \boldsymbol{a}_{\mathrm{f}} & \boldsymbol{p}_{\mathrm{f}}\\ 0 & 0 & 0 & 1\end{bmatrix}=\begin{bmatrix}n_{\mathrm{f}x} & o_{\mathrm{f}x} & a_{\mathrm{f}x} & p_{\mathrm{f}x}\\ n_{\mathrm{f}y} & o_{\mathrm{f}y} & a_{\mathrm{f}y} & p_{\mathrm{f}y}\\ n_{\mathrm{f}z} & o_{\mathrm{f}z} & a_{\mathrm{f}z} & p_{\mathrm{f}z}\\ 0 & 0 & 0 & 1\end{bmatrix} \tag{6-36}$$

式中，$\boldsymbol{n}$、$\boldsymbol{o}$ 与 $\boldsymbol{a}$ 表示相对于参考坐标系的运动坐标系的坐标轴；$\boldsymbol{p}$ 表示该运动坐标系的坐标原点。

因此，机器人在起点与终点两位姿的变换可表示为

$$\boldsymbol{T}_{\mathrm{f}}=\boldsymbol{T}_i\boldsymbol{R} \tag{6-37}$$

在式(6-37)两边同时左乘初始位姿 $\boldsymbol{T}_i$ 的逆矩阵，便可求得两位姿的总变换矩阵 $\boldsymbol{R}$ 为

$$\boldsymbol{R}=\boldsymbol{T}_i^{-1}\boldsymbol{T}_{\mathrm{f}} \tag{6-38}$$

在求得总变换矩阵后，还需将其拆分为多个分变换，以使运动控制器控制机器人各关节运动。较为常用的总变换转化方法主要有以下三种。

1. 微分运动法

在起点与终点间添加较少中间点将导致机器人关节运动不平稳，为使机器人在运动起点与终点间具有平滑的线性变换，需要将该段线性轨迹划分为大量很小的分段，从而便产生了大量的微分运动。因此，通过微分运动方程，便可将末端机械手坐标系在每个新段的位姿与微分运动、雅可比矩阵及关节速度通过下列方程联系在一起：

$$\begin{cases}\boldsymbol{D}=\boldsymbol{J}\boldsymbol{D}_\theta\\ \boldsymbol{D}_\theta=\boldsymbol{J}^{-1}\boldsymbol{D}\\ \mathrm{d}\boldsymbol{T}=\Delta\cdot\boldsymbol{T}\\ \boldsymbol{T}_{\mathrm{new}}=\boldsymbol{T}_{\mathrm{old}}+\mathrm{d}\boldsymbol{T}\end{cases} \tag{6-39}$$

该种方法需要将线性轨迹大量分段，具有较大的计算量，并且仅当雅可比矩阵可逆时才有效。

2. 单轴旋转法

机器人起点位姿和终点位姿之间的变换 $\boldsymbol{R}$ 可分解为一个平移变换和两个旋转变换。平移将坐标原点从起点移动到终点，第一个绕 n'轴的旋转将末端手坐标系与期望姿态对准，第二个绕 a''轴的旋转将手坐标系旋转到最终的姿态。在该方法中，平移与两个旋转变换是同时进行的，如图 6-19 所示。

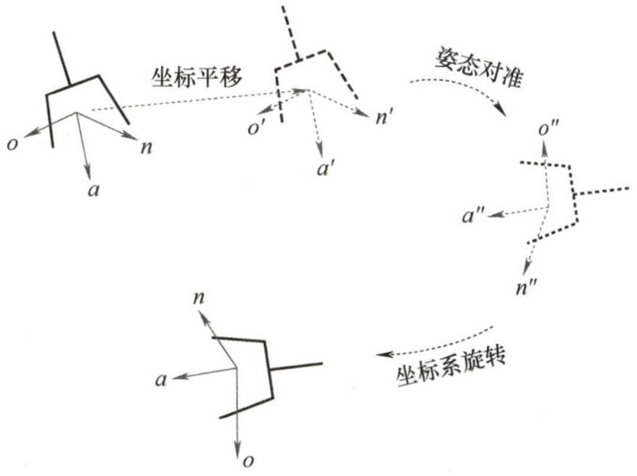

图 6-19　单轴旋转法位姿变换

3. 双轴旋转法

如图 6-20 所示，机器人起点位姿和终

点位姿之间的变换 $\boldsymbol{R}$ 可分解为坐标原点的平移变换和绕 q 轴的旋转变换，q 轴即为手部坐标系初始姿态与期望姿态之间的中心旋转轴。这两种变换同样是同时进行的。

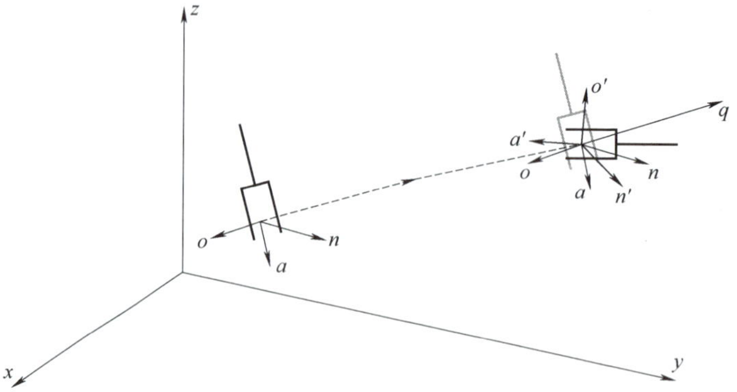

图 6-20　双轴旋转法位姿变换

例 6.7　已知有一平面 2R 串联机械臂如图 6-21 所示，其连杆长 10cm。由于工作需求其末端机械手需要从点 $A(2,10)$ 沿直线运动到点 $B(12,2)$，试对其末端机械手进行轨迹规划，并计算各关节变量。

解： 末端机械手在笛卡儿坐标空间中进行直线运动，因此由机械手运动的始末两点便可得到机械手的运动路径函数。由末端机械手在笛卡儿坐标空间的始末位置可得，机械手在 A 点与 B 点间运动路径的线性斜率为

$$\frac{y-10}{x-2}=\frac{2-10}{12-2}=-0.8$$

因此，我们可以得到机械手各中间点的笛卡儿坐标空间位置函数为

$$y=-0.8x+11.6$$

若将机械手的整段线性运动路径均分为 10 段，便可以得到末端机械手所经过的全部中间点坐标见表 6-7 第 2、3 列所示。

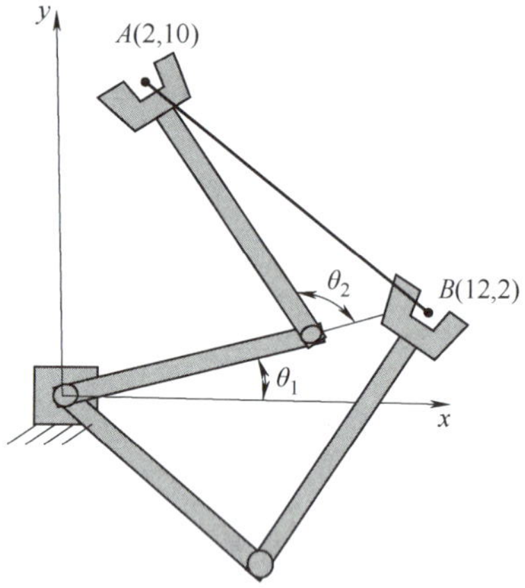

图 6-21　平面 2R 串联机械臂

由图 6-17 可知，该机械手在笛卡儿坐标空间与关节空间运动的映射关系为

$$\begin{cases}x=l\cos\theta_1+l\cos(\theta_1+\theta_2)\\y=l\sin\theta_1+l\sin(\theta_1+\theta_2)\end{cases}$$

通过反解该方程，可得机械手在各路所经点的关节位姿见表 6-7 第 4、5 列所示。

表 6-7　空间直线轨迹规划机械手关节位置

序号	x/cm	y/cm	θ_1/(°)	θ_2/(°)
1	2	10	19.34	118.69
2	3	9.2	10.88	122.13
3	4	8.4	2.26	124.56

（续）

序号	x/cm	y/cm	θ_1/(°)	θ_2/(°)
4	5	7.6	-6.28	125.89
5	6	6.8	-14.46	126.07
6	7	6	-21.95	125.1
7	8	5.2	-28.48	123.01
8	9	4.4	-33.89	119.88
9	10	3.6	-38.1	115.8
10	11	2.8	-41.14	110.84
11	12	2	-43.07	105.07

6.4.2　圆弧轨迹规划

在工业生产中，受到作业空间的限制，机器人的运动将不可避免遇到一些障碍，因此空间直线轨迹规划将无法满足机器人的实际运动需求。为了完成机器人的避障动作，就需要机器人进行圆弧轨迹规划。

与直线轨迹规划相同，圆弧轨迹规划同样需要对机器人的始末位姿及其变换矩阵进行求解；为使末端执行器在预期圆弧路径上平滑运动，同样需要将该段圆弧路径分解为多个小段，计算各中间点的位置并将其转化为关节量，以控制机器人驱动关节的运动。

除了直线轨迹与圆弧轨迹之外，机器人的实际运动还存在抛物线、正弦曲线、样条曲线等许多复杂轨迹。但是复杂的轨迹将导致笛卡儿坐标空间轨迹规划的运算量变得非常大，因为其在进行轨迹规划时需要实时地利用逆运动学方程将路径点转化为关节角。为了简化轨迹规划的复杂程度，我们通常可以将复杂曲线分割为多段直线与圆弧平滑连接。因此，直线轨迹与圆弧轨迹为笛卡儿坐标空间轨迹规划的最基本规划方法。

6.4.3　笛卡儿坐标空间轨迹规划所需注意问题

笛卡儿坐标空间轨迹规划可以很好保证机器人末端执行器按预期的轨迹运动，但却存在着与工作空间和奇异点相关的一些问题。

1. 中间点不可到达

以最简单的平面二连杆机械臂为例，如图 6-22 所示，当机械臂两根连杆长度存在差异时，由于连杆 2 比连杆 1 短，末端机械手的运动空间将存在着一个圆形禁区，该禁区的半径为两杆长度之差。而在笛卡儿坐标空间中进行轨迹规划时，并未考虑这些约束条件，因此起始点与目标点间连线中的某些中间点将可能位于禁区内。而在机器人实际工作中，禁区内的这些点是不可能经过的，因此这种轨迹规划将不可能实现。

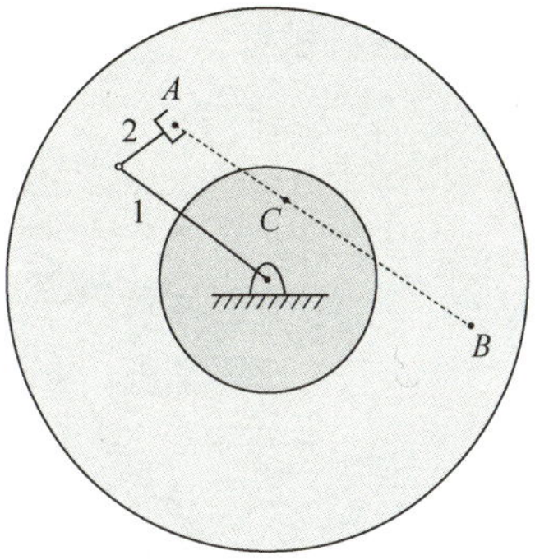

图 6-22　中间点不可到达问题

2. 奇异点附近极大的关节速度

如图 6-23 所示，现需要机器人的末端机械手从 A 点沿直线移动至 B 点，且其路径上的所有点都可以到达。在机器人运动过程中，必会出现一个中间点，在该点处机器人两连杆共线，即奇异点。由于奇异点处机器人动力学的雅可比矩阵不可逆，微小的末端速度便会使关节产生无穷大的速度。因此，越靠近奇异点，机器人的关节速度将越大。为了解决这一问题，必须减小这一路径上所有笛卡儿坐标空间运动速度，以将所有关节运动速度限制在其所容许的范围内。

3. 沿不同路径都可到达终点

通常，末端机械手在某一点的相应的关节角有多个解，因此机械手可以沿多个路径到达终点，如图 6-24 所示。但是，由于机器人各关节存在着一定的约束条件，有些路径解将受到结构的限制而无法沿预期路径到达终点，而有些解可以使机械手到达所有路径点。因此，对于这种问题需要在机器人实际运动之前检测出来。

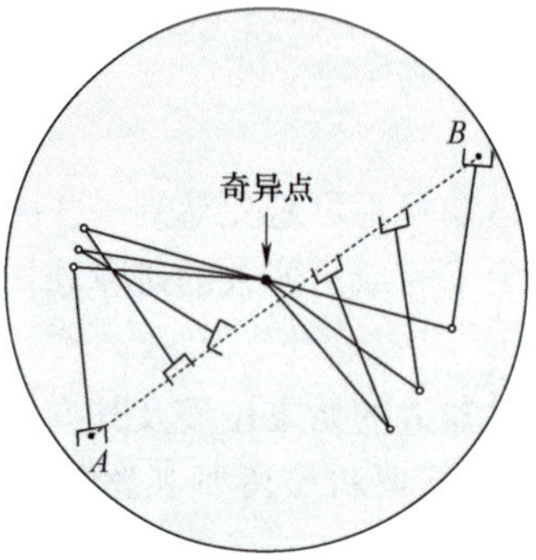

图 6-23　奇异点附近具有极大的关节速度问题

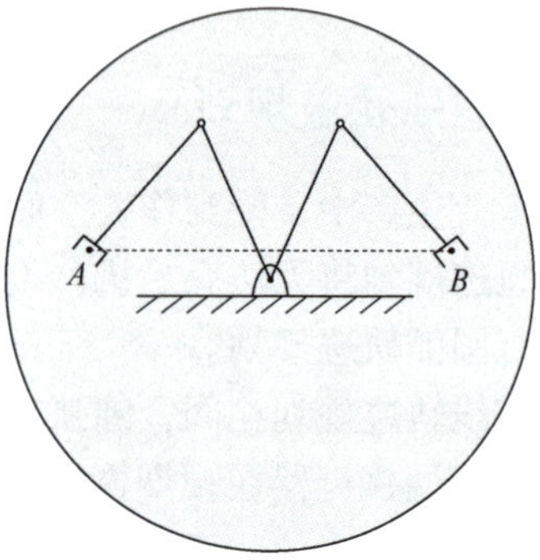

图 6-24　沿不同路径到达终点问题

6.5　设计项目：四足机器人的腿部轨迹规划

四足机器人最基本的运动便为向前行走，其他方向的运动均可视为向前行走的扩展运动。因此，我们通过对机器人足端的运动轨迹进行规划，便可以实现机器人行进的轨迹规划。

已知一四足机器人如图 6-25a 所示，其肩部关节可以实现身体姿态左右方向的调整；肩部与腿部关节可以实现身体前进方向的调整，因此该机器人可以简化为如图 6-25b 所示的空间 3R 串联机械臂，其身体平台即为机械臂的基座，足端即为末端执行器。

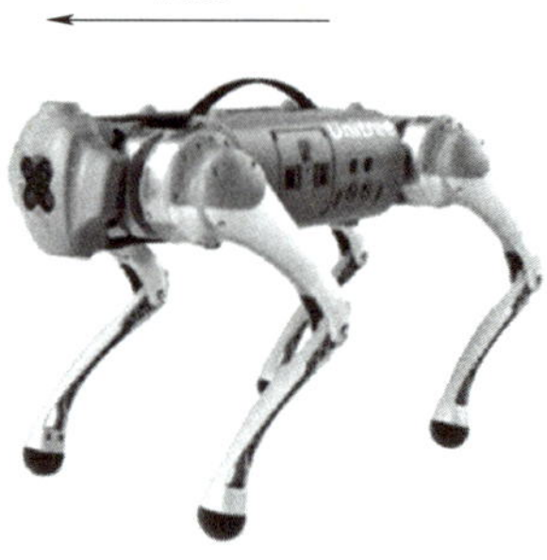

a) 实物

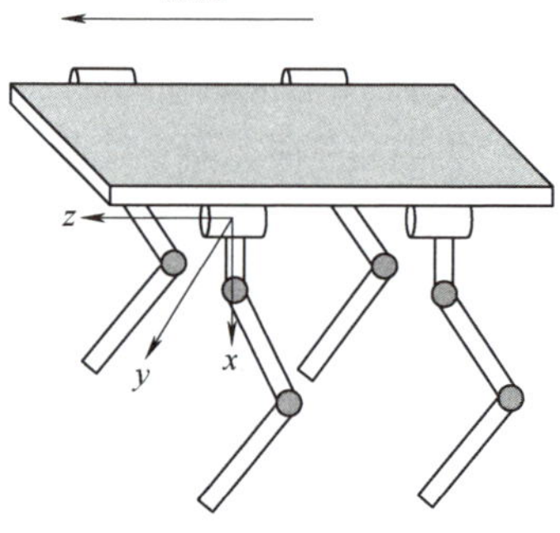

b) 机构简化

图 6-25　四足机器人机构简图

若已知该四足机器人腿部的等效连杆长度为 $L_1 = 2\text{cm}$、$L_2 = 10\text{cm}$、$L_3 = 12\text{cm}$，以左前腿与基座的连接点为原点建立参考坐标系如图 6-25b 所示，若要求左足在 5s 内由点 $A(6,0,0)$ 沿直线运动至点 $B(8,1,6)$，试利用空间线性规划法对左前腿的轨迹进行规划。

本章小结

轨迹规划是机器人运动控制的基础，其性能直接影响着机器人的工作效率、运动平稳性与能量消耗。如果机器人轨迹规划不合理，将可能导致机器人的运动精度降低、轨迹偏移，甚至会产生冲击振动而导致机械部件的损坏。

本章在介绍了轨迹规划的基本原理后，着重介绍了在关节空间与笛卡儿坐标空间中进行轨迹规划的几种常用方法，在两种坐标空间内许多轨迹规划方法是通用的。关节空间轨迹规划的计算量较小，但是末端执行器在两点间的运动不可预知；笛卡儿坐标空间轨迹规划可以使末端执行器按照预期路径进行运动，但是需要不断地将笛卡儿坐标空间中的参数转化为关节空间计算量，计算难度较为复杂。

课后习题

6-1　已知一只单连杆机械臂的关节初始位置为 $\theta_1 = 0°$，该机械臂由静止开始在 5s 内平滑转动到 $\theta_2 = 80°$ 位置并停止，试进行以下轨迹规划并绘制出其位置、角速度与角加速度曲线：

1）利用关节空间中的三次多项式法进行轨迹规划。

2）若其最高速度为 20(°)/s，试利用带抛物线过渡的线性规划法进行机械臂的轨迹规划，并求其最小过渡时间。

6-2　已知一只单连杆机械臂的关节用 4s 的时间由 $\theta_1 = 20°$ 移动至 $\theta_2 = 80°$，在 θ_1 处机械臂静止，在 θ_2 处机械臂的速度为 5(°)/s，试用三次多项式法进行关节空间轨迹规划，并绘制出其位置、角速度与角加速度曲线。

6-3　一台单连杆机械手停在初始位置 $\theta_1 = 120°$处，现要求其在 5s 内平滑运动至目标点 $\theta_2 = 30°$处并停车，其在初始点与终止点的角速度均为 0，角加速度均为 10(°)/s。试用 MATLAB 编写一段程序，以建立其五次多项式轨迹规划方程，并绘制出其位置、角速度与角加速度曲线。

6-4　一个 2 自由度平面连杆机器人的末端机械手沿直线从点 $A(4,6)$ 运动到点 $B(12,3)$。若将该路径划分为三段，且每一连杆长 9cm，试求每个中间点处该机器人的关节量。

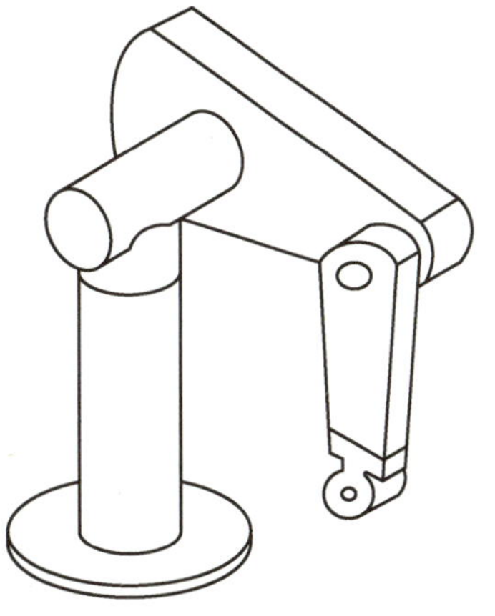

图 6-26　二连杆 3 个自由度机械臂

6-5　已知有一如图 6-26 所示的二连杆 3 自由度机械臂，每根连杆的长度均为 9cm。假设定义坐标系使当所有关节角均为 0 时手臂处于垂直向上状态。现要求末端机械手沿直线从点 $A(9,6,10)$ 移动到点 $B(3,5,8)$。若将该路径划分为10等份，试求3个关节在每个中间点的角度值，并绘制出这些角度。

6-6　假设有一个工业机器人需要由起点 q_0 经过两个中间点 q_1 与 q_2 运动至目标点 q_f，若其在分段运动时长分别为 t_1、t_2 与 t_3，试编写一段MATLAB程序，以使其进行3-5-3轨迹规划。

6-7　现有一台机械臂停留在 $q_0=5°$ 处，其工作过程中需要经过中间点 $q_1=15°$ 及 $q_2=45°$，并在 $q_f=30°$ 处停车，若其三段运动的时长分别为5s、6s、5s，且在过渡域机器人的角加速度大小均为 $10(°)/s^2$，试利用抛物线过渡法对其进行过中间点的线性轨迹规划。

参考文献

[1]　蒋志宏. 机器人学基础[M]. 北京：北京理工大学出版社，2018.

[2]　尼库 S B. 机器人学导论——分析、系统及应用[M]. 孙富春，等译. 北京：电子工业出版社，2018.

[3]　蔡自兴，谢斌. 机器人学基础[M]. 北京：机械工业出版社，2021.

[4]　李彬，陈腾，范永. 四足仿生机器人基本原理及开发教程[M]. 北京：清华大学出版社，2023.

[5]　徐文福. 机器人学：基础理论与应用实践[M]. 哈尔滨：哈尔滨工业大学出版社，2020.

[6]　于靖军，刘辛军. 机器人机构学基础[M]. 北京：机械工业出版社，2022.

[7]　朱大昌，张春良，吴文强. 机器人机构学基础[M]. 北京：机械工业出版社，2020.

[8]　FU K S，GONZALES R C，LEE C S G. Robotics：Control，Sensing，Vision，and Intelligence[M]. New York. McGrawHill，1987.

[9]　樊炳辉，袁义坤，张兴蕾，等. 机器人工程导论[M]. 北京：北京航空航天大学出版社，2018.

[10]　陶永，王田苗. 机器人学及其应用导论[M]. 北京：清华大学出版社，2021.

第7章 机器人驱动器

7.1 引言

机器人驱动器是驱动机器人关节做直线或旋转运动，以使机器人达到预定的姿态、位置、角速度和角加速度的动力装置。机器人驱动器是机器人实现运动的核心零部件之一，其种类繁多，分类的方式也多种多样，一般根据动力源的不同，主要分为液压、气动和电气驱动器。在机器人刚出现的年代，以工业机器人为主，需要较大的驱动力，且对运动的精度和移动性能要求不高，所以驱动器以液压、气动方式为主。随着机器人技术的发展，驱动器对运动的速度、精度性能要求越来越高，特别是移动仿生机器人的迅速发展，结构和控制相对简单、精度高的电气驱动器逐渐成为主力军。近年来，随着一些新型机器人如软体机器人、微纳机器人等的出现，传统的驱动器已难以满足要求，不同原理的新型驱动器不断涌现，如人工肌肉驱动器、压电驱动器、静电驱动器等。这些新型驱动器在材料、结构、体积、重量和驱动能力等方面具有独特的优势，可以满足新型机器人的特殊需求，并且随着技术的进步，有可能进一步代替传统的驱动器，应用在一般机器人上，大幅提升其运动性能。

本章首先对驱动器的特性和主要类型进行介绍，然后重点分析各类驱动器的工作原理、基本结构、控制方法和应用，最后对几种新型驱动器做简要介绍。

7.2 机器人驱动器的基本性能要求

机器人驱动器相当于人的肌肉，其主要作用是驱动关节和构件产生期望的运动，各种应用场景对机器人的运动速度、加速度、运动精度、运动范围等性能都有一定的要求，而对机器人的体积、重量、输入功率等都有一定限制。因此，为实现对机器人的驱动，驱动器的性能指标必须满足一定的要求，包括质量、功率、功率密度、工作电压、工作温度等方面。不同类型的驱动器，由于工作原理和驱动方式不同，其性能要求也不同，但通常需要满足以下基本要求。

1. 重量轻

由于许多机器人的驱动器都是直接放在关节处，会随着关节一起运动，因此后面关节驱动器的重量会成为前面关节驱动器的负载，也必须驱动其进行加速和减速运动。如果后面驱动器越重，前面关节的驱动器就必须提供更大的驱动力或力矩，从而需要更大功率和重量的前关节驱动器，这会使整个机器人变得更加笨重和耗能。因此，为了提高机器人的灵活性和减少能耗，驱动器需要具有轻量化的设计，尤其是在服务型机器人中，驱动器往往占到机器人总成本的50%以上，因此体积小、重量轻是驱动器的一个重要性能要求。

2. 功率密度大

机器人驱动器在满足重量轻的条件下，更重要的是功率大，这样才能有足够的力和力矩驱动关节运动。因此，机器人要求驱动器的功率和质量的比值即功率密度要比较大。不同类型的驱动器功率密度不一样，一般认为，如果只考虑驱动器本身，液压驱动器的功率密度最大，气动驱动器的功率密度次之，电气驱动器的功率密度最低，约为液压驱动器的 1/10、气动驱动器的 1/3。动物肌肉的功率密度约为 0. 5kW/kg，波士顿动力公司的大狗机器人所采用的液压驱动器的功率密度最大可以到 2~4kW/kg。而传统的电气驱动器由于所用电动机的功率密度低，并且还加减速器，其功率密度一般还达不到动物肌肉的功率密度，约为 0. 2~0. 3kW/kg。但最近电气驱动器的功率密度也在迅速进步，目前做得比较好的特斯拉机器人的电气驱动器功率密度可以达到 0. 5~1kW/kg，美国麻省理工学院研制的 MIT Mini Cheetah 四足机器人采用的电动机驱动器甚至达到了 2. 4kW/kg，已经接近液压驱动器的功率密度。

3. 适度的刚度

驱动器的刚度是指驱动器在静止或运动时对抗外界负载所产生变形的度量。刚度越大，驱动器在相同负载下变形越小。相反，刚度越小，即驱动器的柔性越大，驱动器越容易变形。由于液体的不可压缩性，液压驱动器的刚度比较大，电气驱动器一般采用刚性的电动机和减速器，其刚度也比较大，而气体很容易被压缩，因此气动驱动器的刚度比较小，柔性比较好。刚度高的驱动器对变换负载和压力的响应比较快，定位精度和运动精度都比较高，在精密装配中有着重要的应用，如电路板中集成电路和元器件的自动装配。

但刚性驱动器的容错性比较差，一旦待装配的零件和孔没有对准，很容易损坏机器人和零件，甚至带来危险，特别是人机交互的机器人。而柔性驱动器可以通过弯曲变形防止刚性碰撞和破坏，提升驱动器的灵活性和安全性。因此机器人驱动器的刚度需要根据应用场景进行合理选择。

此外，针对不同类型的机器人，驱动器的性能也有不同要求，如体积、功耗、能量利用率、可靠性、噪声等，在进行机器人驱动器设计时需要综合考虑上述基本性能和特殊性能要求，以确保机器人能够在各种环境下安全、顺畅地工作。随着技术的发展和市场需求的变化，机器人驱动器的技术也在不断进步，其性能要求也在不断变换。

7.3 机器人驱动器的主要类型与选用原则

7.3.1 机器人驱动器的主要类型

目前，应用最多的机器人驱动器主要有液压驱动器、气动驱动器和电气驱动器。其中，液压驱动器是一种利用液体传递压力来产生力和运动的动力传输方式。液压驱动器通过液体(通常为油)在封闭系统内的流动来实现机械装置的控制和操作，这个过程涉及能量的转换，将机械能转换为液体的压力能，再转换回机械能。这种传动方式允许在封闭的空间和管道内进行，且传动与控制可以同时存在。机器人液压驱动器具有动力大、响应快速、耐冲击、防爆性好等优点。

与液压驱动器相似，气动驱动器是一种利用压缩空气作为能源来产生机械运动的设备，具有污染小、反应迅速以及成本低等优点，但是，由于空气的可压缩性，相比液压驱动，其输出力和力矩较为有限，适用于承载能力和惯量要求不高的场合。

电气驱动器则是利用各种电动机产生的力矩和力，直接或间接地由机械传动机构去驱动机器人本体的执行机构，以获得机器人的各种运动。电气驱动器以其高效的能量转换、灵活的控制能力、良好的环保性和广泛的应用范围，在现代自动化和机器人技术中扮演着至关重要的角色。

表 7-1 汇总了三种基本驱动方式及其主要特点。

表 7-1　基本驱动方式及其特点

性能类型	液压驱动	气动驱动	电气驱动
适用负载	适用于大型机器人和较大的负载场合，典型压力范围在 10~30MPa	相比液压驱动负载较小，压力范围 0.3~1MPa	较大
控制性能	控制精度较高，输出功率大，可无级调速，反应灵敏，可实现连续轨迹控制	气体压缩性大，精度低，阻尼效果差，低速不易控制，难以实现伺服控制	控制精度高，能精确定位，反应灵敏。可实现高速、高精度的连续轨迹控制，伺服特性好，控制系统复杂
响应速度	很高	较高	很高
安全性	防爆性能较好，用液压油作传动介质，在一定条件下有火灾危险	防爆性能好，高于 1000kPa 时应注意设备的抗压性	设备本身无爆炸和火灾危险。直流有刷电动机换向有火花，对环境的防爆性能差
对环境的影响	液压系统易漏油	排气噪声	无
成本与维修	液压元件成本较高，但维修方便	成本低，维修方便	成本高，维修较复杂

为了有更直观的认识，图 7-1 给出了以上三种驱动方式的机器人实物图，分别是波士顿动力的 BigDog 液压驱动机器人、FESTO 的气压驱动以及 KUKA 的电气驱动机器人。

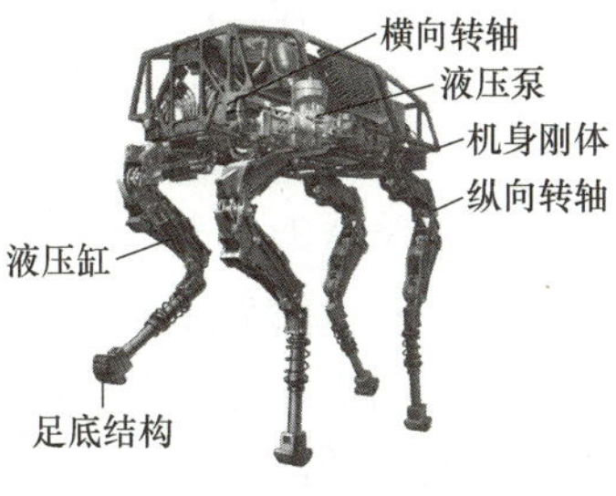

a) BigDog液压驱动机器人

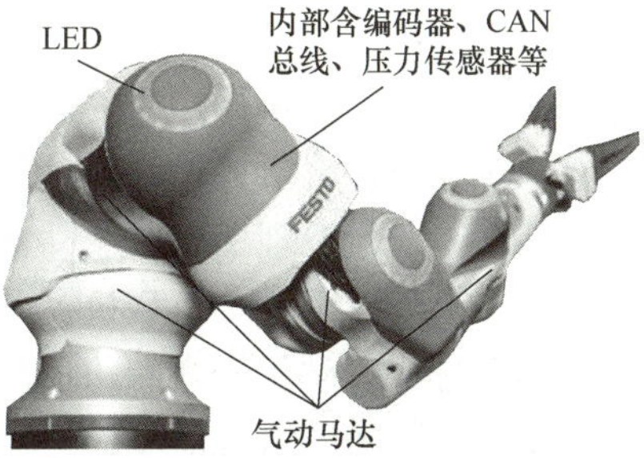

b) FESTO气压驱动机器人

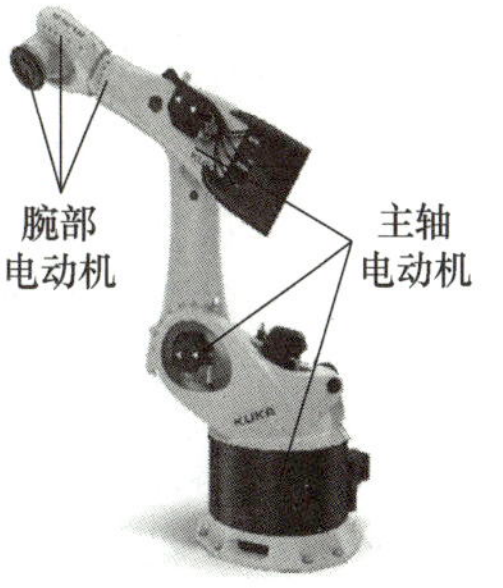

c) KUKA电气驱动机器人

图 7-1　不同驱动方式的机器人实物图

7.3.2 机器人驱动器的选用原则

在了解基本驱动方式后，下面讨论驱动系统的选用原则。

机器人驱动系统的选用，应根据性能要求、控制功能、运行的功耗、应用环境及作业要求、性能价格比以及其他因素综合加以考虑。在充分考量各种驱动系统特点的基础上，在保证机器人性能规范、可行性和可靠性的前提下，做出决定。一般情况下，各种机器人驱动系统的设计选用原则大致如下。

1. 控制方式

物料搬运(包括上、下料)、冲压用的有限点位控制的程序控制机器人，低速重负载的可选用液压驱动系统；中等负载的可选用电气驱动系统；轻负载、高速的可选用气动驱动系统。冲压机器人多选用气动驱动系统。

用于点焊、弧焊及喷涂作业的工业机器人，要求只有任意点位和连续轨迹控制功能，需采用伺服驱动系统，如电液伺服和电气伺服驱动系统。在要求控制精度较高，如点焊、弧焊等工业机器人，多采用电气伺服驱动系统。重负载的搬运机器人及须防爆的喷涂机器人可采用电液伺服控制。

2. 作业环境要求

从事喷涂作业的机器人，由于工作环境需要防爆，考虑到其防爆性能，多采用电液伺服驱动系统和具有本质安全型防爆的交流电动机伺服驱动系统。水下机器人、核工业专用机器人、空间机器人以及在腐蚀性、易燃易爆气体和放射性物质环境下工作的移动机器人，一般采用交流伺服驱动。如要求在洁净环境中使用，则多要求采用直接驱动(Direct Drive，DD)电动机驱动系统。

3. 操作运行速度

对于装配机器人，由于要求其具有很高的点位重复精度和较高的运行速度，通常在运行速度相对较低的情况下，可采用 AC、DC 或步进电动机伺服驱动系统。在速度、精度要求均很高的条件下，多采用直接驱动电动机驱动系统。

7.4 液压驱动器

液压驱动器作为现代工业与机械系统中不可或缺的动力转换组件，以其独特的工作原理和广泛的应用，成为实现精准控制和高效能量传递的关键要素。在液压系统的心脏部位，它通过利用不可压缩的流体作为工作介质，将机械能转换为液体压力能，再转化为机械能，完成力与运动的能量转换。这种基于帕斯卡原理工作的驱动器，能够实现大范围的力量和速度调节，从而满足各种复杂工况的需求。无论是在重型机械、汽车制造、航空航天还是在精细操作的医疗器械中，液压驱动器都扮演着举足轻重的角色，其稳定性、响应速度以及控制的精确性，是其他驱动方式难以比拟的。随着科技的不断进步，液压驱动器的设计和材料也在不断创新，以适应更加严苛的工作环境并提高系统整体的性能。

下面将从液压驱动器的基本原理、基本结构、控制系统以及典型应用展开介绍。

7.4.1　液压驱动器的基本原理

在液压系统中，泵是核心部件，它将原动机提供的机械能转换成液体的压力能。当液体被泵压缩后，它会在整个封闭系统内传递压力。根据帕斯卡原理，液体在封闭容器中任何位置施加的压力会均匀快速地传递到容器内的其他区域。这就意味着，对液体的一部分施加的压力可以传递到整个液体体积中，从而通过液体将力传递到执行元件上。通过控制液体的流量和流向，可以实现对执行元件(如液压缸或液压马达)运动的精确控制。流量的大小决定了执行元件的速度，而流向则决定了其运动方向。在液压系统中，机械能首先转换为液体的压力能，然后再转换为机械能来驱动负载。这个过程遵循能量守恒定律，即输入的能量与输出的能量相等。

图 7-2 为泵驱动的液压缸，根据帕斯卡原理，进油腔内的油压与连接的泵压缩后液体压力 P_1 相等，出油腔油压与相连接的油箱油压 P_2 相等，液压缸的驱动力为

$$F=P_1S_1-P_2S_2 \tag{7-1}$$

式中，S_1、S_2 为液压缸中活塞有效作用面积。

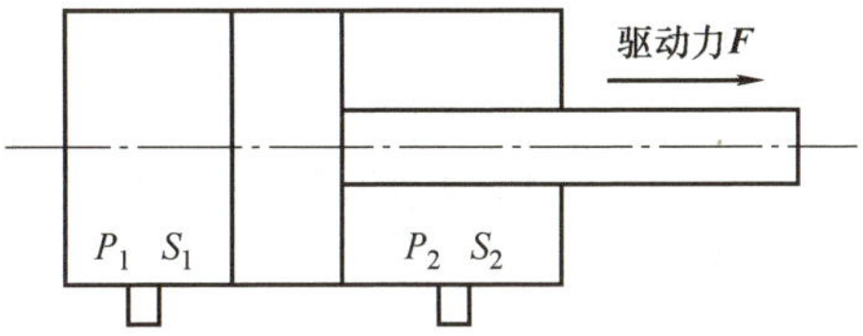

图 7-2　典型液压缸原理图

液压驱动器包含液压缸和液压马达两大类，其中液压缸又分为直线液压缸和摆动液压缸两种。图 7-3 为液压驱动器外观示意图。

a) 直线液压缸

b) 摆动液压缸

c) 液压马达

图 7-3　液压驱动器

液压缸在液压系统中的作用是将液压能转变为机械能，使机械实现往复直线运动或摆动运动，在液压系统中的应用较为广泛。根据供油方向，液压缸可分为单作用缸和双作用缸；根据用途，液压缸又可分为串联缸、增压缸和增速缸等，如图 7-4 所示。

液压缸的重要参数包括活塞运动速度、输出力、压力、流量、功率与效率等，因此，下面以单活塞杆液压缸为例，给出部分参数的计算方法。

(1) 工作负载

液压缸工作负载 F_R 是指工作机构在满负载下，以一定速度起动时，对液压缸产生的总阻力，即

$$F_R=F_1+F_f+F_g \tag{7-2}$$

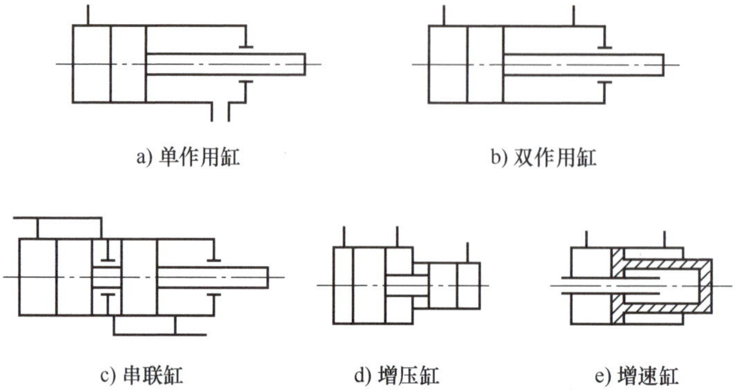

图 7-4　常见液压缸类型

式中，F_1 为工作机构的负载、自重等对液压缸产生的作用力；F_f 为工作机构在满负载下起动时的静摩擦力；F_g 为工作机构满负载起动时惯性力。

液压缸推力 F 应等于或略大于其工作时阻力。

(2) 压力

液压缸工作压力为

$$p=\frac{F_R}{A} \tag{7-3}$$

式中，F_R 是作用在活塞上的载荷，A 是活塞的有效工作面积。由式(7-3)可知，压力 p 是由载荷 F_R 的存在而产生的。在同一个活塞的有效工作面积上，载荷越大，克服载荷所需要的压力就越大。如果活塞的有效工作面积一定，油液压力越大，活塞产生的作用力就越大。

额定压力(公称压力)PN 是液压缸能用以长期工作的压力。最高允许压力 p_{max} 也是动态试验压力，是液压缸在瞬间所能承受的极限压力。各国规范通常规定为

$$p_{max} \leqslant 1.5\text{PN(MPa)} \tag{7-4}$$

在液压系统中，为便于选择液压元件和设计管路，压力等级划分见表 7-2。

表 7-2　压力等级划分

级别	低压	中压	中高压	高压	超高压
额定压力/MPa	0~2.5	>2.5~8	>8~16	>16~32	>32

(3) 活塞运动平均速度和输出力(见图 7-5)

无杆腔活塞的有效面积 A_1 为

$$A_1=\frac{\pi}{4}D^2$$

有杆腔活塞的有效面积 A_2 为

$$A_2=\frac{\pi}{4}(D^2-d^2)$$

1) 无杆腔进油，有杆腔回油，如图 7-5a 所示。活塞向右移动，则活塞平均运动速度 v_1 为

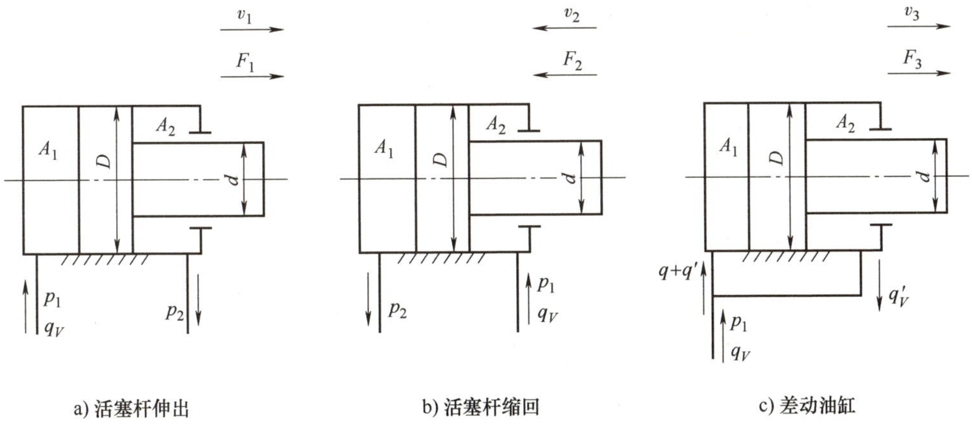

图 7-5 单活塞杆液压缸计算简图

$$v_1=\frac{q_v\eta_{cV}}{A_1}=\frac{4q_v\eta_{cV}}{\pi D^2} \tag{7-5}$$

活塞输出作用力为

$$F_1=p_1A_1-p_2A_2=(p_1-p_2)\frac{\pi}{4}D^2+p_2\frac{\pi}{4}d^2 \tag{7-6}$$

当回油直接排回油箱时，回油腔压力(背压)很小时，可以忽略不计，则

$$F_1=p_1A_1=\frac{\pi}{4}D^2p_1 \tag{7-7}$$

2）有杆腔进油，无杆腔回油，如图 7-5b 所示。活塞向左移动，则活塞平均运动速度 v_2 为

$$v_2=\frac{q_v\eta_{cV}}{A_2}=\frac{4q_v\eta_{cV}}{\pi(D^2-d^2)} \tag{7-8}$$

活塞输出作用力为

$$F_2=p_1A_2-p_2A_1=(p_1-p_2)\frac{\pi}{4}D^2-p_1\frac{\pi}{4}d^2 \tag{7-9}$$

若背压可以忽略不计，则

$$F_2=p_1A_2=\frac{\pi}{4}(D^2-d^2)p_1 \tag{7-10}$$

式(7-5)~式(7-10)中，q_v 为输入液压缸的油流量；D 为活塞直径；d 为活塞杆直径；η_{cV} 为液压缸容积效率，当有密封件密封时，泄漏量很小，可以近似取 $\eta_{cV}=1$；p_1、p_2 为液压缸进、回油压力。

由上述公式可以看出，单活塞杆液压缸两个油腔的有效作用面积不相等，两个油腔的输入流量不变的情况下，活塞的往返速度也不相等；两个油腔的输入压力不变的情况下，活塞能够提供的作用力也不相等。

3）差动油缸，如图 7-5c 所示油缸作差动连接时，差动油缸的无杆腔、有杆腔同时通入液压油，活塞两侧油压相同，但有效作用面积不同，活塞受到的合力推动活塞向右移动。

活塞平均运动速度为

$$v_3=\frac{q_v}{A_1-A_2}=\frac{4q_v}{\pi d^2} \tag{7-11}$$

差动连接时，作用力为

$$F_3=p_1(A_1-A_2)=\frac{\pi}{4}d^2p_1 \tag{7-12}$$

差动连接时，有效作用面积是活塞杆的横截面面积。与非差动连接相比，无杆腔进油时，在输入油液压力和流量相同的条件下，活塞杆伸出速度较快而推力较小。

实际应用中，液压系统可以通过换向阀来改变单活塞杆液压缸的油路连接，实现“快进(差动连接)—工进(无杆腔进油)—快退(有杆腔进油)”的工作循环。并且，如果取 $D=\sqrt{2}d$，还能实现差动液压缸快进速度与快退速度相等。

(4) 液压缸的功和功率

液压缸的功和功率是衡量其性能的重要参数。液压缸所做的功 W 可以表示为

$$W=FS \tag{7-13}$$

式中，F 是液压缸的载荷(推力或拉力)；S 是活塞行程的长度。式(7-13)反映了在一次往复运动中，液压缸所能完成的工作量，通常以 J(焦耳)作为单位。

液压缸的功率 N 则与它的工作效率有关，计算公式为

$$N=W/t=Fv=pq_v \tag{7-14}$$

式中，p 代表工作压力；q_v 代表单位时间内流过某一截面的体积流量。因此，液压缸的功率等于压力与流量的乘积，它描述了单位时间内液压缸能够完成多少功。

7.4.2 液压驱动系统的基本结构

液压驱动系统通常由液压源、驱动器、控制阀、传感器和控制器组成，图 7-6 为一种简单的液压驱动系统示意，基本工作原理为：系统通过比例伺服阀 7 调整进出液压缸 9 的油口位置来控制液压缸的运动方向，并根据阀口开合程度来控制流入液压缸的油液流量，进而控制液压杆的运动行程，比例伺服阀 7 的使用提高了系统集成化程度。系统压力由安全阀 4 来调节，系统运行出现系统压力高于安全阀设定压力的情况时，安全阀便会自动开启阀口，来将多余油液排入油箱，降低系统压力，起到稳定系统压力及保护系统的作用。冷却器 12 会在系统运行过程中油液温度升高时，对油液进行降温处理；开关阀 11 可以在紧急情况下使用，通过打开阀口排出油液，降低系统压力，达到停止液压缸运行的目的，开关阀 11 和冷却器 12 用于改善系统的安全性和稳定性。

系统中各个元件的基本功能如下。

1）液压缸或液压马达等液压驱动器：用于产生所需驱动关节的力和力矩。

2）液压泵：为系统提供高压液体。

3）电动机：用于驱动液压泵。

4）冷却系统：用于系统散热。

5）储液箱：用于存储系统所需的液体，包括所有额外的高压液和液压驱动器的回流液。

6）各种阀门：包括用于控制方向和流量的伺服阀、比例阀、电磁阀等，用于控制系统最大压力，保证安全的溢流阀、安全阀等，以及在液压系统断开后用于制动的锁紧阀等。

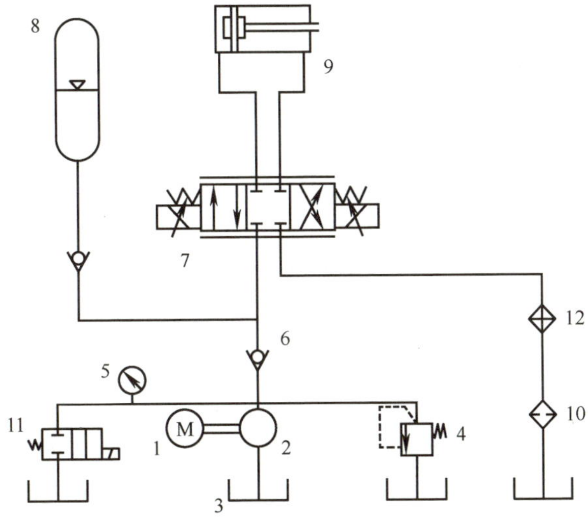

图 7-6　液压驱动系统示意图

1—电动机　2—液压泵　3—油箱　4—安全阀　5—压力表　6—单向阀　7—比例伺服阀　8—蓄能器
9—液压缸　10—滤油器　11—开关阀　12—冷却器

7）连接管路：用于输送驱动系统的液体。

8）过滤系统：用于维持液体的纯度和洁净度，防止对系统造成伤害。

9）传感器：用于液压控制系统中的反馈，包括位置、速度、接触等传感器。

常见的液压元件如图 7-7 所示。

a) 液压泵

b) 冷却系统

c) 比例阀

d) 溢流阀

e) 伺服阀

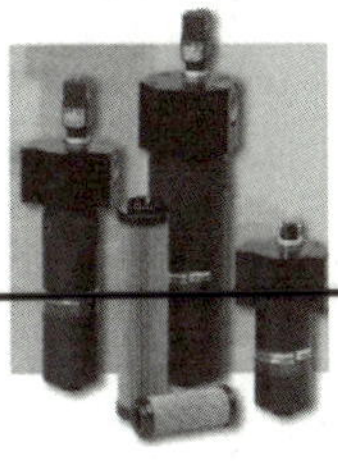
f) 过滤器

图 7-7　常见液压元件

7.4.3　液压驱动器的控制系统

1. 控制系统基本结构

液压驱动器的控制系统能够根据机器人的运动需求，对位置、角速度、角加速度、力等被控量按一定的精度进行控制，并且能在有外部干扰的情况下，稳定、准确地工作，实现既定运动目标。

液压驱动器的控制系统基本组件包括输入元件、检测反馈元件、比较元件及转换放大装置、液压执行器和受控对象等部分，如图 7-8 所示，各组件的功能见表 7-3。

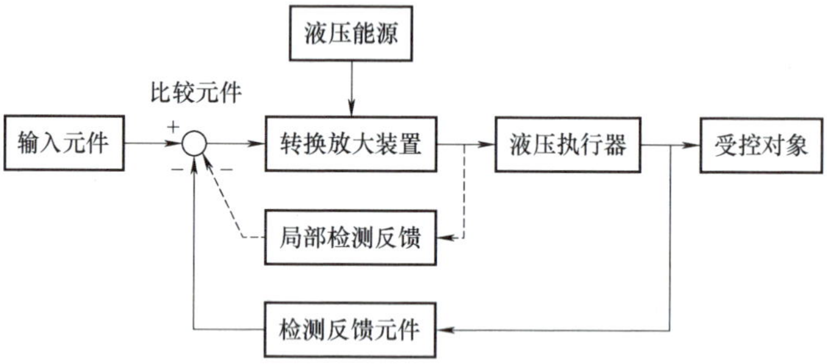

图 7-8　液压控制系统

表 7-3　液压控制系统各组件功能

组件	功能	说明
输入元件	根据系统动作要求，给出指令信号并输入系统	常见的有机械模板、电位器、信号发生器或程序控制器、计算机等
检测反馈元件	用于检测系统的输出量并转换成反馈信号，与输入信号进行比较，构成反馈控制	各类传感器用作检测元件
比较元件	将反馈信号与输入信号进行比较，产生偏差信号，作为放大装置的输入	与输入元件、检测反馈元件或转换放大装置一起，同时完成比较、反馈或放大
转换放大装置	将偏差信号的能量形式进行变换并加以放大，输入到执行机构	各类液压控制放大器、伺服阀、比例阀、数字阀等
液压执行器	用于驱动受控对象	液压缸、液压马达等
受控对象		机器人执行机构等
液压能源	为系统提供驱动负载所需的具有压力的液流，是系统的动力源	液压泵站或液压源等

液压控制系统类型复杂，分类方式也多种多样。下面从不同角度对液压控制系统进行分类介绍。

1）按照被控物理量的不同，液压反馈控制系统可以分为位置控制系统、速度控制系统、力控制系统和其他物理量控制系统。

2）按照控制方式分类，包含开环控制系统和闭环控制系统，其区别在于检测反馈元件的引入与否，如图 7-9 所示。开环控制系统较为稳定，成本低，但不抗干扰，适用于控制精度要求不高的场合。闭环控制系统由于加入了检测反馈，具有抗干扰能力，对系统参数变化不太敏感，控制精度高，响应速度快，但要考虑稳定性问题，且成本较高，多用于系统性能要求较高的机器人驱动控制场合。

3）按照液压控制元件分类，液压反馈控制系统可以分为阀控系统（节流控制方式）和泵控系统（容积控制方式），如图 7-10 所示。阀控系统组件是液压控制阀，具有响应快、控制

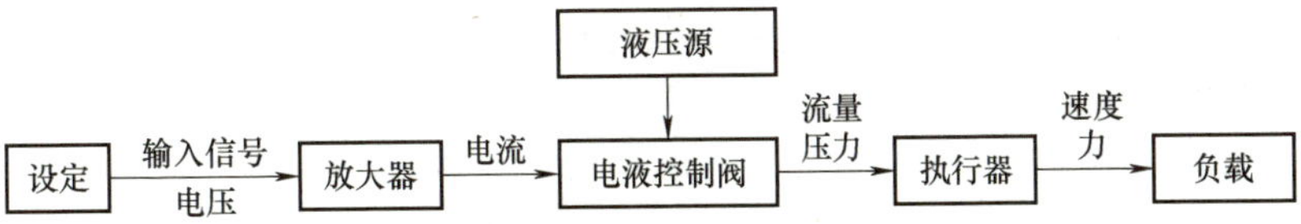

a) 开环控制系统

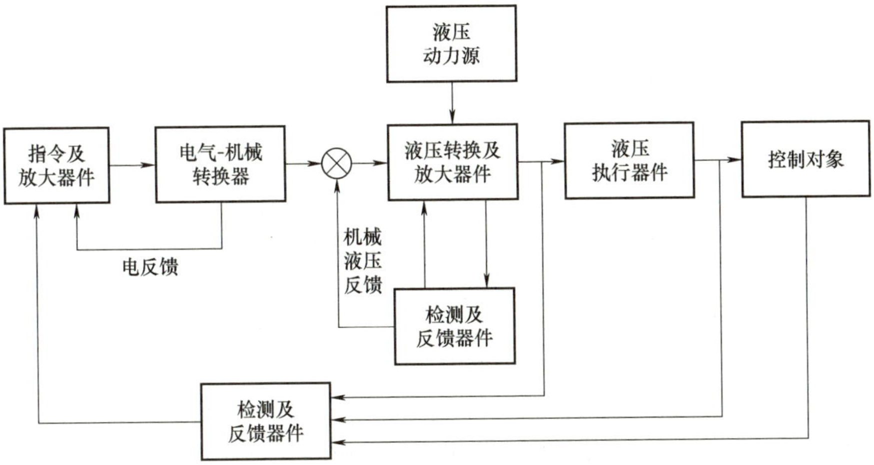

b) 闭环控制系统

图 7-9　液压开环与闭环控制系统

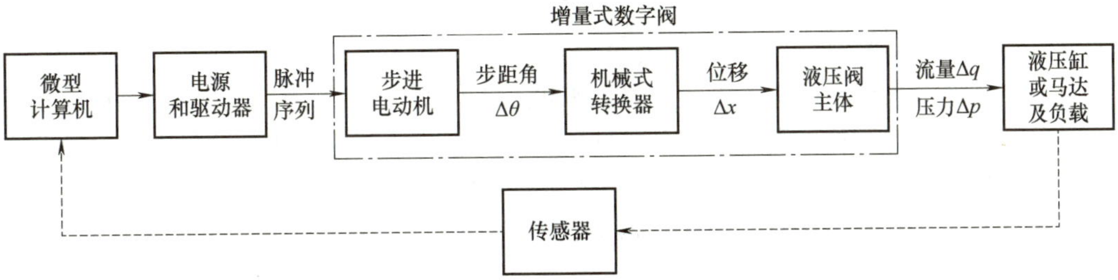

a) 阀控系统

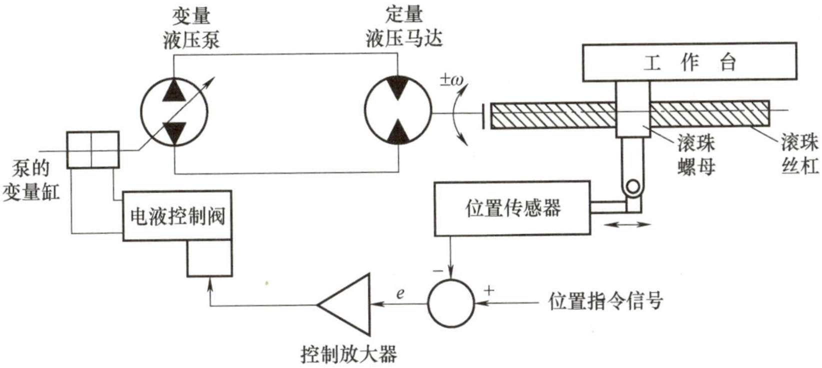

b) 泵控系统

图 7-10　液压阀控与泵控控制系统

精度高的优点，缺点是效率低，适合中小功率快速高精度控制系统使用。泵控系统实质是用控制阀去控制变量液压泵的变量机构，由于无节流和溢流损失，故效率高，且刚性大，但响应速度慢，适用于功率大而响应速度要求不高的机器人驱动。

除此之外，还有线性和非线性，连续和非连续系统等分类方式。归根结底，机器人液压驱动控制系统，应根据其任务需求，采用合适的控制方式，满足其精度等条件的要求。

2. 电液伺服驱动系统

电液伺服驱动控制系统是由电气信号处理单元与液压功率输出单元组成的闭环控制系统。它综合了电气和液压控制两方面的优点，具有控制精度高、响应速度快、信号处理灵活、输出功率大、结构紧凑、功率密度大等特点，在机器人中得到了较为广泛的应用。采用电液伺服驱动系统的工业机器人，具有点位控制和连续轨迹控制功能，并具有防爆能力。

电液伺服驱动的工业机器人所采用的电液转换和功率放大元件有电液伺服阀、电液比例阀等。以上伺服阀、比例阀与其他液压动力机构可组成电液伺服电动机、电液伺服液压缸、电液步进电动机、电液步进液压缸、液压回转伺服执行器(Rotary Servo Actuator，RSA)等各种电液伺服动力机构。根据工业机器人的结构设计要求，电液伺服电动机和电液伺服液压缸可以是分离式的，也可以组合成一体。

在工业机器人的电液伺服驱动系统中，常用的电液伺服动力机构是电液伺服液压缸和电液伺服摆动电动机。回转执行器(RSA)是一种由伺服电动机、步进电动机或比例电磁铁驱动的、安装在摆动电动机或连续回转电动机转子内的一个回转滑阀，通过机械反馈，驱动转子运动的一种电液伺服机构。它可以安装在机器人手臂和手腕的关节上，实现直接驱动。它既是关节机构，又是动力元件。

对采用电液伺服驱动系统的工业机器人来说，人们所关心的是如何按给定的运动规律实现机器人手臂运动的位置和姿态，以及运动速度的控制。机器人常用的阀控电液伺服驱动系统，其单轴的电液伺服系统框图如图 7-11 所示。其中，K_0 为伺服放大器的输出电压到伺服阀力矩电动机输出电流的导纳，K_s 为伺服放大器的增益，K_a 为输出放大器的增益。

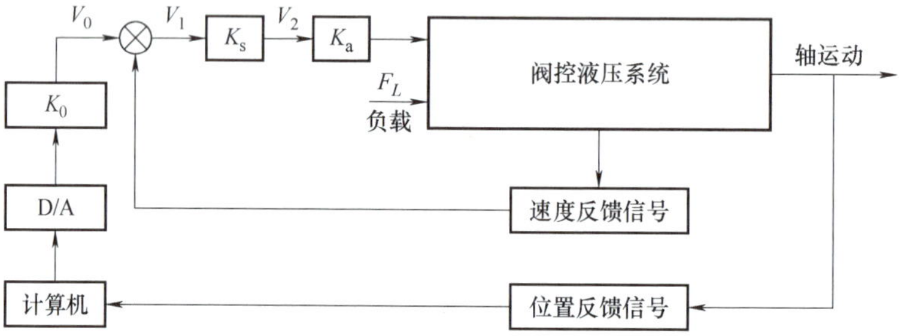

图 7-11 机器人单轴的电液伺服系统框图

7.4.4 液压驱动器的典型应用

BigDog 四足机器人自问世之后，受到了广泛的关注，凭借卓越的性能，成为国际四足机器人领域的翘楚。BigDog 四足机器人由液压驱动，其最显著的优势就是能够自如行走于复杂的非结构化地形中，其结构如图 7-12 所示。

1. BigDog 四足机器人的结构特性

BigDog 机体结构整体为四足结构，每条腿都有 4 个自由度，每个自由度的关节由液压执行器提供动力，分别包括一个小腿、一个动力膝关节、两个臀关节(x 轴和 y 轴方向)。在足端底部有力传感器，用于感知与地面接触力的大小；小腿腿部安装有弹簧，用于缓冲与地面的相互作用力，减少机身因为运动产生的颠簸。躯体部分搭载了电源、动力系统和传感系统等动力系统和核心控制部件。

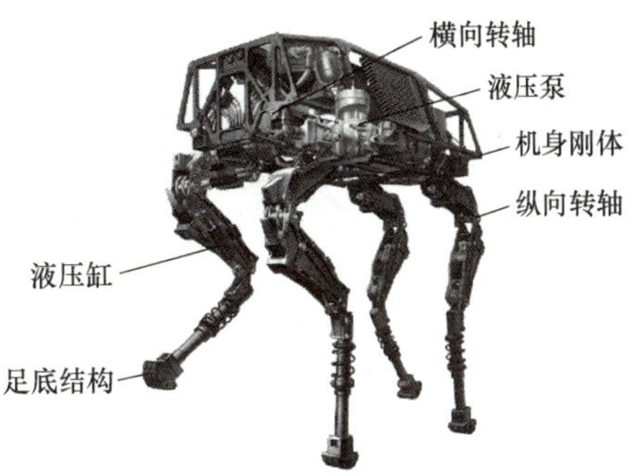

图 7-12　BigDog 四足机器人

2. BigDog 四足机器人的液压驱动系统

BigDog 液压动力系统主要组成部分包括：汽油发动机、变量活塞泵、液压油箱、液压总路、蓄电池、16 个电液伺服阀和 16 个子液压执行器等，如图 7-13 所示。汽油发动机在汽油燃烧产生的热能驱动下旋转；同时带动变量活塞泵旋转，把液压油箱的常态液压油抽到泵里实施加压，形成封闭的液压总路。每段肢体对应的液压执行器将根据当前运动控制系统所发出的指令参数，借助各自电液伺服阀的调压功能，获取恰好满足各自肢体所需要的动力输出。根据液压系统的基本特性可知，总路油压值的大小由 16 段肢体中某一段终端负载来决定，通常载荷最大值为支撑腿足底段肢体。电液伺服阀的调压包括三种情况：等压、减压、增压。运动控制系统最终发送给每个电液伺服阀的指令参数包括：油压值和流量。

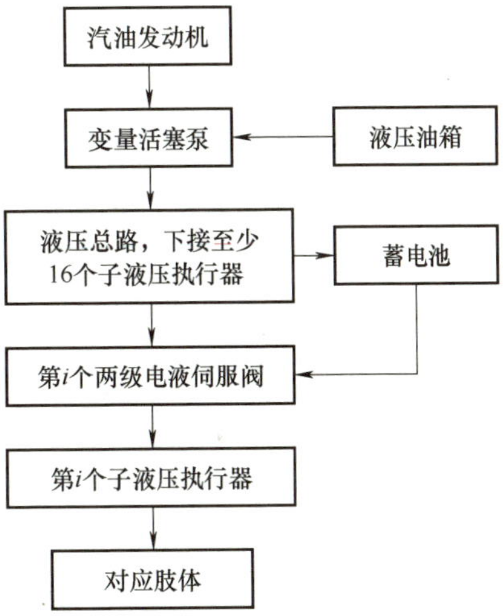

图 7-13　液压驱动系统示意图

BigDog 所用动力源是水冷的二冲程内燃发动机，如图 7-14 所示，可提供约 15 马力(1 马力 = 735.499W)的功率，发动机驱动变量活塞泵，通过过滤器、歧管、蓄能器和其他管路系统向机器人的腿部执行器输送高压液压油。安装在 BigDog 身上的热交换器对液压油进行冷却，而散热器对发动机进行冷却以使其持续运行，在液路中还包括了检测油压、油温、流量等的传感器。

图 7-15 所示为 BigDog 机器人的驱动器部分，每个驱动器都集成了位移传感器和压力传感器，同时采用了具有低摩擦力流体动密封的液压缸，并由一台两级电液伺服阀进行控制，该伺服阀是 MOOG 公司的用于运载火箭推力矢量控制系统上的，属于军用品，因此更详细的数值暂时未知。

图 7-14　BigDog 的动力源

BigDog 液压驱动系统的主要优点：功率输出大(原始发动机 12.5kW)、高油压(20.68MPa)、多支路分配输出、电液伺服阀响应频率高(1000Hz)、伺服阀控制精度高、抗冲击载荷强和密封性好。大功率是为了满足四足高功率密度的动力需求；高频输出是针对肢体载荷始终处于变化状态而需要同步调整动力输出的要求而设定的，借助电液伺服阀实现 1000Hz 的输出频率；多支路输出是依靠并联关

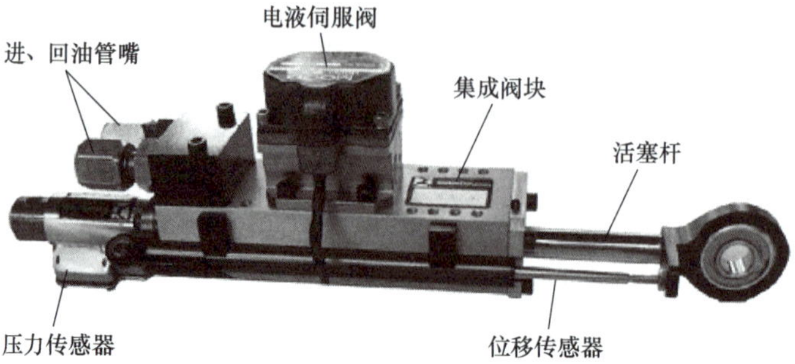

图 7-15　BigDog 的驱动器部分

系的电液伺服阀独立实施液压输出控制，保证同时满足 12 个或者 16 个子液压执行器不同的液压输出要求。

7.5　气动驱动器

7.5.1　气动驱动器的基本原理

气动驱动与液压驱动原理类似，驱动介质由液体变为压缩空气，以此操作机构运动，其特点：结构简单、工作时清洁无污染、动作灵敏并具有缓冲作用、维修方便、造价低、气源获取方便等。但气动驱动器存在定位精度差、速度不易控制、功率较小、刚度差、排放气体时噪声大以及配套组件体积大等缺点。

气动驱动器基本原理是依赖于气体(通常是压缩空气)在腔体内产生的压力，通过结构约束来实现特定方向的运动。可以从以下几个方面进行详细解释。

1）帕斯卡原理：这是气动驱动器工作的物理基础。在一个封闭容器中，当某一点受到外力作用产生压力变化时，这个压力变化会瞬间传递到整个流体中，并对容器内壁产生垂直的压力。

2）弹性腔体与约束结构：气动驱动器通常具有某种形式的弹性腔体，如可伸缩的材料或折叠结构。当腔体内部充满气体并产生压力时，它会试图沿着最小约束的方向膨胀。通过设计合适的约束结构(如纤维约束、气室结构、波纹结构等)，可以实现特定的运动形式，如轴向收缩/伸长、弯曲/摆动、扭转/回转等。

3）运动形式：根据不同的应用需求，气动驱动器可以实现直线运动、摆动或回转运动等多种形式。例如，直线运动气缸是最常见的一种气动执行元件，它可以将压缩空气的能量转换为直线往复运动，即根据系统内其他元件的调节，利用活塞密封圈两侧的气压差，实现密封圈及活塞杆的往复直线运动和力的输出。

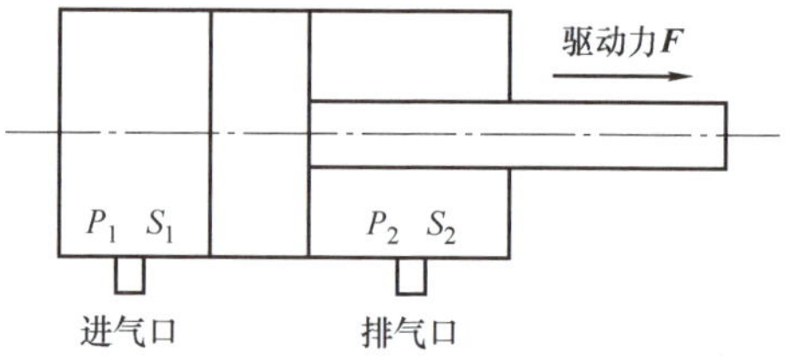

图 7-16　典型气缸原理图

典型的气缸原理图如图 7-16 所示，根据帕斯卡原理，进气腔内的气压与空气压缩机输入气压 P_1 相等，排气腔气压与相连接的气体回收装置气压 P_2 相等，气缸的输出力为

$$F=P_1S_1-P_2S_2 \tag{7-15}$$

式中，S_1、S_2 为气缸中活塞有效作用面积。

气动驱动器主要包括气缸和气动马达，另外还有一些特殊形式的执行元件，如气动摩擦离合器、气爪、真空元件等。气缸一般用于实现往复直线运动或摆动并输出力，气动马达用于实现连续回转运动和摆动并输出转矩。

气缸的类型很多，按活塞两面受压状态，气缸可以分为单作用气缸和双作用气缸；按功能气缸又可分为普通气缸和特殊气缸。普通气缸一般指活塞式气缸，用于无特殊要求的场合。特殊气缸用于有特殊要求的场合，如气液阻尼缸、薄膜式气缸、冲击气缸、摆动气缸等，图 7-17 ~ 图 7-20 所示为 4 种特殊气缸的结构示意图。

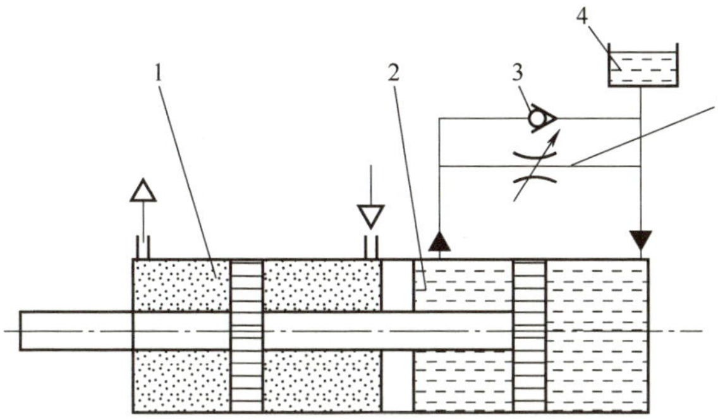

图 7-17　串联式气液阻尼缸

1—气缸　2—液压缸　3—单向阀　4—油箱　5—节流阀

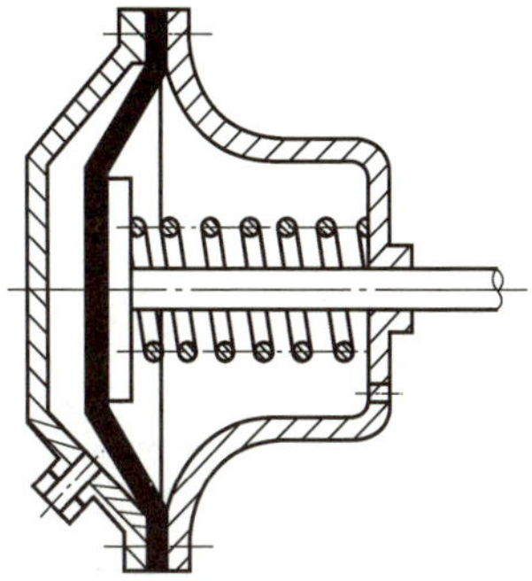

图 7-18　单作用薄膜式气缸

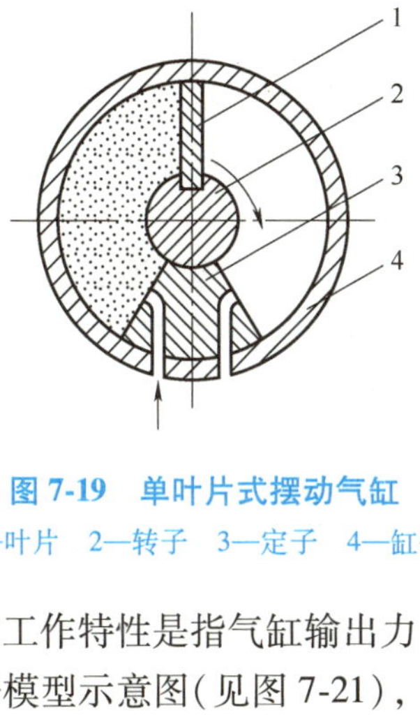

图 7-19　单叶片式摆动气缸

1—叶片　2—转子　3—定子　4—缸体

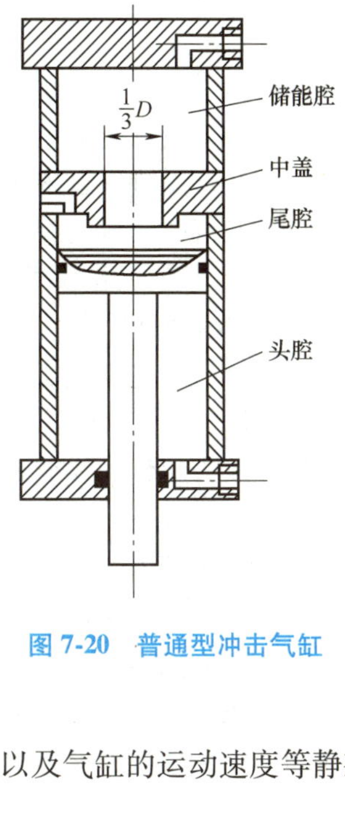

图 7-20　普通型冲击气缸

气缸的工作特性是指气缸输出力、气缸内压力的变化以及气缸的运动速度等静态和动态特性，根据模型示意图（见图 7-21），则有：

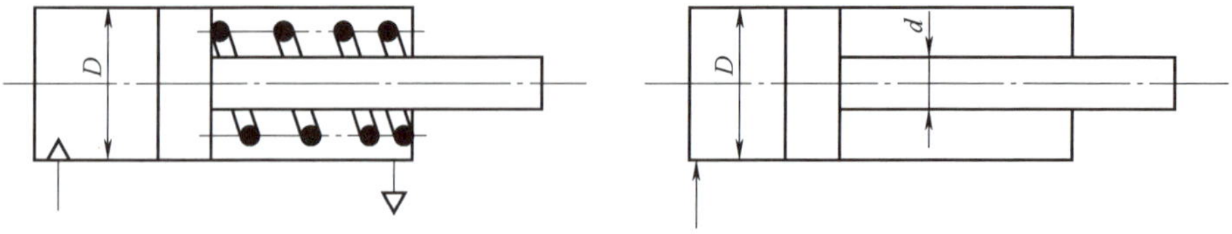

a) 单作用气缸　　b) 双作用气缸

图 7-21　气缸结构模型示意图

进气腔活塞的有效面积 A_1：

$$A_1=\frac{\pi}{4}D^2$$

排气腔活塞的有效面积 A_2：

$$A_2=\frac{\pi}{4}(D^2-d^2)$$

（1）气缸输出力

单作用气缸如图 7-21a 所示，只有进气腔通入气体，气缸输出推力为

$$F=p_1A_1-(f+ma+L_0K_s) \tag{7-16}$$

双作用气缸如图 7-21b 所示，进气腔和排气腔都通入气体，气缸输出推力为

$$F=p_1A_1-p_2A_2-(f+ma) \tag{7-17}$$

式(7-16)和式(7-17)中，f 为摩擦阻力(包括活塞与气缸以及活塞杆和气缸密封圈等)；m 为运动构件质量；a 为运动构件加速度；L_0 为活塞位移 L 和弹簧预压缩量的总和；K_s 为弹簧刚度；A_1,A_2 为进气腔工作面积和排气腔工作面积；p_1,p_2 为进气腔气压和排气腔气压。

双作用气缸活塞推力，即

$$F=(p_1A_1-p_2A_2)\eta \tag{7-18}$$

式中，η 为气缸效率，一般取 $\eta=0.8\sim0.9$。

（2）气缸的压力特性

气缸的压力特性是指气缸内压力变化的情形。气缸通常分为进气腔和排气腔两部分，向进气腔通入压缩空气时，排气腔排出空气。存在工作负载时，活塞的起动需要两个腔的压力差所形成的力能够克服工作负载；无工作负载时，活塞的运动所需要的压力仅需 0.02~0.05MPa。在气缸运动过程中，进气腔压力逐步增大至气源压力，排气腔压力则逐渐减小。进排气腔中的气体压力是随时间变化的，其变化曲线通常称之为气缸的压力特性曲线，如图 7-22 所示。

由于气缸的压力特性曲线变化过程比较复杂，只能做定性说明。在换向阀切换以前，进气腔中气体压力为大气压。当换向阀切换后，进气腔与气源接通，因进气腔容积小，气体将很快充满并升至气源压力。排气腔则不同，启动前其腔中压力为气源压力，因为排气腔的容积大，腔中气体压力的下降速度要比进气缸中压力上升的速度缓慢得多。当两腔的压力差超过启动压差后，就开始启动。也就是说，从换向阀换向到气缸启动是需要一定时间的。

当气缸行到末端时，排气腔的压力急剧下降，直至大气压，进气腔压力再次急剧上升，直至气源压力。这种较大的压力差，很容易形成气缸的冲击，因而在气缸的设计中要考虑设置缓冲装置。

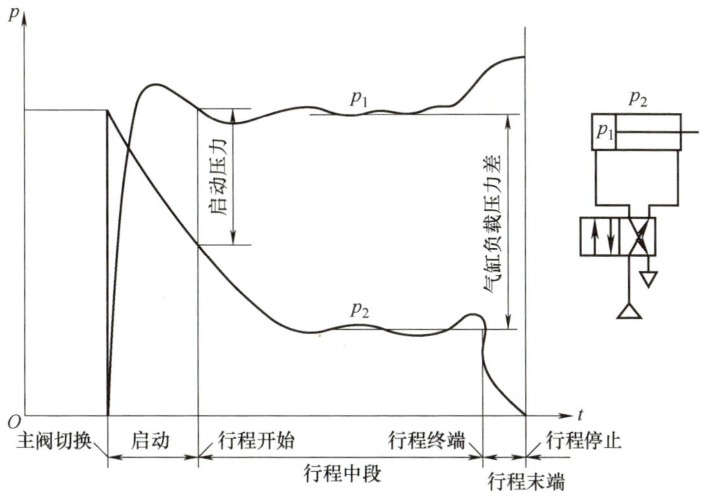

图 7-22　气缸压力特性曲线

（3）气缸速度

由于进气腔和排气腔压力变化比较复杂，因而活塞所受合力变化也比较复杂，同时气体具有可压缩性，这使得气缸保持准确的运动速度是比较困难的。但是在行程中段，气缸运动趋于稳定，气缸的平均运动速度可按进气量大小求得

$$v=\frac{q_v}{A} \tag{7-19}$$

式中，q_v 为压缩空气体积流量；A 为活塞有效面积。

气缸在一般工作条件下，其平均速度约为 0.5m/s。

7.5.2　气动驱动系统的基本结构

一个典型的气压驱动系统包括：空气压缩机、气源处理单元、控制阀、执行器(如气缸或气动马达)以及辅助元件(如油水分离器、减压阀、过滤器)等核心部件。图 7-23 是一个简单的单杆双作用气缸系统，其工作过程为：通过电磁换向阀的换向，气源经 A 口向气缸无杆腔充气，压力 p_1 上升；有杆腔内气体经 B 口通过换向阀的排气口排气，压力 p_2 下降；当活塞的无杆侧与有杆侧的压力差达到气缸的最低动作压力以上时，活塞开始移动。活塞一旦启动，活塞等处的摩擦力即从静摩擦力突降至动摩擦力，活塞稍有抖动。活塞启动后，无杆腔为容积增大的充气状态，有杆腔为容积减小的排气状态。由于外负载大小和充排气回路的阻抗大小等因素的不同，活塞两侧压力 p_1 和 p_2 的变化规律也不同，因而导致活塞的运动速度及气缸的有效输出力的变化规律也不同。

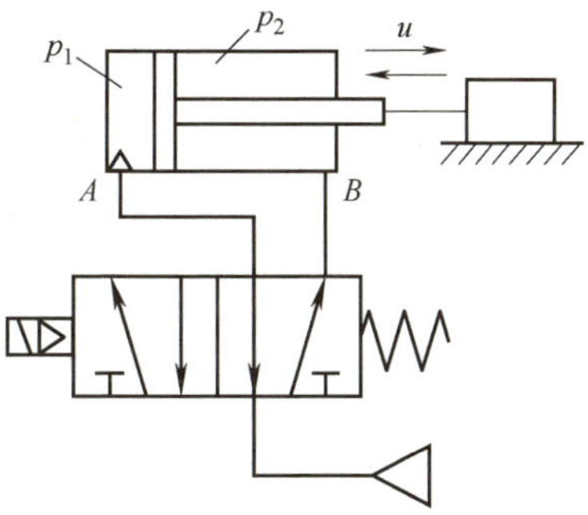

图 7-23　单杆双作用气缸结构和运动状态示意图

机器人气动驱动系统常用的元件见表 7-4，图 7-24 为相关气动元件的实物图。空气压缩

机是系统的心脏，负责产生并提供连续的压缩空气流；气源处理单元则对产生的压缩空气进行冷却、干燥和净化，确保干净且符合要求的气体进入系统；控制阀是指挥中心，负责精确地控制气体流向及流量，以实现不同的动作和速度；执行器则是工作的肌肉，它们将气压能量转换成机械运动来完成各种任务；而辅助元件则保证了系统的稳定性和安全性，使整个工作流程更加顺畅和高效。

表 7-4　气动驱动系统元件

元件名称	说明
气源	包括空气压缩机、储气罐、气水分离罐、调压器、过滤器等
气动三联件	指分水滤气器、调压器、油雾器三部分
气动阀	包括电磁气阀、节流调速阀等
气动执行器	直线气缸、摆动气缸、气动马达等

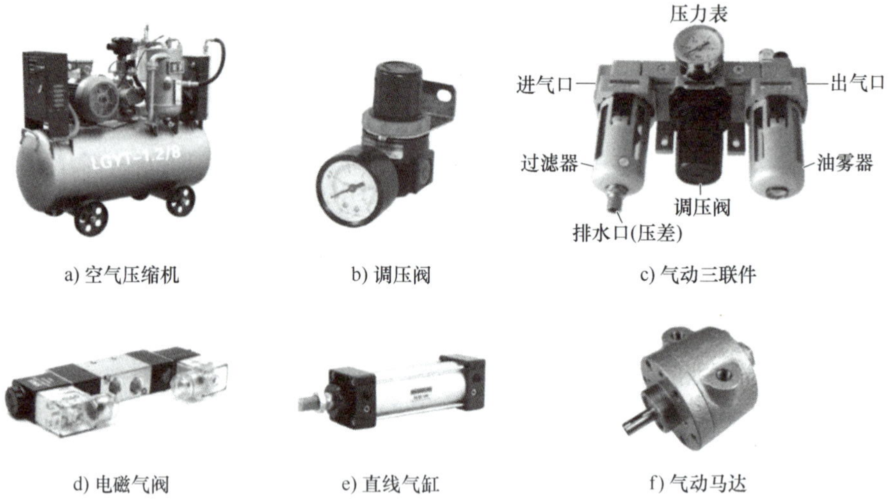

图 7-24　常见的气动元件实物图

7.5.3　气动驱动器的控制系统

气动驱动器控制系统主要实现的目标是控制气动执行器（如气缸、阀门等）的运动，以实现特定的工业自动化任务，气动驱动器控制系统组成部分见表 7-5。

表 7-5　气动驱动器控制系统组成部分

名称	功能
传感器部分	用于感知气动执行器的位置、速度、压力、温度等参数，以便系统可以准确地控制执行器的运动
控制部分	包括控制器（通常是 PLC，即可编程逻辑控制器）和执行器驱动器等组件，用于根据传感器反馈信息来控制气动执行器的运动
执行器部分	包括气缸、阀门等气动执行器，实际执行控制系统下达的指令
供气部分	包括空压机、气源处理装置等，用于提供控制系统所需的压缩空气

气动驱动器控制系统常见的类型有以下几种。

1）单向控制系统：控制气动执行器单向的运动，如控制气缸的伸缩动作。

2）双向控制系统：控制气动执行器双向的运动，可以实现气缸的前进和后退动作。

3）比例控制系统：通过调节控制器输出的气压大小，实现对气动执行器运动的精准控制，可用于需要精准位置控制的场景。

4）序列控制系统：能够按照预先设定的顺序控制多个气动执行器的运动，实现复杂的工艺流程控制。

5）闭环控制系统：通过不断地对传感器反馈信息进行监控和调整，使系统能够实时响应外部变化，提高控制精度和稳定性。

下面以典型的比例控制系统为例展开介绍。比例控制阀加上电子控制技术组成的气动比例控制系统，可满足各种各样的控制要求。比例控制系统基本构成如图 7-25 所示。图中的执行元件可以是气缸或气动马达、容器和喷嘴等将空气的压力能转化为机械能的元件。比例控制阀作为系统的电-气压转换的接口元件，实现对执行元件供给气压能量的控制。控制器作为人机的接口，起着向比例控制阀发出控制量指令的作用。它可以是单片机、微机及专用控制器等。比例控制阀的精度较高，一般为±0.5%～2.5%FS。即使不用各种传感器构成负反馈系统，也能得到十分理想的控制效果，但不能抑制被控对象参数变化和外部干扰带来的影响。对于控制精度要求更高的应用场合，必须使用各种传感器构成负反馈，来进一步提高系统的控制精度，如图 7-25 中虚线部分所示。

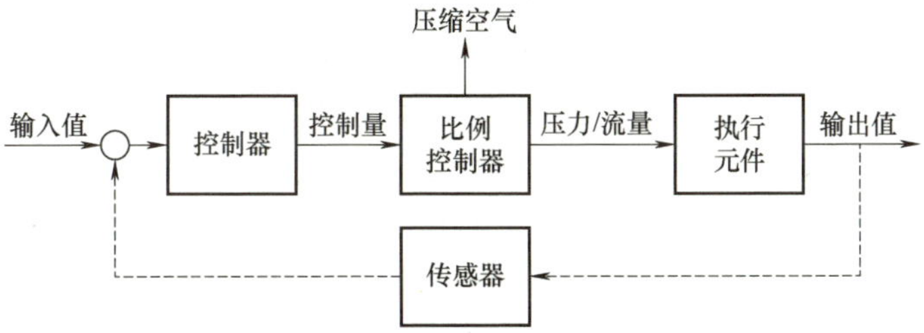

图 7-25　比例控制系统的基本构成

7.5.4　气动驱动器的典型应用

在机器人技术中，气压驱动因其轻便、安全和易于控制的特点，成为了实现机械自动化的重要手段。其中，气动机械手作为一种典型的应用，充分体现了气压驱动系统的灵活性与高效性。气动机械手被广泛地应用于装配、搬运、包装以及各种重复性高且劳动强度大的工序中，展现出了卓越的性能和可靠性。

一个典型的气动机械手包括升降大臂、伸缩小臂、旋转结构、爪部等几部分，如图 7-26a、b 所示，该气动机械手由多个气动执行器组成，每个执行器负责不同的关节动作。对于整个机械手而言，其主要动作为升降、伸缩、旋转等，其中伸缩、升降和爪部通常使用的是直线气缸，摆动使用的是三位摆动气缸。图 7-26c 为气动机械手的手爪部分及其抓取物体的示意图，通过气动三位摆台，实现手指关节的包覆动作，完成物体的抓取。

机械手利用压缩空气作为动力源，通过精密的阀门和控制系统集成，机械手能够模仿人类手臂的运动，进行精确的定位和操作，该例中，机械手的气源由 FB-36/7 型空气压缩机供

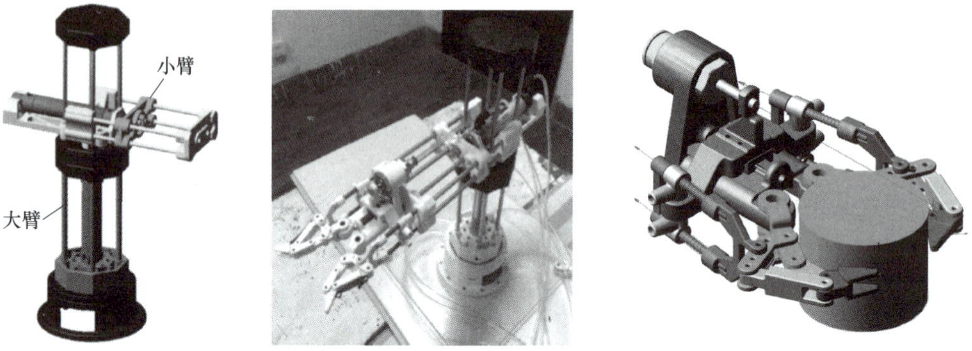

a) 气动机械手示意图　　b) 气动机械手实物图　　c) 气动手爪

图 7-26　气动机械手整体结构与气动手爪

给，压缩机可提供 0.5MPa 的工作压力以及 102L/min 的公称容积流量。

关于机械臂的气缸参数，在小臂处的气缸型号为 SC32-250-S，其缸筒内径 $D=32$mm，活塞杆直径 $d=12$mm，行程 $S=250$mm，在 0.5MPa 工作压力下的输出推力约为 400N，输出拉力为 345N。在大臂处，由于要承载整个小臂和机械爪的升降，因此气缸的负载能力也略大一些。气缸型号为 SC40-300-S，其缸筒内径 $D=40$mm，活塞杆直径 $d=16$mm，行程 $S=300$mm，在 0.5MPa 工作压力下的输出推力约为 630N，输出拉力约为 527N。

气动机械手因其结构简单、重量轻、动作迅速等特点，在工业中的应用较多。例如，在食品行业，气动机械手常用于自动计量包装粉状、粒状、块状物料，如自动称重和包装。在包装行业，如在产品打包阶段，使用包装箱包装的过程中，气动机械手的应用更加常见，它不仅可以实现高效率的自动化生产，还能保证包装箱的平稳及拿取不受损，同时还具有成本低的优势。在各种新型机器人的研发中，气动驱动也是软体机器人的一种常见且十分重要的驱动方式。

7.6　电动机驱动器

电动机是一种能够将电能转换为机械能的装置，是现代科技领域中的核心组成部分。其基本工作原理是通过在磁场中产生力，驱动轴或其他机械装置的运动，从而实现各种应用需求。电动机在工业、交通运输、家用电器等领域都扮演着不可或缺的角色。

电动机的主要特点：高效、可靠、灵活性强以及适应性广泛。高效性体现在电动机能够有效地将电能转换为机械能，减少能源浪费；可靠性则表现在电动机在长时间运行中能够保持稳定性，适应各种工作环境和负载条件；灵活性和适应性使得电动机能够应用于各种不同的场景和需求，从小型家用电器到大型工业设备均可见其应用。

在机器人领域，电动机被广泛应用于驱动机器人的各个关节和执行器，实现机器人的运动和动作控制。无论是工业机器人、服务机器人还是家庭机器人，电动机都是其核心动力源之一。通过电动机，机器人能够实现精确的运动控制，从而完成各种复杂的任务，如装配、搬运、清洁等。

因此，本节将介绍几种常见的电动机，通过学习电动机的基本原理、工作方式、驱动方法等，深入了解机器人中电动机驱动器的详细内容。

7.6.1　电动机驱动器的基本原理

电动机的基本原理是利用电磁感应定律实现电能与机械能的转换，其基本原理如图 7-27 所示，闭合导电回路的两条边穿过磁场，当回路中通有电流时，根据安培定律，导线受到的电磁力大小为

$$F=BIL\sin\alpha \qquad (7\text{-}20)$$

式中，B 为磁场强度；I 为导线中的电流大小；L 为导线在磁场中的长度；α 为导线与磁感线方向的夹角。

导线受到安培力的作用，使得整个回路产生绕着回转中心的转动，即实现电动机的转动和力矩输出。简单地说，就是磁场间的相互作用力使得一个磁极运动，进而带动另一个磁极旋转。电动机的工作主要涉及定子和转子两大组件。定子是指电动机中静止的部分，可以为固定磁场的永磁铁或通电的绕组线圈。转子则是能够转动的部分，也可以是永磁铁或线圈，在与定子产生的相互电磁力作用下，产生转矩并高速旋转。

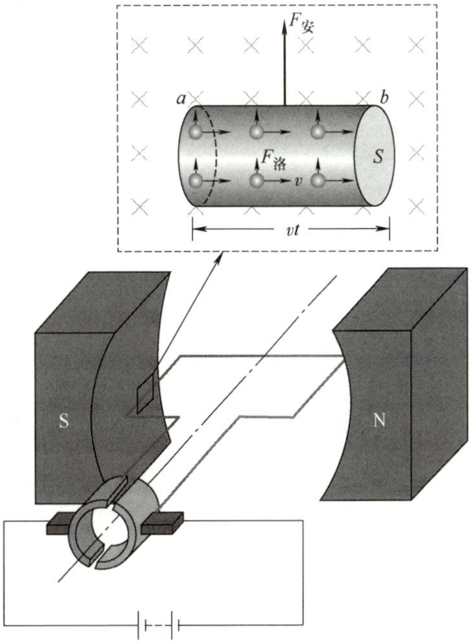

图 7-27　电动机运转的基本原理

1. 电动机的分类

电动机可以按照不同的标准，如结构、工作原理、工作电源、转速和功率以及转动方式等进行分类。

1）按结构和工作原理分：直流电动机、异步电动机（感应电动机）、同步电动机、步进电动机、伺服电动机等。

2）按工作电源分：直流电动机和交流电动机。

3）按转速和功率分：高速电动机和低速电动机，大功率电动机和小功率电动机等。

4）按转动方式分：旋转电动机和直线电动机。

每种类型的电动机都有其独特的特点和适用场景，了解这些可以帮助我们针对具体需求选择最合适的电动机类型。例如，同步电动机的特点为转速恒定且与交流电频率严格同步；而异步电动机（感应电动机）则依赖于感应来实现运动，其转速稍微滞后于同步电动机速度，并且只能吸收无功功率。直流电动机广泛用于家用电器和办公设备，特别是无刷直流电动机因其高可靠性和低噪声而备受青睐。

2. 电动机选用要求

在机器人领域，电动机驱动系统是利用各种电动机产生的力矩和力，直接或间接地由机械传动机构去驱动机器人本体的执行机构，以获得机器人的各种运动。为满足机器人既定工作需求，其驱动电动机的性能也应满足一定的要求见表 7-6。接下来本节将对机器人常用的几种电动机展开介绍。

表 7-6　机器人对电动机的主要要求

要求	说明
快速性	电动机从获得指令信号到完成指令所要求的工作状态的时间短。响应指令信号的时间越短，伺服系统的灵敏性越高，快速响应性能越好，一般是以伺服电动机的机电时间常数的大小来衡量伺服电动机快速响应的性能
起动转矩/惯量比大	在驱动负载的情况下，要求机器人的伺服电动机的起动转矩高，转动惯量小；起动转矩/惯量比是衡量伺服电动机动态特性的一个重要指标
控制特性的连续性和直线性	随着控制信号的变化，电动机的转速能连续变化，有时还需转速与控制信号成正比或近似成正比
轻巧性	体积小、质量小、轴向尺寸短
高可靠性	可在恶劣环境下使用，可进行十分频繁的正反转和加减速运行，并能在短时间内承受过载
调速范围宽	能适用于 1∶1000 甚至更高的调速范围

7.6.2　直流电动机

1. 基本原理与结构

直流电动机是一种将直流电能转换为机械能的电动机，其工作原理基于洛伦兹力的作用，通过电流在磁场中产生的力矩来驱动转子转动，从而实现能量转换的过程。直流电动机通常由定子和转子两部分组成，其中定子产生磁场，而转子则在磁场中转动，通过电刷和换向器等设备实现电流方向的改变，从而使得转子持续旋转。

根据有无换相机械电刷分为有刷直流电动机和无刷直流电动机。有刷直流电动机的结构如图 7-28a 所示，电动机 N、S 两磁极和机械电刷组成定子部分，线圈与环形铁心组成了转子部分。当直流电压通过电刷加到电动机转子绕组两端时，转子绕组的磁场和主磁极的磁场根据左手定则发生电磁感应，线圈会被一侧的磁极排斥同时被另一侧磁极吸引，在这种作用下不断旋转输出转矩。

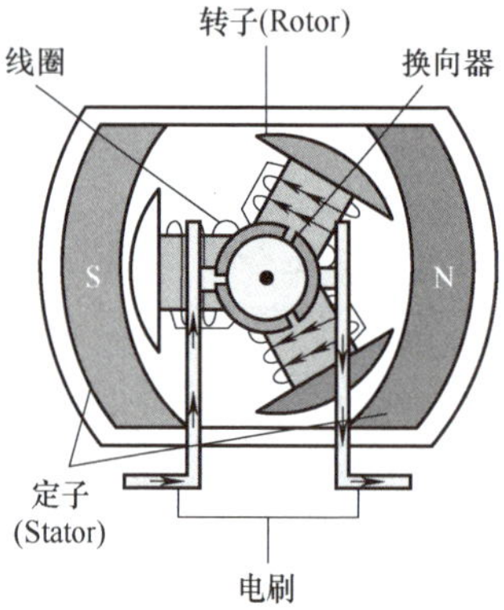

a) 有刷直流电动机

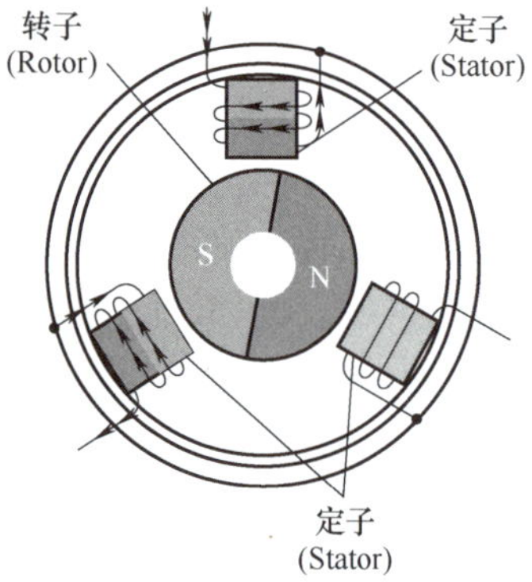

b) 无刷直流电动机

图 7-28　直流电动机结构

无刷直流电动机的设计初衷就是取消电刷，减少有刷电动机中由于电刷带来的易产生火花、噪声大、磨损严重等副作用。直流无刷电动机的工作原理图如图 7-28b 所示，采用永磁铁作为电动机的转子，通电线圈作为电动机的定子，根据转子的位置导通相应位置的定子，实现电动机的转动。无刷直流电动机既能拥有直流电动机容易控制、转矩稳定等优点，同时机械结构简单，易于维护且使用寿命长。

2. 主要参数

用永磁体产生磁场的直流电动机，其输出力矩 T 与磁通量 Φ 和转子绕组中的电流 i 成正比，于是

$$T=\alpha\Phi i=k_t i \tag{7-21}$$

式中，k_t 为力矩常数；α 为材料常数。因为在永磁体中磁通量是常数，所以输出力矩就变成了 i 的函数，要控制输出力矩的大小，就必须改变电流 i(或相应的电压)。如果在定子中用带绕组的软铁心代替永磁体，那么输出力矩就是转子绕组电流 i_{rotor} 和定子绕组电流 i_{stator} 两者的函数：

$$T=k_t k_f i_{rotor} i_{stator} \tag{7-22}$$

式中，k_t 和 k_f 均为常数。假如在能量转换过程中没有能量损失，那么总的能量输入就应该等于能量输出，因而有

$$P=T\omega=Ei \tag{7-23}$$

进而有

$$E=\frac{T\omega}{i}=k_t\omega \tag{7-24}$$

式(7-24)表明，电压 E 正比于电动机的角速度 ω。这个电压称为电动机的反电动势，它是由绕组切割磁场产生的，所以这个电压跨越在电动机两端。因此，电动机的反电动势随转子速度的增加而增加。由于实际上转子绕组既有电阻又有电感，则

$$V=Ri+L\frac{\mathrm{d}i}{\mathrm{d}t}+E \tag{7-25}$$

整理上述公式得

$$\frac{k_t}{R}V=T+\frac{L}{R}\frac{\mathrm{d}T}{\mathrm{d}t}+\frac{k_t^2}{R}\omega \tag{7-26}$$

式中，L/R 称为电动机的阻抗，一般较小。为简化分析，忽略式(7-26)微分项得：

$$T=\frac{k_t}{R}V-\frac{k_t^2}{R}\omega \tag{7-27}$$

式(7-27)表明，当输入电压增加时，电动机的输出力矩也随之增加。同时它也说明，当角速度增加时，由于反电动势而使力矩减小。因此，当 $\omega=0$ 时，力矩最大(电动机堵转情况)。当 ω 达到它的标称最大值时，$T=0$，这时电动机不产生任何有用的力矩。当电动机的角速度为 0(堵转情况)或力矩为 0(最大角速度情况)时，电动机的输出功率均为 0。

在机器人关节的电动机上，由于力矩反馈和柔顺控制的需要，直流无刷电动机具有交流永磁同步电动机无可比拟的优势。无刷电动机在使用寿命、维护周期、成本和性能等各个方面均远超有刷电动机，也正在逐步替代有刷电动机的应用场景。

7.6.3　交流电动机

交流电动机则是将交流电能转换为机械能的电动机，其原理是基于电磁感应现象，通过

交变磁场产生的感应电流来驱动转子转动。交流电动机通常分为异步电动机和同步电动机两种类型，其中，异步电动机的转速略低于旋转磁场的速度，而同步电动机的转子速度与旋转磁场的转速同步，这种同步性的同步电动机在某些特定应用中具有优势。按照相数，又有单相电动机和三相电动机之分。这里以三相电动机为例简要介绍。

1. 基本原理与结构

三相异步电动机和三相同步电动机在运行时，其三相定子绕组接三相交流电源，由电源提供三相交流电流，在电动机内部产生一个旋转磁场，该磁场交链定子绕组和转子绕组，实现从定子到转子能量的传递和转换。因此，交流电动机的旋转磁场与力的转换是其工作的关键。

三相交流电动机定子绕组为三相对称绕组，即由三组形状与匝数相同，轴线在空间位置上相差120°的绕组组成。如图 7-29a 所示，红、黄、绿三种颜色分别代表电动机定子 U、V、W 三相绕组。三相交流电的电流波形为相位互差 120°的正弦波，如图 7-29b 所示，由于交流电的特性，定子绕组就会产生一个旋转的电磁场，进而实现转矩的输出。

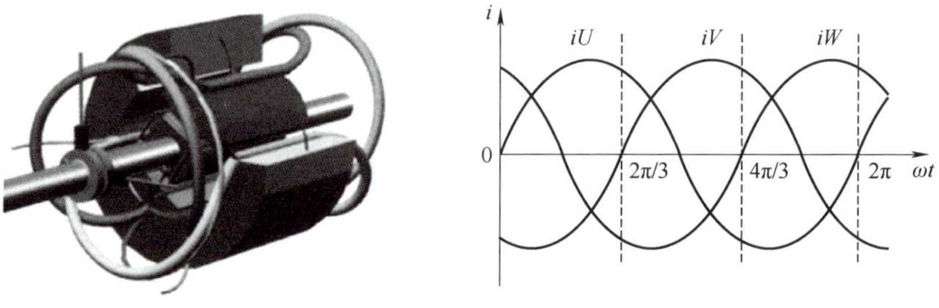

a) 电动机绕组示意图　　b) 电流波形

图 7-29 彩图

图 7-29　三相交流电动机绕组及电流波形

2. 主要参数

电动机磁场的磁极数常用磁极对数 p 来表示，对于三相异步电动机而言，极对数不同时，电动机旋转磁场的转速也不同，具体关系为

$$n_0=\frac{60f_1}{p} \tag{7-28}$$

n_0 即为同步转速，交流电源频率 $f_1=50\text{Hz}$，当磁极对数 $p=1$ 时，电动机同步转速为 3000r/min。但是，电动机转子的转速 n 必定低于旋转磁场转速 n_0。如果转子转速达到 n_0，那么转子与旋转磁场之间就没有相对运动，转子导体将不切割磁通，于是转子导体中不会产生感应电动势和转子电流，也不可能产生电磁转矩，所以电动机转子不可能维持在同步转速状态下运行。异步电动机只有在转子转速低于同步转速的情况下，才能产生电磁转矩来驱动负载，维持稳定运行。与异步电动机不同的是，同步电动机的转子是由永磁体或者绕组构成，定子磁场在转子和定子之间会产生一个恒定的转矩，使得转子能够与定子产生的旋转磁场同步运转。同步电动机常用于需要精确控制转速和高效率的应用，如工业驱动、风力发电、电动汽车等。同步电动机的转速 n 与交流电源频率 f 和定子的磁极对数 p 有关，即 $n=60f/p$。

异步电动机的转子转速 n 与旋转磁场的同步转速 n_0 之差是保证异步电动机工作的必要因素。这两个转速之差称为转差，转差与同步转速之比称为转差率 s，即

$$s=\frac{n_0-n}{n_0} \tag{7-29}$$

由于异步电动机的转速 $n<n_0$，且 $n_0>0$，故转差率 $0<s<1$。对于常用的异步电动机，在额定负载时的额定转速 n_N 很接近同步转速，所以它的额定转差率 s_N 很小，约为 0.01～0.07，s 有时也用百分数表示。

电动机的额定转矩与额定转速和功率相关，在忽略电动机的机械损耗时，额定转速 n_N、额定功率 P_N 以及额定转矩 T_N 的关系为

$$T_N=\frac{60}{2\pi}\frac{P_N}{n_N}=9550\frac{P_N}{n_N} \tag{7-30}$$

式中，P_N 单位为 kW，n_N 单位为 r/min，T_N 单位为 N·m。

3. 电动机调速

调速是指在负载不变的情况下，用人为的方法改变电动机的转速。根据转差率的定义，异步电动机的转速为

$$n=(1-s)\frac{60f_1}{p} \tag{7-31}$$

式(7-31)表明，改变电动机的磁极对数 p、转差率 s 和电源的频率 f_1 均可以对电动机进行调速。

（1）改变磁极对数

在前文中也提到，异步电动机的磁极对数由定子绕组的布置和连接方法决定，改变每相绕组的连接方法可改变磁极对数，进而实现转速的调节。图 7-30 所示为三相异步电动机定子绕组两种不同的连接方法而得到不同磁极对数的原理示意图。为表达清楚，只画出了三相绕组中的一相。图 7-30a 中该相绕组的两组线圈串联连接，通电后产生两对磁极的旋转磁场。当这两组线圈并联连接时，如图 7-30b 所示，则产生的旋转磁场为一对磁极。

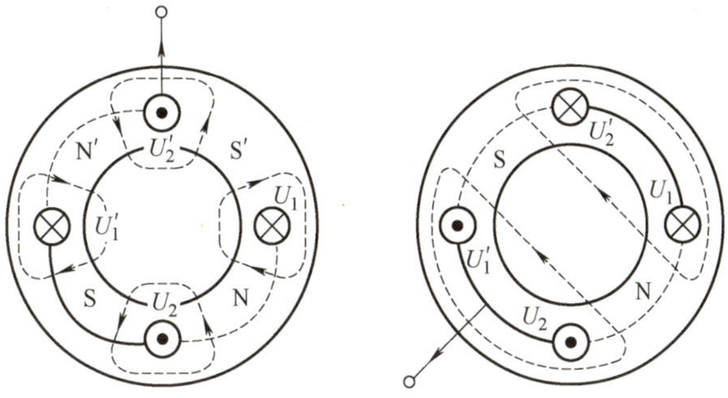

a) 串联时p=2　　b) 并联时p=1

图 7-30　更改磁极对数示意图

一般异步电动机制造出来后，其磁极对数是不能随意改变的。可以改变磁极对数的笼型三相异步电动机是专门制造的，有双速或多速电动机的单独产品系列。这种调速方法简单，但只能进行速度挡数不多的有级调速。

（2）改变转差率

同一负载转矩下转子电路电阻越大，转速越低，转子电路电阻不同有不同的转速。此时旋转磁场的同步转速 n_0 没有改变，故属于改变转差率 s 的调速方法。这种调速方法比较简单，但因调速电阻中要消耗电能，不甚经济，而且转子电路串联电阻后，机械特性变软，低速时负载稍有变化，转速变化较大，所以经常用于调速时间不长的机械，如起重机等。

（3）变频调速

通过调节电源频率，可使同步转速 n_0 与之呈正比变化，从而实现对电动机进行平滑、宽范围和高精度的调速。

7.6.4 伺服电动机

1. 基本原理与结构

伺服电动机(Servo Motor)是指在伺服系统中控制机械元件运转的电动机，是一种辅助电动机间接变速装置，在机器人领域应用广泛。伺服电动机可使控制速度、位置精度非常准确，可以将电压信号转化为转矩和转速以驱动控制对象。伺服电动机转子转速受输入信号控制，并能快速反应，具有机电时间常数小、线性度高、始动电压等特性，可把所收到的电信号转换成电动机轴上的角位移或角速度输出。

根据电动机类型，伺服电动机包括直流伺服和交流伺服电动机两种类别。两种电动机除驱动方式外基本一致，实物图如图 7-31 所示。

a) 直流伺服电动机　　b) 永磁同步交流伺服电动机

图 7-31　伺服电动机实物图

以永磁同步交流伺服电动机为例，其结构剖面示意图如图 7-32 所示，永磁同步电动机本体是由定子和转子组成。永磁同步电动机的定子指的是电动机在运行时不动的部分，主要是由硅钢片、三相对称分布的绕组、固定铁心用的机壳以及端盖等部分组成，其结构和异步电动机的定子结构基本相同。而转子是指电动机在运行时可转动的部分，通常由磁极铁心、励磁绕组、永磁磁钢及磁轭等部分组成。伺服电动机带有转子位置传感器，用于检测转子的位置和速度信号。

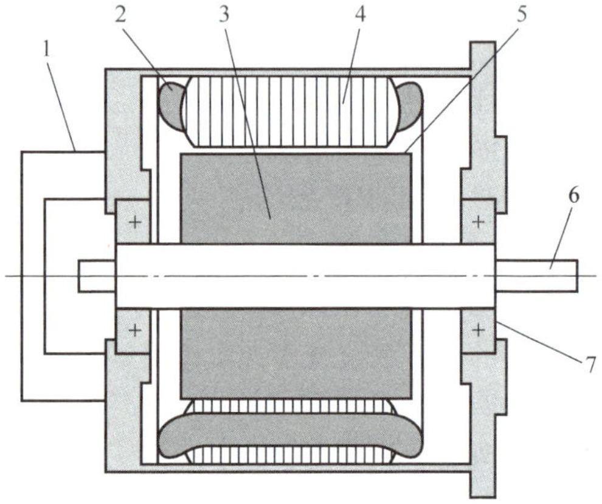

图 7-32　永磁同步电动机结构剖面示意图

1—转子位置传感器　2—电枢线圈　3—永磁体　4—铁心　5—不锈钢筒　6—旋转轴　7—轴承

基于传感器的反馈信号，可对伺服电动机进行控制，使其按期望的转速和力矩运动到达期望的转角。伺服电动机反馈控制系统原理如图 7-33 所示，其工作原理是：伺服电动机接收到 1 个脉冲，就会旋转 1 个脉冲对应的角度，从而实现要求的位移；同时，伺服电动机每旋转一个角度，传感器还都会发出对应数量的脉冲，这样和伺服电动机接受的脉冲形成了呼应，即闭环。该反馈信息可记录电动机输出的角度信息或者角速度信息，通过系统中控制器的比较，能够很精确地控制电动机的转动，其定位精度可达到 0.001mm。

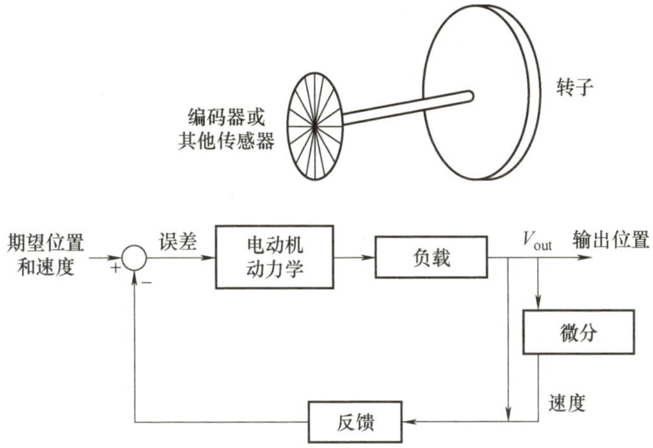

图 7-33　伺服电动机反馈控制系统原理图

对于伺服电动机控制，可使用多种不同类型的传感器，包括编码器(见图 7-34a)、旋转变压器(见图 7-34b)、电位器(见图 7-34c)和转速计等，伺服电动机的精度就取决于编码器的精度(线数)。

a) 编码器　　b) 旋转变压器　　c) 旋转型电位器

图 7-34　常见传感器实物图

2. 伺服电动机特点与分类

(1) 直流伺服电动机

直流伺服电动机通过电刷和换向器产生的整流作用，使磁场磁动势和电枢电流磁动势正交，从而产生转矩，其电枢大多为永磁铁。与交流伺服电动机相比，直流伺服电动机起动转矩大，调速广且不受频率及极对数限制(特别是电枢控制的)，机械特性线性度好，从零转速至额定转速具备可提供额定转矩的性能，功率损耗小，具有较高的响应速度、精度和频率，优良的控制特性，这些是它的优点。但直流电动机的优点也正是它的缺点，因为直流电动机要产生额定负载下恒定转矩的性能，则电枢磁场与转子磁场必须维持 90°。这就要借助电刷及整流子，电刷和换向器的存在增大了摩擦转矩，换向火花带来了无线电干扰，除了会造成组件损坏之外，使用场合也受到限制，寿命较低，需要定期维修，使用维护较麻烦。

直流伺服电动机的基本结构、工作原理与一般直流电动机相类似。直流电动机的主磁极磁场和电枢磁场如图 7-35a 所示。主磁极磁势 F_0 在空间固定不动，当电刷处于几何中线位置时，电枢磁势 F_a 和 F_0 在空间正交，也就是电动机保持在最大转矩状态下运行。如果直流电动机的主磁极和电刷一起旋转，而电枢绕组在空间固定不动，如图 7-35b 所示，此 F_a 和 F_0 仍在空间正交。

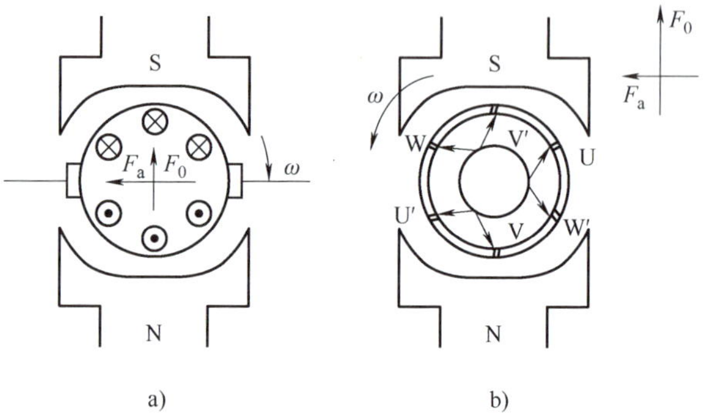

图 7-35　直流伺服电动机工作原理

为适应不同随动系统的需要，直流伺服电动机在结构上有多种不同，几种机器人常用直流伺服电动机见表 7-7。

表 7-7　直流伺服电动机特点及用途

种类	结构特点	性能特点	用途
小惯量直流永磁伺服电动机	转子多为细长形，没有齿槽	电动机的惯量小，理论加速度大，快速反应性好，低速性能好，故一般调速比可以做到 1∶10^4 范围。但低速输出转矩不够大，散热较差，转向器也较易损坏	适用于对快速性能要求严格而负载转矩不大的场合
无刷绕组直流永磁伺服电动机（盘式电动机）	转子由薄片形绕组叠装而成，各层绕组按一定连接方式接成闭环，整个转子无铁心，具有轴向平面气隙	转动惯量小，快速响应性能好；转子无铁损，效率高，换向性能好，寿命长；负载变化时转速变化率小，输出转矩平稳	可以频繁起制动、正反转工作，响应迅速，适用于机器人、数控等机电一体化产品
大惯量直流永磁伺服电动机（力矩电动机）	励磁方便调整，易于安排补偿绕组和换向极	输出转矩大，转矩波动小，力学特性硬度大，可以长期工作在堵转条件下	适用于要求驱动转矩较大的场合，并且对负载惯性匹配问题不明显

（2）交流伺服电动机

按照转子结构的不同，交流伺服电动机分为同步交流伺服电动机和异步交流伺服电动机。

永磁同步交流伺服电动机的转子由永磁铁构成，通过定子绕组的交流电流形成旋转磁场，从而使永磁转子同步旋转。这种电动机不需要磁化电流控制，只要检测磁铁转子的位置即可。由于它不需要磁化电流控制，故比异步伺服电动机容易控制。永磁同步电动机交流伺服系统在技术上已趋于成熟，具备了十分优良的低速性能，并可实现弱磁高速控制，拓宽了系统的调速范围，适应了高性能伺服驱动的要求。随着永磁材料性能的大幅度提高和价格的降低，其在工业生产自动化领域中的应用将越来越广泛，目前已成为交流伺服系统的主流。

交流伺服异步电动机与交流异步电动机的基本结构大致相同，其转子由绕组和铁心构成，通过感应定子的旋转磁场产生转矩，又称为感应式伺服电动机（IM）。这种电动机结构坚固，制造容易，价格低廉。但由于该系统采用矢量变换控制，相对永磁同步电动机伺服系统来说控制比较复杂，而且电动机低速运行时还存在着效率低、发热严重等技术问题，目前并未得到普遍应用。

3. 伺服电动机的驱动控制

（1）直流伺服电动机

1）电动机的控制：对于直流伺服电动机而言，控制其运行的方式主要有两种，即励磁式控制和电压式控制。励磁式控制方式是通过改变定子绕组励磁磁通大小来改变电动机的转速，而电压式控制是指保持电动机的励磁磁通不变，通过调整加在电枢上电压的大小来改变电动机转速。由于励磁控制方式会受到电动机自身因素的影响，从而导致较差的系统动态性能以及较小的调速范围。例如，磁极出现的饱和现象、换向时产生的火花、换向器结构的缺陷等。因此，通常采用后者来控制直流伺服电动机的转速。

电压式控制时，其线路图如图 7-36 所示。

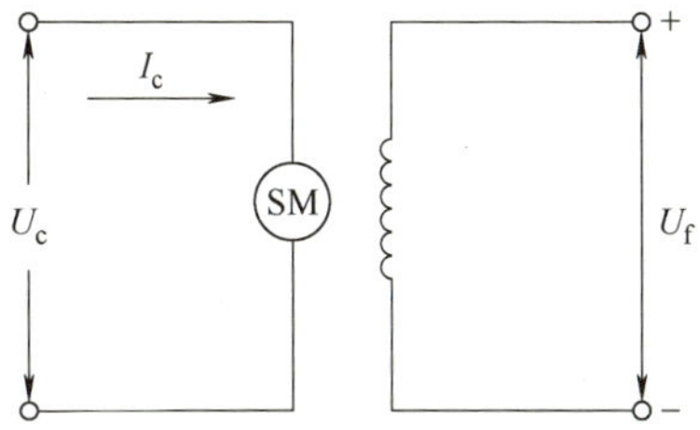

图 7-36　电压式控制线路图

励磁绕组接于恒定电压 U_f，控制电压 U_c 接到电枢两端。则直流伺服电动机的机械特性为

$$n=\frac{U_c}{C_e\Phi}-\frac{r_a}{C_eC_m\Phi^2}T \tag{7-32}$$

式中，C_e 为电势常数，C_m 为转矩常数，r_a 为电枢电阻，Φ 为每极的磁通。

设 $\Phi=C_\Phi U_f$ 为比例系数，$\alpha=\dfrac{U_c}{U_f}$ 信号系数，则

$$n=\frac{\alpha}{C_eC_\Phi}-\frac{r_a}{C_eC_mC_\Phi^2U_f^2}T \tag{7-33}$$

当控制电压与励磁电压相等时，堵转转矩为

$$T_0=\frac{C_mC_\Phi U_f^2}{r_a} \tag{7-34}$$

当 $T=0$，$\alpha=1$ 时，空载理想转矩为

$$n_0=1/C_\Phi C_e \tag{7-35}$$

$$n/n_0=\alpha-T/T_0 \tag{7-36}$$

由此可得，当信号系数为常数时，直流伺服电动机的机械特性和调速特性为线性的，如图 7-37 所示。

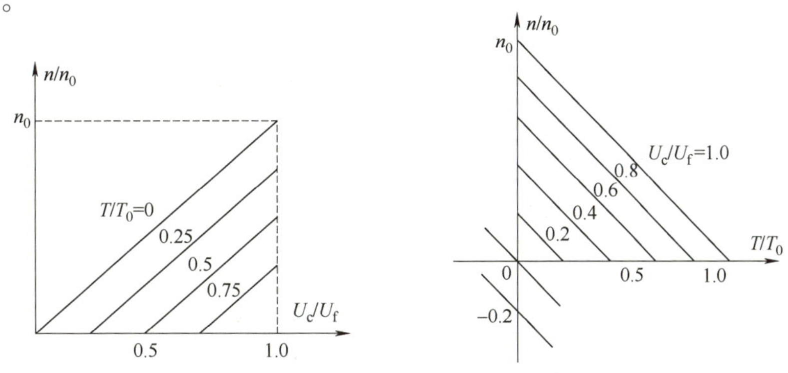

图 7-37　机械特性和调速特性

直流伺服电动机的等效电路如图 7-38 所示。其中，$u(t)$ 为电枢电压，$\omega(t)$ 为电动机角速度，$M_c(t)$ 为负载力矩，$e_a(t)$ 为电动机旋转时电枢两端的反电动势，$i_a(t)$ 为电枢电流。

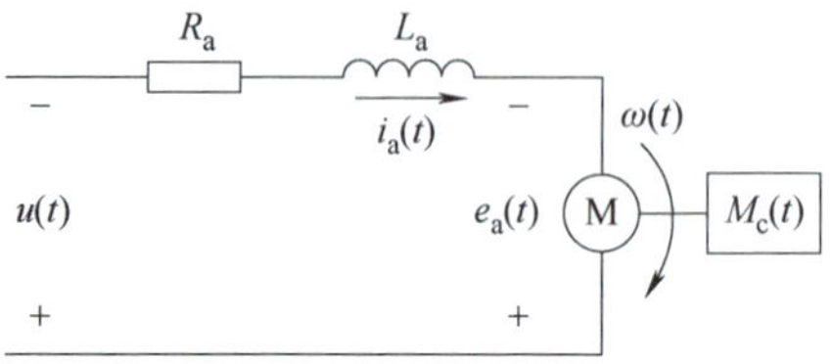

图 7-38 直流伺服电动机等效电路

在不考虑电动机参数变化和死区效应的条件下，得到电枢回路的电势平衡方程为

$$L_a\dot{i}_a(t)+i_a(t)R_a+e_a(t)=u(t) \tag{7-37}$$

式中，L_a 为电枢回路电感；R_a 为电枢回路电阻。结合机械动力方程，在此基础上可得到直流伺服电动机控制系统理想状态下的微分方程、传递函数和状态空间模型，进而对电动机进行控制。

2）直流伺服电动机的驱动电路：直流伺服电动机驱动器多采用脉宽调制（PWM）伺服驱动器，其电源电压为固定值，由大功率晶体管 GTR、MOS 管或 IGBT 作为开关器件，以固定的开关频率动作。但其输出的脉冲宽度可以随电路控制而改变。通过改变脉冲宽度以改变加在电动机电极两端的平均电压，从而改变电动机的转速。这种伺服驱动器一般由电流内环和速度外环构成，功率放大采用晶体管等其他开关元器件组成的桥式开关电路，其原理框图如图 7-39 所示。

图中各部分含义：SC，速度调节器；IC，电流调节器；Mod，调制器；Δgn，三角波发生器；PC，保护电路；BD，基极驱动器；SB，速度反馈单元；TG，测速机。

（2）交流伺服电动机

交流同步伺服电动机驱动器通常采用电流型脉宽调制（PWM）三相逆变器和具有电流环为内环、速度环为外环的多环闭环控制系统，以实现对三相永磁同步伺服电动机的电流控制。根据其工作原理、驱动电流波形和控制方式的不同，分为矩形波和正弦波电流驱动的永磁交流伺服系统两种。

交流同步伺服电动机驱动器原理框图如图 7-40 所示。主电路由三部分组成：整流器将工频电源变换为直流；逆变器按照电动机转子位置来控制交流电流；吸收来自电动机再生能量的再生功率吸收电路。控制电路由下列几部分组成：即把速度给定信号与电动机速度反馈信号进行比较并用以产生电流给定信号 I_a 的调节器、按照电动机转子位置产生相电流给定值（i_u、i_v、i_w）的电流函数发生器，以及控制相电流的电流调节器。

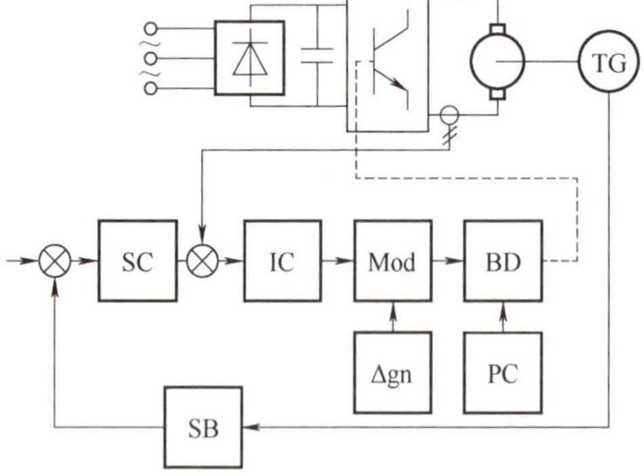

图 7-39 直流 PWM 伺服驱动器原理框图

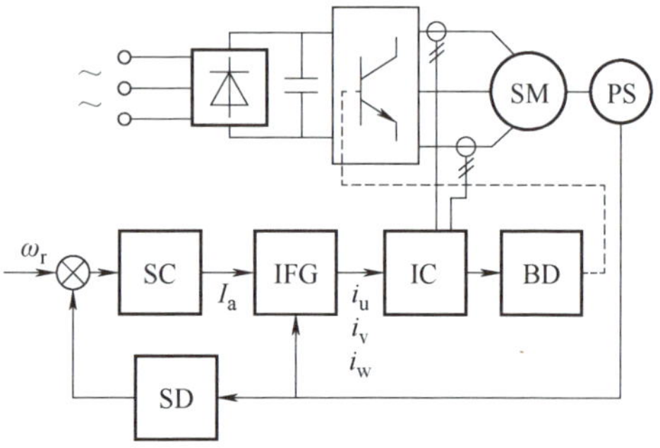

图 7-40 交流同步伺服电动机驱动器原理框图

图中各部分含义如下：SC，速度调节器；IC，电流调节器；SD，速度变换器；IFG，电流函数发生器；BD，基极驱动器；PS，转子位置检测器；SM，交流同步电动机；ω_r，速度指令。

7.6.5　力矩电动机

随着国防军工、航空航天、汽车等行业的发展，在工业生产中，由机器人辅助的生产单元对于机器人本身的执行精度的要求越来越高，传统的解决方法是采用伺服电动机带动高精度蜗轮蜗杆或齿轮来实现电动机的减速。然而，由于磨损、弹性变形、摩擦和反向间隙等缺陷，精度保持性很差。因此，力矩电动机因其具有软机械特性和宽调速范围的优势，在某些特定机器人的驱动上也有了一些应用。力矩电动机可以连续工作在低转速或堵转状态，以输出转矩为主要特征，并具有低转速、大转矩、过载能力强、响应快和转矩波动小等特点。

力矩电动机目前主要有直流力矩电动机、三相异步力矩电动机和交流永磁力矩电动机。传统的三相异步力矩电动机应用广泛，如应用于电线电缆、纺织、金属加工、造纸等行业的卷绕类异步力矩电动机中。异步力矩电动机由于转矩密度低、转子发热严重、效率低，而且转子参数会随温度变化，因此系统的控制精度并不能保证。永磁力矩电动机的本质是直接驱动负载的伺服电动机，其能够直接连接负载，并可以输出较大转矩，具有稳定的低速运行特性、线性度好和反应速度快等优点。

直流力矩电动机同样也属于一种低速的伺服电动机，具有高精度、高耦合刚度、较高转矩/惯量比、高线性度、直接驱动负载及低速运行等特点。该类电动机可作为位置和低速随动系统中的执行元件，不用齿轮而直接驱动负载，既消除了齿隙又缩短了传动链。下面以直流力矩电动机为例展开介绍。

1. 基本结构

直流力矩电动机是一种永磁式低速直流伺服电动机，它的外形和普通直流伺服电动机完全两样，通常做成扁平式结构，电枢长度与直径之比一般仅为 0.2 左右，并选取较多的极对数。选用扁平式结构是为了使力矩电动机在一定的电枢体积和电枢电压下能产生较大的转矩和较低的转速。力矩电动机的总体结构类型又有分装式和内装式两种。分装式结构包括定子、转子和电刷架三大部件，转子直接套在负载轴上，机壳由用户根据需要自行选配。内装式与一般电动机构相同，机壳和轴已由制造厂在出厂时装配好。

图 7-41 为永磁式直流力矩电动机的结构示意图。图中定子是钢制的带槽的圆环，槽中镶嵌铝镍钴永久磁钢，组成环形桥式磁路。为了固定磁钢，在其外圆上又热套一个铜环。在两个极间的磁极桥使磁场在气隙中近似地呈正弦分布。

2. 性能特点

（1）机械特性和调节特性的线性度

在力矩电动机中同样也存在着电枢反应的去磁作用，而且它的去磁程度与电枢电流或负载转矩有关，它将导致机械特性和调节特性的非线性。为了提高特性的线性度，通常力矩电动机的磁路设计成高饱和状态，并选用磁导率小、回复线较平的永磁材料做磁极，同时选取较大的气隙，这就可以使电枢反应的影响显著减小。

（2）力矩波动小且低速下能稳定运行

力矩波动是指力矩电动机转子处于不同位置时，堵转力矩的峰值与平均值之间存在的差

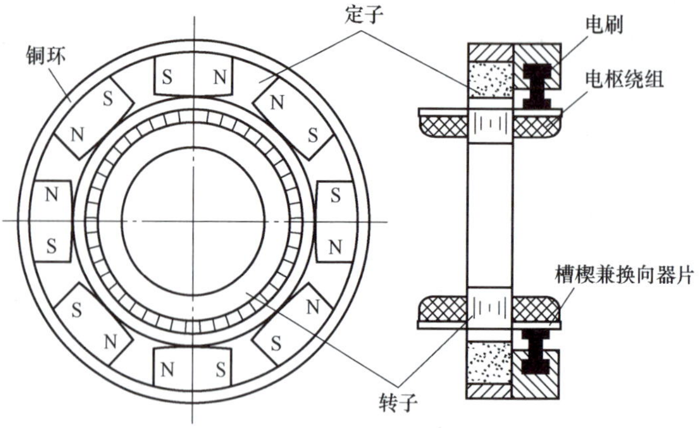

图 7-41 永磁式直流力矩电动机的结构示意图

值，它是力矩电动机重要性能指标。这是因为它通常运行在低速状态或长期堵转，力矩波动将导致运行不平稳或不稳定。力矩波动系数是指转子处于不同位置时，堵转力矩的峰值与平均值之差相对平均值的百分数。力矩波动的主要原因是由于绕组元件数、换向器片数有限使反电势产生波动，电枢铁心存在齿槽引起磁场脉动，以及换向器表面不平使电刷与换向器之间的滑动摩擦力矩有所变化等。

结构上采用扁平式电枢，可增多电枢槽数、元件数和换向器片数；适当加大电动机的气隙，采用磁性槽楔、斜槽等措施，都可使力矩波动减小。

7.6.6 步进电动机

1. 步进电动机特点与分类

步进电动机是将电脉冲传导变换为相应的角位移或直线位移的元件。图 7-42 所示为典型的步进电动机及其驱动器的实物图。它的角位移量或线位移量与脉冲数成正比，转速或线速度与脉冲频率成正比。在负载能力的范围内，这些关系不因电源电压、负载大小环境条件的波动而变化。误差不长期积累，步进电动机驱动系统可以在较宽的范围内，通过改变脉冲频率来调速，实现快速起动，正反转制动。作为一种开环数字控制系统，在小型机器人中得到较广泛的应用，但由于其存在过载能力差、调速范围相对较小、低速运动有脉动和不平衡等缺点，一般多应用于小型或简易型机器人中。

图 7-42 步进电动机及其驱动器实物图

从结构特点进行分类，常用的步进电动机包含三种类型见表 7-8。

表 7-8 步进电动机三种结构类型

类型	说明
VR 型	VR 型步进电动机又称磁阻反应式步进电动机，转子结构由软磁材料或钢片叠制而成。当定子的线圈通电后产生磁力，吸引转子使其旋转。该电动机在无励磁时不会产生磁力，故不具备保持力矩。这种 VR 型电动机转子惯量小，适用于高速下运行

（续）

类型	说明
永磁(PM)型	永磁型步进电动机，其转子采用了永久磁铁。按照步距角的大小可分为大步距角和小步距角两种，大步距角型的步距角为90°仅限于小型机种上使用，具有自启动频率低的特点，常用于陀螺仪等航空管制机器、计算机、打字机、流量累计仪表和远距离显示器装置上。小步距角型的步距角有7.5°、11.5°等，由于采用钣金结构其价格便宜，属于低成本型的步进电动机
混合(HB)型	此类步进电动机是将PM型和VR型组合起来构成的电动机，它具有高精度、大转矩和步距角小等许多优点。步距角多为0.9°、1.8°、3.6°等，应用范围从几N·m的小型机到数kN·m的大型机

除此之外，按照转子运动方式，步进电动机又分为旋转式、直线式和平面式三种，这里不再展开介绍。

2. 步进电动机工作原理

在机器人技术中，混合型步进、电动机因其高转矩、高精度和良好的动态响应，成为应用较多的一种步进电动机。因此，以混合型步进电动机为例，说明步进电动机的工作原理。如图7-43a所示，电动机由定子模块、转子模块、机壳模块和端盖模块组成。类似于反应式，混合式的定子铁心是凸极式磁极，且其表面有许多等间距小齿，上面还有多相定子线圈。转子是由永磁体与表面有许多等间距小齿的转子铁心组成。转子上装的永磁体可以产生单向磁场，与永磁式电动机类似。如图7-43b、c所示，对应定子齿上的绕线是同一个。与三相反应式步进电动机不同，根据绕线的缠绕方式与右手定律可以判断对应的磁极(N极或S极)是一致的。

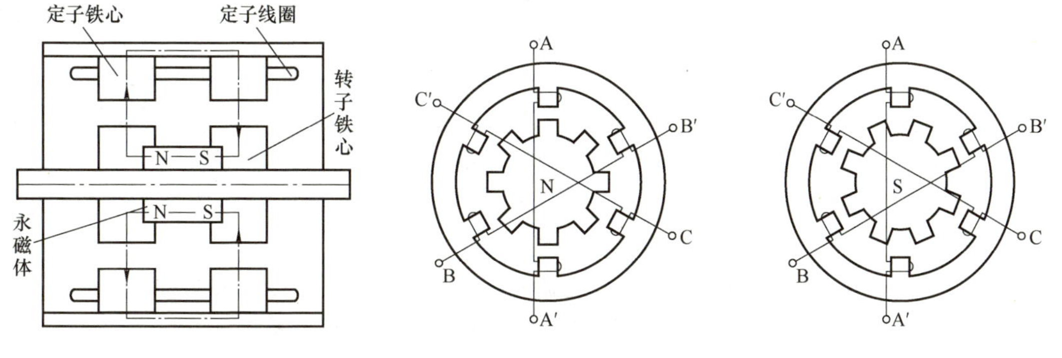

a) 电动机结构图　　b) a段铁心截面图　　c) b段铁心截面图

图 7-43　混合式步进电动机结构图

步进电动机的电磁转矩是由转子与定子线圈之间形成的磁场产生的。如图7-43b、c所示，当绕组A相通电时，a段转子处于对齿的状态，即此刻a段转子定子绕组之间的电磁转矩最大。同时b段定子转子所产生的电磁转矩值最小(a段、b段分别为靠近永磁体N极和S极的铁心分布段)。当加上一个力矩T使其逆时针旋转一个小角度$\Delta\theta$，即转子轻微错开其平衡位置时，a、b段的定子转子之间电磁转矩变化如图7-44所示。观察可得，作用在a、b段转子上的电磁转矩方向一致，即都是与外在力矩相反的方向。总的来说，稳定状态：在a段，电动机定子转子之间电磁转矩为最大值；在b段，电动机定子转子之间电磁转矩为最小值。总而言之，当改变定子线圈导通状态，电动机转子将重新停留在新的平衡位置。

在图 7-43 中，定子绕组间的夹角是 60°(电角度)，而电动机转子齿间是 45°(空间角度)。若步进电动机只有一相定子线圈通电时，电动机就会生成以其对应通电绕组为中心线的磁场。若只有定子绕组 A 通电，电动机内部就会形成以 AA′为中心线的磁场。根据右手定则，可以判断在 a 段中，A 相磁极呈 S 极性而在 b 段中 A 相磁极呈 N 极性。此时正如图 7-43b、c 所示，转子停在稳定平衡位置：a 段中定子转子处于对齿情况，即 a 段中 A 相磁极与 N 极转子对齐，b 段中 A 相磁极和转子错开半个齿。A 磁极与 N 极转子无齿距差。当只给定子绕组 B 通负电，电动机内部就会形成以 BB′为中心线的磁场。根据右手定则，可以判断在 N 极转子 a 段中 B 相磁极呈 N 极性而在 S 转子 b 段中 B 相磁极呈 S 极性。电动机转子沿 C-A-B 逆时针方向转过 1/6 齿距停在新的平衡位置，此时 A 相磁极沿逆时针方向与 a 段转子相差-1/6 个齿。

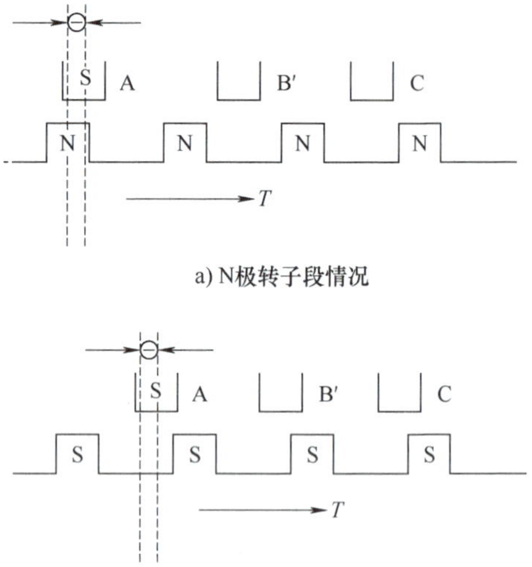

图 7-44　定子转子相对位置图

由工作原理可知，按照一定规律给电动机绕组通电，每次变化定子线圈的通断情况，电动机将转过固定的角度 θ，即步距角。步进电动机步距角大小与供电规律、转子齿数有关系，其关系式如下：

$$\theta=\frac{360°}{2nZ_r} \tag{7-38}$$

式中，n 为电动机相数，Z_r 为转子齿数。步进电动机具有固定分辨率，如每转 24 步分辨率的步进电动机，步距角为 15°。采用小步距角分几步来完成一定增量运动的优点是：运行时的过冲量小，振荡不明显，精度高。选用时应权衡系统的精度和速度要求。

常见的步距角有 3°/1. 5°，1. 5°/0. 75°，3. 6°/1. 8°。例如，对于步距角为 1. 8°的步进电动机，转一圈所用的脉冲数为 $n=360/1.8=200$。

步距角的误差不会长期积累，只与输入脉冲信号数相对应，可以组成结构较为简单而又具有一定精度的开环控制系统，也可以在要求更高精度时组成闭环系统。

3. 步进电动机的驱动

步进电动机所用的驱动器，主要包括脉冲发生器、脉冲分配器和功率放大器等几部分。脉冲发生器可以按照起动、制动及调速要求，改变控制脉冲的频率，以控制步进电动机的转速。

环形分配器是控制步进电动机各绕组的通电次序以决定步进电动机的转动(在机器人控制系统中多由计算机来实现其功能)。环形分配器将脉冲发生器送来的脉冲信号按照一定的循环规律依次分配给步进电动机的各个

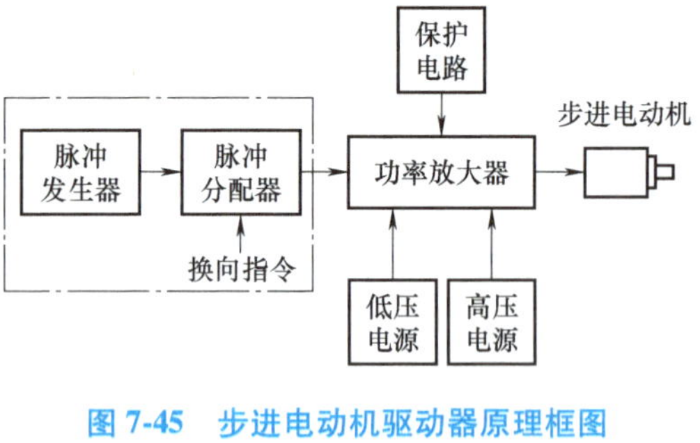

图 7-45　步进电动机驱动器原理框图

绕组，以使步进电动机按照一定的规律运动。

功率放大器将环形分配器输出的毫安级电流放大至安培级以驱动步进电动机，图 7-45 所示为步进电动机驱动器原理框图。其中脉冲发生器及脉冲分配器可由微处理器实现。在保证步进电动机不丢步的情况下，其控制精度由电动机决定，系统采用光隔离电路以防步进电动机的高压大功率脉冲信号对微处理器或其控制电路产生干扰，以及实现两者不同电压的转换。

7.6.7　电动机驱动器的典型应用

电动机在工业机器人中的应用变得日益多样化和高效，从传统的直流电动机和步进电动机到先进的无刷直流电动机、伺服电动机乃至最新的直驱电动机技术，各种类型的电动机在不同的应用场景中发挥着至关重要的作用。通过集成高级传感器、智能控制算法和能量管理系统，这些电动机不仅提高了机器人的性能和可靠性，还扩展了其在自动化生产线、精密装配、物料搬运和许多其他工业任务中的潜能。

常见的工业机器人品牌包括 KUKA、安川、FANUC、ABB 等，产品多样，系列完备，并且多采用电动机作为机器人的驱动方式，结合控制器，组成驱动控制系统，在工业生产中应用广泛。下面以 ABB 的 IRB 910INV SCARA 机器人为例，简述电动机在机器人中的应用。图 7-46 所示为机器人的实物图，该型号机器人包括负载能力为 3kg 和 6kg 两种规格。

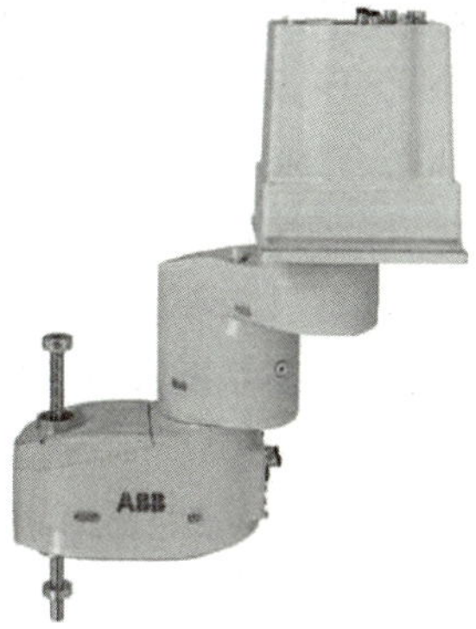

图 7-46　ABB 的 SCARA 机器人

电动机作为机器人运动的核心部件，通常安装在机器人的关节处，如图 7-47 所示，SCARA 机器人有三个关节，每个关节具有一个转动自由度，末端关节还具备推动执行杆进行直线运动的能力。这些电动机负责实现机器人的灵活移动和精确定位。该机器人的各轴电动机均采用交流伺服电动机，其功率在 0.2~0.5kW，额定转速在 100~2500r/min，可输出 3~10N · m 转矩。通过控制电动机的旋转角度和转速，可以实现机器人关节的精确控制，从而完成各种复杂的任务。

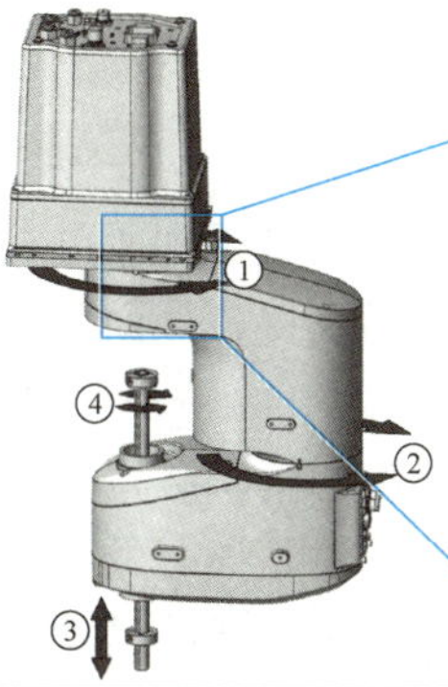

位置	描述	位置	描述
①	轴1	③	轴3
②	轴2	④	轴4

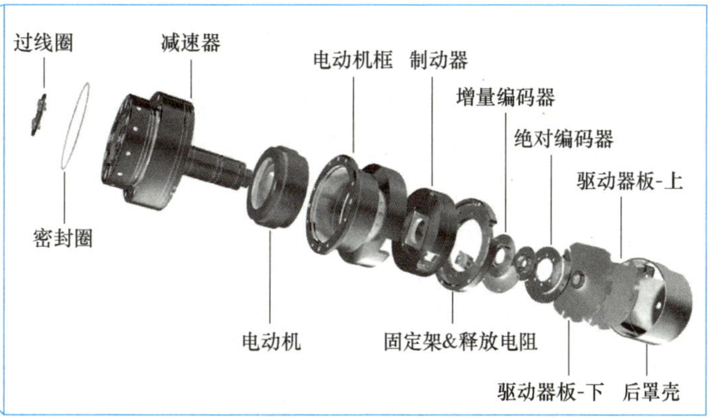

图 7-47　SCARA 机器人关节电动机示意图

7.7 新型驱动器

接下来对近年来涌现的新型机器人驱动器进行介绍，包括压电驱动器、超磁致伸缩驱动器、静电驱动器以及人工肌肉驱动器等。

7.7.1 压电驱动器

1. 基本概念

压电效应自19世纪末以来，一直是固体物理学、材料科学以及应用工程领域的研究对象。压电效应是指某些晶体材料在受到机械应力时会产生电荷分离，从而在其表面产生电压的现象。具体而言，当这些材料经历机械变形，如拉伸或压缩，内部电荷的对称性被打破，导致极化现象的出现，进而在材料相对表面形成可测量的电压。压电效应不仅包括正压电效应，即由机械应变产生电压，还包括逆压电效应，即施加电场引起材料的机械形变，如图7-48所示。这两种效应的根本原因在于晶体的固有极性以及其在应力作用下的极化变化。此特性使得压电材料能够有效地在电能和机械能之间转换，因此，它们被广泛应用于传感器、执行器、能量收集器以及各种频率控制设备中。

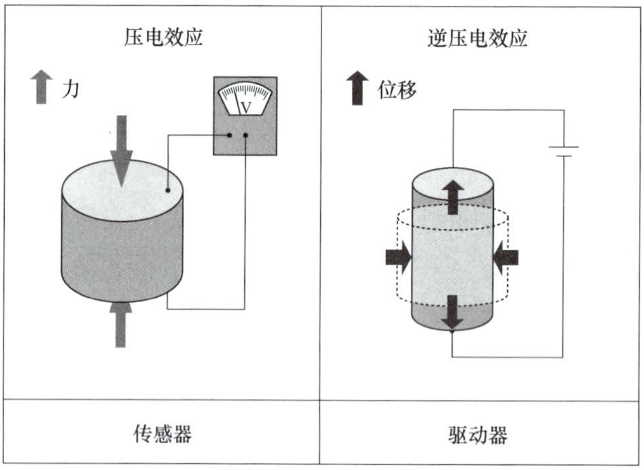

图7-48 压电效应原理图

压电驱动是一种利用逆压电效应将电能转换为机械能的技术，即当施加电压到压电材料上时，材料会产生机械变形，该变形可被用来产生微小尺度范围内的精确位移，从而实现运动的输出。

压电驱动技术因其高精度和快速响应的特点，被广泛应用于精密制造、精密测量和精密驱动等领域。例如，在光刻机、激光准直等精准制造定位系统中，压电驱动是核心的关键技术之一。此外，压电驱动还具有断电自锁的特性、无电磁干扰的优势，通过灵活的结构和多样化的致动方式结合，可满足兼顾小体积和多自由度输出特性的技术要求。此外，压电驱动还具有出力大、响应速度快、电磁兼容性优异等特性，使其在超精加工、半导体制造、机器人、精密仪器、生命科学、航空航天和武器装备等领域具有突出的优势。同时，压电驱动还存在成本偏高、规模小及产业链不完整等问题。

目前，压电驱动技术的研究正在不断深入，包括对压电材料的性能优化、驱动器的设计创新以及应用范围的拓展等方面。研究人员正在探索更高效的压电材料和更精确的驱动机制，以满足高端装备发展对精密驱动技术的实际需求。

2. 基本原理与结构

压电驱动的致动原理就是利用压电陶瓷等材料的逆压电效应，当其受到外部电场的作用时，会产生微小的机械变形，这种机械变形可用于实现微小尺度范围内纳米精度位移的直接输出。如图 7-49 所示，压电材料与外部连杆结构结合后，可实现右侧竖板的近似上下方向的运动，完善设计后，可用作微纳机器人的一个足部，实现机器人的运动，即实现驱动过程。

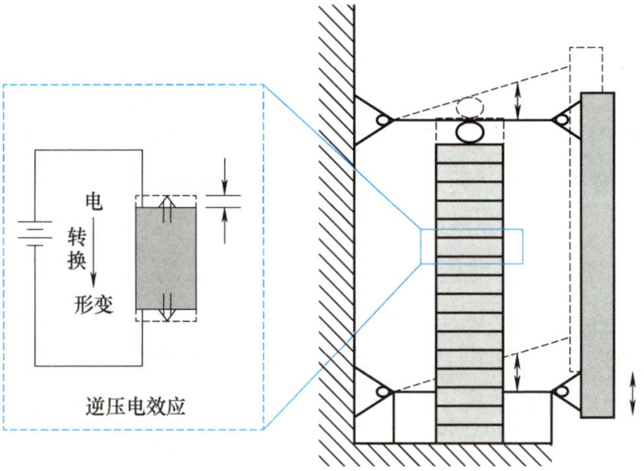

图 7-49　压电直接变形的致动原理

压电材料的坐标系定义如图 7-50 所示，其中 z 轴与电极化轴方向一致，沿 x、y、z 轴的正应力分量分别由下标 1、2、3 来表示，沿轴的剪应力分量分别由下标 4、5、6 来表示，则应力张量为

$$\boldsymbol{T}=\begin{bmatrix}\sigma_{xx}\\ \sigma_{yy}\\ \sigma_{zz}\\ \tau_{yz}\\ \tau_{xz}\\ \tau_{xy}\end{bmatrix}=\begin{bmatrix}T_1\\ T_2\\ T_3\\ T_4\\ T_5\\ T_6\end{bmatrix} \tag{7-39}$$

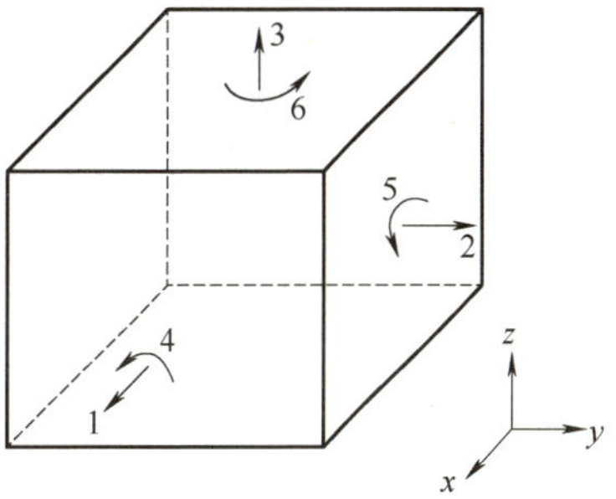

图 7-50　压电材料坐标系

则压电陶瓷在受到应力 $\boldsymbol{T}$ 和外加电场 $\boldsymbol{E}$ 共同作用产生的应变为

$$s=\boldsymbol{S}\boldsymbol{T}+\boldsymbol{d}^{\mathrm{T}}\boldsymbol{E} \tag{7-40}$$

式中，$\boldsymbol{S}$ 为柔度系数；$\boldsymbol{d}$ 为压电系数矩阵。

3. 主要类型

压电驱动器的主要类型包括刚性位移驱动器和谐振位移驱动器。

（1）刚性位移驱动器的主要模式

1）压电陶瓷堆叠式驱动器：这种类型的驱动器将多个压电陶瓷层叠在一起，以增加位移范围和力输出。通过在不同层中施加不同的电场，可以实现精确的位移控制。

2）压电屈曲式驱动器：这种驱动器利用压电陶瓷的屈曲特性来产生位移。当施加电场时，压电陶瓷弯曲，并且沿着弯曲方向发生位移。这种驱动器通常用于微调或小范围位移应用。

3）压电屈挠式驱动器：类似于屈曲式驱动器，但在屈挠式驱动器中，压电陶瓷在两个相对的表面上施加电场，导致压电陶瓷的屈挠，从而产生位移。这种驱动器通常用于需要双向位移的应用。

4）压电柱式驱动器：这种类型的驱动器由一个或多个压电陶瓷柱组成，当施加电场时，柱体会在轴向方向产生位移。这种驱动器通常用于需要线性位移的应用。

5）压电盘式驱动器：盘式驱动器将压电陶瓷安装在一个圆形或圆环形的结构上，当施加电场时，盘片会产生径向或周向位移。这种驱动器通常用于需要环形或径向位移的应用。

（2）谐振位移驱动器的种类

谐振位移驱动器通过压电材料的谐振来产生运动，种类繁多。

1）基于摩擦的超声波电动机：依靠摩擦力驱动，有多种尺寸和自由度配置。

2）非接触式超声波电动机：利用声悬浮技术，无须物理接触即可工作。

3）蠕动式电动机：提供高分辨率的微步进运动，用于高精度定位。

4）压电-电流复合型步进电动机：结合压电和电流驱动，以实现无磨损步进运动。

此外，压电驱动器还可以根据工作原理分为接触式和非接触式两种。接触式通常基于摩擦原理工作，而非接触式则利用声悬浮等技术来实现无接触的运动。

值得注意的是，与电磁电动机不同，压电电动机的驱动侧重于施加高电压来提供电场，而电流则是次要因素。因此，在设计压电电动机的电子驱动系统时，需要特别考虑如何精确控制高电压的输出。

4. 典型应用

压电陶瓷元件和金属弹性体可以组成特定形状的弹性复合体，通过给压电陶瓷元件施加特定形式的信号可激励定子弹性体产生低频运动/高频振动，进而在定子弹性体驱动区域内，质点形成具有驱动作用的运动轨迹（直线、斜线、矩形、三角形及椭圆等），进一步通过定子和动子之间的摩擦耦合实现动子的宏观运动输出。这种基于摩擦耦合的致动原理可以通过微小步距重复累积的方式实现大行程输出，如图 7-51 所示，工作过程中存在两个能量转换过程：通过逆压电效应将电能转换为定子微观运动的机械能；通过摩擦耦合将定子的微观运动转换为动子的宏观运动，通常也称作超声波电动机。

a) 摩擦耦合致动原理

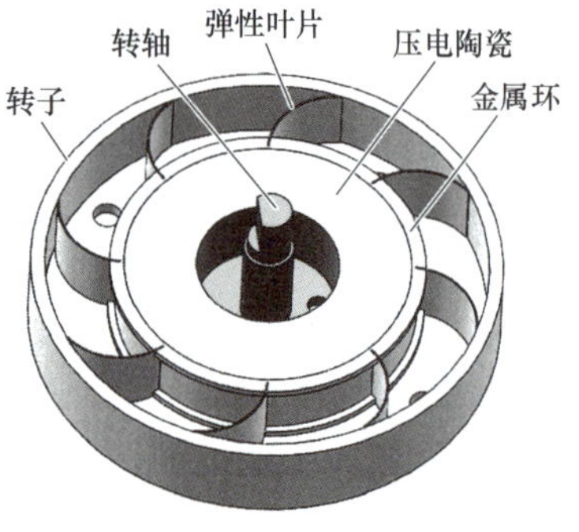

b) 结构示意

图 7-51　超声波电动机原理及结构图

传统机器人往往是由电磁式电动机提供驱动，由于电动机转速一般较高且转矩较小，因此需要配备减速机构实现低速大转矩，且 1 个自由度就需要 1 个电动机，导致机器人体积庞大，笨重且不够灵活。而超声波电动机则可以实现低速大转矩的直接驱动，且可做成多自由度超声波电动机，实现单个电动机即可满足多自由度关节的驱动。这对机器人的微型化与高度灵活性提供了可能，因此超声波电动机在机器人领域具有相当广阔的应用前景。

7.7.2　超磁致伸缩驱动器

超磁致伸缩驱动器通过磁致伸缩棒在磁场作用下的磁致应变所形成的宏观运动来直接推动负载，实现了电磁能到机械能的转化。

超磁致伸缩驱动器结构如图 7-52 所示。其工作原理为：调节激励线圈输入交流电流的大小，产生激励磁场控制伸缩棒伸长或缩短，当与直流电流产生的偏置磁场方向一致时，合成磁场加强，驱动器输出正位移。当激励磁场与偏置磁场方向相反时，合成磁场弱于偏置磁场，驱动器输出负位移；采用碟簧预紧结构伸缩棒施加一定的预压力，使伸缩棒获得更大伸缩量；使用导磁套、导磁环和导磁片形成闭合磁路，可减少磁漏，也降低驱动器中磁场对外部设备的干扰。

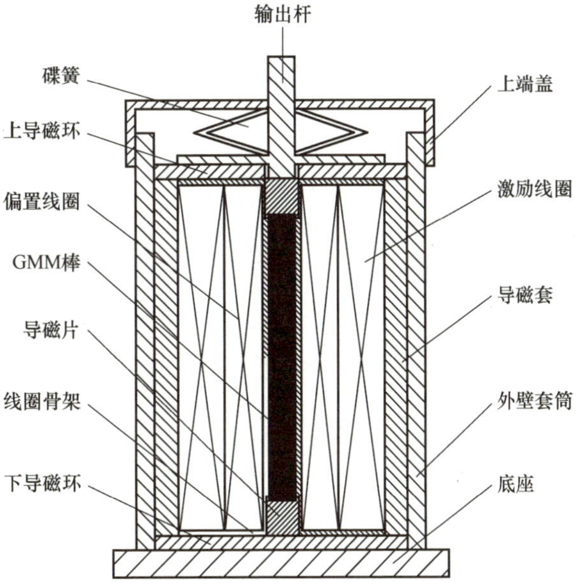

图 7-52　超磁致伸缩驱动器结构

磁致伸缩中的磁致应变是由激励磁场产生的。当激励磁场的强度达到 H_0 时，磁致应变的计算公式如下：

$$\lambda = \int_{0}^{H_0} d\mathrm{d}H \tag{7-41}$$

式中，λ 为磁致应变；H 为磁场强度；d 为在恒定预压缩应力下磁致伸缩应变随磁场的变化率。

超磁致伸缩驱动器具有结构简单紧凑、精度高、噪声小、快速响应等优点，在微型电磁式驱动器领域具有显著优势。但同时，超磁致伸缩驱动器也存在涡流损耗大、工作频率受限的问题。

磁致伸缩驱动器主要类型包括以下几种。

1）自发磁致伸缩：这种类型的磁致伸缩是由材料的磁有序性产生的，通常发生在居里温度以下。自发磁致伸缩与材料的原子结构和磁性有关。

2）场致磁致伸缩：当外部磁场作用于磁性材料时，材料的尺寸会发生变化。这种现象称为场致磁致伸缩，它与外加磁场的强度和方向有关。

此外，磁致伸缩技术还具有饱和及二倍频效率的特性。饱和是指在磁场增大到一定程度后，材料的应变趋于常数，这个常数称为饱和磁致伸缩系数。而二倍频效应是指在周期磁场中，材料的振动频率约为磁场频率的两倍。

总的来说，磁致伸缩驱动器的应用非常广泛，包括但不限于精密定位系统、流体控制、航空航天以及各种传感器等。这些应用利用了磁致伸缩材料的快速响应、大输出力、大量应变量和高精度定位的优点。

7.7.3 静电驱动器

随着微机电系统的迅速发展，微型电动机对小型化、智能化的需求日益增高，静电电动机可采用平面结构，没有励磁线圈，在体积、重量和能耗方面的优势明显。静电电动机作为微机械的动力构件可以将静电能转换成机械能，它的受力与尺寸比优于相同尺寸的电磁电动机。例如对于机器人手指关节的驱动器，采用传统电磁电动机作为驱动的缺点是功率密度会随电动机的体积减小而下降。为将机器人的手指做小，需要将电动机安装在距离驱动点较远的地方，这会导致机器人手指结构体积较大，动作响应不灵活，此时可采用平面结构的静电电动机作为机器人手指关节驱动器，当然，静电驱动也存在推力不足、非线性等问题。

电容器是常见的静电驱动元件，其静电驱动力包括切向力 $\boldsymbol{F}_{\mathrm{T}}$ 和法向力 $\boldsymbol{F}_{\mathrm{N}}$，如图 7-53 所示。

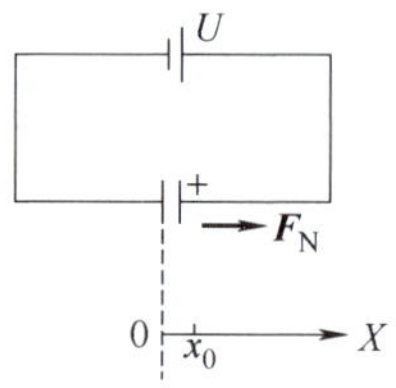

a) 法向静电力

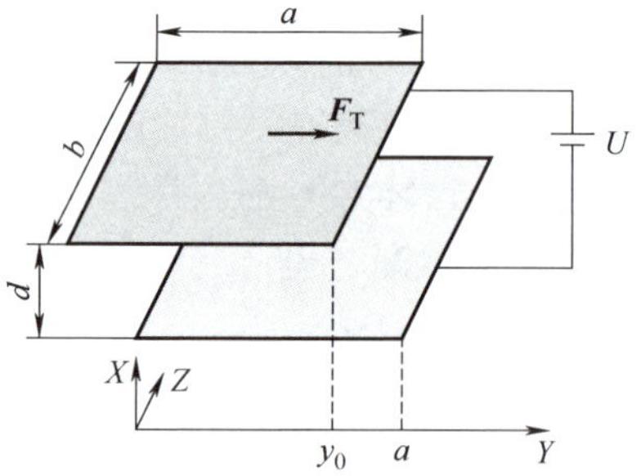

b) 切向静电力

图 7-53　两种静电驱动类型

直线型静电电动机就是基于电容可变原理而产生作用力的静电驱动器。电容可变原理是指利用带电极板之间静电能的能量变化趋势而产生机械位移，这种作用力使两个电极趋于互相接近并达到能量最小的稳定位置。如图 7-54 所示，为一个简单的可变电容式直线型静电电动机模型，两板上均带有电极，红色矩形代表带正电的电极，蓝色矩形代表带负电的电极，电极之间产生静电力 $\boldsymbol{F}$。固定其中一块板，则电极之间总的静电力 $\boldsymbol{F}'$驱使另外一块板运动。

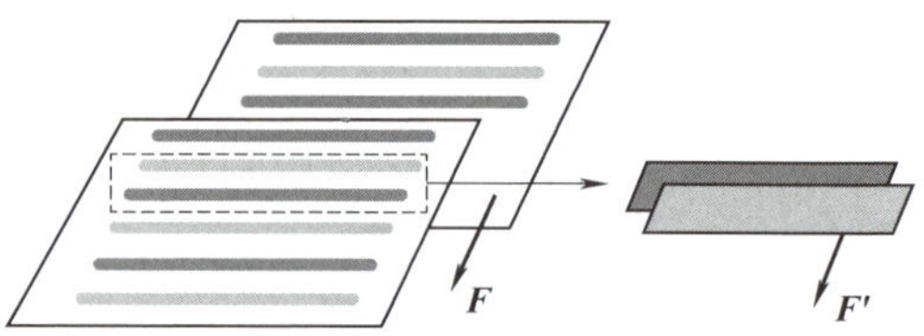

图 7-54　可变电容式静电电动机模型的示意图

静电驱动器的典型应用包括以下几个方面。

1）振动式加速度传感器：静电驱动器被用作振动式加速度传感器的振子驱动器，用于检测和测量加速度。

2）陀螺仪：在振动式陀螺仪中，静电驱动器可以作为谐振子的驱动器，用于感知和测量角速度，易于实现高精度的驱动和测量。

3）微机器人：静电驱动器在微机器人领域也有应用，用于驱动微型机械结构。

4）肌肉型驱动器：基于薄膜型静电驱动器叠层的肌肉型驱动器，这种驱动器模仿人类肌肉的运动，用于各种需要模拟生物肌肉运动的场合。

5）可变电容式直线静电电动机：这种电动机利用静电效应产生直线运动，虽然在低速性能上有所不足，但在特定的应用领域仍然具有其独特的优势。

静电驱动器因其简单的结构和原理，在微机电系统 MEMS 领域中得到了广泛的应用。这些应用通常涉及对精密位置控制、微小力量输出和快速响应的需求。随着技术的发展，静电驱动器在各种高精度和微型化设备中的应用将越来越广泛。

7.7.4　人工肌肉驱动器

人工肌肉是一种能够在外界物理或化学刺激下发生伸缩、膨胀、弯曲、扭转等运动并对外做功的柔性材料或器件。按照驱动原理的不同，常见的驱动器类型包括电致收缩聚合物（EAP）人工肌肉、气动或液压驱动型以及热致动型人工肌肉等类型。

电致收缩聚合物人工肌肉包括电子型聚合物人工肌肉以及离子型液体聚合物人工肌肉两种类型。其中，电子型聚合物电驱动器是一种利用活性聚合物在通电后发生形变而实现致动目的的人工肌肉，典型的代表如介电弹性体驱动器（DE），如图 7-55 所示，它可以等效为一个柔性且可拉伸的平行板电容器。当在介电弹性体薄膜两侧的电极上施加电压时，正负电荷会在薄膜两侧积累，薄膜在麦克斯韦尔应力的作用下，会产生厚度减小、面积扩展的形变。介电弹性体驱动器的主要问题是需要很高的驱动电压（约几百至几千伏），驱动迟滞比较大。

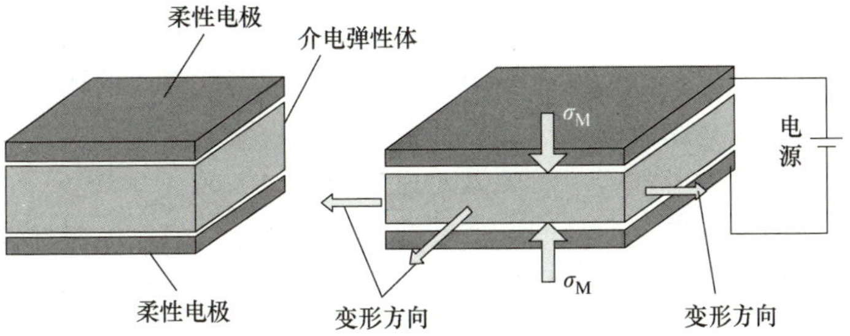

图 7-55　介电弹性体驱动器

离子型聚合物驱动器通过聚合物的电响应性使带电离子迁移，导致聚合物膨胀或收缩，从而改变几何形状和尺寸，典型的代表如离子聚合物-金属复合材料驱动器（IPMC），如图 7-56 所示。离子型聚合物驱动器的驱动电压低（1~5V），但功率密度小，电致应力小。

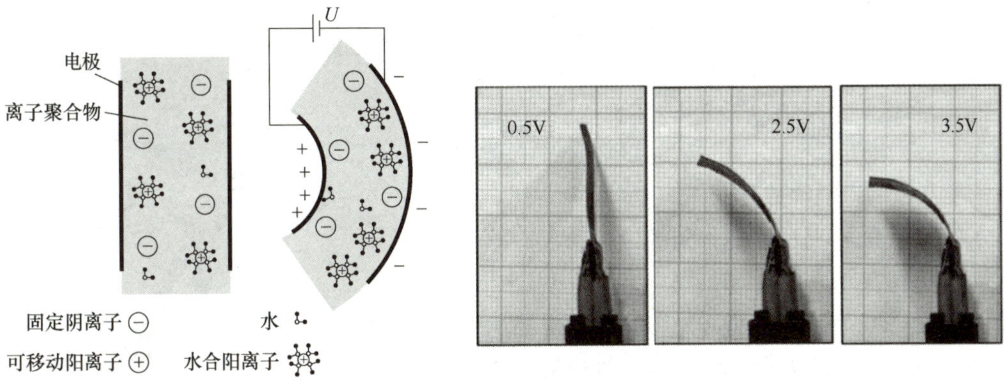

图 7-56　离子型聚合物驱动器

电致收缩聚合物人工肌肉在微执行器、可穿戴设备、触觉学、医疗保健和军事方面有着广阔的应用前景。与传统刚性执行器相比，基于聚合物的柔性电驱动器具有安全、结构简单、形态多变等特点。不过，相比于传统驱动器，它们的驱动速度较慢，输出力也较低。

气压驱动是另一种人工肌肉的驱动方式，通过向肌肉气囊内部注入或抽出气体来改变其内部压力，从而导致体积的变化，实现驱动。如图 7-57 所示为气压驱动的人工肌肉，其内部是一根橡胶管，外层是双螺旋结构的纤维编织层。当它工作时，橡胶管会朝着径向发生膨胀，同时气动肌肉在轴向产生收缩，从而产生拉力。然而，受到编织结构的限制，该人工肌肉的收缩比(30%~35%)较小。

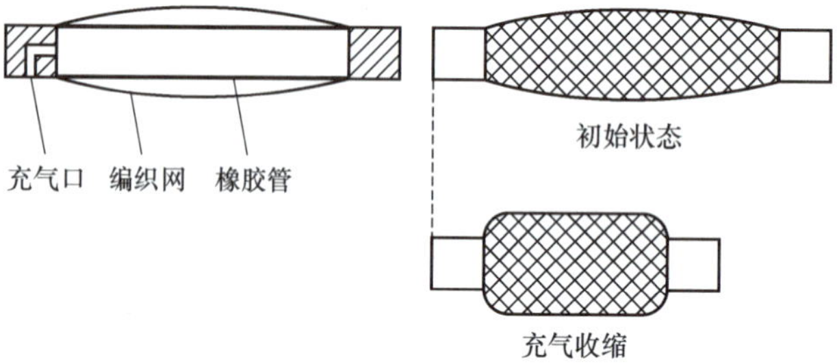

图 7-57　气压驱动的人工肌肉

此外，人工肌肉驱动方式还有其他一些类型，比如使用光敏材料制成的人工肌肉可以通过光照的变化来调节其形状和位置的光驱动；利用磁性材料在磁场的作用下会发生变形或移动的磁驱动型人工肌肉；利用温度变化导致材料膨胀或收缩的原理，即热致动型，可以通过控制环境温度或直接加热或冷却人工肌肉来实现其动作。

目前，人工肌肉还处于发展的初期，还没有成熟的产品。但人工肌肉独特的性能，使其在很多领域有着广泛的应用前景，包括但不限于机器人技术、医疗器械、航空航天以及智能纺织品等。随着材料科学和工程技术的进步，人工肌肉的研究和应用正在不断拓展，未来有望在各个领域发挥更大的作用。

7.8　设计项目：四足机器人腿部驱动器的设计(采用电动机驱动器)

1. 设计要求

该项目的目的是设计一个四足机器人的腿部驱动器，要求是采用电动机实现机器人的驱动。图 7-58 所示为波士顿动力公司的 Spot 机器人，该机器人整体重量 32.7kg，每个腿部有三个电动机，驱动图 7-58 中①~③三个关节的转动，可实现机器人腿部的前后摆动与横向运动。

本项目可参考该四足机器人的设计，要求机器人的行进速度约在 1.6m/s，负载能力达到 14kg，行走时机器人的高度范围约为 600~700mm，机器人长度约在 1100mm，宽度为 500mm，运动时机器人的最大倾斜角度在±30°。

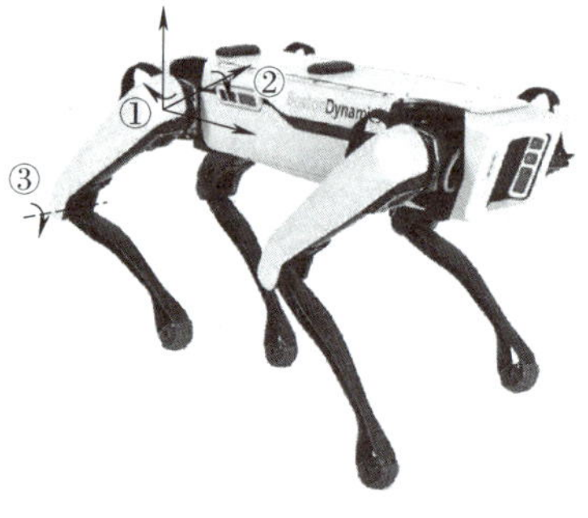

图 7-58　波士顿动力 Spot 机器人

2. 具体的设计内容

1)完成机器人腿部模型的设计。

2)完成机器人腿部模型的力学计算，计算满足机器人的自重和负载能力所需的驱动能力。

3)采用电动机驱动方式，完成电动机的选型与负载能力计算与校核。

4)根据电动机，完成相应驱动器的合理选配，完成驱动系统的设计。

本章小结

本章介绍了常见的几种驱动器，重点对液压驱动器、气动驱动器、电动机驱动器展开详细介绍。不同的驱动系统都有其优点与不足，并存在其各自的适用领域。液压系统在工业机器人中已不再常见，但仍在需要大载荷、高功率、高重量比的机器人中使用，比如需要爆发力比较强的人形机器人。目前大部分工业机器人都采用伺服电动机驱动，步进电动机在许多小型机器人和自动化设备中很常见。气动驱动器则在低成本、中低精度的工业机器人和机械手中有着广泛的应用。近年来出现的一些新型驱动器，主要应用在特种机器人和微纳机器人等领域。

课后习题

7-1　试举一例液压驱动的机器人，并分析描述其液压系统各个元件与功能。

7-2　某液压泵的输出压力 $p=10\text{MPa}$，泵转速 $n=1450\text{r/min}$，排量 $V=46.2\text{mL/r}$，容积效率 $\eta_V=0.95$，总效率 $\eta_t=0.9$。试求液压泵的输出功率和驱动液压泵所需的电动机功率。

7-3　如图 7-59 所示，定量泵输出流量为恒定值 q_P，如在泵的出口接一节流阀，并将阀的开口调节的小一些，试分析回路中活塞运动的速度 u 和流过截面 P、A、B 三点流量应满足什么样的关系(活塞两腔的面积为 A_1 和 A_2，所有管道的直径 d 相同)。

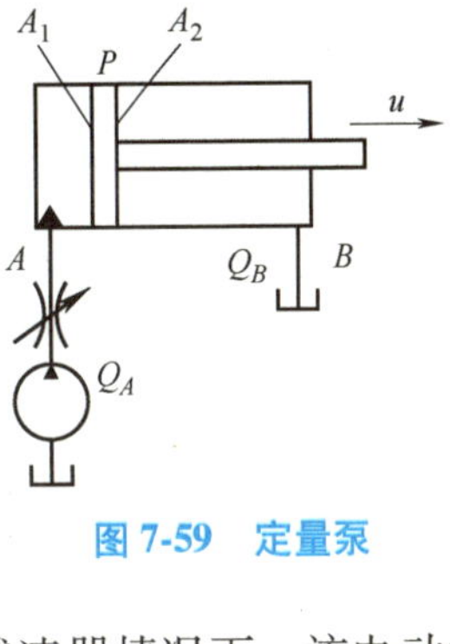

图 7-59　定量泵

7-4　试举一例气动驱动的机器人，并分析描述其气动系统各个元件与功能。

7-5　分析比较液压驱动与气压驱动机器人的异同，结合具体实例展开描述。

7-6　简述气动马达的工作特点。

7-7　某工业机器人使用伺服电动机来驱动其关节。已知该伺服电动机的额定功率为 500W，额定电压为 24V，额定转速为 3000r/min，计算该电动机在额定工作状态下的电流，以及未配置减速器情况下，该电动机能提供给机器人关节的转矩大小。

7-8　分析对比伺服电动机与步进电动机的优缺点，理解其工作原理的差异。

7-9　一台异步电动机的额定转速 $n_N=712.5\text{r/min}$，电源频率为 50Hz，求其磁极对数 p、额定转差率 s_N 和转子电流频率 f_2。

7-10　列举一例除教材中所述的新型驱动方式，分析其基本原理、工作方式以及结构组成等。

参考文献

[1] 闻邦椿. 机械设计手册：第 3 卷[M]. 6 版. 北京：机械工业出版社，2020.

[2] 黄志坚. 机器人驱动与控制及应用实例[M]. 北京：化学工业出版社，2016.

[3] CRAIG J J. Introduction To Robotics Mechanics and Control Fourth Edition[M]. New York：Pearson，2016.

[4] 丁良宏. BigDog 四足机器人关键技术分析[J]. 机械工程学报，2015(7)：1-23.

[5] 闻邦椿. 机械设计手册：第 4 卷[M]. 6 版. 北京：机械工业出版社，2020.

[6] 成大先. 机械设计手册[M]. 6 版. 北京：化学工业出版社，2016.

[7] 高冠阳. 欠驱动气动机械手的设计与研究[D]. 郑州：华北水利水电大学，2021.

[8] ZHANG C，et al. Mechanical model and experimental investigation of a novel pneumatic foot[J]. Sensors and Actuators A：Physical，2024，366：114971.

[9] 王艳红. 电工电子学[M]. 西安：西安电子科技大学出版社，2020.

[10] QIAN L F，et al. Fusion of Position Estimation Techniques for A Swing Servo by Permanent Magnet Synchronous Machine[J]. IEEE Transactions on Industrial Electronics，2022(99)：1-12.

[11] 颜嘉男. 伺服电机应用技术[M]. 北京：科学出版社，2010.

[12] 闫阿儒. 新型稀土永磁材料与永磁电机[M]. 北京：科学出版社，2014.

[13] 刘英想，邓杰，常庆兵，等. 压电驱动技术研究进展与展望[J]. 振动、测试与诊断，2022，42(6)：1045-1061，1239.

[14] 邢志广，林俊，赵建文. 人工肌肉驱动器研究进展综述[J]. 机械工程学报，2021，57(9)：1-11.

[15] 黎健. 人工肌肉驱动的上肢助力外骨骼研制[D]. 南京：东南大学，2022.

第 8 章　机器人综合设计

8.1　引言

本章将对机器人综合设计的相关内容进行讲述，旨在引导读者将前述章节所学理论知识与实际应用相结合，加深对理论知识的掌握和对实际案例的理解，从而获得对完整机器人实际设计过程的直观及体系的认知。本章首先介绍机器人设计的一般方法与流程，随后以当前应用广泛且特点鲜明的四足机器人和人形机器人为实例，对一个完整的机器人设计过程进行系统地剖析，具体讲述它们的机械结构设计、运动学及动力学分析、轨迹规划与控制、运动功能仿真、样机制造与实验验证等方面的内容。

8.2　机器人设计的方法与流程

机器人本质上是一种基于固定编程规划或者进一步自学习来完成多种工作任务的机器，并且兼顾实用性与经济性。机器人的设计方法及其相应流程可以为机器人的设计过程提供明确的指导，进而提升机器人设计的效率和品质。

8.2.1　机器人一般设计过程

一般来讲，设计方法都具有一定的主观性，很难用完全固化的规则来对它的选择和制定进行限制，但通常机器人的设计过程可以依照以下步骤进行。

1. 机器人需求分析与总体方案设计

虽然机器人被定义为能够完成多种任务的机器，但当考虑它的实用性、经济性以及可靠性问题时，机器人的设计应该面向其工作任务的特定类型进行。例如，有的大型机器人可以承受几百千克的负载，却通常不能将电子元件插入电路板。因此，机器人的任务需求分析是机器人设计的首要步骤，它是指对机器人所需完成的任务进行系统全面地分析和梳理，以明确机器人应该具备的功能和性能特点。在该环节，首先明确机器人的任务定义和目标，随后分析工作场所的物理结构和环境条件，进而基于任务流程划分机器人功能模块。如果机器人是为特定用户群体服务的，那么需要了解用户的需求和偏好，以便设计出更符合用户期望的机器人系统。

根据确定的任务需求，开展机器人总体方案设计，为机器人系统的设计和实现提供整体架构和思路。总体方案设计重点在于确定机器人系统的整体结构和组成部分，包括硬件和软件，并且完成技术可行性、实施风险以及成本效益等方面的评估。

2. 机器人机械结构设计

机械结构设计是机器人设计的基础，它决定了机器人对期望任务完成的可能性与可靠性。机器人的机械结构设计通常从确定自由度数目出发。原则上，自由度数目按实现工作任务所要求的最小数目取定，然而某些情况下为了使机器人具有更好的运动灵活性会对自由度数目取更大的值。基于自由度数目，设计机器人的运动学构型，可以采用串联构型、并联构型或者串-并联混合构型。串联构型自由度就等于关节数目，因此结构简单、工作空间大，但负载能力较弱。并联构型提高了机器人的整体刚度，可以实现更大的负载能力，但是它会减小关节的运动范围从而减小了工作空间，并且机器人的结构会更加复杂。串-并联混合构型则一定程度上结合了串联构型和并联构型的优点。例如，在靠近机器人基体附近采用并联构型以提升机器人的整体刚度，而在靠近机器人末端附近采用串联构型以提升机器人的工作空间，并且这种混合构型使机器人的大部分质量靠近机器人基体，从而减小了机器人的整体惯性。在机器人运动学构型设计的过程中，组成机器人的杆件数目和布局以及关节数目和类型就被完全确定了。

3. 机器人驱动-传动和传感系统设计

驱动器使得机器人各部分机械结构可以产生实际的运动，它的选择或者设计将基于对应机器人关节的负载能力要求进行，即可以提供机器人关节所需的力和力矩，并且满足机器人关节对速度和加速度的要求。驱动器最直接的布置形式是与关节直连，这种驱动方式具有结构简单、刚性高、非线性因素影响小、控制性能好的特点。然而，液压或气压驱动器多实现直线驱动，电动机驱动器则通常转速高、转矩小，因此需要安装传动系统用于运动形式的转化或者减速。驱动器一般具有较大的质量，因此在具有传动系统的机器人上驱动器可以远离关节而在机器人基体附近进行集中安装，从而使得机器人运动部件的总体惯性下降、运动平稳性提升，反过来也可以因降低了对驱动能力的要求而减小驱动器的尺寸和质量。

传感器是机器人感知自身运动状态和与外部环境交互状态的媒介，从而为机器人的运动控制提供输入信息。一般采用位置、角速度、角加速度传感器感知机器人的自身运动状态，它们通常安装在机器人关节上，或者受机器人整体结构尺寸和控制线路布局的影响而安装在驱动器上，继而通过理论换算获得机器人关节的对应信息。力/力矩传感器则通常安装在机器人末端用于感知与外部环境的交互状态，在该方面，一些智能化程度更高的机器人还采用了视觉、听觉、滑觉、温度等类型的传感器。值得关注的是，目前对于电动机驱动器已经形成了多种检测位置、角速度、角加速度以及力矩的配套传感器，设计人员在选用电动机的同时就可以直接确定传感器型号。

单一传感器获得的信息一般非常有限，而且会受到自身品质和性能的影响，因此智能机器人通常配用多个不同类型的传感器，以满足探测和数据采集的需要。多传感器信息融合布局技术可以有效地解决信息孤立和丢失的问题，然而需要消除多来源信息中可能的冗余和矛盾，合理地利用信息互补、降低不确定性并且保证测量精度。

4. 机器人静力学/运动学/动力学分析

机器人静力学分析考虑机器人的质量分布、关节摩擦、材料属性和外部载荷等因素，揭示机器人在静止状态下各个杆件、关节以及末端的应力/应变分布和构件整体变形，根据结果对机器人结构参数值(杆件长度、剖面形状)进行确定和优化，一方面使得杆件具有足够大的刚度和尽可能小的惯性，另一方面确保各关节满足负载能力的要求并且具有较优的协同受力状态。

通过静力学分析获得了机器人机械结构的具体参数值后，需要进行机器人运动学分析，确定机器人末端运动与关节运动(包括位置、方向、角速度以及角加速度)之间的一般映射关系，包含正运动学与逆运动学两类问题，从而为机器人完成特定任务所需的轨迹规划(或位姿控制)建立基础。很多情况下，机器人末端运动的轨迹受外部环境约束而能够被事先确定，并且机器人的运动实际上是各个关节运动的衍生，因此逆运动学问题在机器人的设计过程中更受关注。

通过运动学分析获得了机器人的运动轨迹(或位姿变化规律)后，需要进行机器人动力学分析，确定机器人的运动与关节力/力矩之间的一般映射关系，从而使得机器人的运动具有对应的动力支撑。

机器人的静力学、运动学以及动力学分析相互紧密联系，是机器人结构优化与性能构建的重要环节，尤其运动学和动力学是机器人运动控制的基础。机器人的静力学、运动学以及动力学分析可以采用基于数学模型的理论分析方法，也可以结合各类仿真软件进行。

5. 机器人轨迹规划和运动控制设计

机器人要能安全可靠地实现特定类型的工作任务，必须进行匹配的轨迹规划和运动控制设计。为此，首先需要基于运动学建立的一般规律确定与工作任务匹配的各关节运动位移、角速度以及角加速度，随后基于动力学建立的一般规律确定可以实现各关节所需运动位移、角速度以及角加速度的驱动器位移和力或力矩。进一步，设计驱动器的控制策略及其对应的软件程序，使得驱动器能够按要求输出，并且结合各传感器的反馈信息对驱动器的输出进行监测与调节，从而保证机器人运动的精度和稳定性。

6. 机器人运动仿真分析

该环节的机器人运动仿真特指在运动控制程序参与下的运动仿真分析，它可以在多种工况下模拟机器人的运动过程。根据仿真结果，验证或改进运动控制模型、调节运动控制参数，在必要情况下还可以对机器人的结构参数进行调整或优化，从而降低实验复杂程度和试错成本。

7. 机器人样机制造与性能实验

样机制造和性能实验是机器人设计的最后一个环节。在样机制造部分，需要确定良好的加工和组装工艺，从而保证机器人的制造精度和效率；在性能实验部分，搭建实验平台并制定科学的实验方案，依据要求开展各部分实验，记录数据并进行分析。

根据实际情况，以上给出的机器人设计步骤可能形成一个以实现局部功能为目标的穿插过程或者反复迭代改进的过程，如图 8-1 所示。

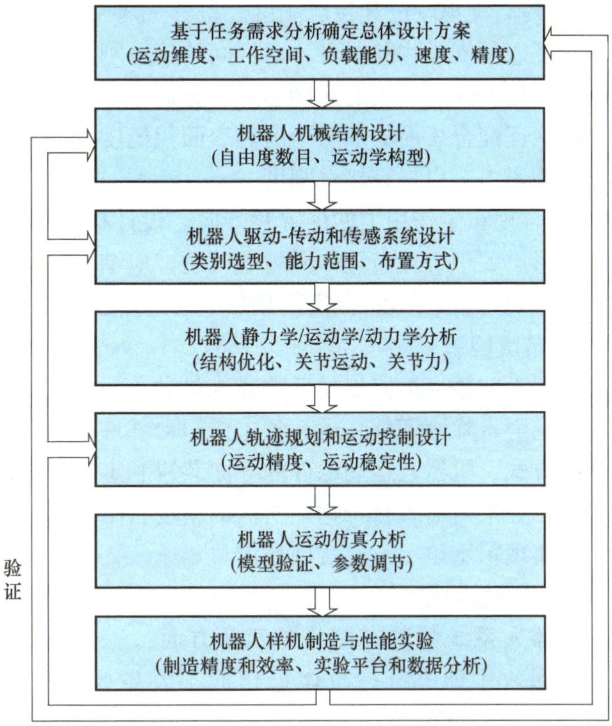

图 8-1　机器人设计的一般步骤流程

8.2.2 机器人设计的关键问题

一个好的机器人设计过程应该关注影响机器人性能的关键问题。

1. 强度问题

机器人的强度是指其在工作环境中对各种作用力、温度、湿度等的承受能力，这直接关系到机器人是否会产生结构破损的问题。为了使得机器人具有足够的强度，通常从机器人的材料选用与结构设计上进行考虑，一方面采用高强度合金或复合材料保证机器人零部件的屈服强度与耐磨、耐蚀能力，另一方面通过结构创新消除低强度结构区并实现减振效果。此外，添加碰撞检测传感与急停系统，可以有效地避免工作过程中的碰撞对机器人强度造成额外的负担。

2. 刚度因素

机器人的刚度是指其零部件在外力作用下抵抗变形的能力，变形越小，则刚度越大。要使刚度最大，具体可从以下几点展开：

1）根据受力情况，合理选择零件截面形状和轮廓尺寸。机器人零部件通常既受弯曲力也受扭转力，应选用抗弯刚度和抗扭刚度较大的截面形状。封闭的空心截面（圆环形或箱形）相比于实心截面和开口截面，不仅在两个互相垂直的方向上抗弯刚度较大，而且抗扭刚度也较大。对于封闭的空心截面，若适当减小壁厚、加大轮廓尺寸，则刚度可以进一步提升。采用封闭形空心截面的结构作为臂杆，不仅有利于提高结构刚度，而且空心内部还可以布置驱动装置、传动机构及管线等，使得机器人整体结构紧凑、外形整齐。

2）提高支承刚度和接触刚度。机器人零部件的变形量不仅与其结构刚度有关，而且与支承刚度以及支承物和机身、臂杆间的接触刚度有很大关系。要提高支承刚度，一方面要从支座的结构形状、底板的连接形式等方面考虑，另一方面要特别注意提高配合面间的接触刚度，即保证配合表面的加工精度和表面粗糙度。如果采用滚动导轨或滚动轴承，装配时应考虑施加预紧力，以提高接触刚度。

3）合理布置作用力的位置和方向。设计机器人臂杆时，要尽量考虑弯矩以减小臂杆的弯曲变形。关于合理布置作用力的问题，应结合具体受力情况加以全面考虑，例如，可以设法使各作用力引起的变形相互抵消。

3. 精度因素

机器人的精度最终集中反映在末端执行器（手部、足端）的位置精度上。影响机器人位置精度的因素除刚度外，还有各主要运动部件的制造和装配精度、末端执行器在臂上的定位和连接方式、机器人运动部件的导向装置和定位方式以及零部件的偏移力矩、惯性力及缓冲效果等。如果机器人自身达到所需的精度有困难时，可以采用辅助工具或夹具协助定位，即机器人实现粗定位，工具实现精定位。

4. 平稳性因素

机器人系统的稳定性分为两个方面：一是机器人运动倾覆稳定性，主要是指机器人在运动过程中能够维持机体稳定而不发生倾覆现象；二是机器人控制系统稳定性，主要体现在所设计的反馈控制律能否使机器人渐近跟踪期望的运动轨迹，而且所得到的反馈控制律能否保证整个闭环系统的平衡状态是渐近稳定的。机器人系统的稳定性反映了机器人在复杂的非结构环境中运动和工作的可靠性，目前对机器人系统稳定性的研究理论较多，但从研究机器人的运动状态来看，主要分为两个方面，即静态稳定性理论和动态稳定性理论。

5. 负载能力因素

机器人的负载能力实际上是指各关节在稳定运行情况下可以承受的最大负载，它与机器人的结构尺寸、质量分布、关节类型、传动系统以及驱动器件均有关系，并且最终由驱动器件输出的力或力矩进行实现。加载到驱动器件上的负载又受负载时长以及由惯性和速度产生的动力载荷影响。机器人设计过程中，应该合理布置自身结构件的质量分布，尽量将大质量零部件布置在靠近基座或机身附近，并且整体结构力求紧凑，一方面以减少惯性力，另一方面降低对驱动器能力的要求。

6. 其他因素

1）传动系统应力求简短，以提高传动精度和效率。

2）各驱动装置、传动件、管线系统及各个运动的测量、控制元件等布置要合理紧凑，操作维护要方便。

3）对于在特殊条件下工作的机器人，设计时要有针对性地采取措施，例如，防热辐射、防腐、防尘、防爆。

8.3　四足机器人整机设计实例

自然界中，四足哺乳动物在复杂地形适应性、运动灵活性和负载能力方面具有巨大的优势。因此，以四足哺乳动物为仿生对象，构造具有高动态性和强适应性的四足机器人一直是机器人领域的研究热点，并且自 20 世纪 60 年代后期以来，综合性能逐步提升的四足机器人相继出现。

本节将介绍一种四足仿生机器人的设计与开发过程实例，其以提高四足仿生机器人典型步态的实现质量为目标，主要开展四足机器人的结构优化设计、运动学和动力学分析、典型步态轨迹规划、虚拟样机建模和仿真、物理样机实验等方面的工作。本实例中的四足机器人各个关节采用液压驱动，以获得更高的负载能力。

8.3.1　四足机器人机械结构设计

四足仿生机器人主要由机械本体、能量系统和控制单元组成，其中机械本体主要包括机身和四条仿生腿。四足仿生机器人机械本体的结构如图 8-2a 所示，机身是能量系统和控制单元的装载平台，四条仿生腿采用膝肘式安装。仿生腿是机器人运动的执行机构，它主要由髋部、大腿、小腿、足筒、足和足底弹簧几部分组成，如图 8-2b 所示。机身与髋部通过铰轴相连，形成仿生腿的 1 个侧摆自由度；髋部、大腿、小腿、足筒依次由铰轴相连，形成 3 个转动自由度；足和足筒之间可以进行小距离的相对滑动，形成 1 个平动自由度。将机身、髋部、大腿、小腿、足筒两两相互之间的关节转角依次定义为髋关节侧摆角、髋关节横摆角、膝关节转角、踝关节转角，这四个关节为主动关节，并且均由液压缸进行驱动以获得更大的负载能力。足和足筒之间安装弹簧用于触地缓冲，因此所形成的关节为被动关节，并且其平动行程很小。

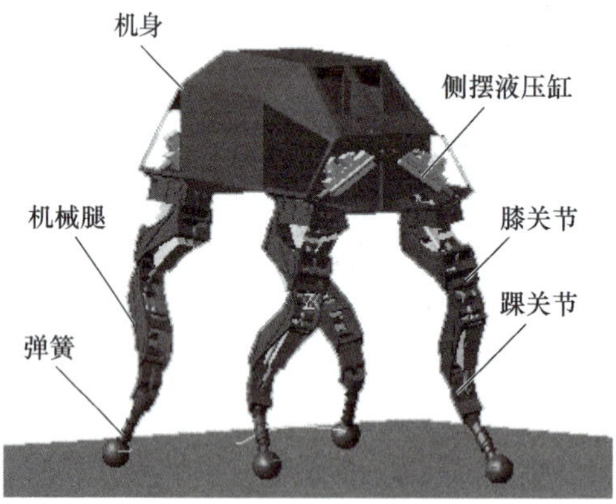

a) 四足仿生机器人结构

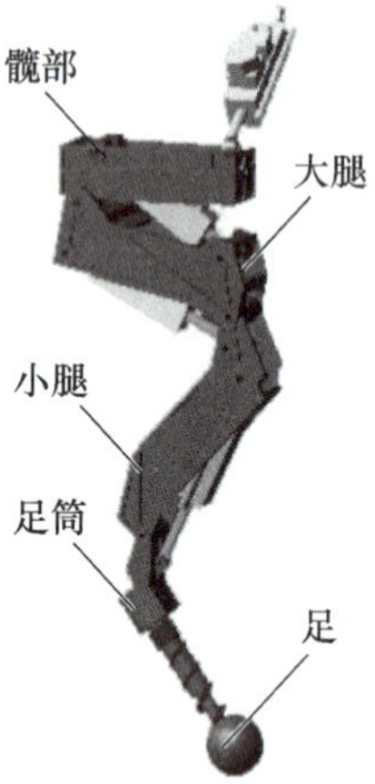

b) 单腿结构

图 8-2　四足仿生机器人和单腿结构

8.3.2　四足机器人运动学建模分析

1. 正运动学建模

四足仿生机器人的四条仿生腿结构完全相同并且对称安装，因此可选取一条仿生腿作为研究对象进行运动学建模。一条自由度为 n 的仿生腿位姿完全由它的 $3n$ 个 D-H 参数确定。当 D-H 参数已知时，它的姿态完全由它的关节变量（即关节坐标）决定。通过杆件坐标系$\{F_{i+1}\}$相对于坐标系$\{F_i\}$的旋转矩阵，以及前者的原点在后者中的位置矢量，能够完全确定两相邻连杆之间的相对位姿。

由于仿生腿足筒和足之间的相对平动距离很小，在仿生腿运动学建模中可以忽略，因此对于仿生腿可建立运动学模型如图 8-3 所示。仿生腿各杆件长度分别为 l_0、l_1、l_2、l_3，髋关节侧摆角、髋关节横摆角、膝关节转角、踝关节转角分别用 θ_0、θ_1、θ_2、θ_3 表示。基础坐标系 $O_0x_0y_0z_0$ 建立在髋部侧摆关节处，杆件坐标系分别自上而下建立在各关节处。末端坐标系建立在仿生腿足端，并且坐标原点 O_4 与足端位置重合。α 是足端蹬地时足筒轴线与地面的夹角，称为蹬地角。

根据上述坐标系的定义方法，可以按照以下变换顺序建立相邻坐标系$\{F_i\}$与$\{F_{i+1}\}$之间的关系：

1）坐标系$\{F_i\}$绕当前的 z_i 轴旋转 θ_i，使 x_i 轴与 x_{i+1} 轴平行，齐次变换矩阵记为 $\boldsymbol{T}_{\mathrm{rot}}(z,\theta_i)$。

2）沿 z_i 轴平移距离 b_i，使 x_i 轴与 x_{i+1} 轴同在一条直线上，齐次变换矩阵记为 $\boldsymbol{T}_{\mathrm{tra}}(z,b_i)$。

3）沿 x_{i+1} 轴（与当前的 x_i 轴重合）平移距离 a_i，使坐标系$\{F_i\}$与$\{F_{i+1}\}$的原点重合，齐次变换矩阵记为 $\boldsymbol{T}_{\mathrm{tra}}(x,a_i)$。

4）绕 z_i 轴旋转 α_i，使 z_i 轴与 z_{i+1} 轴重合，齐次变换矩阵记为 $\boldsymbol{T}_{\mathrm{rot}}(z,\alpha_i)$，至此，两坐标系完全重合。

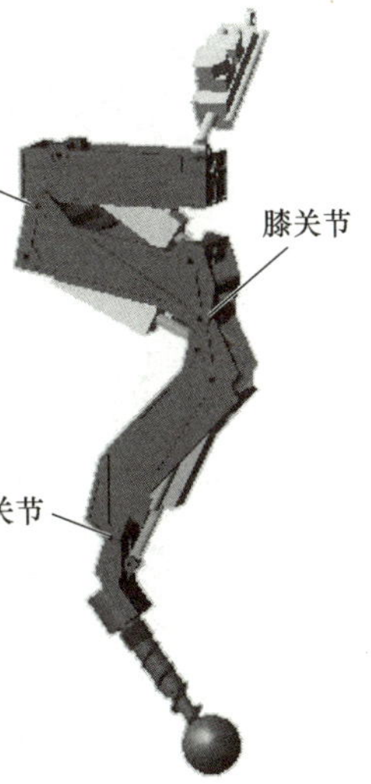

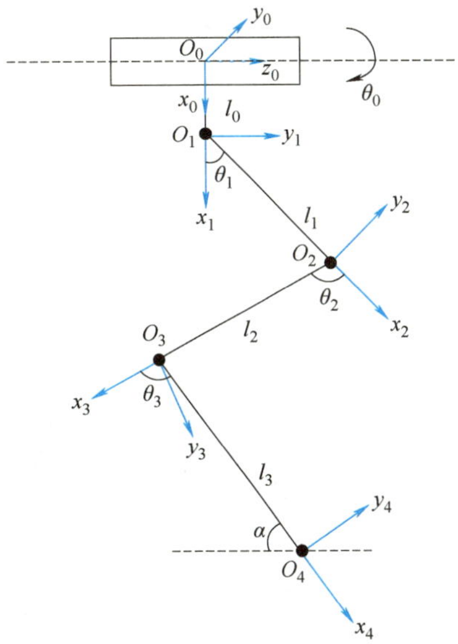

图 8-3　仿生腿运动学模型

对于移动关节和转动关节，α_i 都是常数，则可令 $\lambda_i=\cos\alpha_i$、$\mu_i=\sin\alpha_i$。若坐标系 $\{F_{i+1}\}$ 相对于坐标系 $\{F_i\}$ 的齐次变换矩阵记为 $\boldsymbol{T}_{i,i+1}$，则当关节和连杆的结构确定后，齐次变换矩阵 $\boldsymbol{T}_{i,i+1}$ 是关节变量的函数。对于转动关节，它是 θ_i 的函数；对于移动关节，它是 b_i 的函数。因此，可以求得坐标系 $\{F_i\}$ 与 $\{F_{i+1}\}$ 之间的变换矩阵 $\boldsymbol{T}_{i,i+1}$ 为

$$
\begin{aligned}
\boldsymbol{T}_{i,i+1}&=\boldsymbol{T}_{\mathrm{rot}}(z,\theta_i)\boldsymbol{T}_{\mathrm{tra}}(z,b_i)\boldsymbol{T}_{\mathrm{tra}}(x,a_i)\boldsymbol{T}_{\mathrm{rot}}(z,\alpha_i)\\
&=\begin{bmatrix}\cos\theta_i & -\sin\theta_i & 0 & 0\\ \sin\theta_i & \cos\theta_i & 0 & 0\\ 0&0&1&0\\0&0&0&1\end{bmatrix}\begin{bmatrix}1&0&0&0\\0&1&0&0\\0&0&1&b_i\\0&0&0&1\end{bmatrix}\begin{bmatrix}1&0&0&a_i\\0&1&0&0\\0&0&1&0\\0&0&0&1\end{bmatrix}\begin{bmatrix}1&0&0&0\\0&\lambda_i&-\mu_i&0\\0&\mu_i&\lambda_i&0\\0&0&0&1\end{bmatrix}\\
&=\begin{bmatrix}\cos\theta_i & -\lambda_i\sin\theta_i & \mu_i\sin\theta_i & a_i\cos\theta_i\\ \sin\theta_i & \lambda_i\cos\theta_i & -\mu_i\cos\theta_i & a_i\sin\theta_i\\ 0 & \mu_i & \lambda_i & b_i\\ 0&0&0&1\end{bmatrix}
\end{aligned}
\tag{8-1}
$$

根据上述描述方法，可得仿生腿的 D-H 参数见表 8-1。

表 8-1　仿生腿的 D-H 参数表

序号	θ	b	a	α
0	θ_0	0	l_0	90°
1	θ_1	0	l_1	0
2	θ_2	0	l_2	0
3	θ_3	0	l_3	0

根据参数表求得足端在基础坐标系中的位姿描述矩阵 $\boldsymbol{T}_{0,4}$ 为

$$
\begin{aligned}
\boldsymbol{T}_{0,4} &= \boldsymbol{T}_{0,1}\boldsymbol{T}_{1,2}\boldsymbol{T}_{2,3}\boldsymbol{T}_{3,4} \\
&= \begin{bmatrix} \cos\theta_0 & 0 & \sin\theta_0 & l_0\cos\theta_0 \\ \sin\theta_0 & 0 & -\cos\theta_0 & l_0\sin\theta_0 \\ 0 & 1 & 0 & 0 \\ 0 & 0 & 0 & 1 \end{bmatrix}
\begin{bmatrix} \cos\theta_1 & -\sin\theta_1 & 0 & l_1\cos\theta_1 \\ \sin\theta_1 & \cos\theta_1 & 0 & l_1\sin\theta_1 \\ 0 & 0 & 1 & 0 \\ 0 & 0 & 0 & 1 \end{bmatrix}
\begin{bmatrix} \cos\theta_2 & -\sin\theta_2 & 0 & l_2\cos\theta_2 \\ \sin\theta_2 & \cos\theta_2 & 0 & l_2\sin\theta_2 \\ 0 & 0 & 1 & 0 \\ 0 & 0 & 0 & 1 \end{bmatrix}
\begin{bmatrix} \cos\theta_3 & -\sin\theta_3 & 0 & l_3\cos\theta_3 \\ \sin\theta_3 & \cos\theta_3 & 0 & l_3\sin\theta_3 \\ 0 & 0 & 1 & 0 \\ 0 & 0 & 0 & 1 \end{bmatrix} \\
&= \begin{bmatrix} \cos\theta_0\cos(\theta_1-\theta_2+\theta_3) & -\cos\theta_0\sin(\theta_1-\theta_2+\theta_3) & \sin\theta_0 & l_3\cos\theta_0\cos(\theta_1-\theta_2+\theta_3)+l_2\cos\theta_0\cos(\theta_1-\theta_2)+l_1\cos\theta_0\cos\theta_1+l_0\cos\theta_0 \\ \sin\theta_0\cos(\theta_1-\theta_2+\theta_3) & -\sin\theta_0\sin(\theta_1-\theta_2+\theta_3) & -\cos\theta_0 & l_3\sin\theta_0\cos(\theta_1-\theta_2+\theta_3)+l_2\sin\theta_0\cos(\theta_1-\theta_2)+l_1\sin\theta_0\cos\theta_1+l_0\sin\theta_0 \\ \sin(\theta_1-\theta_2+\theta_3) & \cos(\theta_1-\theta_2+\theta_3) & 0 & l_3\sin(\theta_1-\theta_2+\theta_3)+l_2\sin(\theta_1-\theta_2)+l_1\sin\theta_1 \\ 0 & 0 & 0 & 1 \end{bmatrix}
\end{aligned}
\tag{8-2}
$$

2. 逆运动学建模

根据图 8-3 所示足端杆件 l_3 与地面的夹角为 α，对足端在基础坐标系中的方位可以用矩阵 $\boldsymbol{A}$ 表示，矩阵 $\boldsymbol{A}$ 中前三列分别是足端坐标系的单位向量在基础坐标系中的位姿描述，最后一列是足端在基础坐标系中的坐标值。

又根据足端在基础坐标系中方位矩阵相等，可建立

$$
\begin{aligned}
\boldsymbol{A} &= \begin{bmatrix} \sin\alpha\cos\theta_0 & -\cos\alpha\cos\theta_0 & \sin\theta_0 & x \\ \sin\alpha\sin\theta_0 & -\cos\alpha\sin\theta_0 & -\cos\theta_0 & y \\ \cos\alpha & \sin\alpha & 0 & z \\ 0 & 0 & 0 & 1 \end{bmatrix} = \boldsymbol{T}_{0,4} \\
&= \begin{bmatrix} \cos\theta_0\cos(\theta_1-\theta_2+\theta_3) & -\cos\theta_0\sin(\theta_1-\theta_2+\theta_3) & \sin\theta_0 & l_3\cos\theta_0\cos(\theta_1-\theta_2+\theta_3)+l_2\cos\theta_0\cos(\theta_1-\theta_2)+l_1\cos\theta_0\cos\theta_1+l_0\cos\theta_0 \\ \sin\theta_0\cos(\theta_1-\theta_2+\theta_3) & -\sin\theta_0\sin(\theta_1-\theta_2+\theta_3) & -\cos\theta_0 & l_3\sin\theta_0\cos(\theta_1-\theta_2+\theta_3)+l_2\sin\theta_0\cos(\theta_1-\theta_2)+l_1\sin\theta_0\cos\theta_1+l_0\sin\theta_0 \\ \sin(\theta_1-\theta_2+\theta_3) & \cos(\theta_1-\theta_2+\theta_3) & 0 & l_3\sin(\theta_1-\theta_2+\theta_3)+l_2\sin(\theta_1-\theta_2)+l_1\sin\theta_1 \\ 0 & 0 & 0 & 1 \end{bmatrix}
\end{aligned}
\tag{8-3}
$$

又根据矩阵对应位置元素相等，可得：

$$x=l_3\cos\theta_0\cos(\theta_1-\theta_2+\theta_3)+l_2\cos\theta_0\cos(\theta_1-\theta_2)+l_1\cos\theta_0\cos\theta_1+l_0\cos\theta_0 \tag{8-4}$$

$$y=l_3\sin\theta_0\cos(\theta_1-\theta_2+\theta_3)+l_2\sin\theta_0\cos(\theta_1-\theta_2)+l_1\sin\theta_0\cos\theta_1+l_0\sin\theta_0 \tag{8-5}$$

$$z=l_3\sin(\theta_1-\theta_2+\theta_3)+l_2\sin(\theta_1-\theta_2)+l_1\sin\theta_1 \tag{8-6}$$

$$\cos(\theta_1-\theta_2+\theta_3)=\sin\alpha \tag{8-7}$$

将式(8-7)代入式(8-4)和式(8-5)，可得

$$x=[l_3\sin\alpha+l_2\cos(\theta_1-\theta_2)+l_1\cos\theta_1+l_0]\cos\theta_0 \tag{8-8}$$

$$y=[l_3\sin\alpha+l_2\cos(\theta_1-\theta_2)+l_1\cos\theta_1+l_0]\sin\theta_0 \tag{8-9}$$

进一步有

$$\theta_0=\arctan\frac{y}{x} \tag{8-10}$$

由式(8-4)和式(8-6)可得

$$\begin{cases}z-l_3\cos\alpha=l_2\sin(\theta_1-\theta_2)+l_1\sin\theta_1\\ \dfrac{x}{\cos\theta_0}-l_3\sin\alpha-l_0=l_2\cos(\theta_1-\theta_2)+l_1\cos\theta_1\end{cases} \tag{8-11}$$

将方程(8-11)两边平方后相加，可得

$$(z-l_3\cos\alpha)^2+\left(\frac{x}{\cos\theta_0}-l_3\sin\alpha-l_0\right)^2=l_1^2+l_2^2+2l_1l_2[\sin\theta_1\sin(\theta_1-\theta_2)+\cos(\theta_1-\theta_2)\cos\theta_1] \tag{8-12}$$

从而可求解

$$\cos\theta_2=\frac{(z-l_3\cos\alpha)^2+\left(\dfrac{x}{\cos\theta_0}-l_3\sin\alpha-l_0\right)^2-l_1^2-l_2^2}{2l_1l_2} \tag{8-13}$$

令

$$\frac{(z-l_3\cos\alpha)^2+\left(\dfrac{x}{\cos\theta_0}-l_3\sin\alpha-l_0\right)^2-l_1^2-l_2^2}{2l_1l_2}=c \tag{8-14}$$

则

$$\theta_2=\arctan\frac{\sqrt{1-c^2}}{c}$$

将式(8-14)带入式(8-4)和式(8-6)，可得

$$\cos\theta_1=\frac{\left(\dfrac{y}{\sin\theta_0}-l_0-l_3\sin\alpha\right)(c^2l_2+cl_1)-cz\sqrt{1-c^2}\,l_2+cl_2l_3\sqrt{1-c^2}\cos\alpha}{c(l_1^2+l_2^2+2l_1l_2c)} \tag{8-15}$$

根据式(8-7)可得

$$\theta_3=\frac{\pi}{2}+\theta_2-\theta_1-\alpha \tag{8-16}$$

最后整理求解结果，得到仿生腿运动学逆解方程为

$$\begin{cases}\theta_0=\arctan\dfrac{y}{x}\\ \theta_1=\arccos\dfrac{\left(\dfrac{y}{\sin\theta_0}-l_0-l_3\sin\alpha\right)(c^2l_2+cl_1)-cz\sqrt{1-c^2}\,l_2+cl_2l_3\sqrt{1-c^2}\cos\alpha}{c(l_1^2+l_2^2+2l_1l_2c)}\\ \theta_2=\arctan\dfrac{\sqrt{1-c^2}}{c}\\ \theta_3=\dfrac{\pi}{2}+\theta_2-\theta_1-\alpha\\ c=\dfrac{(z-l_3\cos\alpha)^2+\left(\dfrac{x}{\cos\theta_0}-l_3\sin\alpha-l_0\right)^2-l_1^2-l_2^2}{2l_1l_2}\end{cases}\tag{8-17}$$

根据运动学逆解求解结果，在四足仿生机器人足端轨迹按期望曲线运动的条件下，关节角 θ_1、θ_2、θ_3 均是足端蹬地角度 α 的函数。蹬地角度 α 的变化规律一旦确定，仿生腿关节角度变化规律随之确定，因此选取合适的蹬地角 α 是决定步态规划优劣的一个重要因素。

8.3.3 四足机器人动力学仿真分析

四足机器人动力学分析可以采用数学建模分析或者软件仿真分析的方法，在本案例中将介绍一种基于虚拟样机的动力学仿真分析方法，它无须建立复杂的动力学方程来描述机器人系统，并且可以方便地改变动力学参数。

1. 虚拟样机模型建立

四足仿生机器人虚拟样机建模是基于 RecurDyn 软件和 SolidWorks 软件共同完成，见图 8-2a 所示。首先通过 SolidWorks 建立四足仿生机器人的三维装配模型，经过必要的简化处理后导入 RecurDyn 中，进行后续参数设置，建模过程主要分为以下五个步骤：

1）通过 SolidWorks 建立四足仿生机器人的三维实体模型，将文件存为标准的 . parasolid 格式后导入 RecurDyn。

2）设置机器人零部件物理特征参数，如杆件材料属性参数、初始速度参数等。

3）添加机器人各零部件之间的装配关系，如构成关节的杆件之间的转动副。

4）添加机器人关节运动的位移或力的驱动函数，该驱动函数可以是以仿真时间为自变量的函数表达式，也可以通过样条曲线的形式添加。

5）设置仿真环境参数，比如地面刚度、坡度以及足地接触摩擦系数等，使仿真环境最大程度上反映真实物理环境特征。

2. 机械-控制联合模型建立

四足仿生机器人的运动控制利用 RecurDyn/control 和 MATLAB/simulink 进行联合仿真，原理如图 8-4 所示。在 MATLAB/simulink 中建立机器人的运动控制模型，该模型对 RecurDyn 中的机器人虚拟样机进行控制。在 MATLAB/simulink 中，可以进行运动控制模型的调整和参数改变，并且获得仿真结果的反馈。

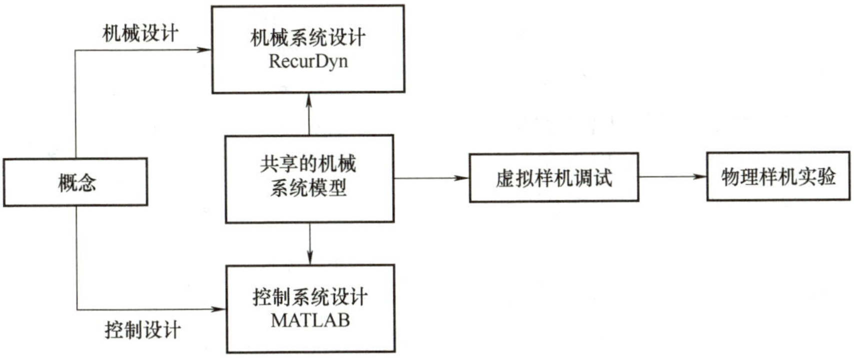

a) 联合参数设置关系图

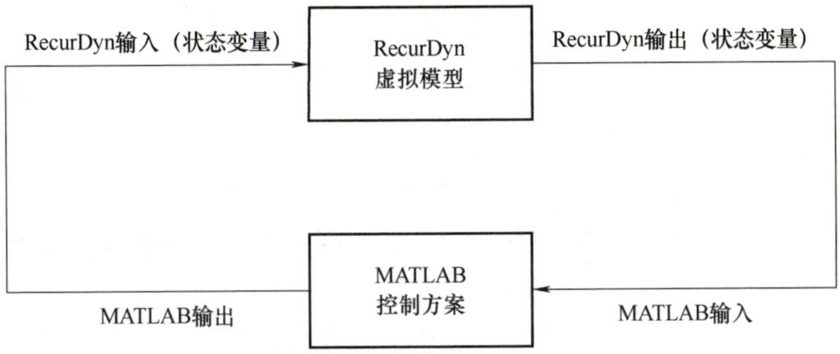

b) 机械-控制系统输入输出数据关系图

图 8-4　RecurDyn-MATLAB 联合仿真原理

8.3.4　四足机器人步态轨迹规划

步态是指机器人的每条腿(每只脚)按照一定的顺序和轨迹运动的过程，机器人的步态特征可以用步态周期、占地系数、步幅、相位差等参数进行表征。其中，占地系数定义为机器人每条腿接触地面的时间与一个步态周期的比值。

对于四足仿生机器人，当占地系数小于 0.5 时，机器人任何时刻都只有一条腿支撑地面，机器人处于跳跃运动状态；当占地系数等于 0.5 时，机器人利用两组腿交替摆动，这种步态称为小跑步态；当占地系数等于 0.75 时，表明机器人任何时刻都有三条腿支撑于地面，另一条腿向前摆动，该步态称为行走步态；当占地系数大于 0.75 时，机器人轮番使用三条腿支撑和四条腿支撑的模式，这种步态是慢行走步态。显然，当占地系数小于或等于 0.5 时机器人属于动态步行状态，而占地系数大于 0.75 时机器人处于静态稳定步行状态。

四足仿生机器人的静步态是指行走(Walk)步态，动步态则包括对角小跑(Trot)、遛步(Pace)、跳跃(Bound)、奔跑(Gallop)等步态，其中 Trot 步态是四足机器人最稳定的动步态。本节将对四足仿生机器人 Walk 步态和 Trot 步态的轨迹规划问题进行讨论。

1. Walk 步态轨迹规划

Walk 步态中任意时刻总能保证至少三条腿处于支撑相，在最大程度上保证了机器人的稳定性，因此 Walk 步态是四足仿生机器人在跨越障碍、爬越斜坡等复杂地形环境中的常用步态，如图 8-5 所示。

假设机器人以机身悬挂固定的状态执行 Walk 步态，则足端与机身的相对轨迹是一条闭合曲线，该闭合曲线就是步态规划的足端目标轨迹。在规划机器人腿（足）的运动轨迹时必须考虑以下因素：

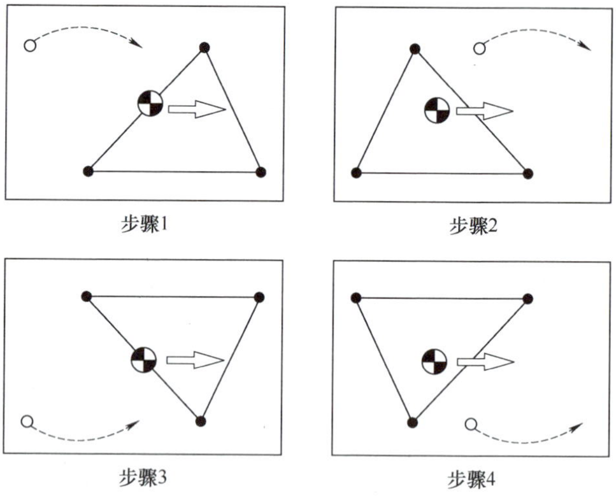

图 8-5　Walk 步态原理

1）足端运动曲线的高宽比。曲线的高宽比直接反应曲线的运动特性，比值越大则机器人的运动能力越强，但相应的机器人前进特性（即运动速度）也越差。

2）足端运动曲线的弧长。在曲线宽度一定的情况下，机器人足端轨迹曲线长度越长则在空中运行时间就越长，这将直接影响到摆动腿的速度，进而影响到机器人的行走速度。

3）不同路面情况对足端运动曲线有不同要求。例如，对于平整地面要求有一定的速度，而对于台阶、障碍地面则需保证越过能力。

四足仿生机器人步态设计中，足端轨迹常用抛物线、摆线、心形线和直线段等曲线类型。由于摆线型轨迹的起始角和落地角均为直角，如图 8-6a 所示，这对具有一定弹性的腿来说可以有较好的腿交换特性，并且不易产生打滑现象。同时，摆线函数连续可导，并且在摆线起始和结束端导数为 0。因此，采用摆线型曲线作为四足仿生机器人 Walk 步态的足端轨迹曲线，从而保证了机器人腿在摆动相和支撑相之间的良好交换特性。

机器人四条仿生腿足端轨迹的形状相同，但相继摆动的两条腿之间相差 1/4 周期，即四个足端分别处于足端轨迹的不同区段上。当采用常规摆线型轨迹时，由于摆线函数支撑相段水平速度非匀速，必然造成处于支撑相的三条仿生腿之间的差速现象。差速现象的存在使得机体承受较为复杂的内力作用，造成机器人脚力分配不均衡，导致足底拖地滑动和机身侧偏现象。为了保证所有处于支撑相不同区段的三条仿生腿足端无差速现象，对摆线形足端轨迹支撑相做匀速化改进，同时使得足端水平速度连续。改进后的足端轨迹形状如图 8-6b 所示。改进后足端轨迹可分为三部分：摆动相（*abc* 段）、速度调整段（*cd* 段和 *ea* 段）和支撑相（*de* 段）。摆动相起始时刻足端水平速度为 0（$V_a=0$），经过平滑的加减速过程，到摆动相结束时足端水平速度复归为 0（$V_c=0$）。足端处于支撑相时，其与机身的相对速度规划为匀速 V_0，为了使速度平滑变化以避免足端换相冲击，在摆动相和支撑相之间加入速度调整过程 *cd* 段和 *ea* 段。

Walk 步态中四条腿需要按一定的顺序依次摆动，根据四足仿生机器人静态稳定性判据分析，四条腿的摆动顺序为：右后腿—右前腿—左后腿—左前腿或者左后腿—左前腿—右后腿—右前腿。图 8-7 是四条腿在两个周期内的状态图，虚线表示摆动相，实线表示支撑相。

以右后腿为例规划足端轨迹，假设机器人单腿步距 $s=300\text{mm}$，步态周期 $T=2s$，占地系数 $\beta=0.75$，抬腿高度 $\Delta h=50\text{mm}$，站立腿的初始长度为 $L=650\text{mm}$，则足端轨迹规划如下：

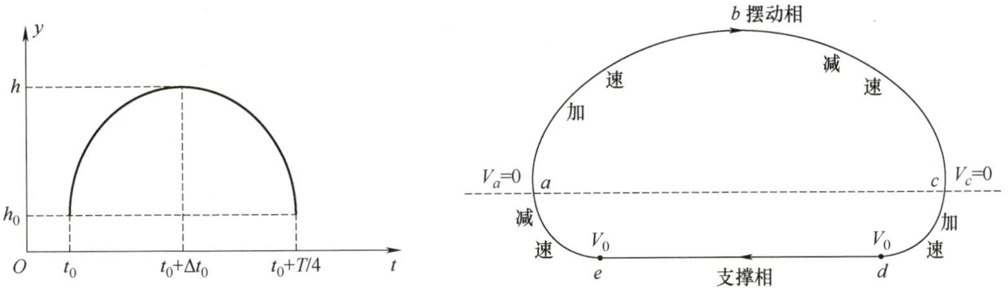

a) 摆线型轨迹　　　b) 改进后轨迹

图 8-6　Walk 步态足端轨迹

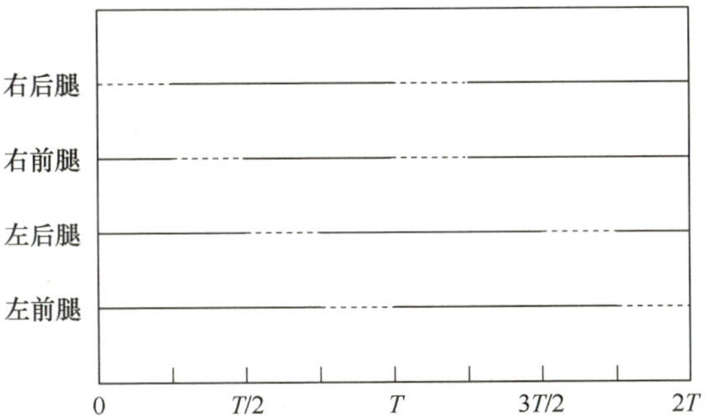

图 8-7　Walk 步态仿生腿状态图

1）摆动相($0\leqslant t<0.5\text{s}$)

$$
\begin{cases}
X=\begin{cases}
1000t^2-200t & (0\leqslant t<0.1\text{s})\\
\dfrac{320\left[\dfrac{20\pi}{3}(t-0.1)-\sin\dfrac{20\pi}{3}(t-0.1)\right]}{2\pi}-100 & (0.1\text{s}\leqslant t<0.4\text{s})\\
310-100(t-0.4)^2 & (0.4\text{s}\leqslant t<0.5\text{s})
\end{cases}\\
Y=-650+25(1-\cos 4\pi t)
\end{cases}
\tag{8-18}
$$

2）支撑相($0.5\text{s}\leqslant t<2\text{s}$)

$$
\begin{cases}
X=-5-200(t-0.5)\\
Y=-650
\end{cases}
\tag{8-19}
$$

借助 MATLAB 绘制出足端轨迹曲线，如图 8-8 所示。

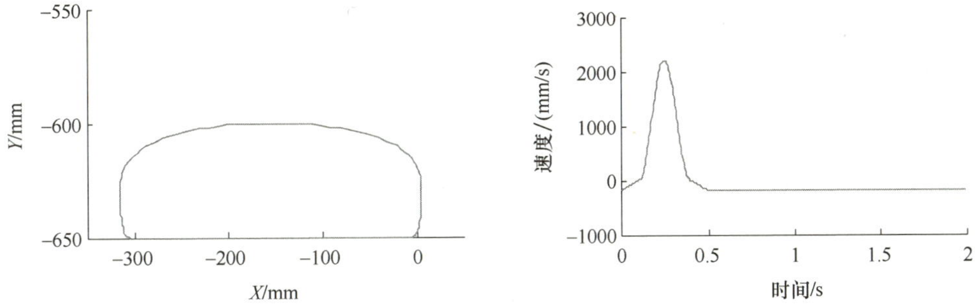

a) 改进足端轨迹　　　b) 足端水平速度

图 8-8　足端运动改进规划

足端轨迹规划完成后，根据运动学逆解公式(8-17)计算得到各仿生腿关节运动角度变化规律如图 8-9 所示，图中曲线对应关系为 1—θ_1，2—θ_2，3—θ_3。

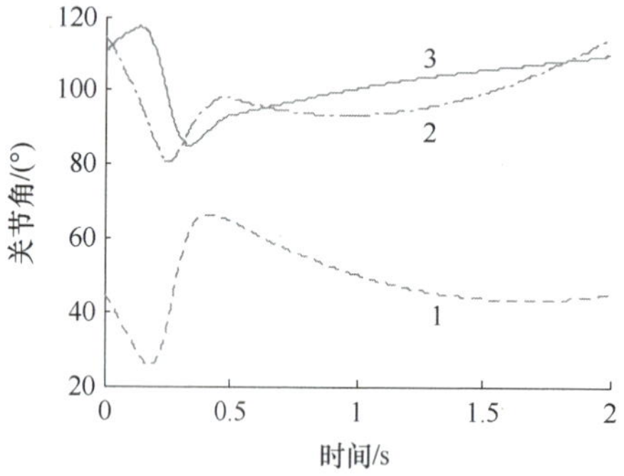

a) 右后腿关节角变化曲线

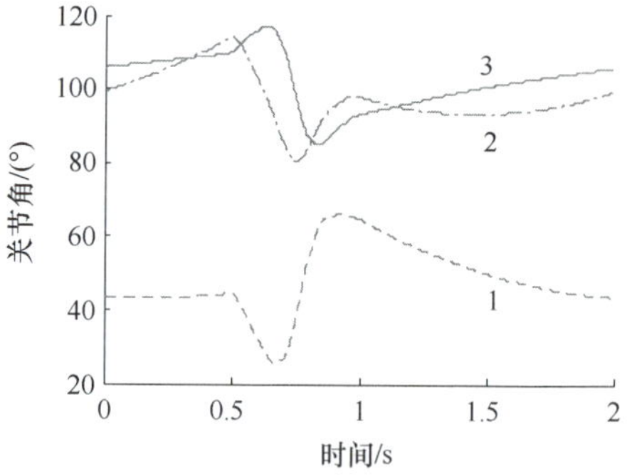

b) 右前腿关节角变化曲线

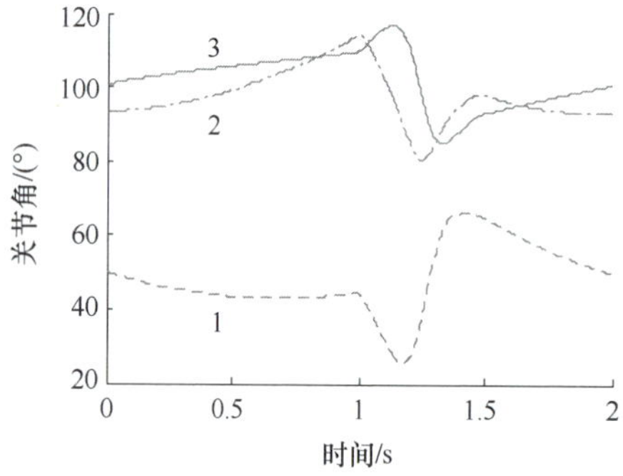

c) 左后腿关节角变化曲线

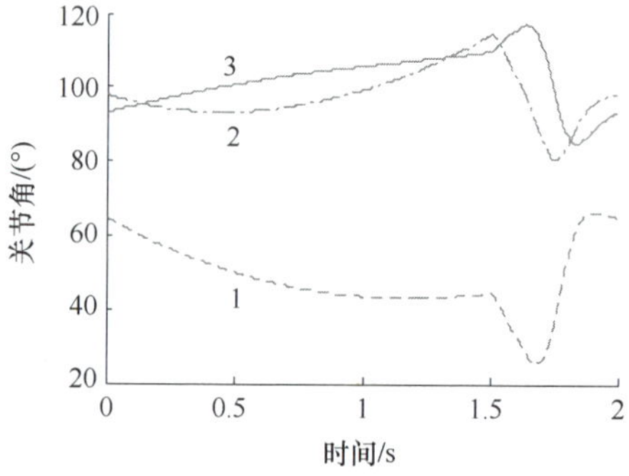

d) 左前腿关节角变化曲线

图 8-9　四足仿生机器人 Walk 步态关节角变化曲线

2. Trot 步态轨迹规划

Trot 步态的特点是对角腿成对起落，两组腿的相位差为半个周期，如图 8-10 所示。Trot 步态两个周期内各仿生腿的运动状态如图 8-11 所示，实线表示支撑相，虚线表示摆动相。

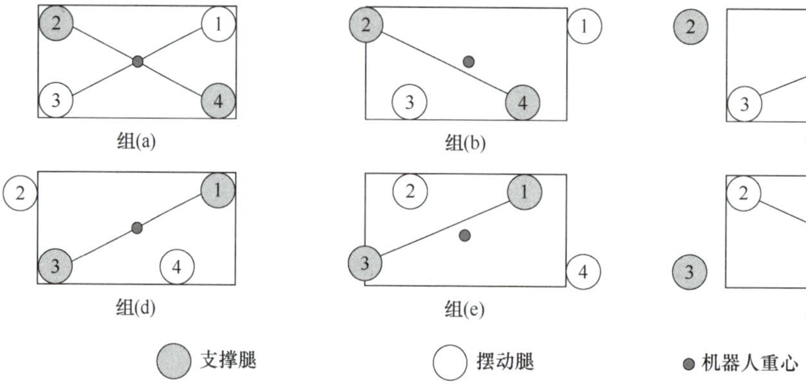

图 8-10　Trot 步态原理

假设规划 Trot 步态周期 $T=0.5\text{s}$，占地系数 $\beta=0.5$，机器人行进速度为 1.2m/s，机器人在静止状态和匀速跑动状态之间的转换时间为 1s。根据运动学逆解公式(8-17)可以计算得到四条腿各关节角度变化规律如图 8-12 所示，图中曲线对应关系为 1—θ_1、2—θ_2、3—θ_3。

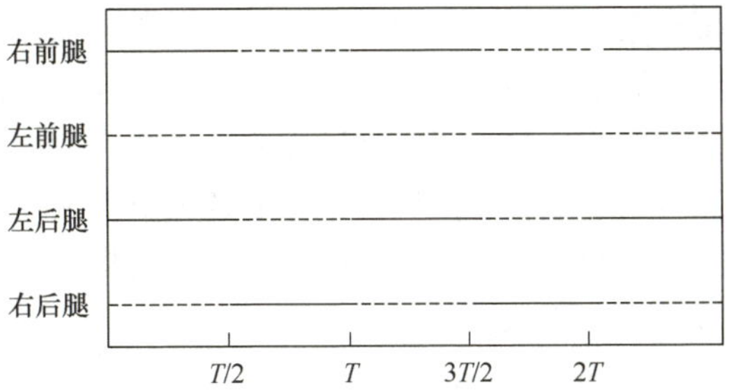

图 8-11　四足仿生机器人 Trot 步态仿生腿状态图

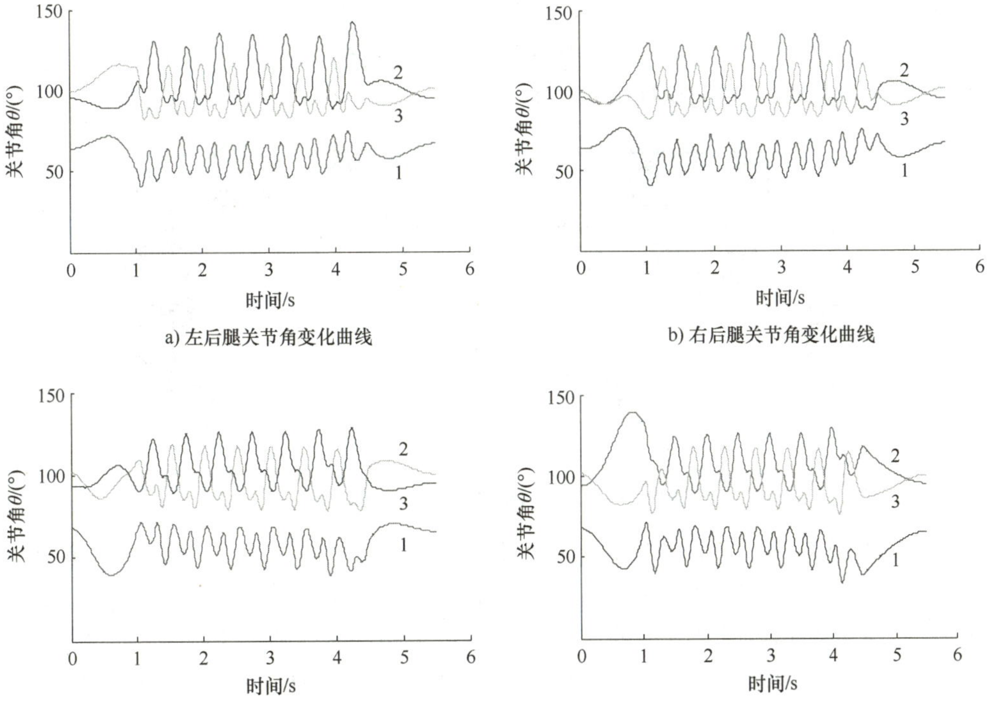

a) 左后腿关节角变化曲线

b) 右后腿关节角变化曲线

c) 左前腿关节角变化曲线

d) 右前腿关节角变化曲线

图 8-12　Trot 步态关节角变化曲线

图 8-12 彩图

8.3.5　四足机器人步态仿真与实验

四足仿生机器人各种步态的实现可以采用位置控制或者位置-力混合控制，位置控制是通过控制程序命令各个关节驱动器产生需要的位移和速度，力控制则是通过控制程序命令各个关节驱动器产生需要的力或力矩。对于在自由空间中运动的机器人而言，只有位置控制是有意义的，因为它不与任何表面发生接触。然而，当机器人与外部物体接触时，位置控制可能会在接触面上产生过大的力或者使它们相互脱离，因此需要用到有力控制参与的混合控制，即在某些关节或方向上采用位置控制，而在其余关节或方向采用力控制。

在本案例的四足仿生机器人中，对足端与地面的接触力没有特殊要求，因此采用位置控制来实现它的各种步态，这种控制方式具有简单易实现的优点，适合于机器人的设计初期。另外，可以通过虚拟样机仿真获取各关节处液压缸驱动力的变化曲线，对于开展后续的机器人力伺服控制和柔顺控制工作具有重要的指导意义。

1. Walk 步态仿真与验证

利用 RecurDyn/control 和 MATLAB/simulink 建立四足仿生机器人联合仿真模型，根据图 8-9 添加机器人各关节运动的位移驱动函数，获得机器人 Walk 步态仿真过程如图 8-13 所示，此时机器人采用全膝式安装。图 8-13a 是四足仿生机器人 Walk 步态中的起步状态，右后腿处于摆动相，其他腿处于支撑相；图 8-13b 是四足仿生机器人以 Walk 步态行进时的状态，左前腿处于摆动相，其他腿处于支撑相。

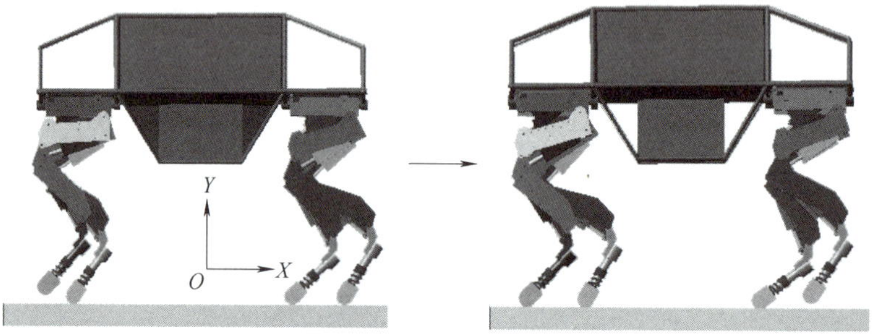

a)　　　　b)

图 8-13　Walk 步态虚拟样机仿真过程

仿真结果如图 8-14 所示，图中曲线对应关系为 1—左前足、2—右前足、3—机身、4—左后足、5—右后足。由图 8-14a 可知：四条足底位移曲线呈台阶状上升，每条曲线的上升段表示足端处于摆动相，即此时足端 X 轴方向位移增加，曲线的水平段表示足端处于支撑相，即此时足端与地面无相对移动。由图 8-14b 可知：机身 Z 轴方向位移曲线的波动中心线基本保持水平，表明在整个行进过程中机身基本不发生侧偏现象。由图 8-14c 可知：一个周期内基本消除了支撑足差速和足端拖地现象。

四足仿生机器人的 Walk 步态物理样机实验如图 8-15 所示，通过实验发现虚拟样机仿真结果和物理样机实验效果基本一致，因此仿真结果可信度较高。

2. Trot 步态仿真与实验

利用 RecurDyn/control 和 MATLAB/simulink 建立四足仿生机器人联合仿真模型，根据图 8-12 添加各关节运动的位移驱动函数，获得机器人 Trot 步态仿真过程如图 8-16 所示。

仿真中获得机身位移曲线如图 8-17 所示。图 8-17a 是机身 X 轴方向位移曲线：在 0~1s 内曲线平缓，在 4.5~5.5s 内下降速度慢，表明机器人分别处于加速和减速阶段；在 1~4.5s 内，曲线是一条斜直线，表明机器人行进速度稳定。图 8-17b 是机身 Y 轴方向、Z 轴方向位移曲线：Y 轴方向位移曲线反映了机身在竖直方向起伏情况，该曲线振幅稳定，大约为 30mm，小于机身高度的 3%，表明机器人行进过程中稳定性良好；Z 轴方向位移曲线反映机器人 Trot 步态机身横向侧偏量，在初始和结束前的 1s 内机器人 Z 轴方向侧偏量较大，在匀速行进阶段曲线波动下降，表明机身发生右偏现象并且在仿真结束时侧偏量为 40mm。

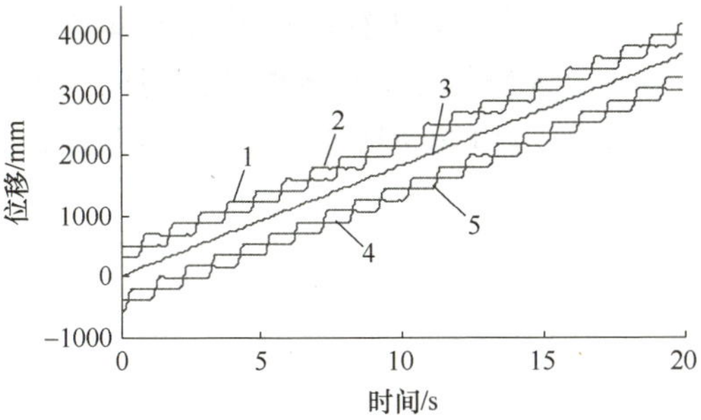

a) 足端与机身X轴方向位移曲线

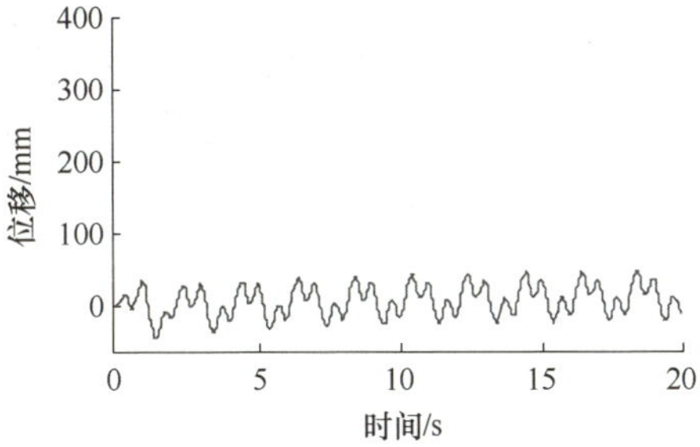

b) 机身Z轴方向位移曲线

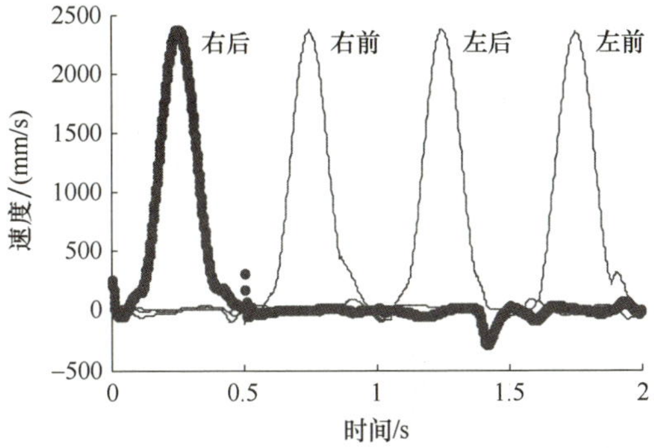

c) 足端水平速度曲线

图 8-14　Walk 步态仿真结果曲线

图 8-15　Walk 步态物理样机实验

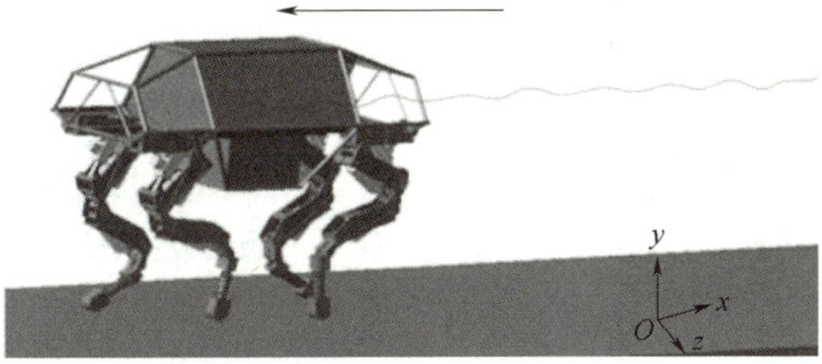

图 8-16　Trot 步态虚拟样机仿真过程

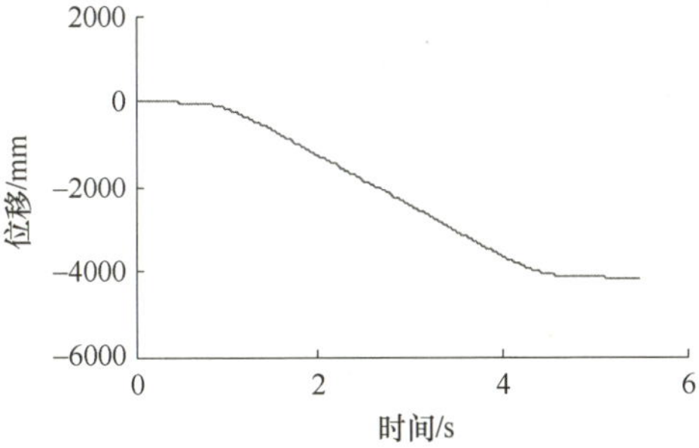

a) 机身X轴方向位移曲线

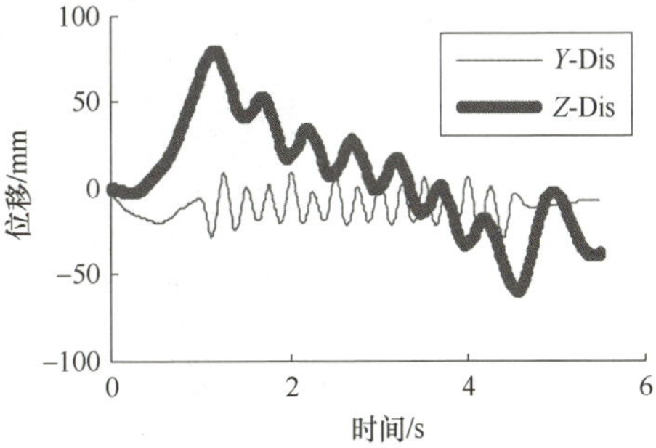

b) 机身Y、Z轴方向位移曲线

图 8-17　机身位移曲线

仿真中还获得仿生腿各液压缸的推力曲线，其中右前腿液压缸的推力曲线如图 8-18 所示。由图 8-18 可知：三条液压缸推力曲线周期性地出现峰值并且出现峰值的时间一致，这对应于右前腿踏地的时刻，表明四足仿生机器人的仿生腿由摆动相进入支撑相的踏地瞬间不可避免地承受来自地面的反作用力。

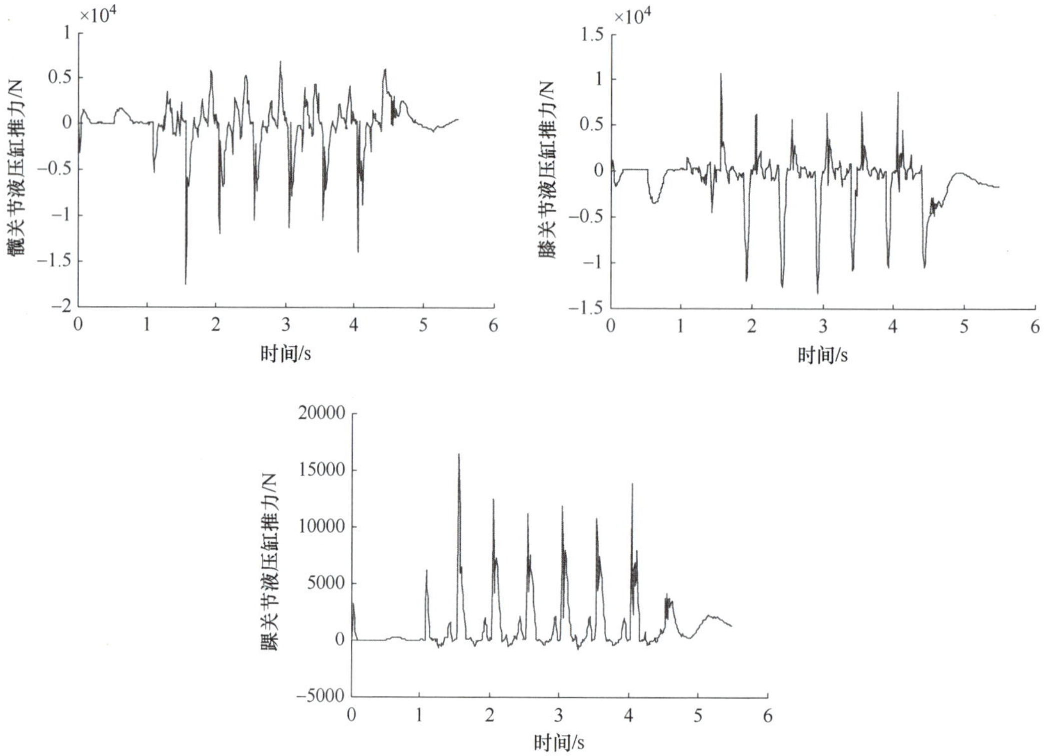

图 8-18 右前腿液压缸推力曲线

四足仿生机器人的 Trot 步态物理样机实验如图 8-19 所示，通过实验发现虚拟样机仿真结果和物理样机实验效果基本一致，因此仿真结果可信度较高。

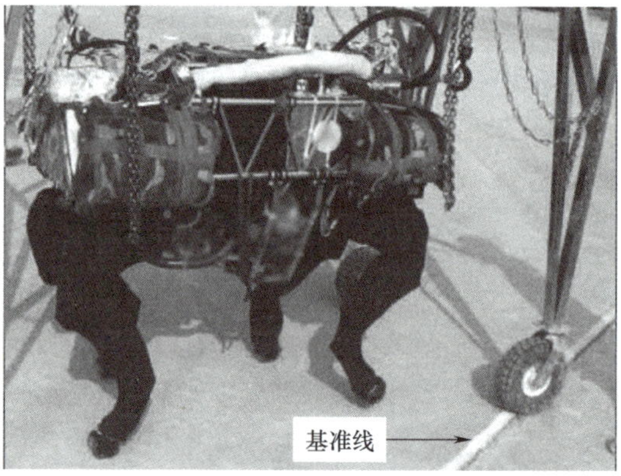

图 8-19 Trot 步态物理样机实验

8.4　人形机器人手臂设计实例

自从发明机器人以来，对人形机器人(具有仿人的手臂或者双足或者两者兼具)的研究一直持续地进行，这类机器人模仿人类构造和行为，在人机交互和复杂环境的适应方面具有天然的优势。

本节将介绍一种人形机器人单个机械手臂的设计与开发实例，它通过对人类手臂的模仿来实现低能耗、高承载、高灵活性的目标，主要开展人形机器人手臂的仿生结构设计、运动学分析、空间轨迹规划、虚拟样机仿真、物理样机实验等方面的工作。实际上，当对所介绍的机械手臂基于人类行走步态进行运动轨迹规划时，该机械手臂可以充当人形机器人的一条行走足，也就是说，四条机械手臂即可以组成一个完整的人形机器人，其中两条机械手臂作为机器人的上肢手臂，另外两条机械手臂作为机器人的下肢腿部。与四足仿生机器人不同的是，本实例中人形机器人手臂各个关节采用电动机驱动，以获得更好的可控性。

8.4.1　人形机器人手臂机械结构设计

1. 手臂的关节特征分析

人类手臂包含 7 个自由度，具备肩关节、肘关节、腕关节，各个关节的自由度配置为 3∶1∶3。肩关节和肘关节的 4 个自由度决定手部的空间位置，腕关节的 3 个自由度决定手部的姿态。以手臂的肘关节为例，它的结构和驱动机制如图 8-20 所示。肘关节的内外两侧配置有两组作用相反的肌组，其前方是以肱二头肌为主的屈肌组，其后方是以肱三头肌为主的伸肌组，两个肌组相互协调以形成拮抗结构。在举起或放置重物时，一个肌组主动发力，而另一组肌腱则轻微发力，这种拮抗驱动机制赋予了肘关节很好的运动稳定性。驱动肘关节的两组肌肉集中位于近端的大臂上，相比于驱动电动机位于关节处的关节型机械手臂，这种驱动器的集中后置机制使得人类小臂的整体运动惯量较小。当驱动器输出功率相同时，手臂用于驱动自身的能量更低，有效输出功率更高。

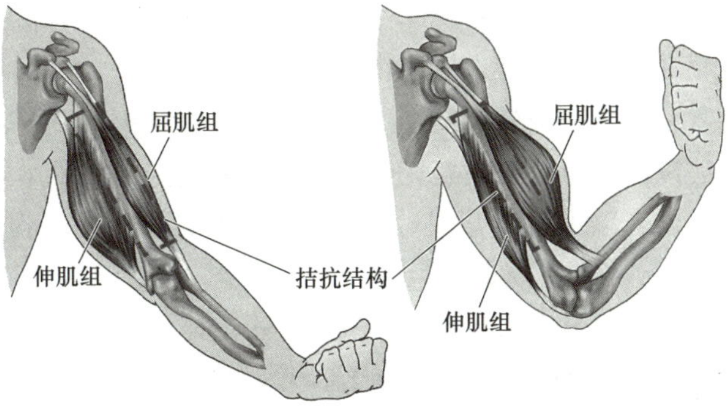

a) 小臂后伸　　b) 小臂前屈

图 8-20　人类肘关节的集中拮抗驱动机制

模仿人类肘关节的拮抗驱动机制和驱动肌肉的后置集中配置，进行人形机器人手臂的转动关节及其肌肉驱动器的原理设计，形成两组仿生肌肉协调伸缩、相互拮抗以驱动小臂稳定摆动的机构特征，如图 8-21 所示。然而，仿生肌肉存在非线性强、建模困难、控制难度高等问题，为此将该转动关节改进为采用刚性连杆传动的结构。图 8-21 所示最终简化结构避免了柔性传动、驱动存在的问题，连杆可依靠自身的稳定几何形状保证关节的可靠运行，并且基于刚性连杆的运动学和动力学建模难度更低。

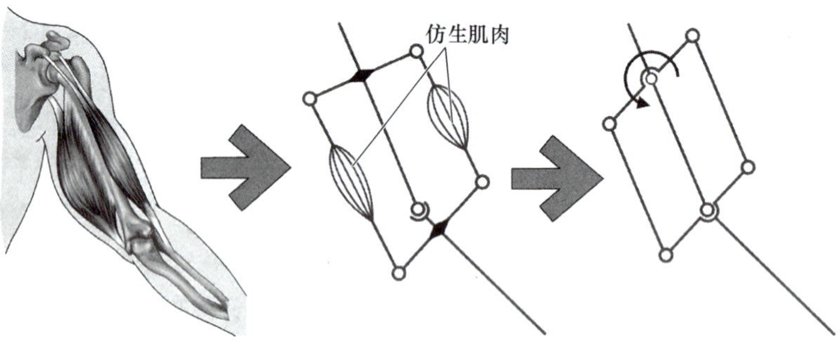

图 8-21　模仿拮抗驱动机制的人形机器人手臂关节

2. 机械手臂结构设计

串联构型相较于其他构型，整体结构复杂度较低、关节工作空间较大、工程实现难度较低，因此适合与所提出的人形机器人手臂关节结合，得到一种新型刚性集中驱动的机械手臂。为了增大肩部空间，将肩、肘自由度重新配置为 2∶2，这种构型降低了机械手臂肩关节的复杂程度，并且使得肘关节既可以实现屈伸动作，又可以外展内收。

人形机器人手臂的“2∶2”自由度配置如图 8-22a 所示。整个机械手臂可绕转动轴线 A1 实现前屈和后伸运动，并且可绕转动轴线 A2 实现外展和内收运动。肘关节与肩关节相似，小臂可绕转动轴线 A3 相对于大臂实现外展内收运动，还可绕转动轴线 A4 实现前屈后伸运动。

将肘部两个关节设计为所提出的人形机器人手臂关节的形式，并且肘部的两个驱动电动机后置于大臂近端，大臂被设计为中空的框架结构以容纳两个肘部驱动电动机，如图 8-22b 所示。肩部电动机通过肩板带动整个机械手臂绕 A1 轴前屈后伸，肩板被设计为 C 状结构将大臂框架包含在内，并且肩板与大臂电动机的定子固连在一起。大臂框架一侧与大臂电动机的输出轴固连，另一侧与肩板形成转动副，大臂电动机可带动大臂框架相对于肩板 A2 轴进行内外摆动。肘关节被设计为小臂和肘板两部分呈串联构型，肘板的两侧支撑轴与大臂框架远端的两侧形成转动副，可以带动小臂相对于大臂 A3 轴实现外展内收。小臂安装在中空状肘板的内部，可绕肘板的 A4 轴实现前屈后伸。

在人形机器人手臂支撑结构的基础上，进一步完善肘部两个关节的传动结构设计。如图 8-23a 所示，驱动肘板的外侧肘部电动机位于大臂近端，其定子与大臂框架固连，其转子输出轴穿过大臂一侧边框并支撑在另一侧边框上。转子输出轴又延伸出两个外侧曲柄，外侧曲柄与外侧连杆、肘板以及大臂框架共同形成两套平面四连杆拮抗机构，从而将位于大臂远端的外侧肘部电动机的运动传递到肘板。两套机构对称分布在大臂的前后两侧，可以平衡施加在肘板上的力，从而提高肘关节在负重运动时的稳定性。

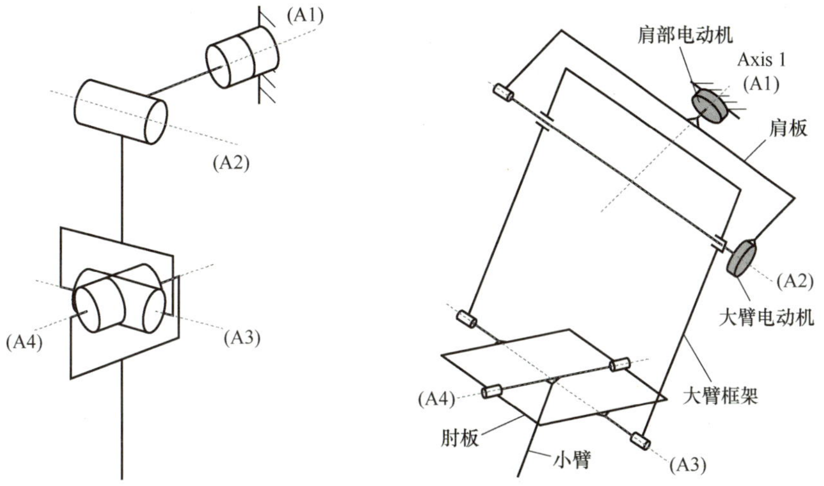

a) 机械手臂自由度配置简图　　b) 机械手臂支撑结构简图

图 8-22　人形机器人手臂自由度配置及支撑结构

小臂的传动结构如图 8-23b 所示，驱动小臂的内侧肘部电动机也位于大臂近端。内侧肘部电动机定子与外侧肘部电动机的转子输出轴固连，位于两个外侧曲柄之间。内侧肘部电动机转子延伸出内部曲柄，并与内部连杆、小臂、万向节形成空间四连杆拮抗机构。这种机构对称布置在内侧肘部电动机的前后两侧，将内侧肘部电动机的运动稳定地传递给小臂，实现小臂的前屈后伸。由于内侧肘部电动机定子与外侧肘部电动机的转子输出轴固连，可以设置内侧肘部电动机的转子轴线角度，保证该轴线始终与肘板平面平行，因此无论肘板相对于大臂处于何种角度时均不会影响小臂的传动。

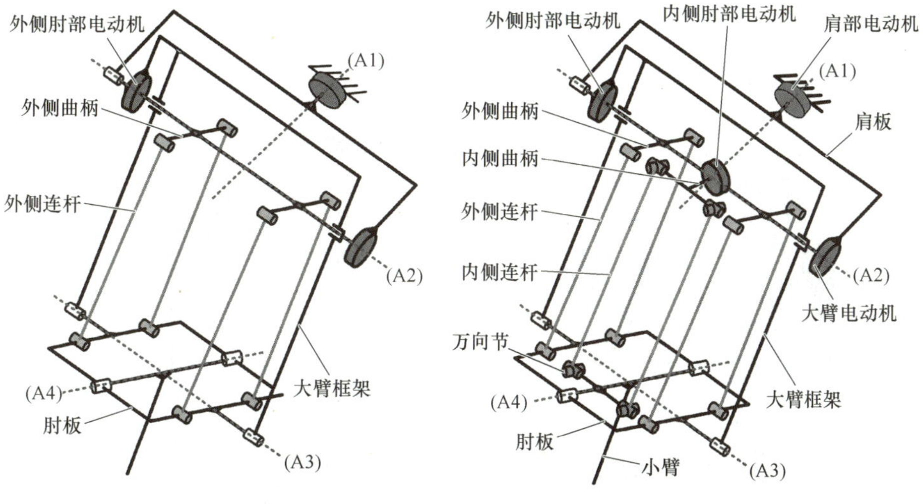

a) 肘板传动结构简图　　b) 机械手臂完整机构简图

图 8-23　人形机器人手臂肘部传动及完整机构简图

选择驱动电动机、转动轴承等标准件，设计各支撑件的结构，完成人形机器人手臂的结构模型设计，如图 8-24a 所示。驱动电动机是机械手臂的核心部件，其性能直接影响机械手臂的运行速度、转矩输出、功率密度等动态特性。综合考虑市场现有关节电动机的体积、重量、最大输出转矩等指标，选用宇树科技的 A1 关节电动机，其最大输出转矩为 33.5N · m、最大转速 21rad/s，如图 8-24b 所示。

人形机器人手臂主要结构件和传动件的结构模型如图 8-25 所示，机械手臂中各运动副配备滚动轴承以起到支撑和润滑的作用。空间四连杆拮抗机构中的内侧连杆被设计为 S 形，其相比于直连杆可以有效地防止内侧连杆与肘关节内部电动机之间的干涉，从而扩展小臂前屈后伸的活动范围。单独运行机械手臂的肘部驱动电动机，获得对应的机械手臂运动形式如图 8-26 所示。

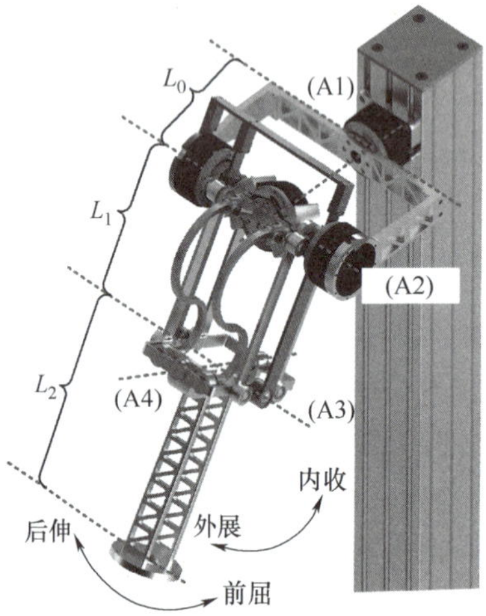

a) 机械手臂三维结构图

b) 关节驱动电动机

图 8-24　人形机器人手臂的三维模型及驱动电动机

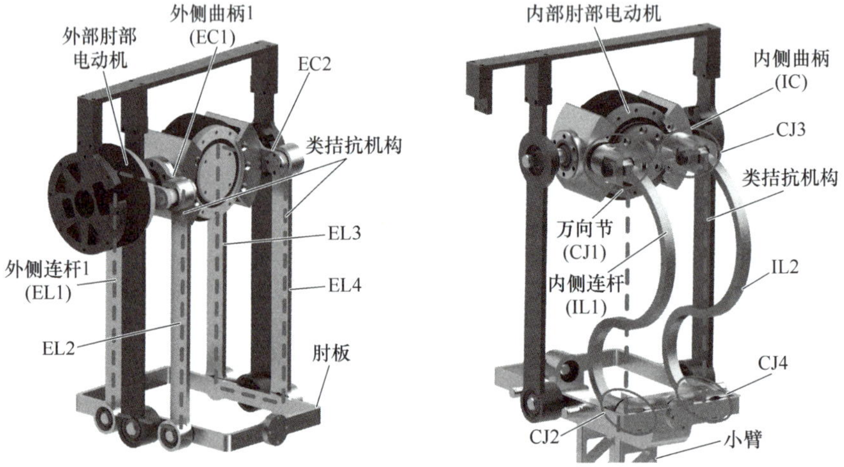

图 8-25　人形机器人手臂传动结构图

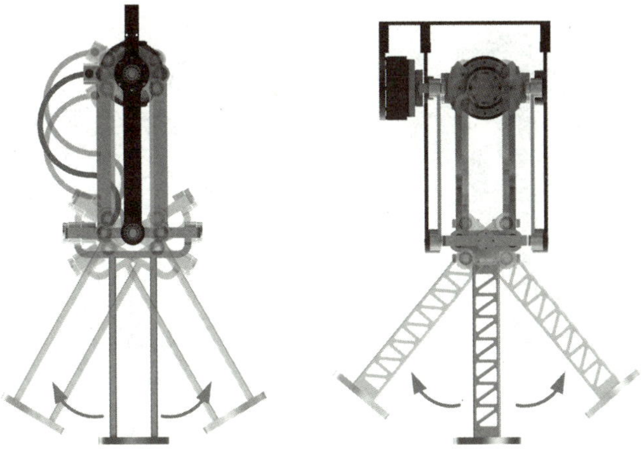

a) 外旋和内旋　　b) 前屈和后伸

图 8-26 人形机器人手臂肘部运动形式

最终，人形机器人手臂的基本物理参数见表 8-2，它的基本杆件长度尺寸参照人体手臂的相关尺寸进行确定。

表 8-2 人形机器人手臂的基本物理参数

肩长 L_0	大臂长 L_1	小臂长 L_2	机械手臂自重
170mm	220mm	293mm	6. 1kg
肩关节行程	大臂关节行程	肘关节行程	小臂关节行程
360°	210°	90°	120°

8. 4. 2 人形机器人手臂运动学建模分析

人形机器人手臂的正运动学建模可以帮助确定机械手臂末端执行器的坐标和姿态以及机械手臂所能覆盖的物理空间，也是进行机械手臂逆运动学解算的基础，对于后续的机械手臂轨迹规划和控制具有重要的意义。

1. 正运动学建模

人形机器人手臂的运动学模型可简化为如图 8-27 所示。固定坐标系 $O_0X_0Y_0Z_0$ 建立在基座上，原点 O_0 是肩部电动机轴线 A1 与肩部电动机转子平面的交点，坐标轴 Z_0 与轴线 A1 共同指向轴 A2 方向，坐标轴 X_0 竖直向下。末端腕部坐标系 $O_WX_WY_WZ_W$ 与小臂固定，原点 O_W 建立在小臂末端中心，坐标轴 Z_W 垂直于小臂并且与轴线 A4 方向相同，坐标轴 X_W 沿小臂方向。其余中间坐标系按照 MDH 法(改进的 DH 法)推荐的规则建立，坐标系 $O_1x_1y_1z_1$ 与肩板固定，坐标系 $O_2x_2y_2z_2$ 与大臂框架固定，坐标系 $O_3x_3y_3z_3$ 与肘板固定，坐标系 $O_4x_4y_4z_4$ 与小臂固定，所有坐标系均满足右手定则。

当人形机器人手臂处于初始位置时：大臂轴线 A2 水平，并平行于坐标轴 Y_0；小臂与大臂共线，并垂直于轴线 A2；坐标系 $O_0X_0Y_0Z_0$、$O_4x_4y_4z_4$ 和 $O_WX_WY_WZ_W$，坐标系 $O_2x_2y_2z_2$ 和 $O_3x_3y_3z_3$ 的三轴方向分别相同。设该状态下肩板、大臂、肘板和小臂驱动电动机的转角分别为 θ_1、θ_2、θ_3、θ_4，并且它们的值均为 0，各电动机的旋转正方向为对应坐标系的 z 轴方向。因此，初始位姿下机械臂各关节角的运动范围和 MDH 参数分别见表 8-3 和 8-4。

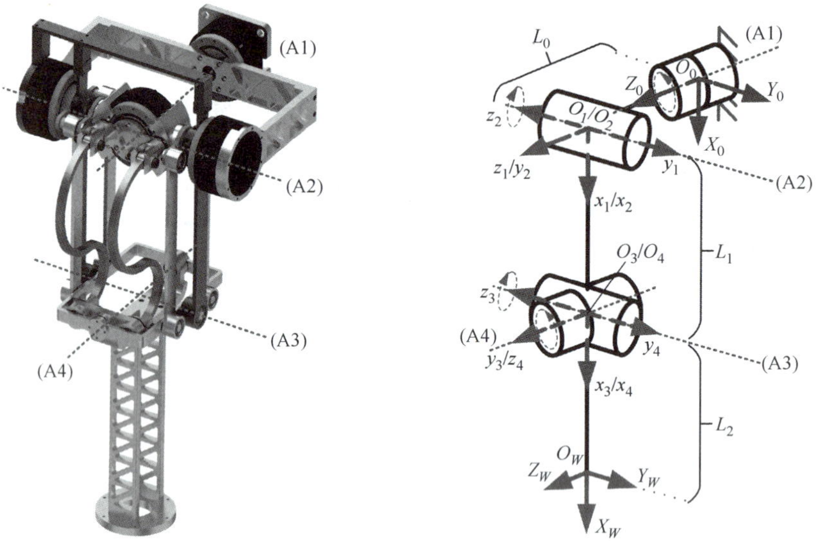

图 8-27　人形机器人手臂运动学模型

表 8-3　人形机器人手臂关节活动范围

θ_i	θ_1	θ_2	θ_3	θ_4
$\theta_{i\,\max}$	180°	195°	45°	60°
$\theta_{i\,\min}$	-180°	-15°	-45°	-60°

表 8-4　正向运动学模型的 MDH 参数

坐标系 i	α_{i-1}	a_{i-1}	d_i	θ_i
1	0	0	L_0	0
2	90°	0	0	0
3	0	L_1	0	0
4	-90°	0	0	0
W	0	L_2	0	0

利用 MDH 参数，建立相邻坐标系之间的齐次变换矩阵，则坐标系 $\{i-1\}$ 到坐标系 $\{i\}$ 之间的变换矩阵可表示为

$$
{}_{i}^{i-1}\boldsymbol{T}_m=\begin{bmatrix}\cos\theta_i & -\sin\theta_i & 0 & a_{i-1}\\ \sin\theta_i\cos\alpha_{i-1} & \cos\theta_i\cos\alpha_{i-1} & -\sin\alpha_{i-1} & -d_i\sin\alpha_{i-1}\\ \sin\theta_i\sin\alpha_{i-1} & \cos\theta_i\sin\alpha_{i-1} & \cos\alpha_{i-1} & d_i\cos\alpha_{i-1}\\ 0 & 0 & 0 & 1\end{bmatrix}
$$

$$
=\begin{bmatrix}{}_{i}^{i-1}\boldsymbol{R} & {}_{i}^{i-1}\boldsymbol{P}\\ \boldsymbol{0} & 1\end{bmatrix}\quad (i=1,2,3,4,\mathrm{W}) \tag{8-20}
$$

式中，${}_{i}^{i-1}\boldsymbol{R}$ 表示坐标系 $\{i-1\}$ 到坐标系 $\{i\}$ 之间的旋转矩阵，${}_{i}^{i-1}\boldsymbol{P}$ 表示坐标系 $\{i-1\}$ 到坐标系

$\{i\}$之间的平移向量。

则人形机器人手臂末端坐标系相对于基坐标系的变换矩阵为

$$
{}_{\mathrm{W}}^{0}\boldsymbol{T}={}_{1}^{0}\boldsymbol{T}_{2}^{1}\boldsymbol{T}_{3}^{2}\boldsymbol{T}_{4}^{3}\boldsymbol{T}_{\mathrm{W}}^{4}\boldsymbol{T}=\begin{bmatrix} n_x & o_x & a_x & p_x \\ n_y & o_y & a_y & p_y \\ n_z & o_z & a_z & p_z \\ 0 & 0 & 0 & 1 \end{bmatrix}=\begin{bmatrix} {}_{\mathrm{W}}^{0}\boldsymbol{R} & {}_{\mathrm{W}}^{0}\boldsymbol{P} \\ \boldsymbol{0} & 1 \end{bmatrix} \tag{8-21}
$$

人形机器人手臂末端姿态为

$$
\begin{aligned}
{}_{\mathrm{W}}^{0}\boldsymbol{R}&={}_{1}^{0}\boldsymbol{R}_{2}^{1}\boldsymbol{R}_{3}^{2}\boldsymbol{R}_{4}^{3}\boldsymbol{R}_{\mathrm{W}}^{4}\boldsymbol{R}\\
&=\begin{pmatrix} -\sin\theta_1\sin\theta_4-\cos\theta_4\sigma_2 & \sin\theta_4\sigma_2-\cos\theta_4\sin\theta_1 & -\sin(\theta_2+\theta_3)\cos\theta_1 \\ \cos\theta_1\sin\theta_4-\cos\theta_4\sigma_1 & \cos\theta_1\cos\theta_4+\sin\theta_4\sigma_1 & -\sin(\theta_2+\theta_3)\sin\theta_1 \\ \sin(\theta_2+\theta_3)\cos\theta_4 & -\sin(\theta_2+\theta_3)\sin\theta_4 & \cos(\theta_2+\theta_3) \end{pmatrix}
\end{aligned} \tag{8-22}
$$

对式(8-22)有

$$
\begin{cases} \sigma_1=\sin\theta_1\sin\theta_2\sin\theta_3-\sin\theta_1\cos\theta_2\cos\theta_3 \\ \sigma_2=\cos\theta_1\sin\theta_2\sin\theta_3-\cos\theta_1\cos\theta_2\cos\theta_3 \end{cases} \tag{8-23}
$$

人形机器人手臂末端位置可以表示为

$$
\begin{aligned}
{}_{\mathrm{W}}^{0}\boldsymbol{P}&={}_{1}^{0}\boldsymbol{P}+{}_{1}^{0}\boldsymbol{R}_{2}^{1}\boldsymbol{P}+{}_{2}^{0}\boldsymbol{R}_{3}^{2}\boldsymbol{P}+{}_{3}^{0}\boldsymbol{R}_{4}^{3}\boldsymbol{P}+{}_{4}^{0}\boldsymbol{R}_{\mathrm{W}}^{4}\boldsymbol{P}\\
&={}_{1}^{0}\boldsymbol{P}+{}_{2}^{0}\boldsymbol{R}_{3}^{2}\boldsymbol{P}+{}_{4}^{0}\boldsymbol{R}_{\mathrm{W}}^{4}\boldsymbol{P}\\
&=\begin{bmatrix} L_1\cos\theta_1\cos\theta_2-L_2(\sigma_3+\cos\theta_4\sigma_2) \\ L_2\sigma_4+L_1\cos\theta_2\sin\theta_1 \\ L_0+L_1\sin\theta_2+L_2\sin(\theta_2+\theta_3)\cos\theta_4 \end{bmatrix}
\end{aligned} \tag{8-24}
$$

对式(8-24)有

$$
\begin{cases} \sigma_3=\sin\theta_1\sin\theta_4 \\ \sigma_4=\cos\theta_1\sin\theta_4-\cos\theta_4\sigma_1 \end{cases} \tag{8-25}
$$

至此正运动学模型建立完毕，实现了从关节空间向任务空间的映射，为人形机器人手臂的运动学分析提供了基础。

2. 工作空间求解

人形机器人手臂的工作空间为小臂末端点能达到的所有点的集合，可以采用蒙特卡洛方法求解人形机器人手臂的工作空间，其具体求解流程如下所示：

1）将建立的人形机器人手臂正运动学模型编写为 MATLAB 脚本文件。

2）在四个关节范围内各获得 N 个随机关节变量组成 N 个四维关节向量。

$$
\theta_i=\theta_{i\min}+(\theta_{i\max}-\theta_{i\min})\cdot n \tag{8-26}
$$

式中，n 是[0,1]之间的随机数，使用随机函数生成。

3）将 N 个随机关节向量分别带入正运动学模型，获得 N 个机械手臂末端空间点组成的离散工作空间集合 S。

$$
S=\begin{cases} p_x(\theta_1,\theta_2,\theta_3,\theta_4) \\ p_y(\theta_1,\theta_2,\theta_3,\theta_4) \quad (\theta_{i\min}\leqslant\theta_i\leqslant\theta_{i\max},i=1,2,3,4,\mathrm{W}) \\ p_z(\theta_1,\theta_2,\theta_3,\theta_4) \end{cases} \tag{8-27}
$$

4）使用绘图工具，将离散工作空间可视化。

为了尽可能使蒙特卡洛方法获得的离散工作空间趋近人形机器人手臂的工作空间，设置 N 为 50000，最终获得机械手臂工作空间如图 8-28 所示。由图 8-28 可知：工作空间是一个以肩关节点（O_1 或 O_2）为中心的空心球壳，关于轴线 A1 中心对称。这种对称的形状验证了人形机器人手臂的全向运动特性。

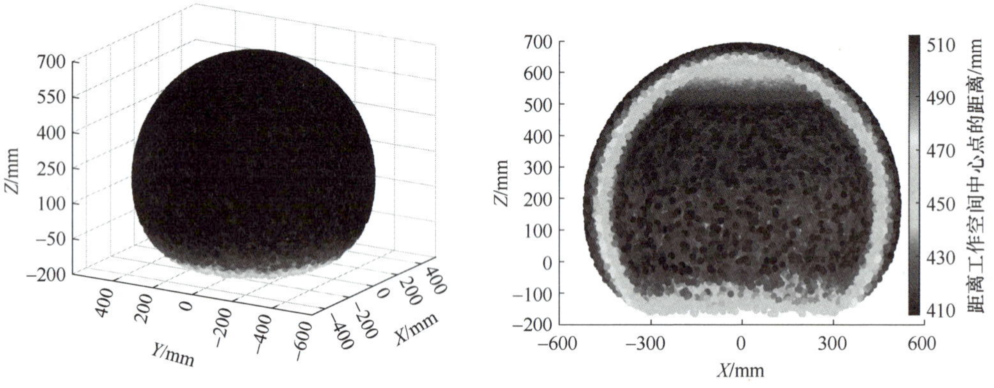

a) 全局视图　　b) 侧剖视图

图 8-28　人形机器人手臂工作空间

图 8-28 彩图

3. 基于臂型角的机械手臂姿态描述

完整的人形机器人手臂具有与人类手臂近似的 7 个自由度，而实际上人形机器人手臂末端位姿的描述只需要 6 个自由度，因此机械手臂具有 1 个冗余的自由度。冗余自由度使机械手臂能够完成更加丰富的姿态，从而以多种不同的姿态达到同一种末端位姿，然而冗余的自由度增加了逆运动学求解的复杂程度。

在人形机器人手臂末端位姿一定的情况下，冗余自由度机械手臂关节空间中存在无数组解与该位姿对应，为了获取某一确定的逆解，需要在指定末端位姿的基础上给出额外的辅助参数。臂型角就是一个能准确定义机械手臂冗余姿态的辅助参数，它被定义为肩部、肘部和腕部形成的平面与参考平面之间的夹角，其概念示意图如图 8-29 所示。

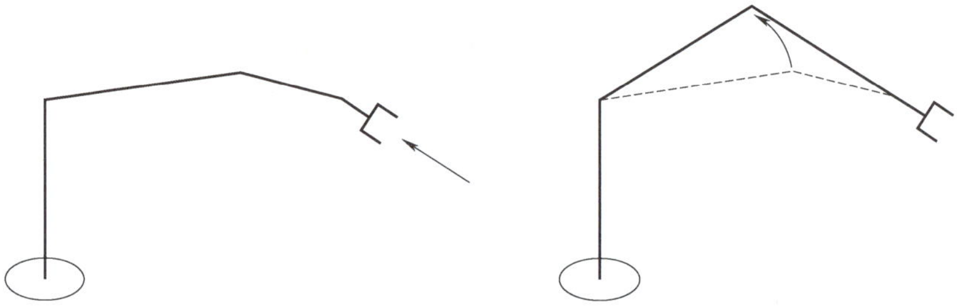

图 8-29　臂型角概念示意图

当其末端处于工作空间的任意位置 ${}_{W}^{0}\boldsymbol{P}$（大臂、小臂不共线）时，人形机器人手臂的姿态示意如图 8-30 所示。为了便于描述，将图中机械手臂肩关节、肘关节和腕关节的中心分别

记为点 S(Shoulder)、E(Elbow)和 W(Wrist)，基坐标系原点 O_0 则被记为点 B(Base)，这四个点的坐标均在基坐标系中描述。当 ${}_{W}^{0}\boldsymbol{P}$ 给定时，点 S、点 W 和矢量 $\boldsymbol{u}_{SW}$ 是唯一确定的，而点 E 是不确定的。机械手臂有无数种姿态可以达到 ${}_{W}^{0}\boldsymbol{P}$，这些姿态对应的 E 点构成了一个圆，这个圆被称为交线圆，其圆心由点 C 表示。交线圆实际上是两个球面的交线，这两个球面分别是以点 W 为圆心、以点 E 和点 W 之间距离为半径的球面以及以点 S 为圆心、以点 E 和点 S 之间距离为半径的球面。

在图 8-30 中，对于一个特定的目标空间点 ${}_{W}^{0}\boldsymbol{P}$，人形机器人手臂的任意一个姿态 SE_iW 对应的 E_i 点均可以与 S 点以及 W 点构成一个平面，定义该平面为这个姿态的臂平面。每一姿态均有一个臂平面与其对应，但是一个臂平面中却不只包含一个机械手臂姿态。为了方便定量同一臂平面中的不同姿态，需要定义一个特殊平面作为参考，并且可以选定向量 $\boldsymbol{u}_{BS}$ 和 $\boldsymbol{u}_{SW}$ 所在的平面作为参考平面。在参考平面中，存在两个姿态，即图 8-30 中的姿态 SE_1W 和 SE_2W。如果姿态 SE_iW $(i=1,2)$ 对应的向量 $\boldsymbol{u}_{SE_i}$ 与向量 $\boldsymbol{u}_{BS}$ 之间的夹角更小，则定义该姿态 SE_iW 为 ${}_{W}^{0}\boldsymbol{P}$ 点的参考姿态，参考姿态对应的 E 点为 ${}_{W}^{0}\boldsymbol{P}$ 的参考肘关节点，并且将参考肘关节点定义为 E_0。基于上述定义，对于某一确定的 ${}_{W}^{0}\boldsymbol{P}$，人形机器人手臂的任何姿态 SE_iW 都可以描述为参考姿态 SE_0W 绕向量 $\boldsymbol{u}_{SW}$ 旋转一定角度所得到的姿态，并且将这个角度定义为臂型角 φ。臂型角是与机械手臂冗余姿态一一对应的，其范围是 $[0,360°)$，其正方向符合右手定则。

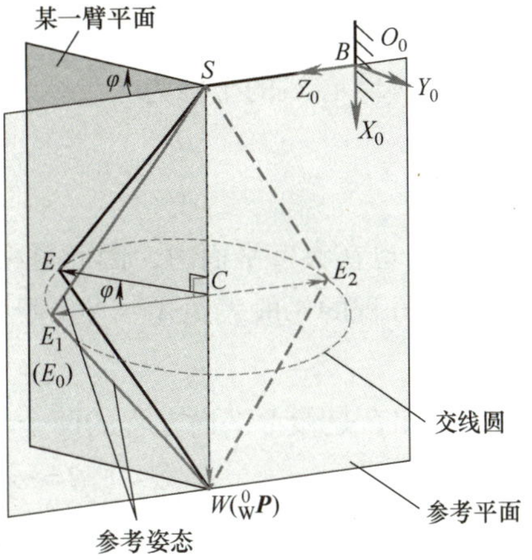

图 8-30　基于臂型角的冗余自由度人形机器人手臂姿态描述

然而，参考平面和参考位姿的定义在某些情况下存在歧义，即当 ${}_{W}^{0}\boldsymbol{P}$ 仅与点 B 以及点 S 共线时矢量 $\boldsymbol{u}_{BS}$ 和 $\boldsymbol{u}_{SW}$ 不能确定一个唯一的平面，如图 8-31 所示。此时，定义平面 $y=0$ 为参考平面，在该参考平面中对应点 E 的 x 轴坐标大于 0 时的姿态被定义为参考姿态。当 ${}_{W}^{0}\boldsymbol{P}$ 与点 B、点 S 以及点 E 共线时，${}_{W}^{0}\boldsymbol{P}$ 处于人形机器人手臂工作空间的边界上，此时机械手臂处于奇异位型，则这种情况无须定义。

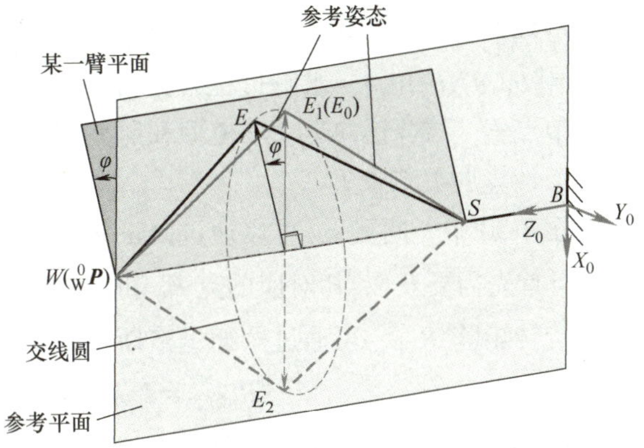

图 8-31　特殊姿态下参考平面与参考位姿的定义

综上所述，对于人形机器人手臂工作空间中的任意一点(工作空间边界点除外)，都可以确定唯一的参考姿态，而其他的冗余姿态均可以通过臂型角 φ 来唯一确定。因此，结合机械手臂的结构参数和几何关系，可以求解标准姿态下肘关节点 E_0 的位置。

在图 8-30 中，点 $B(0,0,0)$ 和点 $S(0,0,L_1)$ 均是不变的，点 $W(x_W,y_W,z_W)$ 即是目标 ${}_{W}^{0}\boldsymbol{P}$。因此，确定 ${}_{W}^{0}\boldsymbol{P}$ 对应的点 $E_0(x_{E_0},y_{E_0},z_{E_0})$ 即可确定 ${}_{W}^{0}\boldsymbol{P}$ 对应的参考姿势 SE_0W。点 E_0 位于交线

圆上，它到点 S 的距离恒为 L_1、到点 W 的距离恒为 L_2，因此满足关系式：

$$x_{E_0}^2+y_{E_0}^2+(z_{E_0}-L_0)^2=L_1^2 \tag{8-28}$$

$$(x_{E_0}-x_W)^2+(y_{E_0}-y_W)^2+(z_{E_0}-z_W)^2=L_2^2 \tag{8-29}$$

进一步可以得到点 E_0 所在交线圆的方程

$$\left(x_{E_0}-\frac{L_2+x_W}{2}\right)^2+\left(y_{E_0}-\frac{y_W}{2}\right)^2+\left(z_{E_0}-\frac{z_W}{2}\right)^2=\frac{L_1^2+L_2^2}{2}-\frac{x_W^2+y_W^2+z_W^2+L_0^2}{4} \tag{8-30}$$

交线圆圆心 C 的坐标为

$$\left(\frac{L_2+x_W}{2},\frac{y_W}{2},\frac{z_W}{2}\right) \tag{8-31}$$

点 E_0 也在参考平面内，因此可根据已知的点 B（0,0,0）、点 $S(0,0,L_1)$ 以及点 W 计算参考平面方程的一般表达式。参考平面方程可简写为

$$\alpha x_{E_0}+\beta y_{E_0}=0 \tag{8-32}$$

式中，α 和 β 是参考平面方程的两个参数，它们的定义规则为

$$\begin{cases}\alpha=1,\beta=-x_W/y_W & (\text{如果 } x_W\neq 0 \text{ 且 } y_W\neq 0)\\ \alpha=1,\beta=0 & (\text{如果 } x_W=0 \text{ 且 } y_W\neq 0)\\ \alpha=0,\beta=1 & (\text{如果 } x_W=0 \text{ 且 } y_W=0)\end{cases} \tag{8-33}$$

将交线圆方程(8-30)和参考平面方程(8-32)联立，可以获得参考平面中两个姿态对应肘关节点 E_1 和点 E_2 的坐标。在此基础上根据参考姿态定义，可以确定一个给定末端空间点${}_{\mathrm{W}}^{0}\boldsymbol{P}$ 对应的唯一参考肘关节点 $E_0(x_{E_0},y_{E_0},z_{E_0})$。

4. 基于臂型角的机械手臂逆运动学分析

人形机器人手臂的逆运动学可以表述为：给定末端空间位置${}_{\mathrm{W}}^{0}\boldsymbol{P}$ 和臂型角 φ，求解关节配置 $\boldsymbol{\Theta}=[\theta_1,\theta_2,\theta_3,\theta_4]$。求解过程分为两步：获取与给定末端空间位置${}_{\mathrm{W}}^{0}\boldsymbol{P}$ 和臂型角 φ 对应的肘关节点 E；结合正向运动学模型和肘关节点 E 的坐标，进一步计算对应的关节配置 $\boldsymbol{\Theta}$。

（1）计算肘关节点 E

在图 8-30 中，向量 $\boldsymbol{u}_{CE}$可以通过向量 $\boldsymbol{u}_{CE_0}$绕向量 $\boldsymbol{u}_{SW}$旋转得到，并且 $\boldsymbol{u}_{SW}$是已知的。要得到点 E，首先需要获取${}_{\mathrm{W}}^{0}\boldsymbol{P}$ 对应的点 E_0 和交线圆的圆心 C 的坐标值。绕向量 $\boldsymbol{u}_{SW}$旋转角度 φ 对应的旋转矩阵${}^{0}\boldsymbol{R}_{SW(\varphi)}$ 可通过罗德里格斯公式求得，即

$${}^{0}\boldsymbol{R}_{SW(\varphi)}=\boldsymbol{I}+\sin\varphi\boldsymbol{K}_{SW}+(1-\cos\varphi)\boldsymbol{K}_{SW}^2 \tag{8-34}$$

式中，$\boldsymbol{K}_{SW}$是 $\boldsymbol{u}_{SW}$对应的倾斜对称矩阵。

又有：

$$\boldsymbol{u}_{CE}={}^{0}\boldsymbol{R}_{SW(\varphi)}\boldsymbol{u}_{CE_0} \tag{8-35}$$

$$\begin{bmatrix}x_E\\ y_E\\ z_E\end{bmatrix}=\boldsymbol{u}_{CE}+\begin{bmatrix}x_C\\ y_C\\ z_C\end{bmatrix} \tag{8-36}$$

将式(8-31)中的 x_C、y_C、z_C 坐标带入式(8-36)，可求解点 E 的坐标 x_E、y_E、z_E 的表达式，即

$$\begin{bmatrix} x_E \\ y_E \\ z_E \end{bmatrix} = \boldsymbol{M}_A \begin{bmatrix} \sin\varphi \\ \cos\varphi \\ 1 \end{bmatrix}$$

$$\boldsymbol{M}_A = \begin{bmatrix} \dfrac{(y_S-y_W)(z_C-z_{E_0})}{\sqrt{\sigma_{10}}} - \dfrac{(y_C-y_{E_0})(z_S-z_W)}{\sqrt{\sigma_{10}}} & \sigma_7-(\sigma_2+\sigma_1)(x_C-x_{E_0})+\sigma_6 & x_C+(x_C-x_{E_0})(\sigma_2+\sigma_1-1)-\sigma_7-\sigma_6 \\ \dfrac{(x_C-x_{E_0})(z_S-z_W)}{\sqrt{\sigma_{10}}} - \dfrac{(x_S-x_W)(z_C-z_{E_0})}{\sqrt{\sigma_{10}}} & \sigma_9-(\sigma_3+\sigma_1)(y_C-y_{E_0})+\sigma_4 & y_C+(y_C-y_{E_0})(\sigma_3+\sigma_1-1)-\sigma_9-\sigma_4 \\ \dfrac{(x_S-x_W)(y_C-y_{E_0})}{\sqrt{\sigma_{10}}} - \dfrac{(x_C-x_{E_0})(y_S-y_W)}{\sqrt{\sigma_{10}}} & \sigma_8-(\sigma_3+\sigma_2)(z_C-z_{E_0})+\sigma_5 & z_C+(z_C-z_{E_0})(\sigma_3+\sigma_2-1)-\sigma_8-\sigma_5 \end{bmatrix}$$

$$\begin{cases} \sigma_1 = \dfrac{(z_S-z_W)^2}{\sigma_{10}} \\ \sigma_2 = \dfrac{(y_S-y_W)^2}{\sigma_{10}} \\ \sigma_3 = \dfrac{(x_S-x_W)^2}{\sigma_{10}} \\ \sigma_4 = \dfrac{(y_S-y_W)(z_C-z_{E_0})(z_S-z_W)}{\sigma_{10}} \\ \sigma_5 = \dfrac{(y_C-y_{E_0})(y_S-y_W)(z_S-z_W)}{\sigma_{10}} \\ \sigma_6 = \dfrac{(x_S-x_W)(z_C-z_{E_0})(z_S-z_W)}{\sigma_{10}} \\ \sigma_7 = \dfrac{(x_S-x_W)(y_C-y_{E_0})(y_S-y_W)}{\sigma_{10}} \\ \sigma_8 = \dfrac{(x_C-x_{E_0})(x_S-x_W)(z_S-z_W)}{\sigma_{10}} \\ \sigma_9 = \dfrac{(x_C-x_{E_0})(x_S-x_W)(y_S-y_W)}{\sigma_{10}} \\ \sigma_{10} = |x_S-x_W|^2+|y_S-y_W|^2+|z_S-z_W|^2 \end{cases} \tag{8-37}$$

对式(8-37)分析可知：肘关节点 E 的坐标仅与给定的末端空间位置${}_W^0\boldsymbol{P}$ 以及臂型角 φ 有关。由于矩阵 $\boldsymbol{M}_A$ 仅与给定末端空间位置${}_W^0\boldsymbol{P}$ 有关，${}_W^0\boldsymbol{P}$ 和 φ 对点 E 坐标的影响效果可以解耦表示，这为基于 φ 完成人形机器人手臂姿态可行域的约束奠定了基础。至此，确定了在给定${}_W^0\boldsymbol{P}$ 的情况下臂型角 φ 对应的姿态 SEW。

（2）计算姿态 SEW 对应的关节配置

人形机器人手臂的同一姿态可能存在多种关节配置，因此引入“全局配置参数 GC”来区分同一姿态下的不同配置。全局配置参数与 θ_2 有关，为此定义 GC_2 为

$$GC_2=\begin{cases}1 & (\theta_2\geqslant 90°)\\ -1 & (\theta_2<90°)\end{cases} \tag{8-38}$$

基于机械手臂的正运动学模型公式(8-24)，肘关节中心点 E 的坐标可表示为

$$\begin{bmatrix}x_E\\ y_E\\ z_E\end{bmatrix}={}_2^1\boldsymbol{P}+{}_2^0\boldsymbol{R}_3^2\boldsymbol{P}=\begin{bmatrix}L_1\cos\theta_1\cos\theta_2\\ L_1\sin\theta_1\cos\theta_2\\ L_0+L_1\sin\theta_2\end{bmatrix} \tag{8-39}$$

将式(8-39)中的 y_E 和 x_E 相除，得到 θ_1 的表达式为

$$\begin{aligned}\theta_1&=\text{atan2}(GC_2\cdot y_E,GC_2\cdot x_E)\\ &=\text{atan2}(GC_2\cdot(a_{23}+a_{22}\cos\varphi+a_{21}\sin\varphi),GC_2\cdot(a_{13}+a_{12}\cos\varphi+a_{11}\sin\varphi))\end{aligned} \tag{8-40}$$

式中，a_{ij}是式(8-37)中矩阵 $\boldsymbol{M}_A$ 的第 i 行、第 j 列个元素；atan2( )为 C 语言中固定函数。

当肘关节点 E 坐标为 $x_E=0$、$y_E=0$ 的特殊位置时，式(8-40)的 atan2( )函数失效。此时，人形机器人手臂处于肩部奇异位型，即关节 2 失效，但是关节 3 和关节 4 可以等效为一个万向节。在这种情况下，对于任意 $\theta_1\in[-180°,180°]$，均存在 θ_3 和 θ_4 满足机械手臂可解出无数种可行的关节配置[∗,90°, ∗ , ∗](∗代表可行的任意关节角度值)，即

$${}_W^0\boldsymbol{P}=\begin{bmatrix}x_W\\ y_W\\ z_W\end{bmatrix}={}_2^1\boldsymbol{P}+{}_2^0\boldsymbol{R}_3^2\boldsymbol{P}+{}_4^0\boldsymbol{R}_W^4\boldsymbol{P}=\begin{bmatrix}-L_2(\sin\theta_1\sin\theta_4+\cos\theta_1\sin\theta_3\cos\theta_4)\\ L_2(\cos\theta_1\sin\theta_4-\sin\theta_1\sin\theta_3\cos\theta_4)\\ L_1+L_2\cos\theta_4\sin\left(\theta_3+\dfrac{\pi}{2}\right)\end{bmatrix} \tag{8-41}$$

将 θ_1 代入式(8-39)求解 $\sin\theta_2$ 和 $\cos\theta_2$，即 θ_2 也可以确定为

$$\theta_2=\text{atan2}\left(\frac{a_{33}-L_0+a_{32}\cos\varphi+a_{31}\sin\varphi}{L_1},\frac{a_{23}+a_{22}\cos\varphi+a_{21}\sin\varphi}{L_1\sin\theta_1}\right) \tag{8-42}$$

将式(8-24)改写成如下形式(从而可以求解 θ_4)：

$${}_W^0\boldsymbol{P}=\begin{bmatrix}x_W\\ y_W\\ z_W\end{bmatrix}=\begin{bmatrix}L_1\cos\theta_1\cos\theta_2-L_2(\sin\theta_1\sin\theta_4-\cos\theta_1\cos(\theta_2+\theta_3)\cos\theta_4)\\ L_1\sin\theta_1\cos\theta_2+L_2\cos\theta_1\sin\theta_4+\sin\theta_1\cos(\theta_2+\theta_3)\cos\theta_4\\ L_0+L_1\sin\theta_2+L_2\sin(\theta_2+\theta_3)\cos\theta_4\end{bmatrix} \tag{8-43}$$

将式(8-43)中 x_W 和 y_W 的 $\cos(\theta_2+\theta_3)$消去，可以得到 θ_4(且 θ_1 和 θ_4 是一一对应的)：

$$\theta_4=\arcsin\left(\frac{y_W\cos\theta_1-x_W\sin\theta_1}{L_2}\right) \tag{8-44}$$

将已求解得到的 θ_1、θ_2、θ_4 代入式(8-43)中的 x_W 和 y_W，可计算得到 $\sin(\theta_2+\theta_3)$、$\cos(\theta_2+\theta_3)$，进而得 θ_3，即

$$\theta_3=-\theta_2+\text{atan2}\left(-\frac{L_0-z_W+L_1\sin\theta_2}{L_2\cos\theta_4},-\frac{\sin\theta_1\sin\theta_4+\dfrac{x_W-L_1\cos\theta_1\cos\theta_2}{L_2}}{\cos\theta_1\cos\theta_4}\right) \tag{8-45}$$

至此，给定人形机器人手臂末端的位置和姿态，对应的关节角 θ_1、θ_2、θ_3、θ_4 均已求出，即运动学逆解已完成。由于“全局配置参数”GC_2 的存在，每种给定的机械手臂非奇异位姿均存在两组不同的关节配置 $\boldsymbol{\Theta}_i=[\theta_{1i},\theta_{2i},\theta_{3i},\theta_{4i}](i=1,2)$。由各关节角的计算式(8-40)、式(8-42)、

式(8-44)、式(8-45)可知：关节配置 $\boldsymbol{\Theta}_i(\varphi)$ 是臂型角 φ 的函数。

8.4.3　人形机器人手臂静力学和动力学建模分析

当人的手臂以一个随意的姿态无法完成重物托举时，总是不自觉地将手臂调整至承载能力更强的姿态以完成重物托举，这种姿态使得人的手臂更容易发力。对于人形机器人手臂来说，它的承载能力是指当任意一个电动机达到最大输出转矩时，其末端所能施加的最大与重力方向相反的力。将承载能力作为臂型角可行域的优化指标可以筛选出承载能力更高的冗余姿态范围，在这个范围内完成人形机器人手臂的运动规划可以更充分地利用机械手臂的输出转矩。因此，综合考虑机械手臂的重量和外部负载，建立机械手臂的承载能力模型，可以为机械手臂完成模仿人的手臂发力方式的姿态规划提供理论基础。

在人形机器人手臂末端承载的情况下，各关节电动机输出转矩的一部分需用于平衡机械手臂的自重，另一部分则用于抵抗外部载荷。由于机械手臂为多个零部件组成的具有分散质量的系统，因此在考虑机械手臂自重的情况下直接求解其承载所需的关节电动机转矩过程比较复杂。为此，将平衡机械手臂自重所需的关节电动机转矩与抵抗外部载荷所需的关节电动机转矩进行分开求解，可以简化建模分析过程。其中，采用动力学建模的方法求解平衡机械手臂自重所需的关节电动机转矩，其相较于直接采用基于虚功原理的静力学建模方法可以不用考虑每个环节的力。当动力学模型中机械手臂各零部件的速度项和加速度项均为 0 时，所求得的关节电动机转矩即为静态下平衡机械手臂自重所需的转矩。对于抵抗外部载荷所需的关节电动机转矩，则采用静力学建模的方法进行求解。另外，采用两种建模方法结合来求解考虑机械手臂自重的情况下其承载所需的关节电动机转矩，可以帮助读者在实例中更好地理解机器人静力学建模与动力学建模的两种力分析方法。

1. 动力学方法求解平衡自重的关节转矩

在重力环境下，人形机器人手臂自重产生的力矩是不可忽视的。机械手臂具有多个传动机构，若使用牛顿-欧拉方法建立动力学模型，则必须单独检查每个环节，因此采用拉格朗日方程来建立动力学模型，并从能量的角度来研究机械手臂，而不考虑每个环节的力。根据动力学模型中的重力项，计算出机械手臂抵抗自重所需的输出力矩为

$$\tau_i=\frac{\mathrm{d}}{\mathrm{d}t}\left(\frac{\partial L}{\partial \dot{\theta}_i}\right)-\frac{\partial L}{\partial \theta_i}=\frac{\mathrm{d}}{\mathrm{d}t}\left(\frac{\partial K}{\partial \dot{\theta}_i}\right)-\frac{\partial K}{\partial \theta_i}+\frac{\partial U}{\partial \theta_i}(i=1,2,3,4) \tag{8-46}$$

式中，τ_i 为不含有势力的广义驱动力(即电动机的输出转矩)；K 为系统总动能；U 为系统总势能。

为了简化计算，将人形机器人手臂运动过程中相对静止的部件分离为一个质量单元，具体质量单元划分和坐标系建立如图 8-32 所示。质量单元 Unit1 和 Unit2 只包含主干单位，其本体坐标系为 $O_1x_1y_1z_1$ 和 $O_2x_2y_2z_2$；Unit3 和 Unit4 均包含主干单元(Unit3-0 和 Unit4-0)和分支单元(Unit3-j 和 Unit4-j,j =1,2,3)，主干单元的坐标系为 $O_3x_3y_3z_3$ 和 $O_4x_4y_4z_4$，分支单元的坐标系为 $O_{3j}x_{3j}y_{3j}z_{3j}$和 $O_{4j}x_{4j}y_{4j}z_{4j}(j=1,2,3)$，分支坐标系与相应的主坐标系之间存在简单的转换关系。机械手臂各质量单元的参数见表 8-5，由于肩部电动机定子不包括在任何质量单元中，而且模拟模型中省略了一些部件，如轴承、螺钉等，因此表 8-5 中所有质量单元的总和与机械手臂的总重量存在一定的差异。

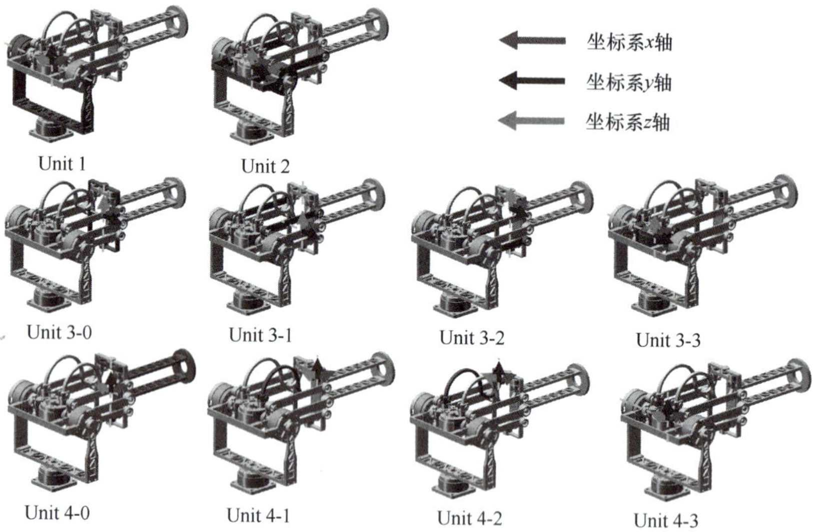

图 8-32 质量单元划分和坐标系建立示意图

图 8-32 彩图

表 8-5 人形机器人手臂各质量单元参数

质量单元	(m_i/m_{ij})/kg	质量单元	(m_i/m_{ij})/kg
Unit1	1. 2057	Unit3-3	1. 1160
Unit2	1. 1451	Unit4-0	0. 7042
Unit3-0	0. 1806	Unit4-1	0. 2828
Unit3-1	0. 1513	Unit4-2	0. 2828
Unit3-2	0. 1513	Unit4-3	0. 1090

零势能面记为平面 $Y_0O_0Z_0$，X_0 轴的正方向为重力方向。在计算动能和势能时，分支单元坐标系经由相应的主干单元坐标系转换到基坐标系上，然后在基坐标系下计算人形机器人手臂各分支和主干单元的动能和势能。对于主干单元 $i(i=1,2,3,4)$，其动能 K_i 可表示为

$$K_i=\frac{1}{2}m_i\,|\,{}^0\dot{\boldsymbol{r}}_{Ci}\,|^2+\frac{1}{2}({}^0\boldsymbol{\omega}_i)^{\mathrm{T}\,0}\boldsymbol{I}_i\,{}^0\boldsymbol{\omega}_i \tag{8-47}$$

式中，${}^0\boldsymbol{r}_{Ci}$、${}^0\boldsymbol{\omega}_i$ 和 ${}^0\boldsymbol{I}_i$ 分别为主干单元 i 的质心位置、转动角速度以及惯性张量在基坐标系中的表示，即

$$\begin{cases}{}^0\boldsymbol{r}_{Ci}={}^0_i\boldsymbol{T}\cdot{}^i\boldsymbol{r}_{Ci}\\ {}^0\boldsymbol{\omega}_i={}^0_i\boldsymbol{T}\cdot{}^i\boldsymbol{\omega}_i\\ {}^0\boldsymbol{I}_i={}^0_i\boldsymbol{R}\,{}^i\boldsymbol{I}_i\,{}^0_i\boldsymbol{R}^{\mathrm{T}}+m_i({}^0_i\boldsymbol{P}^{\mathrm{T}\,0}_{\ i}\boldsymbol{P}\boldsymbol{E}_3-{}^0_i\boldsymbol{P}\,{}^0_i\boldsymbol{P}^{\mathrm{T}})\end{cases} \tag{8-48}$$

式中，${}^i\boldsymbol{r}_{Ci}$、${}^i\boldsymbol{\omega}_i$ 和 ${}^i\boldsymbol{I}_i$ 分别表示单元 i 的质心位置、旋转角速度和惯性张量在其体坐标系中的表示；$\boldsymbol{E}_3$ 是一个三阶单位矩阵。

主干单元 $i(i=1,2,3,4)$ 的动能 U_i 可表示为

$$U_i=m_i g\,{}^0\boldsymbol{r}_{Ci} \tag{8-49}$$

对于分支单元 $ij(i=3,4\quad j=1,2,3)$，其动能和势能求取方法分别与式(8-47)、式(8-49)相

同，但其质心位置、转动角速度和惯性张量在基坐标系中可表示为

$$\begin{cases}{}^{0}\boldsymbol{r}_{Cij}={}^{0}_{i}\boldsymbol{T}\,{}^{i}_{ij}\boldsymbol{T}\cdot{}^{ij}\boldsymbol{r}_{Cij}\\ {}^{0}\boldsymbol{\omega}_{ij}={}^{0}_{i}\boldsymbol{T}\,{}^{i}_{ij}\boldsymbol{T}\cdot{}^{ij}\boldsymbol{\omega}_{ij}\\ {}^{0}\boldsymbol{I}_{ij}=({}^{0}_{i}\boldsymbol{R}\,{}^{i}_{ij}\boldsymbol{R})\,{}^{i}\boldsymbol{I}_{i}({}^{0}_{i}\boldsymbol{R}\,{}^{i}_{ij}\boldsymbol{R})^{\mathrm{T}}+m_{ij}(({}^{0}_{i}\boldsymbol{P}\,{}^{i}_{ij}\boldsymbol{P})^{\mathrm{T}}({}^{0}_{i}\boldsymbol{P}\,{}^{i}_{ij}\boldsymbol{P})\boldsymbol{E}_{3}-({}^{0}_{i}\boldsymbol{P}\,{}^{i}_{ij}\boldsymbol{P})({}^{0}_{i}\boldsymbol{P}\,{}^{i}_{ij}\boldsymbol{P})^{\mathrm{T}})\end{cases}\tag{8-50}$$

综合各质量单元的动能和势能，可得到拉格朗日函数为

$$L(\boldsymbol{\Theta},\dot{\boldsymbol{\Theta}})=K(\boldsymbol{\Theta},\dot{\boldsymbol{\Theta}})-U(\boldsymbol{\Theta})=\sum K_i+\sum K_{ij}-\sum U_i-\sum U_{ij}\tag{8-51}$$

将式(8-51)带入式(8-46)，可以得到基于拉格朗日模型的动力学方程。因此，人形机器人手臂静态下抵抗自重所需输出的关节转矩 $\boldsymbol{\tau}_{\mathrm{g}}=[\tau_{\mathrm{g1}},\tau_{\mathrm{g2}},\tau_{\mathrm{g3}},\tau_{\mathrm{g4}}]$ 为

$$\tau_{\mathrm{g}i}=f(\boldsymbol{\Theta},0,0)\ (i=1,2,3,4)\tag{8-52}$$

2. 静力学方法求解抵抗外部负载的关节转矩

当不考虑人形机器人手臂自重时，静态下外部负载与电动机转矩平衡。根据虚功原理公式，外力在笛卡儿坐标系中所做的功等于力矩在关节空间中所做的功：

$$\boldsymbol{F}^{\mathrm{T}}\delta\boldsymbol{\chi}=\boldsymbol{\tau}^{\mathrm{T}}\delta\boldsymbol{\Theta}\tag{8-53}$$

式中，$\boldsymbol{F}$ 是作用在机械手臂末端的外载；$\delta\boldsymbol{\chi}$ 是机械手臂末端无穷小的笛卡儿位移。

结合雅可比矩阵

$$\delta\boldsymbol{\chi}=\boldsymbol{J}_{v}\delta\boldsymbol{\Theta}\tag{8-54}$$

可得

$$\boldsymbol{\tau}=\boldsymbol{J}_{v}^{\mathrm{T}}\boldsymbol{F}\tag{8-55}$$

雅可比矩阵的转置将人形机器人手臂末端笛卡儿力映射为等效的关节力矩。在相同的机械手臂末端外载下，当机械手臂处于不同位姿时，雅可比矩阵不同，并且各关节等效力矩分配不同。随着外部载荷的增加，$\boldsymbol{J}_{v}^{\mathrm{T}}$ 能够决定哪一个驱动电动机首先到达转矩极限。因此，可建立公式获得某位姿到达极限承载能力(不考虑机械手臂自重)时的电动机输出转矩：

$$\begin{cases}\boldsymbol{\tau}_{\mathrm{f}}=\boldsymbol{J}_{v}^{\mathrm{T}}\boldsymbol{f}\\ \boldsymbol{F}_{\max}=\min(\boldsymbol{\tau}_{\max}./\boldsymbol{\tau}_{\mathrm{f}})\cdot\boldsymbol{f}\end{cases}\tag{8-56}$$

式中，$\boldsymbol{f}$ 为作用于末端的单位笛卡儿载荷，当机械手臂处于静止时该力与外部载荷重力方向相同，并且方向可表示为[1;0;0]；$\boldsymbol{\tau}_{\mathrm{f}}$ 为单位载荷下的关节电动机转矩；$\boldsymbol{\tau}_{\max}=[\tau_{1\max},\tau_{2\max},\tau_{3\max},\tau_{4\max}]$是各关节电动机最大输出转矩所组成的向量。

为了避免某关节电动机超过最大输出转矩，造成不必要的危险，取 $\boldsymbol{\tau}_{\max}./\boldsymbol{\tau}_{\mathrm{f}}$ 向量中的最小值作为 $\boldsymbol{f}$ 的倍数来求得人形机器人手臂的极限负载能力 $\boldsymbol{F}_{\max}$，此时电动机的输出转矩 $\boldsymbol{\tau}_{F_{\max}}$ 为

$$\boldsymbol{\tau}_{F_{\max}}=\min(\boldsymbol{\tau}_{\max}./\boldsymbol{\tau}_{\mathrm{f}})\cdot\boldsymbol{\tau}_{\mathrm{f}}\tag{8-57}$$

3. 机械手臂承载力约束模型

计算人形机器人手臂的真实负载能力时，需要综合考虑自重和外部负载，机械手臂各关节输出转矩一部分用于平衡自重，另一部分用于抵抗外部载荷。考虑自重的机械手臂承载能力 $\boldsymbol{F}_{\mathrm{g}\max}$，并且其方向可表示为$[F_{\mathrm{g}\max},0,0]$，即

$$\boldsymbol{F}_{\mathrm{g}\max}=\min((\boldsymbol{\tau}_{\max}-\boldsymbol{\tau}_{\mathrm{g}})./\boldsymbol{\tau}_{\mathrm{f}})\cdot\boldsymbol{f}\tag{8-58}$$

此时，对应的电动机输出转矩 $\boldsymbol{\tau}_{F_{\mathrm{g}\max}}$ 为

$$\boldsymbol{\tau}_{F_{\mathrm{g}\max}}=\boldsymbol{\tau}_{\mathrm{g}}+\min((\boldsymbol{\tau}_{\max}-\boldsymbol{\tau}_{\mathrm{g}})./\boldsymbol{\tau}_{\mathrm{f}})\cdot\boldsymbol{\tau}_{\mathrm{f}}\tag{8-59}$$

综合式(8-52)、式(8-57)和式(8-58)可知：人形机器人手臂静态承载能力$\boldsymbol{F}_{\mathrm{gmax}}$是关节配置$\boldsymbol{\Theta}$的函数。由于$\boldsymbol{\Theta}$是$\varphi$和$GC_2$的函数，当机械手臂处于静态或慢速状态时$\boldsymbol{F}_{\mathrm{gmax}}=h(\varphi,GC_2)$，那么对于同一个目标点${}^{0}_{\mathrm{W}}\boldsymbol{P}$，考虑自重时机械手臂的极限承载能力会随着$\varphi$和$GC_2$变化而变化。因此，可通过设定承载能力阈值，筛选机械手臂在同一目标点下承载能力更强的姿态(即臂型角)和关节配置组。在这种臂型角可行范围中规划机械手臂的姿态，其承载能力更强，承受相同负载时电动机的最大输出转矩也会更低，机械手臂更加省力。

8.4.4 人形机器人手臂轨迹规划与仿真

1. 基于臂型角约束模型的姿态规划

人形机器人手臂的姿态规划是在臂型角范围内对具有冗余自由度的机械手臂进行姿态调整，使其能够在运行过程中规避关节限制和奇异位型，同时具有较高承载能力。对于给定目标路径，考虑几何和力学约束，获取冗余自由度机械手臂姿态和关节轨迹的具体运动规划方法如下。

1）将目标路径离散化：对于一条给定的目标路径 path$=f(n)$，按照一定的路径步长Δn将目标路径离散为一组目标路径点。

2）获取几何约束下的臂型角可行域：基于几何约束计算所有目标路径点在各关节范围限制和奇异位型限制下的臂型角可行范围。

3）获取承载能力约束下的臂型角可行域：根据任务提出的末端承载要求，设定机械手臂的承载能力阈值$\boldsymbol{F}_{\mathrm{gmax}}$，筛选所有目标轨迹点的臂型角可行范围，确保该范围内机械手臂姿态的承载能力均在阈值之上。

4）获取臂型角曲线：取步骤2)和3)中所获的臂型角可行范围中的交集，得到所有目标路径点的全局臂型角可行域。按照路径点顺序，在全局臂型角可行域中逐个选择每个路径点的臂型角，获取一条连续的、平滑的臂型角曲线。

5）获取机械手臂关节路径和轨迹：依据每个点的坐标和所选择的臂型角，基于逆运动学模型完成所有路径轨迹点的逆解，获取机械手臂的关节路径。赋予关节路径时间属性，获得机械手臂的关节轨迹。

具体过程中的结果如图8-33和图8-34所示。

2. 机械手臂姿态规划仿真

对人形机器人手臂的姿态运行进行仿真，分析基于力约束模型的方法对冗余自由度机械手臂姿态规划的优化作用。

首先给定人形机器人手臂姿态规划的期望路径。为保证期望路径在机械手臂末端可达空间内，设置目标轨迹为一条空间双扭线，具体方程和参数可表示为

$$\begin{cases}x_W=10.0\sin2n+58.4\cos n+47.8\sin n+168.1\\y_W=23.7\sin2n+23.3\cos n-29.9\sin n+397.3\\z_W=11.1\sin2n-102.2\cos n+20.5\sin n+186.7\end{cases}\quad(n\in[0,2\pi])\tag{8-60}$$

将该路径离散为144个点，路径步长$\Delta n=0.0436$。计算所有离散期望路径点的逆解，并将各点逆解代入正运动学公式(8-24)中，可以得到如图8-35a所示的计算路径。计算路径与期望路径重合，表明对期望轨迹的逆解是正确的。进一步，将计算路径与期望路径作差，得到两者之间的误差同样在10^{-13}mm以内，如图8-35b所示。

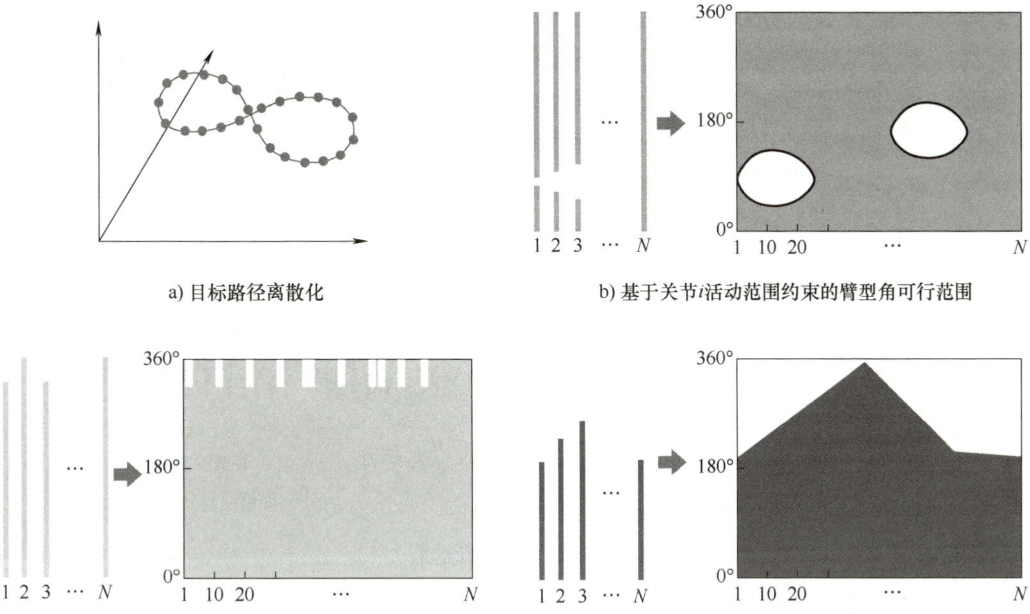

a) 目标路径离散化　b) 基于关节i活动范围约束的臂型角可行范围

c) 基于奇异位型的臂型角可行范围　d) 基于承载能力约束的臂型角可行范围

图 8-33　目标路径离散与臂型角可行范围获取

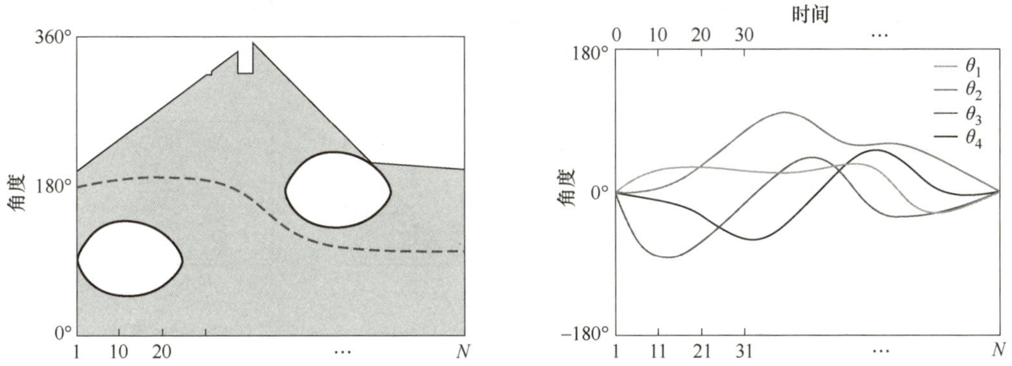

a) 全局臂型角可行域中的臂型角曲线　b) 基于臂型角曲线的关节轨迹

图 8-34　基于全局臂型角可行域的姿态和轨迹规化

求解离散期望轨迹点在各个关节活动范围约束条件下的臂型角可行范围，如图 8-36a~d 所示，图中横坐标表示各个离散轨迹点，纵坐标范围表示该轨迹点在关节角 θ_i 活动范围约束下的臂型角可行范围。

图 8-34 彩图

将路径上各点的逆解带入承载能力模型中，可以求解人形机器人手臂负载能力 $\boldsymbol{F}_{\mathrm{gmax}}$ 和达到最大负载时电动机的输出转矩 $\boldsymbol{\tau}_{\mathrm{gmax}}$。计算过程中为保证机械手臂安全运行，设定电动机的额定输出转矩为最大输出转矩的 25%，即 8.375N · m。假设机械手臂至少携带 13N 的载荷完成期望路径，则当 $GC_2=1$ 时臂型角可行范围如图 8-36e 所示，而当 $GC_2=-1$ 时臂型角可行范围如图 8-36f 所示。然而，图 8-36f 中的某些路径点在任意臂型角下的最大承载能力均无法达到 13N，因此只有图 8-36e（即 $GC_2=1$ 时）可用于优化最终的机械手臂全局臂型角的可行域。

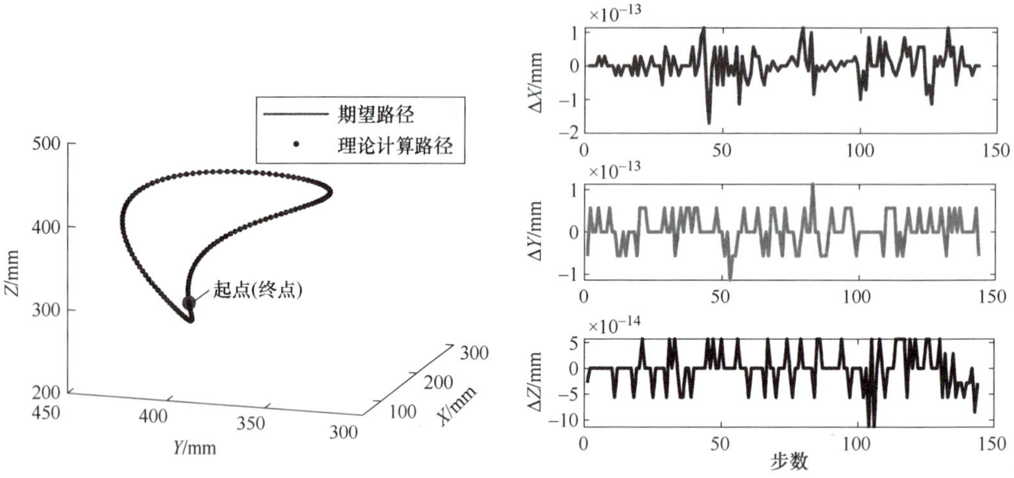

a) 期望路径与计算路径对比　　b) 逆解误差分析

图 8-35　正逆解结果

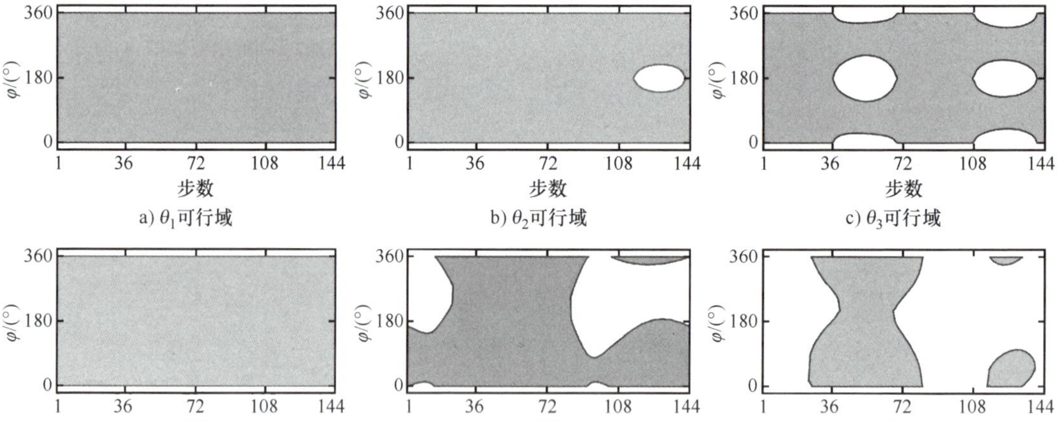

a) θ_1可行域　　b) θ_2可行域　　c) θ_3可行域

d) θ_4可行域　　e) GC_2=1时臂型角可行域　　f) GC_2=−1时臂型角可行域

图 8-36　路径在模型约束的臂型角可行范围

综合考虑臂型角可行域，取图 8-36a～d 的交集，得到仅考虑几何约束的全局臂型角可行域，如图 8-37a 所示。再将图 8-37a 与图 8-36e 取交集即可获得同时考虑几何约束和力学约束的全局臂型角可行域，如图 8-37b 所示。

人形机器人手臂末端沿期望路径连续移动，意味着机械手臂的姿态(即臂型角 φ)随末端点的变化而变化。由于臂型角与关节角存在连续的映射关系，臂型角变化曲线应该尽可能的连续光滑以保证机械手臂关节能够平滑连续变化。臂型角曲线也应尽可能地远离可行域的边界，从而保证机械手臂承载运行的安全性。综合以上两点，采用全局臂型角优化算法公式，在最终的全局可行区域内获得从路径初始点到终点的连续光滑的全局臂型角曲线：

$$\varphi(n)=\varphi(n-1)+c\left(\frac{\varphi^{up}-\varphi^{lo}}{2}\right)\left[\left(\frac{\varphi^{up}-\varphi(n-1)}{\varphi^{up}-\varphi^{lo}}\right)^{p}-\left(\frac{\varphi(n-1)-\varphi^{lo}}{\varphi^{up}-\varphi^{lo}}\right)^{p}\right] \tag{8-61}$$

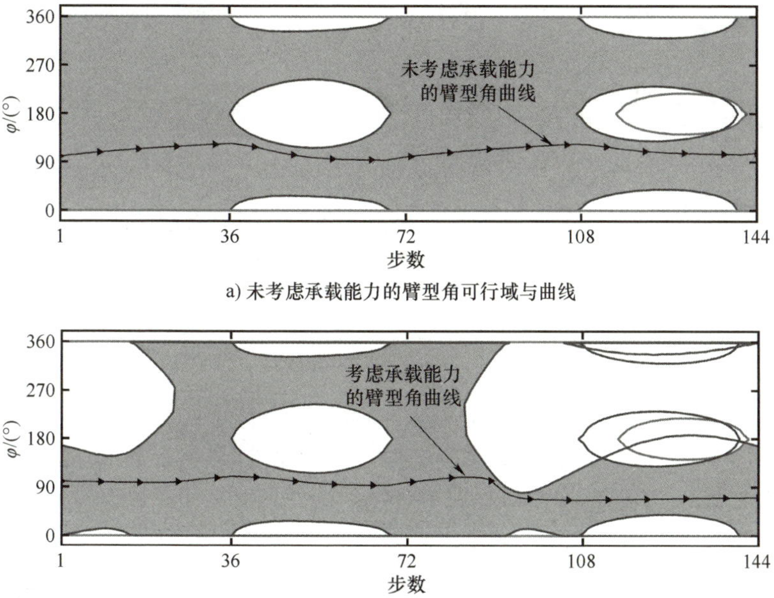

a) 未考虑承载能力的臂型角可行域与曲线

b) 考虑承载能力的臂型角可行域与曲线

图 8-37　全局臂型角可行域和臂型角曲线

图 8-37 彩图

式中，$\varphi(n)$为与当前路径点对应的并且正在优化的全局臂型角，$\varphi(n-1)$是与前一个路径点对应的并且优化过的全局臂型角；常数 $c\in(0,1]$为优化因子，它可以控制臂型角对全局臂型角可行域中心位置的靠近程度；常数 $p\in\mathbf{N}^*$同样为优化因子，它可以控制正在优化的全局臂型角与前一个全局臂型角之间的距离以保证曲线的连续性。分析中，设置初始全局臂型角为 100°、优化因子 $c=0.3$、优化因子 $p=14$。与智能算法相比，该方法计算成本较低、运行速度更快。

根据姿态逆解公式获得每个离散期望路径点在对应臂型角的关节配置，分别得到考虑承载的臂型角曲线和不考虑承载的臂型角曲线所对应的关节路径（即 $\boldsymbol{\Theta}_1(\varphi)$ 和 $\boldsymbol{\Theta}_2(\varphi)$），如图 8-38 所示。

采用 ADAMS 软件对姿态规划的结果进行仿真。在虚拟仿真环境中，人形机器人手臂的初始姿态为[0°,0°,0°,0°]，完成轨迹跟踪的最终姿态与初始位姿相同。为确保机械手臂平稳运行，同时考虑到机械手臂的初始和最终姿态，使用 Akima 样条曲线对图 8-38 中的关节路径 $\boldsymbol{\Theta}_i(\varphi)$ 进行插值。赋予插值后的关节路径时间属性，得到图 8-38 中所示的关节轨迹 $\boldsymbol{\Theta}_i(t)$。整个关节轨迹运行时间为 58s，其中，阶段 1、阶段 3、阶段 5 和阶段 7 为稳定阶段，用以减小机械手臂加速度对输出转矩造成的影响，阶段 2 和阶段 6 为机械手臂在初始姿态和期望轨迹的初始/终止点之间的过渡阶段，阶段 4 是轨迹跟踪阶段。

ADAMS 仿真结果如图 8-39a 所示，按照不考虑承载能力的姿态曲线完成轨迹跟踪时，肩部电动机的最大输出转矩超过额定转矩，然而以考虑承载能力的姿态曲线完成轨迹跟踪时，所有关节的输出转矩均低于额定转矩。仿真结果表明：考虑承载能力约束的人形机器人手臂冗余姿态规划方法可以有效降低机械手臂的最大输出转矩，防止关节转矩超过电动机的转矩限制。此外，根据图 8-39b 可以看出：经过承载能力约束模型的优化，完成相同的任务路径，机械手臂的最大输出功率降低 13.3%，总能耗降低了 33.3%。

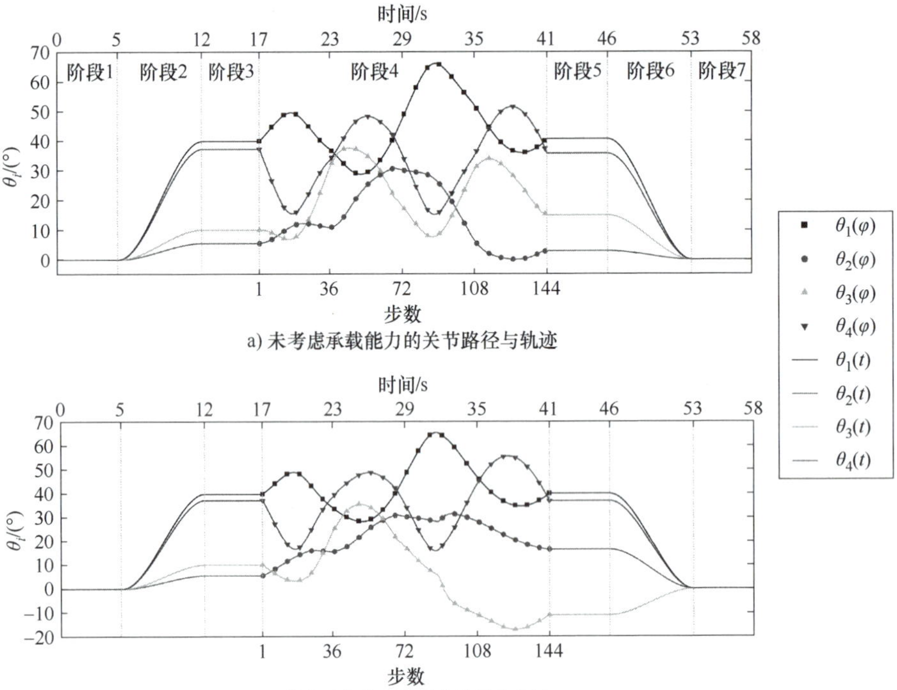

a) 未考虑承载能力的关节路径与轨迹

b) 考虑承载能力的关节路径与轨迹

图 8-38　关节路径 $\Theta_i(\varphi)$ 和关节轨迹 $\Theta_i(t)$

图 8-38 彩图

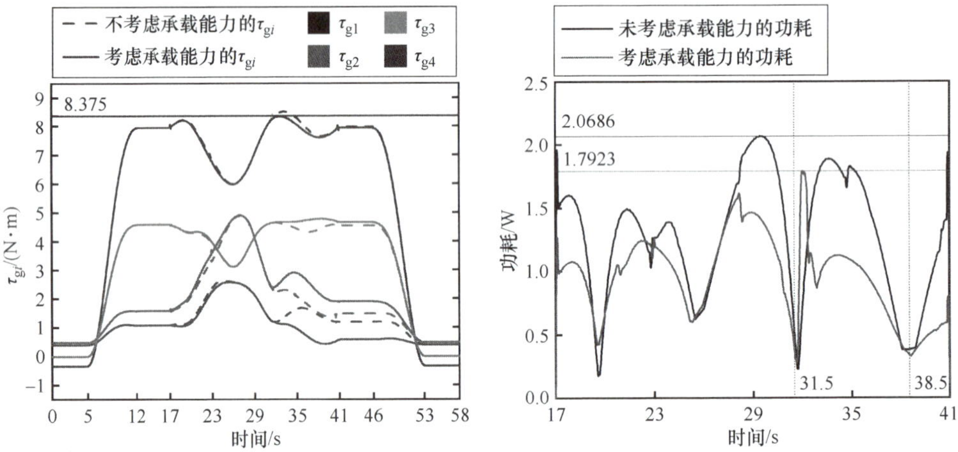

a) 仿真关节输出转矩

b) 仿真功耗

图 8-39　轨迹跟踪仿真结果

图 8-39 彩图

8.4.5　人形机器人手臂性能实验

为了验证所提出的姿态规划方法的实用性，并且获得人形机器人手臂的真实性能，本节将构建机械手臂原型样机、设计关节电动机控制器和整臂控制系统、搭建机器人运动测试环境并开展样机性能测试和运动规划实验。

1. 机械手臂样机研制

人形机器人手臂物理样机由机械手臂本体、机架、直流电源以及控制器组成，如图 8-40 所示。机械手臂本体的大部分零件为 7075 铝合金，S 型连杆材质为不锈钢。驱动电动机采用宇树的 A1 高功率密度电动机，它是一种基于矢量控制(Field-Oriented Control)的永磁同步电动机。电动机驱动板中封装了完整的底层控制算法和通信协议，可以通过 USB 串口与电动机直接通信。同时，电动机内置了绝对位置编码器，能够返回电动机的位置、角速度，便于监控机械手臂的状态和实现电动机的闭环控制。机架由 120mm×120mm 的型材搭建而成，并且加装配重块使得其整体质量是机械手臂本体质量的 11.43 倍，可以保证机械手臂相对于世界坐标系的稳定。使用大功率直流电源驱动四个电动机，该电源最大输出功率可达 3000W，从而保证对电动机的可靠供电。样机采用笔记本计算机的 USB 串口与四个电动机通信，以实现电动机 4.8Mbit/s 的通信频率要求。

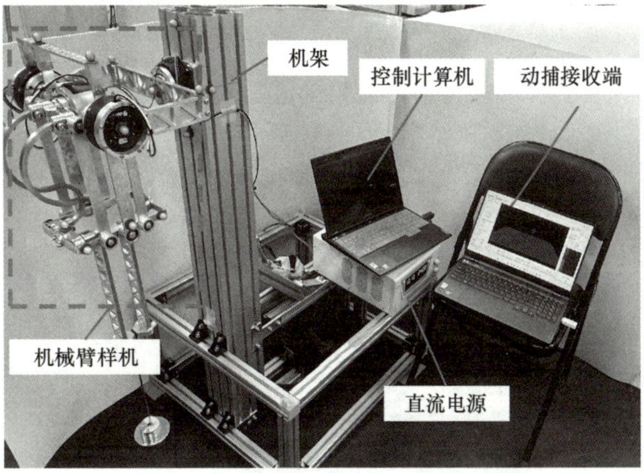

图 8-40　人形机器人手臂物理样机

2. 关节电动机控制策略制定

对人形机器人手臂进行控制实质上是对关节电动机的控制，因此关节电动机的轨迹跟踪效果是保证机械手臂末端轨迹跟踪精度的基础。

PID(Proportional-Integral-Derivative，比例积分微分)控制器是一种常用的闭环控制算法，可用来实现电动机的精确位置控制和运动轨迹跟踪，其中的 PD(比例积分)控制律可应用于人形机器人手臂关节电动机的位置控制。通过测量机械手臂关节的实际位置与设定位置之间的误差，PD 控制器可以调节电动机的输出，使机械手臂关节准确地移动到目标位置，具有较高的鲁棒性和稳定性。关节电动机的 PD 控制中，控制器的输出即为电动机的输入力矩，当取单关节角度跟踪误差为 $e=q_d-q$ 时，PD 控制律为

$$\tau=K_p e+K_d \dot{e} \tag{8-62}$$

式中，K_p 为比例系数；K_d 为微分时间常数。

基于 PD 控制器的单关节控制框图如图 8-41 所示。

为了验证控制器的控制效果，搭建单关节试验台，如图 8-42 所示。该试验台主要由关节电动机、控制计算机、转矩传感器、绝对位置编码器、摆杆、惯量块以及机架组成，其具体参数见表 8-6。

表 8-6　单摆试验台组成

试验台组件	参数
关节电动机	与机械手臂相同
控制计算机	与机械手臂相同
转矩传感器	量程：50N·m，分辨率 1/32768N·m
绝对位置编码器	分辨率：1/32768°

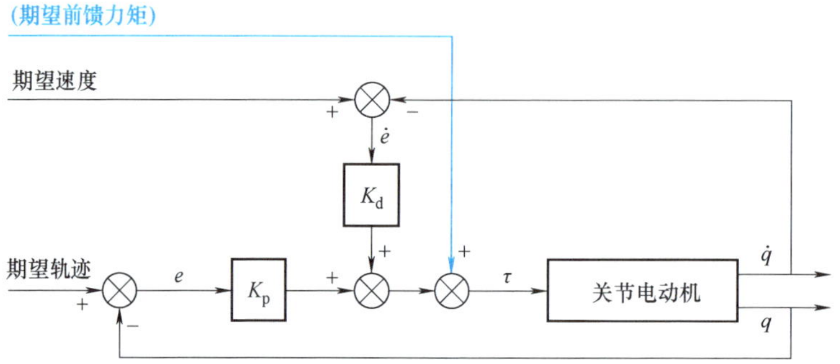

图 8-41　单关节模型 PD 控制框图

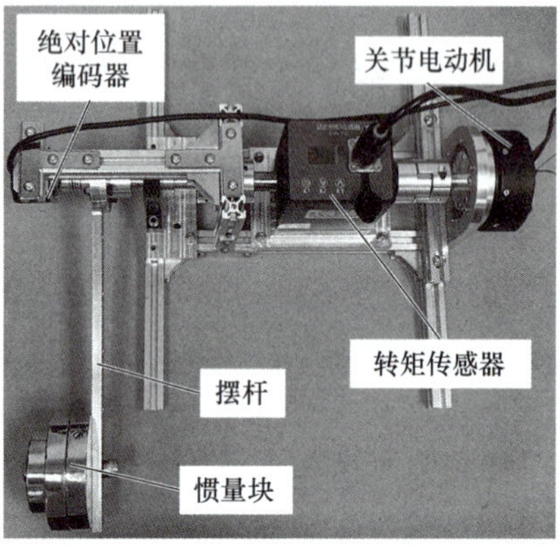

a) 关节电动机控制试验台

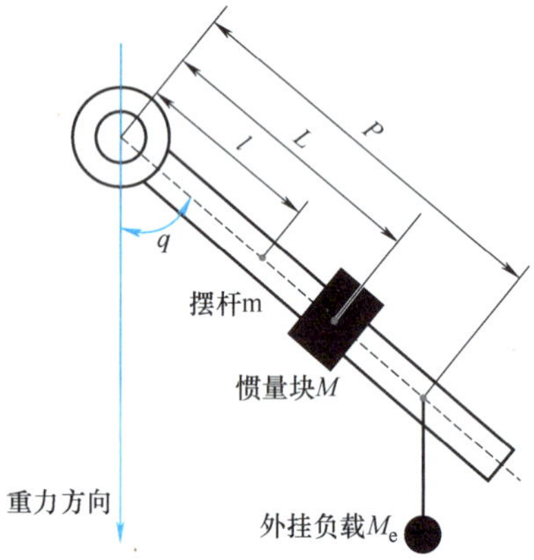

b) 单摆原理图

图 8-42　单摆原理及关节电动机控制试验台

关节电动机的负载是携带惯量块的单摆，摆杆上惯量块的质量和位置可以调整，用以模仿人形机器人手臂关节电动机的惯量变化，单摆的具体参数见表 8-7。

表 8-7　单摆参数表

参数	数值
摆杆质量 m/kg	0. 17
惯量块质量 M/kg	0. 5/1/1. 5/2. 0/3. 0/3. 5
可挂载点位置 L/P/cm	5/10/15/20/25
摆杆重心位置 l/cm	12. 7

为了保证关节的初始角度和角速度均为 0，采用余弦函数作为期望轨迹，则关节期望轨迹（设置惯量块质量为 2. 55kg，并且位于 25mm 处）为

$$q=\frac{\pi}{3}\cos\left(\frac{\pi}{3}t\right)-\frac{\pi}{3} \tag{8-63}$$

然而，摆杆上惯量块的重力会对关节电动机力矩造成影响，因此考虑重力补偿，设计前馈控制律公式：

$$\tau=K_p e+K_d\dot{e}+\hat{G}(q) \tag{8-64}$$

同时，需要考虑人形机器人手臂惯量所产生的转矩，设计 PD+动力学补偿的控制律，

因此建立单摆的动力学方程，将动力学方程的输出转矩作为前馈转矩：

$$\tau_{ff}=(MgL+mgl)\sin(q)+(ML^2+ml^2)\ddot{q} \tag{8-65}$$

实际上，手臂关节电动机除带动机械手臂本体外还需要带动末端负载，因此进一步综合考虑外载静力学补偿和机械手臂本体动力学前馈，设计 PD+(动力学+负载)补偿的控制律公式：

$$\tau_{ff}=(MgL+mgl)\sin(q)+(ML^2+ml^2)\ddot{q}+M_e gp\sin(q) \tag{8-66}$$

综合上述考虑的单关节模型控制框图如图 8-41 所示。设定单摆竖直下垂时为初始位置(即 $q_0=0$)，开展带载试验。试验中，通过合理设计 PD 控制器中比例增益和微分增益的大小，获得单关节轨迹跟踪效果如图 8-43 所示，试验结果表明：考虑外载力矩补偿后轨迹跟踪的误差很小。

综上分析，考虑人形机器人手臂需要空载和带载运行，确定采用 PD+(动力学+负载)前馈补偿控制器对机械手臂关节电动机进行控制，当机械手臂空载时则负载前馈补偿为 0。

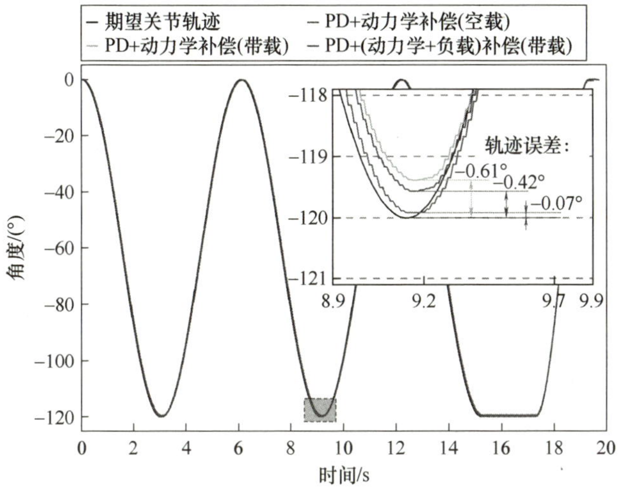

图 8-43　末端带载时各控制器效果对比

图 8-43 彩图

3. 机械手臂控制框架设计

基于 socket 通信协议构建机械手臂的 Client-Server(C/S)控制架构，如图 8-44 所示。其中，客户端主要实现人机交互和轨迹规划，服务器主要实现对机械手臂电动机的控制。

客户端建立之后分成两个进程：

1）人机交互进程中，操作者首先选择人形机器人手臂的运行模式，包括关节指令模式、固定轨迹模式等。

2）基于操作者选定的模式和指令，进程完成轨迹规划，再将离散期望轨迹存储至命令内存器。轨迹数据发送完成之后，进程等待操作者的进一步指令。同时，通信进程一边不断读取命令内存器中的期望轨迹，并将其发送到服务器，一边不断接收服务器返回的电动机状态，供操作者监控电动机的实时运行状态。

服务器也包含两个工作进程：

1）服务器通信进程不断接受客户端的期望轨迹命令，并将其存储到命令内存区 2 中。

2）电动机通信进程获取命令内存区 2 中的期望指令，完成人形机器人手臂电动机的闭环控制，并获取电动机的实时状态将其存入状态内存区 2，同时服务器进程也不停地将电动机状态发送至客户端。

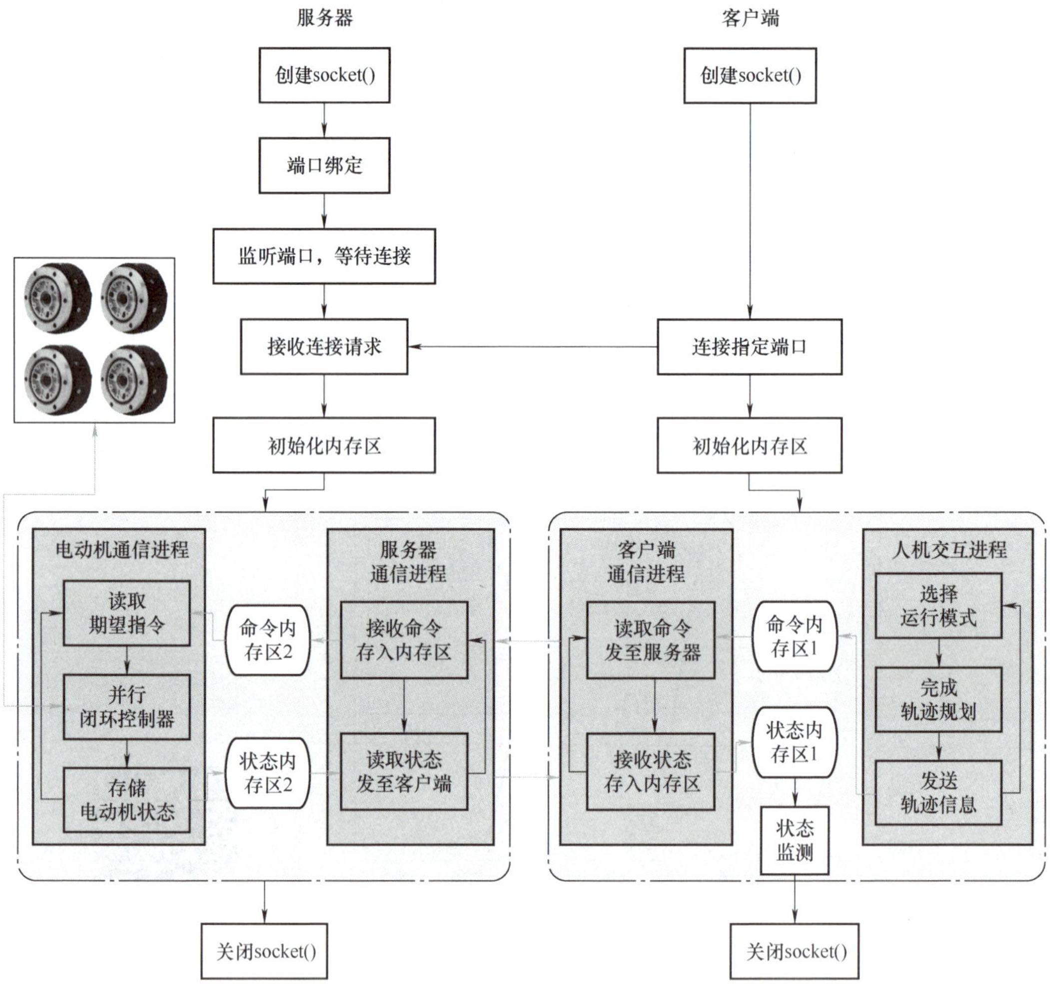

图 8-44　人形机器人手臂控制框架示意图

将上述控制架构中的客户端封装为跨平台应用程序开发框架(QT)可视化界面，如图 8-45 所示。在该界面中，操作者可以选择人形机器人手臂的运行模式、给定轨迹参数并且观测各个电动机的运行状态。

4. 机械手臂测试环境搭建

采用 NOKOV(度量)光学三维动作捕捉系统，采集人形机器人手臂 6 个自由度的运动轨迹和运动学参数，用以验证机械手臂的控制和规划算法。将人形机器人手臂物理样机与测试环境整合，获得机械手臂样机试验平台如图 8-46 所示。试验前，需对动作捕捉系统进行调试，具体步骤如下：

1）样机准备。将装配好的机械手臂样机放置于动捕区域内，并为样机张贴 Marker 点，便于样机位置的标定和姿态的捕获。

2）软件连接。完成 Seeker 软件 IP 地址、坐标系及镜头的设置。

3）系统标定。使用标定杆完成捕捉场地划分并确定世界坐标系，随后生成配置文件。

4）数据采集。确保镜头捕捉到正确的目标 Marker 点，随后开始数据的录制和保存。

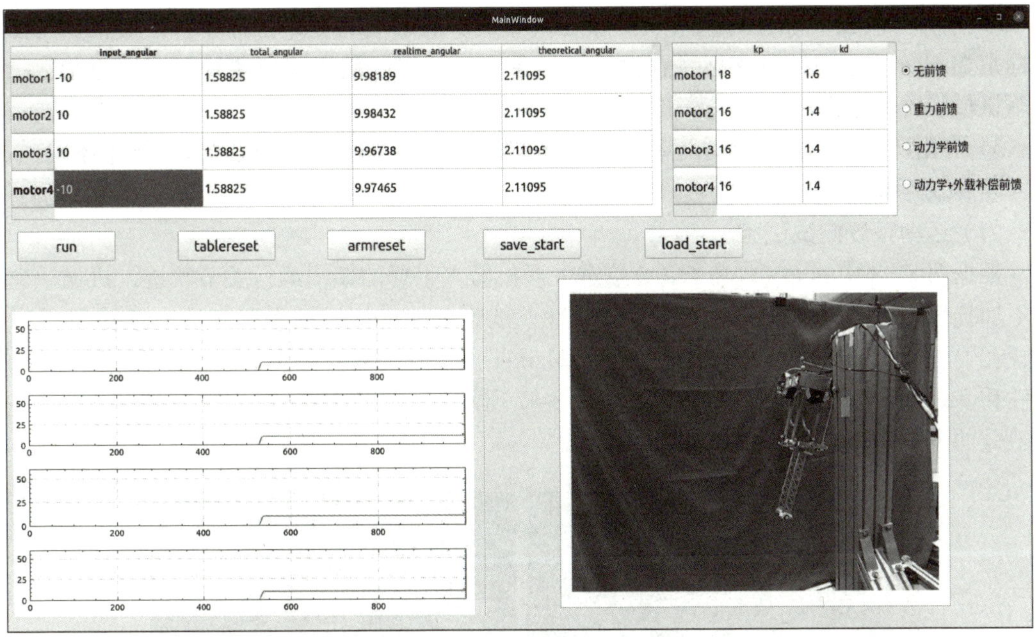

图 8-45　QT 客户端软件界面

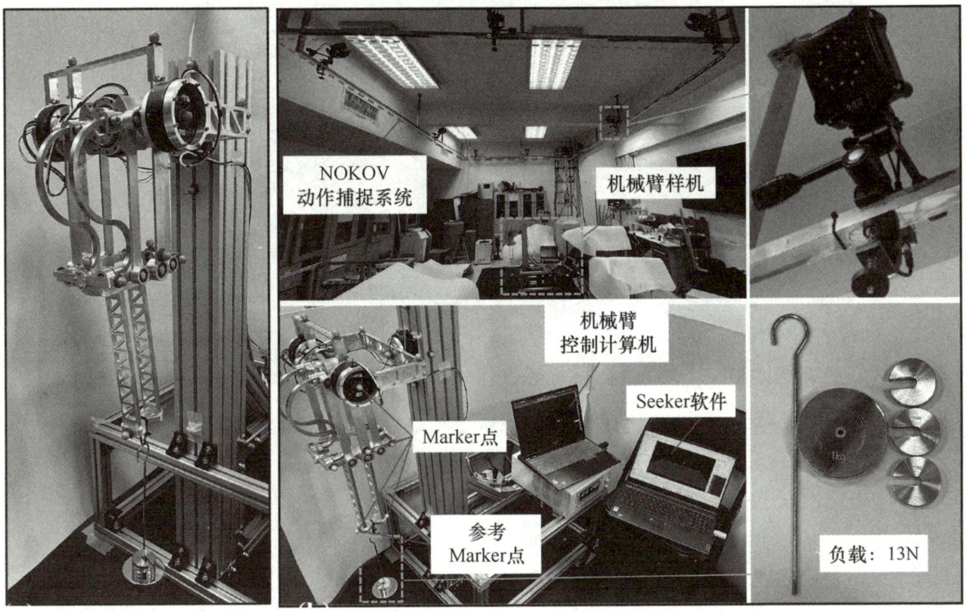

图 8-46　人形机器人手臂试验平台

5）设置 MarkerSet 对象和刚体。选取无 Marker 点丢失的完整帧，为所有的 Marker 点命名，并将机械手臂同一零件上的 Marker 点设置为一个刚体。MarkerSet 和刚体的定义便于软件跟踪不同的目标点，避免因 Marker 点某一视角重合而造成数据混乱。

采集到的原始数据要经过后处理才能转化为可供对比的试验数据，其处理步骤为：

1）数据截取。将捕捉到的原始数据导入后处理软件，在冗长的数据中截取到机械手臂运行期望轨迹的时间段。

2）坐标系转换。捕捉的原始数据都是相对于动捕系统的世界坐标系，需要根据基坐标系标定 Marker 点，确定基坐标系在世界坐标系中的位姿。基于该位姿矩阵，将原始数据转换至机械手臂的基坐标系。

3）导出所需要的机械手臂运动数据，与期望数据进行对比，完成误差分析等操作。

5. 机械手臂性能试验

（1）运动精度测试试验

根据图 8-38 中的 $\boldsymbol{\Theta}_1(t)$ 和 $\boldsymbol{\Theta}_2(t)$ 给定人形机器人手臂的期望运行关节轨迹，机械手臂末端不加挂任何负载，重复运行机械手臂 5 次。试验中，定位机械手臂末端中点的 Marker 点设置在物理样机和仿真模型的两端，外部 Marker 点被定义为参考 Marker 点，用于在 ADAMS 软件和 Seeker 软件中显示末端轨迹，如图 8-47 所示。由图 8-47 可以直观地看出，试验中机械手臂的末端轨迹是正确的。

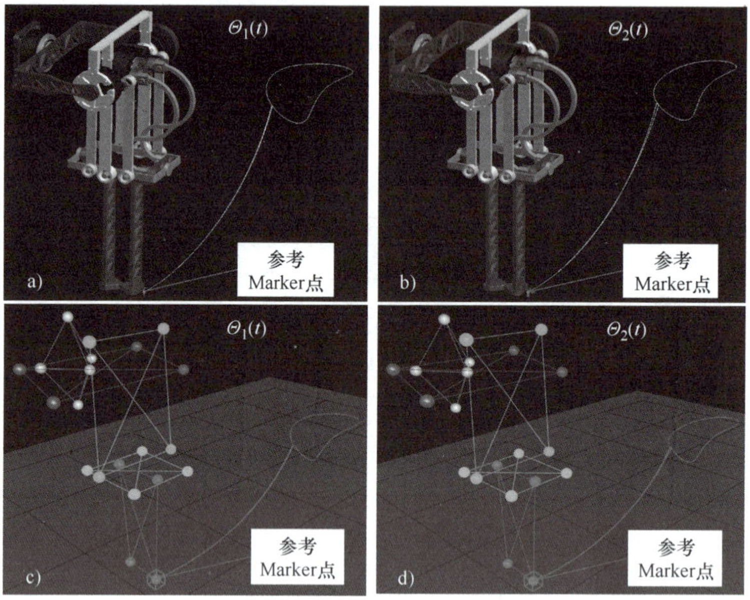

图 8-47　ADAMS 模型和样机动捕末端的运动学试验轨迹

将 5 次试验中获得的末端点轨迹数据进行处理，绘制目标轨迹三维示意图和轨迹跟踪误差图分别如图 8-48a、b 所示，可知：人形机器人手臂末端 5 次运行之间的轨迹重复度误差很小，5 次运行之间各方向的标准差均不超过 1mm。然而，5 次运行的平均结果与期望轨迹之间存在一定误差，其中，Y 轴方向的误差较小，Z 轴方向误差略大，X 轴方向的误差最大。Z 轴方向误差略大的原因可能是目标轨迹在 Z 轴方向的运行速度变化较大，从而使得机械手臂装配间隙产生较大影响。X 轴方向的误差均值大约 10mm，其原因可能是，X 轴正方向是重力方向，机械手臂的杆件柔性、自重以及装配间隙在该方向上均产生作用，从而造成较大误差。

（2）承载能力测试实验

综合考虑末端负载和人形机器人手臂自重，对机械手臂的承载能力进行测试。当机械手臂处于前平举状态时，即关节位型为[$\pi/2,0,0,0$]或[$-\pi/2,0,0,0$]，对机械手臂末端逐渐加载直至电动机达到最大输出转矩，此时的负载即表示机械手臂末端的最大承载能力。

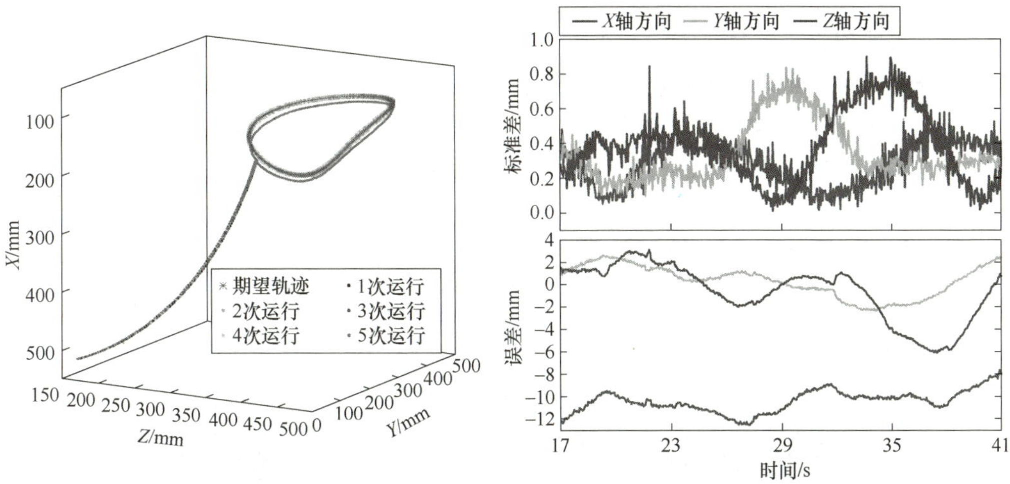

a) 期望轨迹与样机末端轨迹对比　　　b) 末端轨迹跟踪误差与标准差

图 8-48　样机轨迹跟踪及其误差分析

图 8-48 彩图

试验中，首先将人形机器人手臂运行至前平举状态，并且给定肩部电动机的前馈期望力矩始终为电动机最大理论输出转矩 35N · m，逐步提高机械手臂末端负载质量直至机械手臂无法承受。前期直接给定末端负载为 3kg，当接近极限值时以 100g 砝码为最小单元递增。负载试验过程如图 8-49 所示，对应的试验结果见表 8-8。

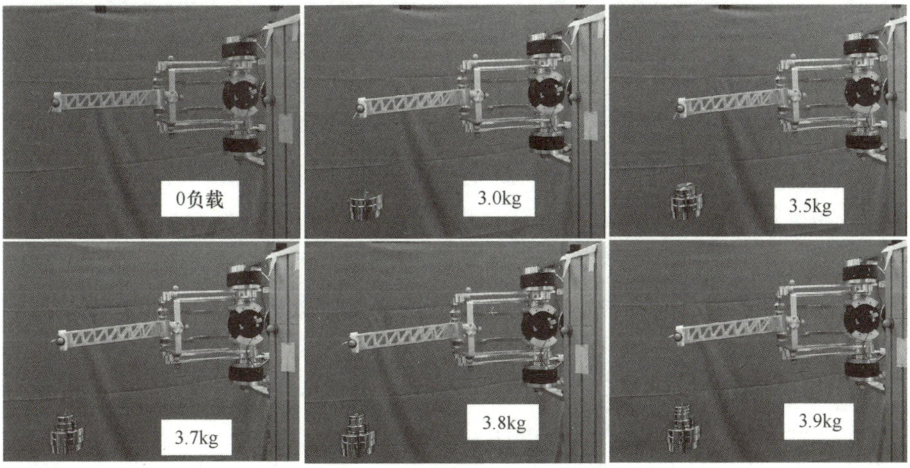

图 8-49　样机末端负载试验

表 8-8　人形机器人手臂末端位置随负载变化量

负载/kg	0	3.0	3.5	3.7	3.8	3.9
位移量/mm	5.76	27.35	31.40	33.16	33.92	34.35

试验结果表明：机械手臂末端最大承载能力约为 3.9kg，但是由于人形机器人手臂自重、装配间隙以及连杆柔性的存在，机械手臂末端实际位置与期望位置会出现一定程度的偏

差，并且末端位置偏差随负载重量的提升而增大。

（3）姿态规划验证试验

该部分对人形机器人手臂的轨迹规划仿真案例进行试验验证。试验中，在机械手臂末端悬挂一个 13N 的重物作为负载，并且根据图 8-38 输入电动机的关节轨迹 $\boldsymbol{\Theta}_1(t)$ 和 $\boldsymbol{\Theta}_2(t)$。每组关节轨迹重复运行 3 次，分析 3 次试验中输出的电动机平均转矩和关节位置。机械手臂样机运行试验过程如图 8-50 所示。

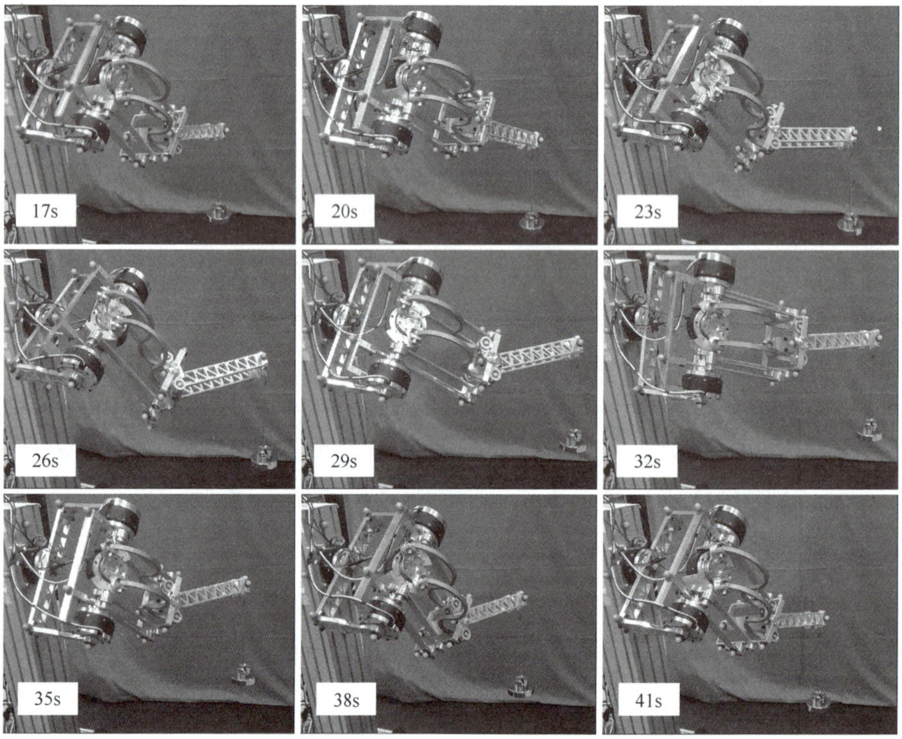

图 8-50　人形机器人手臂轨迹规划验证试验

试验结果如图 8-51 所示，该结果表明：运行两组关节轨迹得到的末端轨迹之间偏差较小，并且与期望轨迹基本一致，但是在 X 轴方向（重力方向）上的误差较大。

对人形机器人手臂关节电动机的误差进行分析，结果如图 8-52 所示，该结果表明：各个电动机的关节轨迹误差较小（大部分时刻在±0.1°之内），关节电动机控制器效果良好，因此关节误差不是机械手臂末端误差的主要原因。结合图 8-49 中结果可知，机械手臂自重、装配间隙以及连杆柔性才是机械手臂末端误差的主要原因。

人形机器人手臂的最大输出转矩来自肩部电动机，仿真与试验中肩部电动机输出转矩如图 8-53a 所示，由该结果可知：试验转矩与仿真转矩的变化趋势是一致的，并且考虑承载能力时的肩部电动机峰值转矩小于不考虑载荷能力时的电动机峰值转矩，特别是在 31.5～38.5s 内。仿真与试验中机械手臂功耗如图 8-53b 所示，由该结果可知：电动机平滑后的最大输出转矩降低了 1.83%，并且机械手臂总能耗降低了 5.03%（从 30.378J 降低到 28.85J）。试验结果表明：考虑了负载能力模型，模仿人的手臂发力并且基于臂型角约束模型的姿态规划能够有效地降低机械手臂运行时的最大电动机转矩和功耗。基于此种姿态规划，机械手臂将能够以更加省力、节能的方式完成更加丰富的带载任务。

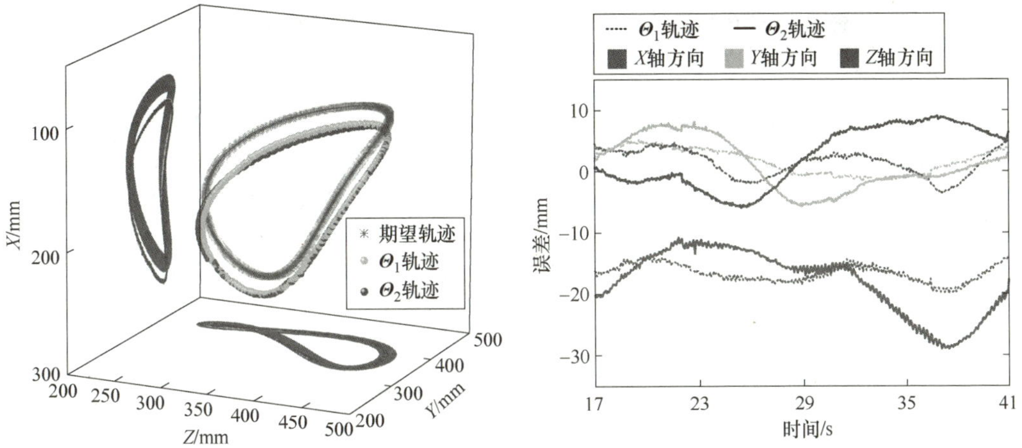

a) 期望轨迹和样机末端轨迹对比　　b) 期望轨迹和样机末端的误差分析

图 8-51　样机末端轨迹运行分析图

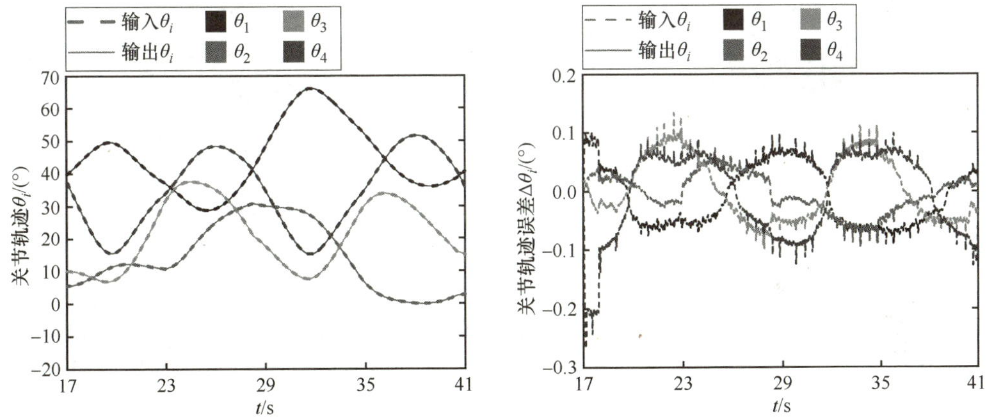

a) 轨迹$\Theta_1(t)$的关节运行与误差分析图

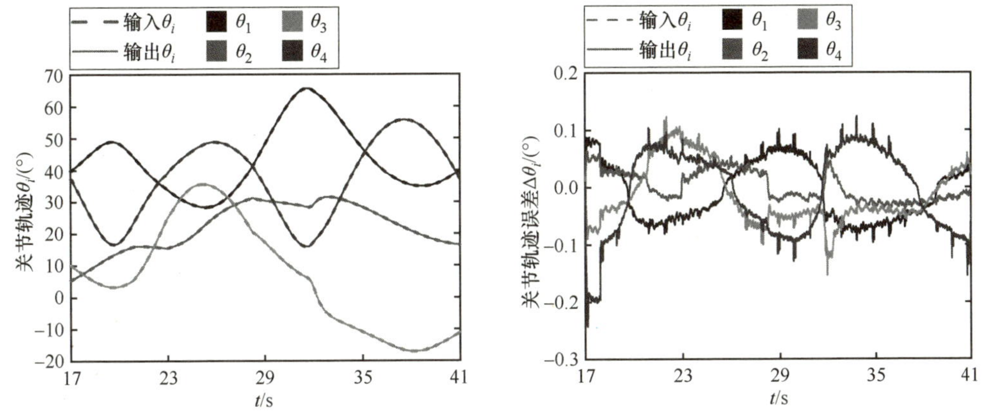

b) 轨迹$\Theta_2(t)$的关节运行与误差分析图

图 8-52　轨迹 $\Theta_1(t)$ 和 $\Theta_2(t)$ 的电动机轨迹及误差

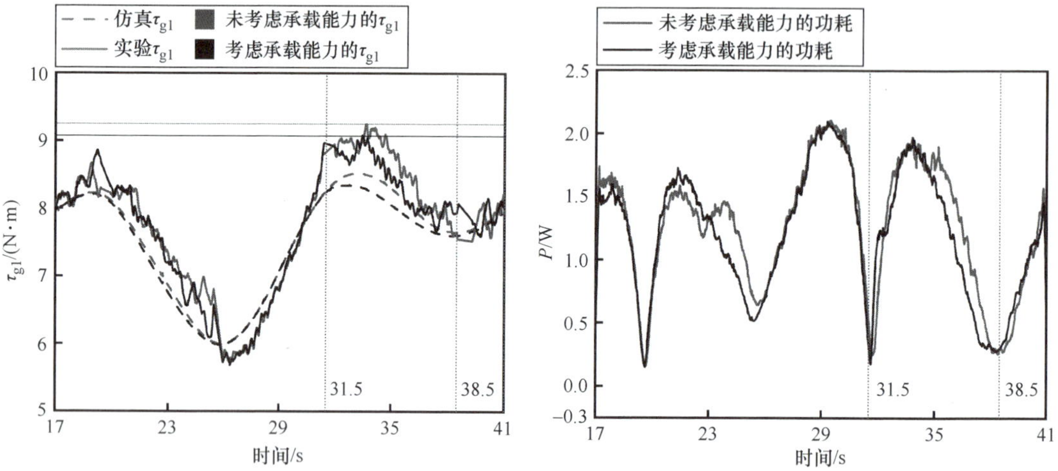

a) 肩部电动机输出转矩　　b) 机械臂功耗

图 8-53　样机仿真案例 1 与试验轨迹的试验结果

图 8-51 彩图　　图 8-52 彩图　　图 8-53 彩图

本章小结

本章讲述了机器人综合设计的相关知识，旨在引导读者加深对理论知识的掌握和对实际案例的理解，获得对完整机器人实际设计过程的直观且体系的认知。本章首先介绍了机器人设计的一般方法与流程，重点分析了基于任务需求的设计过程和设计过程中需要重点考虑的几个关键问题；随后列举了四足机器人和人形机器人的两个实例，对一个完整的机器人设计过程进行了系统地剖析，具体讲述了它们的机械结构设计、运动学/动力学分析、轨迹规划与控制、运动功能仿真、样机制造与实验验证等方面的内容。

尽管当前机器人技术随着人工智能的发展而不断提升和革新，但这主要体现在机器人的自主智能化程度上，因此本章讲述的机器人设计的基本理论和方法仍是实现一个好的机器人设计的重要基础。掌握机器人的一般设计理论与方法并能在一定程度上进行完整机器人的实际设计，对丰富我们自身的知识和技术能力、帮助应对各种挑战和问题以及改善生活质量具有重要的意义，反过来，我们在机器人实际设计过程中所探索得到的新知识和新技能也将对机器人领域的创新和进步起到重要的推动作用。

课后习题

8-1　列举 3~5 种机器人的应用实例，简述在它们各自的应用场景中应该重点考虑哪些影响因素。

8-2　参照 8. 3. 1 小节内容，用 Solidworks 软件建立一个四足机器人三维模型。

8-3　简要分析用于机器人关节位置检测的光电编码器的原理。

8-4　简要分析四足机器人遛步(Pace)步态、跳跃(Bound)步态以及奔跑(Gallop)的特点。

8-5　实现四足机器人对角小跑(Trot)步态基本运动功能的仿真。

8-6　将人形机器人简化为图 8-54 所示的四关节机构模型，当足底以五次样条曲线的轨迹向前迈步时，对机器人的一个步态周期内的运动进行仿真。

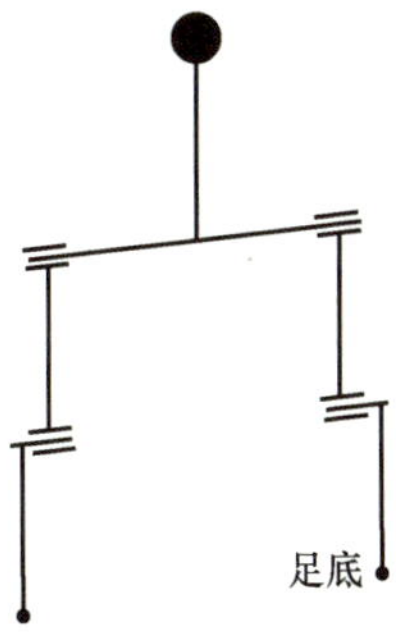

图 8-54　人形机器人的简化模型

参考文献

[1]　克雷格. 机器人学导论(原书第四版)[M]. 负超，等译. 北京：机械工业出版社，2024.

[2]　姜金刚，王开瑞，赵燕江，等. 机器人机构设计及实例解析[M]. 北京：化学工业出版社，2022.

[3]　李彬，陈腾，范永. 四足仿生机器人——基本原理及开发教程[M]. 北京：清华大学出版社，2023.

[4]　鹿迎. 四足仿生机器人虚拟样机建模与动力学分析[D]. 长沙：国防科技大学，2012.

[5]　刘义，徐恺，李济顺，等. RecurDyn 多体动力学仿真基础应用与提高[M]. 北京：电子工业出版社，2013.

[6]　李月月. 基于 ADAMS 和 MATLAB 的机器人联合仿真[D]. 保定：河北大学，2010.

[7]　孙强. 基于 simulink 与 recurdyn 的智能缝制机械的联合仿真[D]. 济南：山东大学，2009.

[8]　张文宇. 四足机器人斜面全方位静态步行及稳定性分析[D]. 青岛：中国海洋大学，2009.

[9]　陈学东，孙翊，贾文川. 多足步行机器人运动规划与控制[M]. 武汉：华中科技大学出版社，2006.

[10]　张锦荣. 四足机器人结构设计与运动学分析[J]. 机器人，2009，8：146-149.

[11]　李军，王润孝，冯华山，等. 四足机器人静步态直线行走规划研究[J]. 计算机仿真，2009，26(6)：183-186.

[12]　融亦鸣，朴松昊，冷晓琨. 仿人机器人建模与控制[M]. 北京：清华大学出版社，2021.

[13]　ZHAO J. Criterion for Human Arm in Reaching Tasks and Human-like Motion Planning of Robotic Arm[J]. Journal of Mechanical Engineering，2015，51(23)：21.

[14]　丁文龙，刘学政，孙晋浩，等. 系统解剖学[M]. 9 版. 北京：人民卫生出版社，2018.

[15]　IKEMOTO S，KANNOU F，HOSODA K，et al. Humanlike Shoulder Complex for Musculoskeletal Robot Arms [C]. New York：IEEE，2012.

[16]　刘昱，王涛，范伟，等. 气动人工肌肉驱动仿人肩关节机器人的设计及力学性能分析[J]. 北京理工大学学报自然版，2015，35(6)：607-611.

[17]　朱志超. 基于几何与力学约束的集中驱动型仿人机械臂姿态规划[D]. 长沙：国防科技大学，2024.

[18]　支龙，昌放辉，陈立平，等. 汽车半主动悬架的 ADAMS 和 MATLAB 联合仿真[J]. 自动化与仪表，2004(6)：42-45.

[19]　DELGADO K K，LONG M，SERAJI H. Kinematic Analysis of 7-DOF Manipulators [J]. The International Journal of Robotics Research，1992，11(5)：469-481.

[20]　FARIA C，FERREIRA F，ERLHAGEN W，et al. Position-based Kinematics for 7-DoF Serial Manipulators with Global Configuration Control，Joint Limit and Singularity Avoidance [J]. Mechanism and Machine Theory，2018，121：317-334.

[21]　DOU R T，YU S B，LI W Y，et al. Inverse Kinematics for a 7-DOF Humanoid Robotic Arm with Joint Limit and End Pose Coupling [J]. Mechanism and Machine Theory，2022，169：104637.